Deepen Your Mind

前言

你是否一直在拿 Redis 當 Map 用？在單機環境上只會針對 String 資料類型進行 SET 和 GET 操作？這絕對是大多數 Redis 初學者正經歷的場景，但這並不是 Redis 的全部。

我有幸參與了 IT 企業的技術教育訓練，教育訓練中發現在開發階段，合作企業的 Redis 伺服器一直是在單機環境下運行的，並且記憶體中包含大量的 String 資料類型，而 String 值有的高達 10MB 左右，造成軟體系統的整體吞吐量急劇下降，業務經常出現逾時卡死的現象，在系統記錄檔中出現大量的警告資訊，而單台 Redis 伺服器並沒有形成高可用的運行環境。這些情況都屬於「能用就行，壞了再説」的「埋炸彈」場景，當軟體真正出現問題時需要耗費大量的人力物力，系統升級不但影響了專案正常的進度，而且還會影響客戶業務正常的運行。這些都屬於 Redis 使用不當，對 Redis 不了解的「錯誤使用方式」。因此，我認為非常有必要為 Java 程式設計師提供一本實戰開發類的 Redis 圖書，本書全面講解 Redis 系統和基礎知識，包括高頻使用的 Redis 運行維護知識、使用常用的 Redis Java Client API 框架 Jedis 來操作 Redis 伺服器的知識和技能。書中充實地介紹了常用 Command 命令的使用方法，介紹的命令的覆蓋率達到 90% 以上。

♣ 內容結構

本書內容涵蓋以下主題。

(1) Redis 的五巨量資料類型：String、Hash、List、Set 和 Sorted Set 是 5 種常見的基底資料型態。

(2) Connection 類型命令提供了連接功能，Key 類型命令提供了處理 key 鍵的功能。

(3) HyperLogLog、Redis Bloom 布隆篩檢程式，以及控制頻率的 Redis-Cell 模組提供了針對巨量資料統計的相關功能。

(4) 基於地理位置的 GEO 資料類型令 Redis 開發基於地理位置的軟體系統更加得心應手。

(5) Pub/Sub 命令提供了簡單高性能的訊息佇列功能。

(6) Stream 命令提供了資料序列功能，能夠極佳地支援資料的排序統計。

(7) Pipelining 命令提供了命令的批次執行的功能，Transaction 命令提供了對交易的處理的功能。

(8) Redis 的資料持久化功能性能非常優秀，這也是運行維護工程師必備的技術。

(9) Redis 提供了主從複製功能，可實現高可用。

(10) 檢查點提供了故障發現與轉移，也可以實現高可用。

(11) 叢集是學習 Redis 的高頻基礎知識，也是一個成熟 Redis 架構必備的組織方案。

(12) 記憶體淘汰策略實現記憶體的高效利用，透過不同的處理策略清除不常用的資料。

(13) 針對 Redis 的環境，結合 Docker 技術，以實現在容器中進行 Redis 開發運行環境的部署。

(14) ACL 功能提供了對 Key 的保護，實現了許可權驗證功能。

✤ 目標讀者

■ 所有使用 Redis 和 Jedis 進行程式設計的開發人員。

■ 伺服器和資料儲存系統開發人員。

■ 分散式系統架構師。

■ 網際網路技術程式設計師。

■ 網際網路技術架構師。

本書盡可能地全面覆蓋 Redis 系統的基礎知識，選取的每個案例都經過了實操驗證，Jedis 的程式可無錯運行，力求大幅地幫助 Java 程式設計師掌握 Redis 這門重要的技術，為其職業生涯保駕護航。

本書的出版離不開公司主管的大力支持，另外也要感謝我的父母和我的妻子，在我寫作的過程中你們承擔了很多本該屬於我的責任，最後要感謝傅道坤和陳聰聰編輯，感謝你們為這本書所做的工作。

高洪岩

北京

目錄

04 Hash 類型命令

05 List 類型命令

06 Set 類型命令

18 記憶體淘汰策略

19 使用Docker實現容器化

20 Docker 中架設 Redis 高可用環境

21 Docker 中實現資料持久化

22 ACL 類型命令

架設 Redis 開發環境

1.1 什麼是 NoSQL

NoSQL 全稱是 Not Only SQL（不僅是 SQL），它屬於非關聯式資料庫（Non-Relational DB）。

NoSQL 的儲存結構主要有兩個特點。

- 資料之間是無關係的：關聯式資料庫有主外鍵約束，而 NoSQL 弱化了這個概念。
- 資料的結構是鬆散的、可變的：在關聯式資料庫中，如果表有 5 個列，那麼最多只能儲存 5 個列的值；而在 NoSQL 中沒有所謂固定的列數，甚至連「列」這個概念都沒有，所以儲存資料的類型、資料的多少都是可變的，是不固定的。

NoSQL 是一類資料庫的統稱，並不是某一個具體的資料庫產品名稱，就像關聯式資料庫管理系統（Relational Database Managemet System，RDBMS）一樣。

RDBMS 包括 Oracle、MySQL 以及 MS SQL Server，NoSQL 包括 Redis、MangoDB 等。

1.2 為什麼使用 NoSQL

RDBMS 的缺點如下。

- 因為 RDBMS 無法應對每秒上萬次的讀寫入請求，無法處理大量集中的高併發操作，所以在電子商務項目中，不是從 RDBMS 中直接讀取資料來展示給客戶，而是先將資料放入類似 Redis 的 NoSQL 中進行保存，實現快取的作用，再從 Redis 中載入資料展示給客戶，以減少對 RDBMS 的存取，提高執行效率。
- 表中儲存資訊是有限制的。

列數有限：常見的 RDBMS 允許一張表最大支持的列數是有限制的，其中 Oracle 最多支援 1000 列。

行數有限：在 RDBMS 中，如果一張表中的行數達到百萬級時，那麼讀寫的速度會呈斷崖式下降。

在使用 RDBMS 時，面對巨量資料必須使用主從複製、分庫分表。這樣的系統架構是難以維護的，其維護成本比較高，因為它增加了程式設計師在開發和運行維護時的工作量，而且在巨量資料下使用 select 查詢敘述效率極低，查詢時間會呈指數級增長。

- RDBMS 無法簡單地透過增加硬體、服務節點的方式來提高系統性能，因為性能的瓶頸在 RDBMS 上，而非在高性能伺服器上。
- 關聯式資料庫大多是收費的，而且對硬體的要求較高，軟體和硬體的使用成本比較大。

但 NoSQL 可以解決上面 4 個問題。

- NoSQL 支持每秒上萬次的讀寫。
- 資料儲存格式靈活。
- 在單機的環境下 NoSQL 性能就很好，在多台電腦的環境下性能更高。
- NoSQL 大多數是免費、開放原始碼的。

NoSQL 有自己的優勢和使用場景，在軟體公司中應用比較多。

1.3 NoSQL 的優勢

NoSQL 的優勢可以複習為以下 4 點。

- 面對巨量資料時依然保持良好性能。

  NoSQL 具有非常良好的讀寫性能，尤其在面對巨量資料時表現同樣優秀。這得益於它的非關係性和結構簡單。Redis 的作者在設計 Redis 時，最佳先考慮的就是性能。

- 靈活的資料格式。

  使用 NoSQL 時不需要創建列，它的資料格式比較靈活。

- 高可用性。

  NoSQL 具有主從複製、支援叢集等特點，大大增強了軟體專案的高可用性。如果某一台電腦當機，那麼其他的電腦會接手任務，不至於出現系統無法存取的情況。

- 低成本。

  這是大多數 NoSQL 共有的特點，因為多數 NoSQL 是免費開放原始碼的，所以沒有高昂的授權成本。

RDBMS 和 NoSQL 都有各自的優勢和使用場景，兩者需要結合使用。讓關聯式資料庫關注在關係上，讓 NoSQL 關注在儲存上。

「一針見血」複習 NoSQL 優勢：因為 RDBMS 太慢，所以用 NoSQL ！

1.4 NoSQL 的劣勢

一個事物有優勢就有劣勢，NoSQL 的劣勢可以複習為以下 5 點。

- 資料之間是無關係的。
- 不支援標準的 SQL，沒有公認的 NoSQL 標準。
- 沒有關聯式資料庫的約束，如主鍵約束、主外鍵約束和值範圍約束等，大多數也沒有索引的概念。

■ 沒有交易復原的概念，由於優先考慮性能，因此不能完全實現 ACID 特性。

■ 沒有豐富的資料類型。

1.5 Redis 介紹及使用場景

Redis 的作者是薩爾瓦托雷‧聖菲利波（Salvatore Sanfilippo），他來自義大利的西西里島，被稱為 Redis 之父。

Redis 全稱是 Remote Dictionary Server，它是現階段極為流行的 NoSQL 之一，它以鍵 - 值（key-value）對的形式在記憶體中保存資料。Redis 的讀寫性能非常高，如果硬體環境非常優秀，可以實現每秒插入 10 萬筆記錄，因此 Redis 常用於儲存、快取等場景。

Redis 可以將記憶體中的資料持久化到硬碟上，防止因為出現斷電、當機等造成資料遺失，還支持 key 逾時、發佈訂閱、管線（批次處理）以及 Lua 指令稿等。

Redis 主要有以下特點。

■ 速度快：Redis 中的資料被放入記憶體，讀寫速度快。Redis 使用 C 語言實現，更接近底層。Redis 是「單執行緒模型」，避免了因爭搶鎖而影響執行效率，但 Redis 6.0 開始支援「多執行緒模型」，執行命令時還是遵守單執行緒模型。

■ 使用簡單，執行穩定：Redis 使用 key-value 對組織資料，學習成本非常低，就像學習 Java 中的 HashMap 一樣簡單，並且 Redis 的原始程式碼經過了大量最佳化，在速度和穩定性上非常優秀。曾有人評價 Redis 的原始程式碼是藝術與技術的集大成者。

■ 功能豐富：支援 5 種常見的基底資料型態，分別是字串（String）、雜湊（Hash）、串列（List）、集合（Set）和有序集合（Sorted Set）。

■ 支持多種用戶端：可以使用 Java、C、C++、PHP、Python 以及 Node. js 等程式語言來對 Redis 操作。

- 支援持久化：可以將記憶體中的資料持久化到硬碟上，達到資料備份的目的。
- 支援主從複製：實現 Redis 服務的備份，保證資料的完整性。
- 支援分散式：從 Redis 3.0 開始正式支持分散式，實現多台伺服器共同工作。
- 支援高可用：檢查點模式就是解決方案。

Redis 在軟體系統中的位置如圖 1-1 所示。

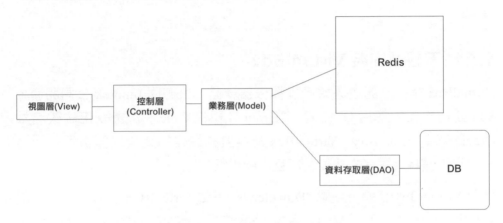

圖 1-1 Redis 在軟體系統中的位置

Redis 常作為資料的快取。當業務層需要資料時首先從 Redis 中獲取，如果 Redis 中沒有資料，則透過資料存取層去存取真正的 RDBMS 並取得資料，將取得的資料由業務層放入 Redis 中，以便業務層下一次存取時直接從 Redis 中獲取想要的資料，而不必存取執行效率較低的 RDBMS，這樣提高了系統執行效率。Redis 還可以實現佇列、排行榜和計數器等。

1.6 Redis 沒有 Windows 版本

Redis 執行環境不支援 Windows，所謂 Windows 版本的 Redis 其實是微軟公司的開發小組模仿 Redis 的功能寫的，並不是原版的 Redis。它更新進度較慢，功能較官方的 Redis 少很多。

因為 Redis 官方並沒有 Windows 版本，所以要在 Linux 虛擬機器環境下學習 Redis。

1.7 架設 Linux 環境

本書使用 VirtualBox 結合 Ubuntu 架設 Linux 環境。

建議在斷網的情況下安裝 Ubuntu，以省略線上更新的步驟，加快安裝速度。

1.7.1 下載並安裝 VirtualBox

VirtualBox 是一款開放原始碼虛擬機器軟體，由德國 Innotek 公司開發，Sun 公司出品，使用 Qt 編寫，在 Sun 公司被 Oracle 收購後正式改名為 Oracle VM VirtualBox。VirtualBox 為經典的最強的免費虛擬機器軟體之一，它不僅具有豐富的功能，而且性能也很高。

進入 VirtualBox 官網，點擊 "Downloads" 下載 VirtualBox 安裝檔案，如圖 1-2 所示。

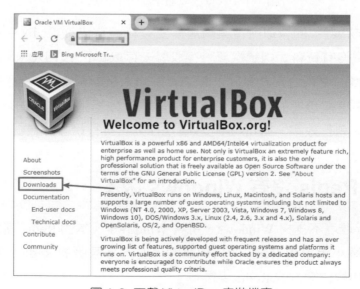

圖 1-2 下載 VirtualBox 安裝檔案

下載針對 Windows 的 VirtualBox binaries 版本,如圖 1-3 所示。

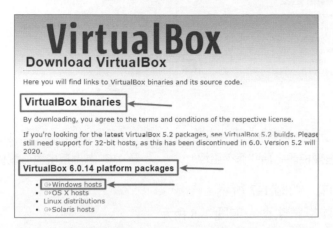

圖 1-3 下載針對 Windows 的 VirtualBox binaries 版本

下載成功後安裝 VirtualBox。

1.7.2 安裝 Ubuntu

本節步驟較多,主要介紹在 VirtualBox 中安裝 Ubuntu(即安裝虛擬機器),並在安裝過程中設定 Ubantu 有關的參數。

從開放原始碼映像檔站下載 Ubuntu 或 CentOS 映像檔檔案,進入 Virtual Box 後點擊「新增」按鈕創建新的虛擬機器,如圖 1-4 所示。

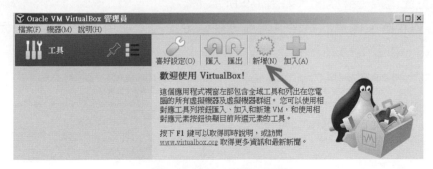

圖 1-4 點擊「新建」按鈕

設定虛擬機器名稱和保存路徑,如圖 1-5 所示。
為虛擬機器分配使用的記憶體,如圖 1-6 所示。

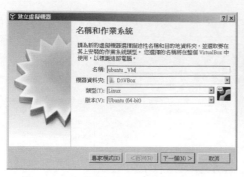
圖 1-5 設定虛擬機器名稱和保存路徑

圖 1-6 為虛擬機器分配使用的記憶體

建立虛擬硬碟，如圖 1-7 所示。

選擇虛擬硬碟檔案類型，如圖 1-8 所示。

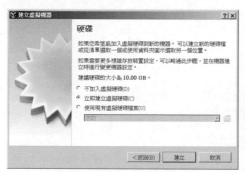
圖 1-7 建立虛擬硬碟

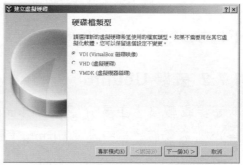
圖 1-8 選擇虛擬硬碟檔案類型

動態分配虛擬硬碟空間，如圖 1-9 所示。

設定 VDI 檔案保存的路徑並對虛擬硬碟分配極限使用空間，這裡設定為 100GB，如圖 1-10 所示。

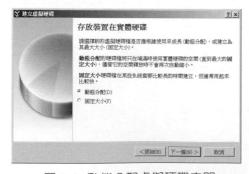
圖 1-9 動態分配虛擬硬碟空間

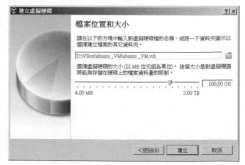
圖 1-10 對虛擬硬碟分配極限使用空間

點擊「建立」按鈕,顯示介面,點擊「啟動」按鈕開始安裝 Ubuntu,如圖 1-11 所示。

彈出對話方塊選擇 ubuntu.iso 映像檔檔案。

點擊「開始」按鈕,如圖 1-12 所示。

圖 1-11 點擊「啟動」按鈕 圖 1-12 按一下「開始」按鈕

開始進入安裝 Ubuntu 的流程。

選擇「中文」,並點擊「安裝 Ubuntu」按鈕。選擇「中文」。

設定安裝選項,選擇「正常安裝」,為了在安裝時不需要大量耗時,取消選取「安裝 Ubuntu 時下載更新」,如圖 1-13 所示。

選擇安裝類型,如圖 1-14 所示。

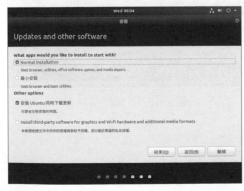

圖 1-13 設定安裝選項 圖 1-14 選擇安裝類型

確認磁碟分割,如圖 1-15 所示。

選擇時區。

設定用戶名和密碼,如圖 1-16 所示。

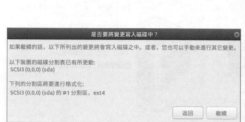

圖 1-15 確認磁碟分割　　　　　　　　圖 1-16 設定用戶名和密碼

點擊「繼續」按鈕後線上下載必需的檔案並安裝 Ubuntu 附帶的軟體,此
過程耗時較長,如圖 1-17 所示。

下載語言套件耗時也較長,如圖 1-18 所示。

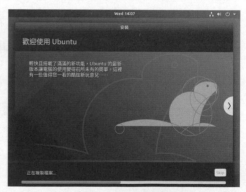

圖 1-17　線上下載必需的檔案並安裝　　　圖 1-18　下載語言套件
Ubuntu 附帶的軟體

安裝成功後重新啟動電腦,如圖 1-19 所示。

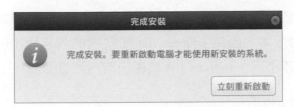

圖 1-19　重新啟動電腦

1.7.3　重置 root 密碼

使用 VirtualBox 安裝的 Ubuntu 由於在安裝過程中沒有對 root 使用者設定密碼，因此在啟動虛擬機器後使用以下命令重置 root 密碼，如圖 1-20 所示。

```
sudo passwd root
```

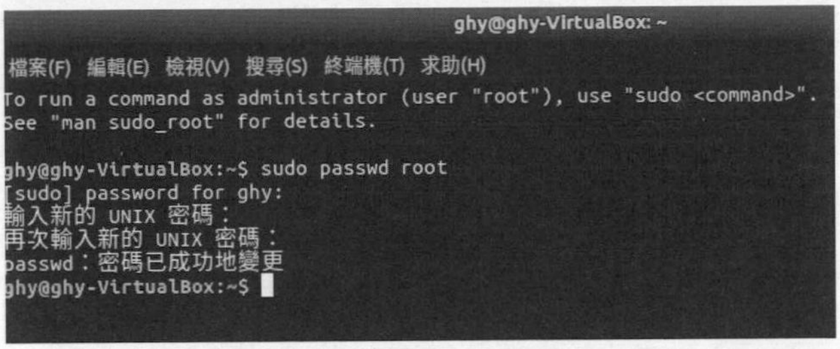

圖 1-20　重置 root 密碼

1.7.4　設定阿里雲下載來源

如果你是在中國大陸境內，在 Linux 中安裝軟體預設從官網進行下載，速度較慢，可以使用中國大陸的阿里雲下載來源。

1. 查看 /etc/apt/sources.list 檔案

設定阿里雲下載來源的檔案是 /etc/apt/sources.list，使用以下命令查看 sources.list 檔案。

```
sudo gedit /etc/apt/sources.list
```

從 sources.list 檔案中的 URL 來看，它們都是中國大陸以外的網站，因此下載速度比較慢。

如果想使用中國大陸的下載來源，如阿里雲下載來源，那麼要先知道所執行 Ubuntu 的版本。因為 sources.list 檔案中的內容與 Ubuntu 版本相對應，Ubuntu 版本不同，sources.list 檔案中的內容也不同。

2. 獲得 Ubuntu 版本

使用以下命令查看 Ubuntu 版本。

```
uname -a
```

顯示內容如圖 1-21 所示。

```
ghy@ghy-VirtualBox:~$ uname -a
Linux ghy-VirtualBox 5.0.0-23-generic #24-18.04.1-Ubuntu SMP Mon Jul 29 16:12:28
 UTC 2019 x86_64 x86_64 x86_64 GNU/Linux
ghy@ghy-VirtualBox:~$
```

圖 1-21　顯示內容

當前 Ubuntu 的版本是 18.04.1。

3. 在阿里巴巴開放原始碼映像檔站中獲得 sources.list 檔案中的內容

在虛擬機器中輸入網址，找到 ubuntu 連結並點擊，如圖 1-22 所示。

圖 1-22　找到 ubuntu 連結並點擊

當前環境使用的 Ubuntu 版本為 18.04，而 18.04 的別名就是 "bionic"，因此要使用對應設定，點擊複製超連結即可。

使用以下命令。

```
sudo gedit /etc/apt/sources.list
```

注意：gedit 命令和路徑 /etc/apt/sources.list 之間有空格。

將 sources.list 檔案的全部內容替換：

Ubuntu 已經轉為使用阿里雲的下載來源了，更新系統環境設定，把阿里雲上面的軟體資訊下載到本地快取中，執行以下命令。

```
sudo apt-get update
```

apt-get update 命令會從阿里雲讀取軟體清單，然後將其保存在本地進行快取。

再執行以下命令。

```
sudo apt-get upgrade
```

此命令會把本地已安裝的軟體與剛下載到本地快取的軟體清單中的每一個軟體進行版本比較，如果發現已安裝的軟體版本太低就進行軟體更新。

Update 命令用於更新軟體清單，upgrade 用於命令更新軟體。

1.7.5 安裝 Vim 文字編輯器

在使用 Ubuntu 的過程中可能需要更改一些設定檔，除了使用 gedit 命令外還可以使用 Vim 文字編輯器。在當前系統環境中，預設沒有安裝 Vim 文字編輯器，如圖 1-23 所示。

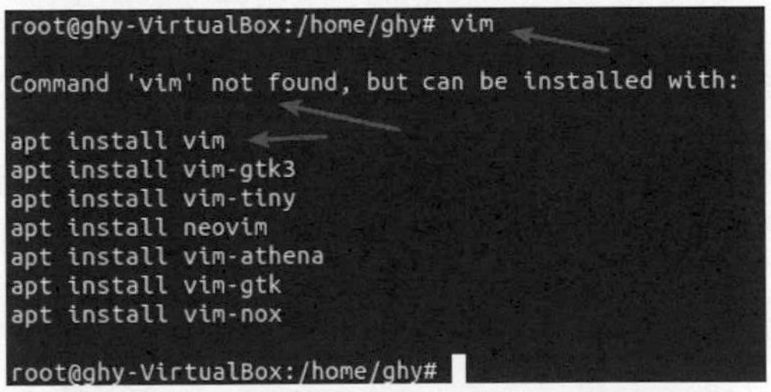

圖 1-23 沒有安裝 Vim 文字編輯器

使用以下命令安裝 Vim 文字編輯器。

```
apt install vim
```

在終端輸入以下命令。

```
vim
```

進入 Vim 文字編輯器，其介面如圖 1-24 所示。

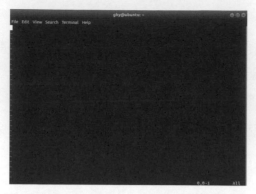

圖 1-24　Vim 文字編輯器介面

要想退出 Vim 文字編輯器，可以按 "Esc" 鍵後再輸入以下命令。

```
:q
```

1.7.6　設定雙向複製貼上和安裝增強功能

預設情況下，VirtualBox 文字編輯器不支援和宿主主機的複製和貼上操作，需要進行設定。

進入系統後點擊「控制」選單中的「設定」子功能表，如圖 1-25 所示。

設定「共用剪貼簿」和「拖放」為「雙向」，設定完成後點擊 "OK" 按鈕保存設定，如圖 1-26 所示。

圖 1-25　點擊「設定」子功能表

圖 1-26　設定為「雙向」

點擊「裝置」選單中的「插入 Guest Additions CD 映像」子功能表，如圖
1-27 所示。

彈出對話方塊點擊「執行」按鈕，如圖 1-28 所示。

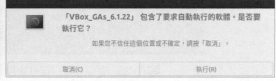

圖 1-27　點擊「插入 Guest
Additions CD 映像」子功能表

圖 1-28　點擊「執行」按鈕

如果沒有彈出對話方塊，則進入光碟機軟體，點擊右上角的「執行軟體」
按鈕，如圖 1-29 所示。

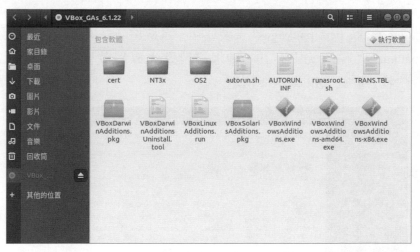

圖 1-29　點擊「執行軟體」按鈕

開始安裝增強功能，但出現異常，提示沒有 "gcc make perl packages"，如
圖 1-30 所示。

```
                                                    VirtualBox Guest Additions instal
文件(F) 編輯(E) 查看(V) 搜索(S) 終端(T) 幫助(H)
Verifying archive integrity... All good.
Uncompressing VirtualBox 6.0.14 Guest Additions for Linux........
VirtualBox Guest Additions installer
Copying additional installer modules ...
Installing additional modules ...
VirtualBox Guest Additions: Starting.
VirtualBox Guest Additions: Building the VirtualBox Guest Additions kernel
modules.  This may take a while.
VirtualBox Guest Additions: To build modules for other installed kernels, run
VirtualBox Guest Additions:   /sbin/rcvboxadd quicksetup <version>
VirtualBox Guest Additions: or
VirtualBox Guest Additions:   /sbin/rcvboxadd quicksetup all
VirtualBox Guest Additions: Building the modules for kernel 5.0.0-23-generic.

This system is currently not set up to build kernel modules.
Please install the gcc make perl packages from your distribution.
VirtualBox Guest Additions: Running kernel modules will not be replaced until
the system is restarted
Press Return to close this window...
```

圖 1-30 提示沒有 "gcc make perl packages"

使用以下命令安裝 "gcc make perl packages"。

```
sudo apt-get install build-essential gcc make perl dkms
```

安裝成功後再執行以下命令進行系統重新啟動。

```
reboot
```

如果 "gcc make perl packages" 安裝成功，系統重新啟動後説明 "gcc make
perl packages" 在系統中存在，則繼續雙擊光碟機軟體，點擊右上角的
「執行軟體」按鈕，如圖 1-31 所示。

圖 1-31 繼續點擊「執行軟體」按鈕

成功安裝增強功能，這次並沒有出現異常，如圖 1-32 所示。

```
                    VirtualBox Guest Additions installation

檔案(F) 編輯(E) 檢視(V) 搜尋(S) 終端機(T) 求助(H)
Verifying archive integrity... All good.
Uncompressing VirtualBox 6.1.22 Guest Additions for Linux........
VirtualBox Guest Additions installer
Copying additional installer modules ...
Installing additional modules ...
VirtualBox Guest Additions: Starting.
VirtualBox Guest Additions: Building the VirtualBox Guest Additions kernel
modules.  This may take a while.
VirtualBox Guest Additions: To build modules for other installed kernels, run
VirtualBox Guest Additions:   /sbin/rcvboxadd quicksetup <version>
VirtualBox Guest Additions: or
VirtualBox Guest Additions:   /sbin/rcvboxadd quicksetup all
VirtualBox Guest Additions: Building the modules for kernel 5.4.0-42-generic.

This system is currently not set up to build kernel modules.
Please install the gcc make perl packages from your distribution.
VirtualBox Guest Additions: Running kernel modules will not be replaced until
the system is restarted
Press Return to close this window...
```

圖 1-32 成功安裝增強功能

操作至此,雙向複製貼上和增強功能設定完成。

1.7.7 安裝 ifconfig 命令

ifconfig 命令可以查看網路卡資訊,效果如下。

```
ghy@ghy-VirtualBox:~$ ifconfig

Command 'ifconfig' not found, but can be installed with:

sudo apt install net-tools
```

但預設情況下 Ubuntu 並沒有安裝相關命令,執行以下命令開始安裝
ifconfig 命令。

```
ghy@ghy-VirtualBox:~$ sudo apt install net-tools
```

在虛擬機器中使用橋連接與 Redis 進行通訊的方式如圖 1-33 所示。

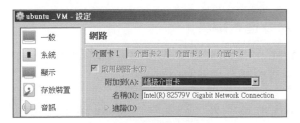

圖 1-33 使用橋接介面卡

1.8 架設 Redis 環境

本節開始介紹架設 Redis 環境的方法。

1.8.1 下載 Redis

進入 Redis 官網,如圖 1-34 所示。

圖 1-34 進入 Redis 官網

在官網下載 Redis,檔案名稱為 redis-version.tar.gz。

1.8.2 在 Ubuntu 中架設 Redis 環境

本節介紹如何在 Ubuntu 中架設 Redis 環境。

1. 執行 make 命令進行編譯

將 redis-version.tar.gz 檔案複製到 Ubuntu 並解壓,解壓到家目錄中的 T/ redis 資料夾裡,解壓的位置如圖 1-35 所示。

在終端中進入解壓的資料夾,然後執行 make 命令開始編譯 Redis 並生成其他依賴的檔案,如圖 1-36 所示。

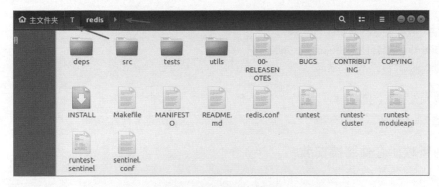

圖 1-35 解壓的位置

```
ghy@ubuntu:~$ cd T
ghy@ubuntu:~/T$ cd redis
ghy@ubuntu:~/T/redis$ make

Command 'make' not found, but can be installed with:

sudo apt install make
sudo apt install make-guile

ghy@ubuntu:~/T/redis$
```

圖 1-36 執行 make 命令開始編譯 Redis

但卻提示沒有找到 make 命令，可以使用以下命令進行安裝。

```
sudo apt install make
```

但在中途可能會出現鎖資源的情況，解決的步驟如下。

```
ghy@ubuntu:~/T/redis$ sudo apt install make
E: 無法獲得鎖/var/lib/dpkg/lock-frontend - open (11: 資源暫時不可用)
E: 無法獲取dpkg前端鎖(/var/lib/dpkg/lock-frontend)，是否有其他處理程序正佔用它？
ghy@ubuntu:~/T/redis$ sudo rm /var/lib/dpkg/lock-frontend
ghy@ubuntu:~/T/redis$ sudo apt install make
正在讀取軟體套件清單... 完成
正在分析軟體套件的相依樹狀結構
正在讀取狀態資訊... 完成
```

建議安裝以下內容。

```
  make-doc
E: 無法獲得鎖 /var/cache/apt/archives/lock - open (11: 資源暫時不可用)
E: 無法對目錄 /var/cache/apt/archives/ 加鎖
ghy@ubuntu:~/T/redis$ sudo rm /var/cache/apt/archives/lock
```

```
ghy@ubuntu:~/T/redis$ sudo apt install make
正在讀取軟體套件清單... 完成
正在分析軟體套件的相依樹狀結構
正在讀取狀態資訊... 完成
```

建議安裝以下內容。

```
make-doc
```

下列新軟體套件將被安裝。

```
make
```

升級了 0 個軟體套件，新安裝了 1 個軟體套件，移除了 0 個軟體套件，有 119 個軟體套件未被升級。

需要下載 154 KB 的文件。解壓後會消耗 381 KB 的額外空間。

```
獲取:1 http://us.archive.ubuntu.com/ubuntu bionic/main amd64 make amd64
4.1-9.1ubuntu1 [154 KB]
已下載 154 kB，耗時 4s (40.4 KB/s)
正在選中未選擇的軟體套件 make。
(正在讀取資料庫 ... 系統當前共安裝有 128211 個檔案和目錄。)
正準備解壓縮 .../make_4.1-9.1ubuntu1_amd64.deb  ...
正在解壓縮 make (4.1-9.1ubuntu1) ...
正在設定 make (4.1-9.1ubuntu1) ...
正在處理用於 man-db (2.8.3-2ubuntu0.1) 的觸發器 ...
ghy@ubuntu:~/T/redis$
```

再次執行 make 命令，可能出現沒有 gcc 命令的提示，如圖 1-37 所示。

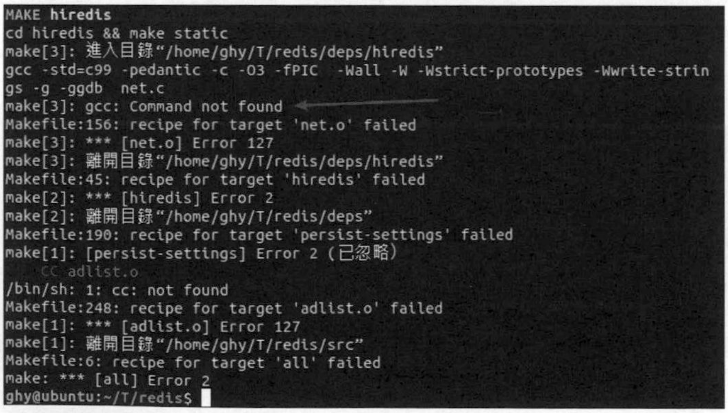

圖 1-37　沒有 gcc 命令

使用以下命令安裝 gcc 命令。

```
sudo apt install gcc
```

gcc 命令安裝成功後再次執行 make 命令進行編譯，又可能出現找不到 jemalloc.h 的異常，如圖 1-38 所示。

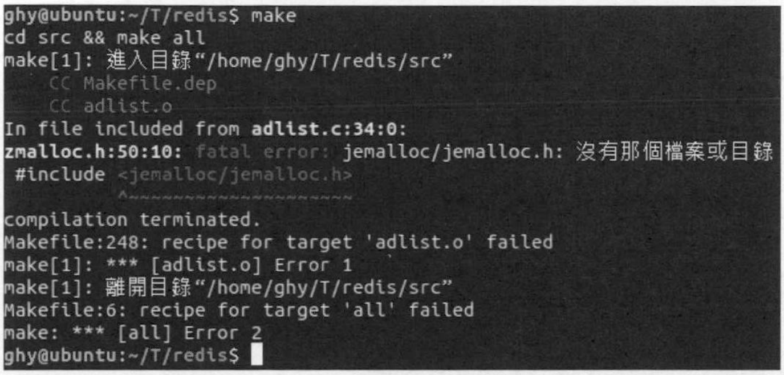

圖 1-38　找不到 jemalloc.h 的異常

使用以下命令繼續編譯。

```
make MALLOC=libc
```

編譯結束後如圖 1-39 所示。

圖 1-39　編譯結束

並沒有出現異常，説明編譯正確。

2. 執行 make test 命令進行測試

在終端中輸入 make test 命令來進行測試，該命令的作用是測試 Redis 是否可以正確執行。

在終端中輸入以下命令。

```
make test
```

出現異常，如圖 1-40 所示。

異常如下。

```
You need tcl 8.5 or newer in order to run the Redis test
```

提示當前安裝的 tcl 版本較舊，至少需要 8.5 以上的版本，tcl 需要升級，輸入以下命令。

```
sudo apt install tcl
```

再次執行以下命令。

```
make test
```

測試成功並沒有發現錯誤，終端顯示圖 1-41 所示的內容。

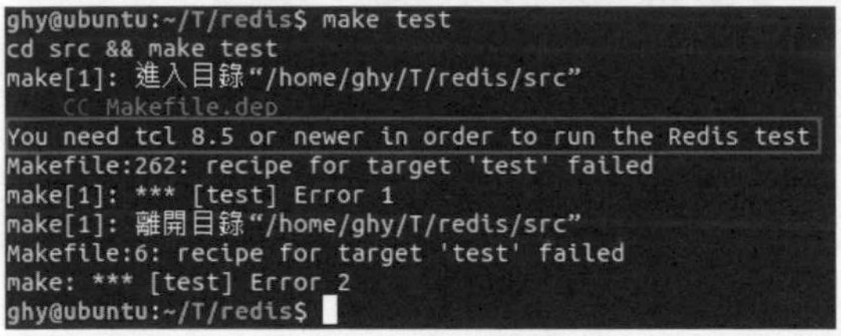

圖 1-40　出現異常 　　　　　　　　　圖 1-41　測試成功並沒有發現錯誤

以上步驟結束後，證明 Redis 在 Ubuntu 中編譯成功，下一步就是將 Redis 安裝到 Ubuntu 中。

3. 執行 make install 命令安裝 Redis

make install 命令的作用是將 redis/src 中的命令複製到 /usr/local/bin 路徑中，這樣就可以在任意的路徑下執行 Redis 的命令了。

在終端執行以下命令。

```
make install
```

輸出資訊如圖 1-42 所示。

make install 命令執行完畢後，/usr/local/bin 路徑中存在與 Redis 相關的可執行檔，如圖 1-43 所示。

其中可執行檔 redis-server 是 Redis 的伺服器，而可執行檔 redis-cli（Redis Command Line Interface）是 Redis 的用戶端。

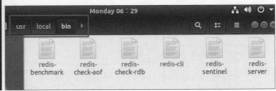

圖 1-42　輸出資訊　　　　　圖 1-43　/usr/local/bin 路徑中存在與 Redis 相
　　　　　　　　　　　　　　關的可執行檔

4. 查看 Redis 的版本

使用 redis-cli 命令查看 Redis 的版本，命令如下。

```
ghy@ubuntu:~$ redis-cli -v
redis-cli 5.0.5
ghy@ubuntu:~$
```

1.8.3　在 CentOS 中架設 Redis 環境

本節將在 CentOS 中架設 Redis 環境。

1. 執行 make 命令進行編譯

將 redis-version.tar.gz 檔案複製到 CentOS 並解壓，解壓到家目錄中的 T/
redis 資料夾裡，解壓的位置如圖 1-44 所示。

圖 1-44　解壓的位置

在終端中進入解壓的資料夾，然後執行 make 命令開始編譯 Redis 並生成其他依賴的檔案，如圖 1-45 所示。

編譯結束後如圖 1-46 所示。

```
[ghy@localhost ~] $ cd T
[ghy@localhost T] $ cd redis
[ghy@localhost redis] $ make
```

圖 1-45 執行 make 命令開始編譯 Redis

```
Hint: It's a good idea to run 'make test' ;)

make[1]: 離開目錄 "/home/ghy/T/redis/src"
[ghy@localhost redis] $ []
```

圖 1-46 編譯結束

並沒有出現異常，説明編譯正確。

2. 執行 make test 命令進行測試

在終端中輸入 make test 命令來進行測試，該命令的作用是測試 Redis 是否可以正確執行。

在終端中輸入以下命令。

```
make test
```

出現異常，如圖 1-47 所示。

```
[ghy@localhost redis] $ make test
cd src && make test
make[1]: 進入目錄 "/home/ghy/T/redis/src"
    CC Makefile.dep
make[1]: 離開目錄 "/home/ghy/T/redis/src"
make[1]: 進入目錄 "/home/ghy/T/redis/src"
You need tcl 8.5 or newer in order to run the Redis test
make[1]: *** [test] 錯誤 1
make[1]: 離開目錄 "/home/ghy/T/redis/src"
make: *** [test] 錯誤 2
[ghy@localhost redis] $ ▮
```

圖 1-47 出現異常

異常如下。

```
You need tcl 8.5 or newer in order to run the Redis test
```

提示當前安裝的 tcl 版本較舊，至少需要 8.5 以上的版本，tcl 需要升級，輸入以下命令。

```
 [ghy@localhost redis]$ su
密碼：
[root@localhost redis]# yum install tcl
```

在執行 su 命令後輸入 root 密碼，確認切換到 [root@localhost redis] 使用者才是正確的。

開始安裝新版 tcl，安裝成功後如圖 1-48 所示。

再次執行以下命令。

```
make test
```

測試成功並沒有發現錯誤，終端顯示圖 1-49 所示內容。

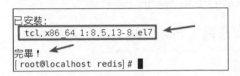

圖 1-48 安裝成功

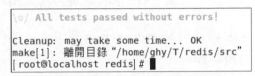

圖 1-49 測試成功並沒有發現錯誤

以上步驟結束後證明 Redis 在 CentOS 中編譯成功，下一步就是將 Redis 安裝到 CentOS 中。

3. 執行 make install 命令安裝 Redis

make install 命令的作用是將 redis/src 中的命令複製到 /usr/local/bin 路徑中，這樣就可以在任意的路徑下執行 Redis 命令了。

在終端執行以下命令。

```
make install
```

輸出資訊如圖 1-50 所示。

```
[root@localhost redis] # make install
cd src && make install
make[1]: 進入目錄 "/home/ghy/T/redis/src"

Hint: It's a good idea to run 'make test' ;)

    INSTALL install
    INSTALL install
    INSTALL install
    INSTALL install
    INSTALL install
make[1]: 離開目錄 "/home/ghy/T/redis/src"
[root@localhost redis] #
```

圖 1-50 輸出資訊

make install 命令執行完畢後，/usr/local/bin 路徑中存在與 Redis 相關的可執行檔，如圖 1-51 所示。

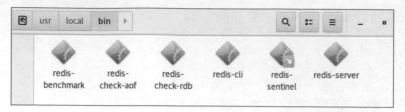

圖 1-51 /usr/local/bin 路徑中存在與 Redis 相關的可執行檔

其中可執行檔 redis-server 是 Redis 的伺服器，可執行檔 redis-cli 是 Redis 的用戶端。

4. 查看 Redis 的版本

使用 redis-cli 命令查看 Redis 的版本，命令如下。

```
[root@localhost redis]# redis-cli -v
redis-cli 5.0.5
[root@localhost redis]#
```

1.9 啟動 Redis 服務

啟動 Redis 服務可以透過以下幾種方式實現。

1.9.1 redis-server

啟動 Redis 服務可以透過在終端輸入以下命令實現。

```
redis-server
```

成功啟動 Redis 服務，如圖 1-52 所示。

```
終端顯示Redis的預設通訊埠編號為6379。
```

Redis 服務啟動後可以透過 ps 命令查看 Redis 處理程序資訊，打開新的終端並執行 ps 命令，如圖 1-53 所示。

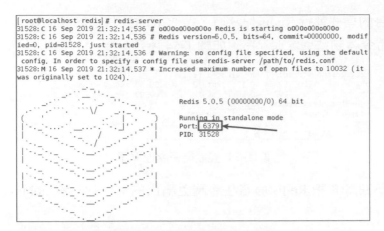

圖 1-52 成功啟動 Redis 服務

```
[ghy@localhost ~]$ ps -ef |grep redis
root       101844 101725  0 02:43 pts/0    00:00:00 redis-server *:6379
ghy        101924 101873  0 02:45 pts/1    00:00:00 grep --color=auto redis
[ghy@localhost ~]$
```

圖 1-53 查看 Redis 處理程序資訊

強制停止 Redis 服務可以透過在啟動 Redis 服務的終端中按 "Ctrl+C" 快速鍵實現。

1.9.2 redis-server redis.conf

直接執行 redis-server 命令來啟動 Redis 服務的方式是不推薦使用的,因為這樣使用的都是 Redis 預設的設定,有通訊埠編號不可以指定、Redis 伺服器沒有設定密碼等缺陷,解決的辦法是結合 redis.conf 設定檔來啟動 Redis 服務,後文會介紹。

1.9.3 redis-server &

使用 redis-server & 命令來啟動 Redis 服務並不是以後台的模式執行的,在當前的終端中並不允許輸入其他的命令,可以使用以下命令實現後台執行模式。

```
redis-server &
```

Redis 服務啟動後可以在當前終端中輸入其他命令。

當以後台的模式執行 Redis 服務時，按 "Ctrl+C" 快速鍵就無效了，可以使用 kill 命令強制結束處理程序，如圖 1-54 所示。

```
[ghy@localhost redis] $ ps -ef| grep redis
ghy        21910  19388  0 13:09 pts/0     00:00:00 redis-server *:6379
ghy        22096  20205  0 13:16 pts/2     00:00:00 grep --color=auto redis
[ghy@localhost redis] $ kill 21910
[ghy@localhost redis] $ ps -ef| grep redis
ghy        22112  20205  0 13:16 pts/2     00:00:00 grep --color=auto redis
[ghy@localhost redis] $
```

圖 1-54 強制結束處理程序

使用以下命令會把 Redis 服務在終端上輸出的資訊保存在 nohup.out 檔案裡。

```
nohup redis-server &
```

1.10 停止服務

強制停止 Redis 服務可以使用 "Ctrl+C" 快速鍵或 kill 命令，但建議不要這樣做，較好的方式是在新打開的終端中輸入以下命令。

```
redis-cli shutdown
```

命令執行後 Redis 服務的終端顯示圖 1-55 所示的資訊。

```
101844:M 01 Jan 2019 02:43:35.214 * Ready to accept connections
101844:M 01 Jan 2019 02:46:31.701 # User requested shutdown...
101844:M 01 Jan 2019 02:46:31.701 * Saving the final RDB snapshot before exiting.
101844:M 01 Jan 2019 02:46:31.708 * DB saved on disk
101844:M 01 Jan 2019 02:46:31.708 # Redis is now ready to exit, bye bye...
[root@localhost redis] #
```

圖 1-55 Redis 服務的終端顯示資訊

使用 redis-cli shutdown 命令來停止 Redis 服務可以將當前正在處理中的任務繼續執行，直到執行完畢再停止 Redis 服務，在這個過程中不再接收新的 Redis 用戶端請求，所以使用此種方式來停止 Redis 服務是推薦使用的。

注意：建議不要使用或 kill 命令 "Ctrl+C" 快速鍵以「暴力」方式強制結束 Redis 處理程序，這樣會造成資料的遺失。

1.11 測試 Redis 服務性能

使用 redis-server 命令啟動 Redis 服務，在新的終端中執行 redis-benchmark 命令，測試 Redis 服務性能，命令如下。

```
redis-benchmark -p 6379
```

-p 6379 代表對連接使用 6379 通訊埠的 Redis 服務進行性能測試。

命令執行後統計出命令執行效率的相關資訊，如 SET 命令和 GET 命令的執行效率統計結果如下。

```
====== SET ======
  100000 requests completed in 1.79 seconds
  50 parallel clients
  3 bytes payload
  keep alive: 1

98.36% <= 1 milliseconds
99.20% <= 2 milliseconds
99.63% <= 3 milliseconds
99.80% <= 6 milliseconds
99.88% <= 7 milliseconds
99.90% <= 8 milliseconds
99.95% <= 11 milliseconds
100.00% <= 11 milliseconds
55865.92 requests per second
```

SET 命令每秒請求 55865.92 次。

```
====== GET ======
  100000 requests completed in 1.74 seconds
  50 parallel clients
  3 bytes payload
  keep alive: 1

99.03% <= 1 milliseconds
99.40% <= 2 milliseconds
99.85% <= 3 milliseconds
99.90% <= 4 milliseconds
```

```
99.93% <= 5 milliseconds
99.95% <= 8 milliseconds
99.97% <= 9 milliseconds
100.00% <= 9 milliseconds
57636.89 requests per second
```

GET 命令每秒請求 57636.89 次。

但不要以該執行效率作為當前電腦執行的 Redis 服務性能的指標，它只是一個參考值，真實的性能還要結合實際的業務場景進行測試。

1.12 更改 Redis 服務通訊埠編號

可以使用兩種方式更改 Redis 服務的通訊埠編號。

1.12.1 在命令列中指定

在終端輸入以下命令。

```
redis-server --port 8888
```

之後 Redis 服務的通訊埠編號為 8888，如圖 1-56 所示。

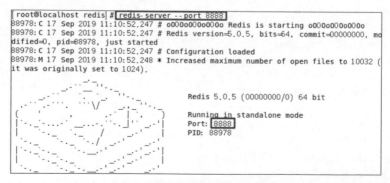

圖 1-56 通訊埠編號為 8888

使用以下命令停止指定通訊埠的 Redis 服務。

```
redis-cli -p 8888 shutdown
```

Redis 服務已停止。

1.12.2 在 **redis.conf** 設定檔中指定

編輯 redis.conf 設定檔中的 port 屬性，更改通訊埠編號為 7777，設定檔內容如圖 1-57 所示。

```
# Accept connections on the specified port, default is 6379 (IANA #815344).
# If port 0 is specified Redis will not listen on a TCP socket.

port 7777
```

圖 1-57 設定檔內容

使用以下命令。

```
[gaohongyan@localhost redis]$ redis-server redis.conf
```

啟動 Redis 服務，新通訊埠編號如圖 1-58 所示。

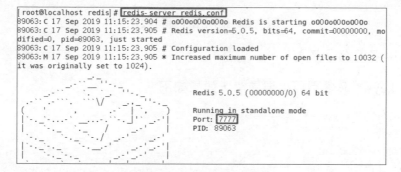

圖 1-58 新通訊埠編號

使用以下命令可以停止 Redis 服務。

```
redis-cli -p 7777 shutdown
```

1.13 對 **Redis** 設定密碼

編輯 redis.conf 設定檔中的 requirepass 屬性，設定密碼為 accp，如圖 1-59 所示。

使用以下命令啟動 Redis 服務。

```
[gaohongyan@localhost redis]$ redis-server redis.conf
```

在新打開的終端中使用 redis-cli 命令連接 Redis 服務，並使用 keys * 命令查詢資料，如圖 1-60 所示。

```
requirepass accp
```

圖 1-59 設定密碼

```
[gaohongyan@localhost ~]$ redis-cli -p 7777
127.0.0.1:7777> keys *
(error) NOAUTH Authentication required.
127.0.0.1:7777>
```

圖 1-60 查詢資料

出現 "(error) NOAUTH Authentication required." 異常，原因就是沒有使用密碼進行登入。按 "Ctrl+C" 快速鍵停止 Redis 服務，在終端中再執行命令，如圖 1-61 所示，在登入時使用 -a 參數增加密碼 accp。

```
[gaohongyan@localhost ~]$ redis-cli -p 7777 -a accp
Warning: Using a password with '-a' or '-u' option on the command line interface may not be safe.
127.0.0.1:7777>
```

圖 1-61 使用密碼進行登入

成功使用密碼進行登入。

再執行 keys * 命令不再出現異常，效果如下。

```
127.0.0.1:7777> keys *
1) "mylist"
2) "myset:__rand_int__"
3) "counter:__rand_int__"
4) "key:__rand_int__"
127.0.0.1:7777>
```

Redis 中附帶了 4 筆記錄。

1.14 連接遠端 Redis 伺服器

如果在主機和虛擬機器環境中，並且在網際網路環境中想要讓 Redis 伺服器被其他電腦存取還需要做一些更改。

■ 將 redis.conf 設定檔中原來的 bind 127.0.0.1 改成 bind 0.0.0.0。

預設情況下，如果 bind 設定呈被註釋的狀態，則 Redis 伺服器將監聽所有網路卡的連接，等於設定 bind 0.0.0.0。

可以使用 bind 設定監聽指定的一片或多片網卡的連接。

```
bind ip1
bind ip1 ip2
```

為什麼要使用 bind 設定只監聽指定的網路卡呢？如果 Redis 伺服器監聽多片網卡，如監聽內網和外網兩片網卡，不使用 bind 設定，則在網際網路環境下透過外網網路卡可以直接存取 Redis 伺服器，完全可以在網際網路環境下進行密碼偵測，對 Redis 伺服器的安全非常不利。如果 Redis 伺服器執行的環境是在內網中，不想被網際網路環境下的其他用戶端所存取，這時可以使用 bind 設定。限制 Redis 伺服器只能透過內網網路卡進行存取，增強了安全性。

如果使用設定 bind 127.0.0.1，則 Redis 伺服器只能被當前伺服器所存取，其他伺服器不能存取。

- 更改保護模式設定，將 protected-mode yes 改成 protected-mode no。
- 對 Redis 設定 requirepass 密碼為 accp。
- 對 Redis 設定 port 通訊埠編號為 7777。
- 在 Linux 中使用 systemctl stop firewalld.service 命令關閉防火牆。一定要注意此點，不然會出現能 ping 通，但連接不到 Redis 伺服器的情況。

在 redis-cli 命令中使用 -h 參數連接遠端 Redis 伺服器，命令如下。

```
[gaohongyan@localhost ~]$ redis-cli -h localhost -p 7777 -a accp
Warning: Using a password with '-a' option on the command line interface may
not be safe.
localhost:7777>
```

localhost 可以換成遠端 Redis 伺服器的 IP 位址。

如果在 redis-cli 命令中沒有使用 -h 和 -p 參數，則預設連接 127.0.0.1:6379 的 Redis 伺服器。

如果虛擬機器沒有 IP 位址，可以依次輸入以下命令來解決。

- cd /etc/sysconfig/network-scripts/：進入目的檔案夾。

- su：切換到超級管理員角色。
- gedit ifcfg-ens33 ifcfg-ens33：編輯檔案，把 ONBOOT=NO 改為 YES 即可。
- service network restart：重新啟動網路卡。

另外，如果無線網路卡和有線網路卡同時連接到不同的網段也會出現沒有 IP 位址的情況。

1.15 使用 set 和 get 命令存設定值與中文的處理

使用以下命令存設定值。

```
localhost:7777> set username gaohongyan
OK
localhost:7777> get username
"gaohongyan"
```

set 命令的作用就是向指定的 key 儲存對應的 value。

get 命令的作用就是根據指定的 key 獲取對應的 value。

如果 set 命令儲存的是中文，則 get 命令獲取的資料其實是經過編碼後的值，效果如下。

```
[ghy@localhost ~]$ redis-cli -p 6379
127.0.0.1:6379> set username 我是中國人
OK
127.0.0.1:6379> get username
"\xe6\x88\x91\xe6\x98\xaf\xe4\xb8\xad\xe5\x9b\xbd\xe4\xba\xba"
127.0.0.1:6379>
```

想顯示正確中文的解決辦法是對 redis-cli 命令使用 --raw 參數，效果如下。

```
[ghy@localhost ~]$ redis-cli -p 6379 --raw
127.0.0.1:6379> get username
我是中國人
127.0.0.1:6379>
```

1.16 設定 key 名稱的建議

key 的名稱建議設定為以下的格式。

```
業務名稱:物件名稱:id:屬性
```

如 MySQL 資料庫中有一個 userinfo 表，表中有 id、username 和 password 這 3 個列，可以使用以下格式來代表 MySQL 資料庫中的一行記錄。

```
mysql:userinfo:id:username
mysql:userinfo:id:password
```

對應的 set 和 get 命令如下。

```
127.0.0.1:7777> set mysql.userinfo.123.username ghy1
OK
127.0.0.1:7777> set mysql.userinfo.123.password 123
OK
127.0.0.1:7777> set mysql.userinfo.456.username ghy2
OK
127.0.0.1:7777> set mysql.userinfo.456.password 456
OK
127.0.0.1:7777> get mysql.userinfo.123.username
"ghy1"
127.0.0.1:7777> get mysql.userinfo.123.password
"123"
127.0.0.1:7777> get mysql.userinfo.456.username
"ghy2"
127.0.0.1:7777> get mysql.userinfo.456.password
"456"
127.0.0.1:7777>
```

1.17 使用 Redis Desktop Manager 圖形介面 工具管理 Redis

按照 1.14 節中的步驟連接遠端 Redis 伺服器後，進入 Redis Desktop Manager 圖形介面工具的主介面，如圖 1-62 所示。

圖 1-62 主介面

點擊主介面左上角「連接到 Redis 伺服器」按鈕,彈出介面如圖 1-63 所示。

圖 1-63 彈出介面

點擊左下角的「測試連接」按鈕，出現「連接 Redis 伺服器成功」的提示框，點擊 "OK" 按鈕關閉提示框。

雙擊 myRedis 連接後，查看資料庫的資料，如圖 1-64 所示。

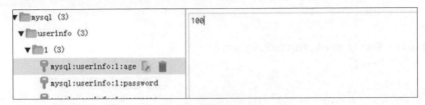

圖 1-64　查看資料庫的資料

1.18　在 Java 中操作 Redis

在 Java 中操作 Redis 的 Java Client API 產品很多，所以其使用率較高，這得益於它的 API 的簡潔，易於上手。

操作 Redis 至少需要 4 個 JAR 套件，如圖 1-65 所示。

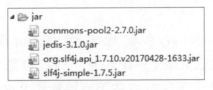

圖 1-65　4 個 JAR 套件

操作 Redis 可以使用 .java 類別，但 .java 類別並不是執行緒安全的，如果在多執行緒環境下，多個執行緒使用同一個 .java 類別的物件則會出現一些奇怪的問題，這時可以使用 Pool 類別進行解決。Pool 類別可以在多執行緒環境下正常安全地工作，每個執行緒都擁有自己獨有的物件，使用完畢後再放回池中以便進行重複使用。可以將 Pool 類別宣告成 static 靜態的，範例程式如下。

```
package test;

import redis.clients..;
```

```
import redis.clients..Pool;
import redis.clients..PoolConfig;

public class Test1 {
    private static Pool pool = new Pool(new PoolConfig(), "192.168.1.105",
7777, 5000, "accp");

    public static void main(String[] args) {
         = null;
        try {
             = pool.getResource();
            .set("username", "我是中國人");
            String username = .get("username");
            System.out.println(username);
        } catch (Exception e) {
            e.printStackTrace();
        } finally {
            if ( != null) {
                .close();
            }
        }
    }
}
```

程式中的 new PoolConfig() 參數代表使用 Pool 類別的預設設定，192.168.1.105 參數代表 Redis 的 IP 位址，7777 參數代表連接 Redis 的通訊埠編號，5000 參數代表在 5s 之內沒有連接到 Redis 則出現逾時異常，accp 參數代表 Redis 的連接密碼。

程式執行結果如下。

```
我是中國人
```

1.19 使用 --bigkeys 參數找到大 key

對 redis-cli 命令使用 --bigkeys 參數可以找到大 key，以做後續儲存的最佳化，測試如下。

```
ghy@ghy-VirtualBox:~$ redis-cli -a accp
Warning: Using a password with '-a' or '-u' option on the command line
interface may not be safe.
127.0.0.1:6379> flushdb
OK
127.0.0.1:6379> set a aa
OK
127.0.0.1:6379> set b bbb
OK
127.0.0.1:6379> set c cccc
OK
127.0.0.1:6379> set d ddddd
OK
127.0.0.1:6379>
ghy@ghy-VirtualBox:~$ redis-cli -a accp --bigkeys
Warning: Using a password with '-a' or '-u' option on the command line
interface may not be safe.
# Scanning the entire keyspace to find biggest keys as well as
# average sizes per key type.  You can use -i 0.1 to sleep 0.1 sec
# per 100 SCAN commands (not usually needed).

[00.00%] Biggest string found so far 'd' with 5 bytes

-------- summary -------

Sampled 4 keys in the keyspace!
Total key length in bytes is 4 (avg len 1.00)

Biggest string found 'd' has 5 bytes

0 lists with 0 items (00.00% of keys, avg size 0.00)
0 hashs with 0 fields (00.00% of keys, avg size 0.00)
4 strings with 14 bytes (100.00% of keys, avg size 3.50)
0 streams with 0 entries (00.00% of keys, avg size 0.00)
0 sets with 0 members (00.00% of keys, avg size 0.00)
0 zsets with 0 members (00.00% of keys, avg size 0.00)
ghy@ghy-VirtualBox:~$
```

1.20 在 redis.conf 設定檔中使用 include 匯入其他設定檔

匯入其他設定檔需要在 redis.conf 設定檔中使用 include，執行結果如圖 1-66 所示。

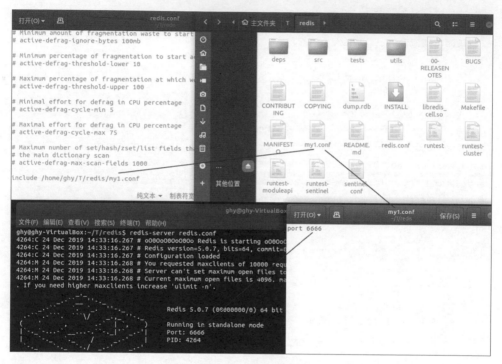

圖 1-66 執行結果

由於設定檔採用最後的設定覆蓋之前的設定，因此 my1.conf 設定檔在 redis.conf 設定檔的最後使用 include 進行匯入，使通訊埠 6666 覆蓋預設的通訊埠 6379。

Connection 類型命令

02

從本章開始主要介紹 Redis 中的命令。Redis 有很多種命令,在開發中常見的命令還是針對常見資料類型的 CRUD 操作,這也是學習的重點。

另外,全面學習命令還有助學習 Java Client API 的使用方法,因為那些 Java Client API 的使用方法在底層其實還是呼叫對應 Redis 中的命令,命令是操作 Redis 中資料的根源。

Connection 類型的命令主要用於處理連接。

2.1 auth 命令

使用格式如下。

```
auth password
```

該命令用於登入驗證。

如果在 redis.conf 設定檔中開啟了 requirepass 以對 Redis 設定登入密碼,則在每次執行 redis-cli 命令但並不增加 -a 參數去連接 Redis 時,就要使用 auth 命令進行登入驗證,登入成功之後才能執行其他的 Redis 命令。如果沒有登入成功,則執行其他 Redis 命令時會出現錯誤訊息。

```
(error) NOAUTH Authentication required.
```

如果對 auth 命令指定的密碼和 redis.conf 設定檔中的密碼一致，Redis 伺服器會返回以下資訊。

```
OK
```

不然如果密碼錯誤，Redis 伺服器將返回錯誤訊息。

```
(error) ERR invalid password
```

> **注意**：由於 Redis 的高性能特性，其可以在很短的時間內進行大量平行的登入驗證，因此建議設定一個複雜的密碼，以免被字典式地暴力破解。

2.1.1 測試案例

測試案例如下。

```
[gaohongyan@localhost ~]$ redis-cli -p 7777
127.0.0.1:7777> keys *
(error) NOAUTH Authentication required.
127.0.0.1:7777> auth abcabcabcac
(error) ERR invalid password
127.0.0.1:7777> auth accp
OK
127.0.0.1:7777> keys *
1) "key1"
2) "username"
```

除了以更改 redis.conf 設定檔的方式設定密碼以外，還可以直接在用戶端中使用 config set 命令設定密碼，更改 redis.conf 設定檔設定密碼的方式如下。

```
#requirepass accp
```

增加 "#" 註釋，可以設定 Redis 無密碼。

用戶端測試如下。

```
ghy@ghy-VirtualBox:~$ redis-cli -p 6379 --raw
127.0.0.1:6379> keys *
a
127.0.0.1:6379> get a
aa
```

```
127.0.0.1:6379> config set requirepass abc
OK
127.0.0.1:6379> config get requirepass
NOAUTH Authentication required.

127.0.0.1:6379> auth abc
OK
127.0.0.1:6379> config get requirepass
requirepass
abc
127.0.0.1:6379> set a newa
OK
127.0.0.1:6379> get a
newa
127.0.0.1:6379>
```

現在 Redis 伺服器的密碼是 abc，重新啟動 Redis 伺服器並執行以下命令。

```
ghy@ghy-VirtualBox:~$ redis-cli -p 6379 --raw
127.0.0.1:6379> get a
newa
127.0.0.1:6379>
```

沒有經過登入驗證也可以執行 get 命令，說明密碼 abc 並未持久化到 redis.
conf 設定檔中，隨著 Redis 伺服器的重新啟動，密碼 abc 遺失了。redis.
conf 設定檔中還是原始的設定。

```
這時可以執行以下config rewrite命令，將記憶體中的設定持久化到redis.conf設定檔中。
127.0.0.1:6379> config set requirepass abc
OK
127.0.0.1:6379> config rewrite
NOAUTH Authentication required.

127.0.0.1:6379> auth abc
OK
127.0.0.1:6379> config rewrite
OK
127.0.0.1:6379>
```

命令執行後在 redis.conf 設定檔的最後增加了設定，內容如下。

```
requirepass "abc"
```

密碼 abc 被持久化，Redis 伺服器重新啟動後會使用這個密碼作為登入驗
證。

2.1.2 程式演示

```
public class Test1 {
    private static Pool pool = new Pool(new PoolConfig(), "192.168.61.84", 7777);

    public static void main(String[] args) {
         = null;
        try {
             = pool.getResource();
            .auth("accp");
            System.out.println("登入成功！");
            .set("username", "我是中國人");
            String username = .get("username");
            System.out.println(username);
        } catch (Exception e) {
            e.printStackTrace();
        } finally {
            if ( != null) {
                .close();
            }
        }
    }
}
```

程式執行結果如下。

```
登入成功！
我是中國人
```

程式執行後透過登入驗證，然後對資料庫成功進行 set 和 get 操作。

2.2 echo 命令

使用格式如下。

```
echo message
```

該命令用於輸出特定的訊息 message。

2.2.1 測試案例

測試案例如下。

```
127.0.0.1:6379> echo a b c
ERR wrong number of arguments for 'echo' command

127.0.0.1:6379> echo "a b c"
a b c
127.0.0.1:6379> echo abc
abc
127.0.0.1:6379> echo true
true
127.0.0.1:6379> echo false
false
127.0.0.1:6379> echo 123
123
127.0.0.1:6379> echo null
null
127.0.0.1:6379>
```

2.2.2 程式演示

```java
public class Test2 {
    private static Pool pool = new Pool(new PoolConfig(), "192.168.1.105",
7777, 5000, "accp");

    public static void main(String[] args) {
         = null;
        try {
             = pool.getResource();
            String echoString1 = .echo("我是中國人");
            byte[] byteArray = .echo("我是美國人".getBytes());
            System.out.println(echoString1);
            System.out.println(new String(byteArray));
        } catch (Exception e) {
            e.printStackTrace();
        } finally {
            if ( != null) {
                .close();
            }
        }
    }
}
```

程式執行結果如下。

```
我是中國人
我是美國人
```

2.3 ping 命令

使用格式如下。

```
ping
```

用戶端向 Redis 伺服器發送 ping 命令，用於測試與 Redis 伺服器的連接是否有效。如果連接到 Redis 伺服器，則會返回 pong 命令；如果連接不到 Redis 伺服器，則出現以下異常。

```
Could not connect to Redis at 127.0.0.1:7777: Connection refused
```

使用 ping 命令可以實現自訂「心跳」，檢測 Redis 伺服器中實例的存活情況。

2.3.1 測試案例

測試案例如下。

```
127.0.0.1:7777> ping
pong
```

2.3.2 程式演示

```
public class Test3 {
    private static Pool pool = new Pool(new PoolConfig(), "192.168.1.105",
7777, 5000, "accp");

    public static void main(String[] args) {
         = null;
        try {
             = pool.getResource();
            System.out.println(.ping());
            System.out.println(.ping("你好"));
            System.out.println(new String(.ping("中國").getBytes()));
        } catch (Exception e) {
            e.printStackTrace();
        } finally {
            if ( != null) {
                .close();
            }
        }
    }
```

```
        }
}
```

程式執行結果如下。

```
PONG
你好
中國
```

如果網路斷開，則在執行 ping 命令時會出現異常，範例程式如下。

```
public class Test4 {
    private static Pool pool = new Pool(new PoolConfig(), "192.168.1.105",
7777, 5000, "accp");

    public static void main(String[] args) {
         = null;
        try {
             = pool.getResource();
            Thread.sleep(10000);
            System.out.println(.ping());
        } catch (Exception e) {
            System.out.println("出現異常！");
            e.printStackTrace();
        } finally {
            if ( != null) {
                .close();
            }
        }
    }
}
```

程式執行後在 sleep 處停止，並在 10s 內快速銷毀 Redis 服務處理程序，
然後主控台輸出以下異常。

```
出現異常！
redis.clients..exceptions.ConnectionException: Unexpected end of stream.
    at redis.clients..util.RedisInputStream.ensureFill(RedisInputStream.java:202)
    at redis.clients..util.RedisInputStream.readByte(RedisInputStream.java:43)
    at redis.clients..Protocol.process(Protocol.java:155)
    at redis.clients..Protocol.read(Protocol.java:220)
    at redis.clients..Connection.readProtocolWithCheckingBroken(Connection.
java:318)
    at redis.clients..Connection.getStatusCodeReply(Connection.java:236)
    at redis.clients..Binary.ping(Binary.java:189)
    at connection.Test4.main(Test4.java:15)
```

2.4 quit 命令

使用格式如下。

```
quit
```

該命令用於請求 Redis 伺服器斷開與當前用戶端的連接。

2.4.1 測試案例

測試案例如下。

```
127.0.0.1:7777> quit
[gaohongyan@localhost ~]$
```

2.4.2 程式演示

```
public class Test5 {
    private static Pool pool = new Pool(new PoolConfig(), "192.168.1.105",
7777, 5000, "accp");

    public static void main(String[] args) {
         = null;
        try {
             = pool.getResource();
            .set("username", "我是中國人");
            String username = .get("username");
            System.out.println(username);
            Thread.sleep(20000);
            System.out.println(.quit());
            Thread.sleep(Integer.MAX_VALUE);
        } catch (Exception e) {
            e.printStackTrace();
        } finally {
            if ( != null) {
                .close();
            }
        }
    }
}
```

暫時不要先執行 Java 程式，而是使用以下命令查看連接 Redis 伺服器的用戶端數量。

```
info clients
```

執行結果如圖 2-1 所示。

選項 connected_clients 值為 1，代表 redis-cli 正在連接 Redis 伺服器，這個 "1" 就代表 redis-cli 連接。

執行 Java 程式，然後在 20s 之內可以使用以下命令。

```
info clients
```

查看連接到 Redis 伺服器的用戶端數量，如圖 2-2 所示。

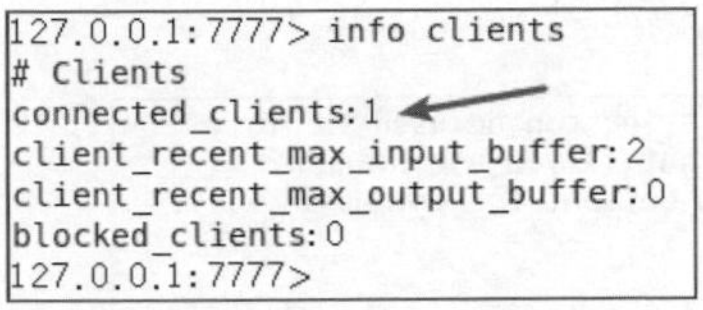

```
127.0.0.1:7777> info clients
# Clients
connected_clients:1    ←
client_recent_max_input_buffer:2
client_recent_max_output_buffer:0
blocked_clients:0
127.0.0.1:7777>
```

```
127.0.0.1:7777> info clients
# Clients
connected_clients:2    ←
client_recent_max_input_buffer:2
client_recent_max_output_buffer:0
blocked_clients:0
127.0.0.1:7777>
```

圖 2-1 執行結果 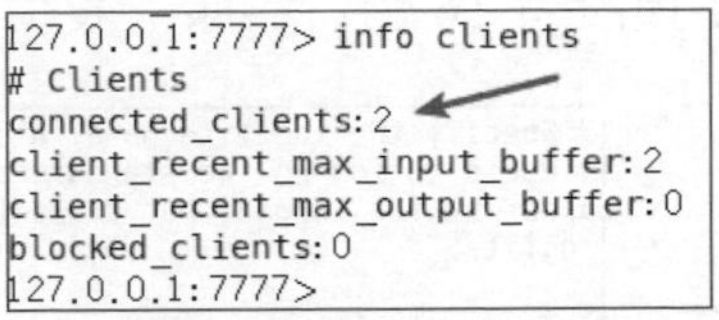　　　　　圖 2-2 查看連接到 Redis 伺服器的用戶端數量

選項 connected_clients 值為 2 的原因是 redis-cli 和 Java 處理程序同時連接 Redis 伺服器。

在 20s 過後，.quit() 已經被執行，再次執行以下命令。

```
info clients
```

連接到 Redis 伺服器的用戶端數量變成 1，如圖 2-3 所示。

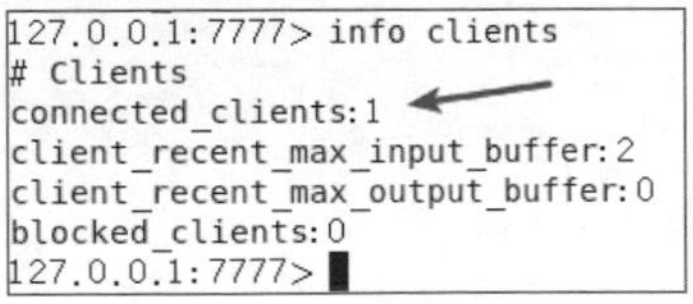

```
127.0.0.1:7777> info clients
# Clients
connected_clients:1    ←
client_recent_max_input_buffer:2
client_recent_max_output_buffer:0
blocked_clients:0
127.0.0.1:7777>
```

圖 2-3 連接到 Redis 伺服器的用戶端數量變成 1

由圖可知，用戶端如果執行 .quit() 就會斷開與 Redis 伺服器的連接，釋放連接會增加 Redis 伺服器的使用率，把 Redis 伺服器寶貴有限的連接資源讓給其他需要的人。

2.5 select 命令

Redis 沒有資料庫名稱，而是使用索引代替。

使用格式如下。

```
select index
```

該命令用於選擇目標資料庫，資料庫索引 index 用數字值指定，以 0 作為起始索引值，預設使用 0 號資料庫。

Redis 預設有 16 個資料庫，設定檔如圖 2-4 所示。

```
# Specify the log file name. Also the empty string can be used to force
# Redis to log on the standard output. Note that if you use standard
# output for logging but daemonize, logs will be sent to /dev/null
logfile ""

# To enable logging to the system logger, just set 'syslog-enabled' to yes,
# and optionally update the other syslog parameters to suit your needs.
# syslog-enabled no

# Specify the syslog identity.
# syslog-ident redis

# Specify the syslog facility. Must be USER or between LOCAL0-LOCAL7.
# syslog-facility local0

# Set the number of databases. The default database is DB 0, you can select
# a different one on a per-connection basis using SELECT <dbid> where
# dbid is a number between 0 and 'databases'-1
databases 16
```

圖 2-4 設定檔

2.5.1 測試案例

測試案例如下。

```
127.0.0.1:6379> keys *

127.0.0.1:6379> set a 0
OK
127.0.0.1:6379> select 1
OK
127.0.0.1:6379[1]> set a 1
OK
127.0.0.1:6379[1]> get a
1
127.0.0.1:6379[1]> select 0
OK
```

```
127.0.0.1:6379> get a
0
127.0.0.1:6379>
```

2.5.2 程式演示

```java
public class Test6 {
    private static Pool pool = new Pool(new PoolConfig(), "192.168.61.84",
7777, 5000, "accp");

    public static void main(String[] args) {
        = null;
        try {
            = pool.getResource();
            {
                .select(0);
                .set("username", "我是中國人0");
                String username = .get("username");
                System.out.println(username);
            }
            {
                .select(10);
                .set("username", "我是中國人10");
                String username = .get("username");
                System.out.println(username);
            }
            {
                .select(0);
                String username = .get("username");
                System.out.println(username);
            }
            {
                .select(10);
                String username = .get("username");
                System.out.println(username);
            }
        } catch (Exception e) {
            e.printStackTrace();
        } finally {
            if ( != null) {
                .close();
            }
        }
    }
}
```

程式執行結果如下。

```
我是中國人0
我是中國人10
我是中國人0
我是中國人10
```

2.6 swapdb 命令

使用格式如下。

```
swapdb index index
```

該命令用於交換兩個資料庫的索引值。

2.6.1 測試案例

測試案例如下。

```
127.0.0.1:7777> flushall
OK
127.0.0.1:7777> set username username0
OK
127.0.0.1:7777> get username
"username0"
127.0.0.1:7777> select 1
OK
127.0.0.1:7777[1]> set username username1
OK
127.0.0.1:7777[1]> get username
"username1"
127.0.0.1:7777[1]> swapdb 0 1
OK
127.0.0.1:7777[1]> get username
"username0"
127.0.0.1:7777[1]> select 0
OK
127.0.0.1:7777> get username
"username1"
127.0.0.1:7777>
```

2.6.2 程式演示

```
public class Test7 {
    private static Pool pool = new Pool(new PoolConfig(), "192.168.61.84",
7777, 5000, "accp");

    public static void main(String[] args) {
            = null;
        try {
             = pool.getResource();
            {
                .select(0);
                .set("username", "我是中國人0");
                String username = .get("username");
                System.out.println(username);
            }
            {
                .select(10);
                .set("username", "我是中國人10");
                String username = .get("username");
                System.out.println(username);
            }
            .swapDB(0, 10);
            {
                .select(0);
                String username = .get("username");
                System.out.println(username);
            }
            {
                .select(10);
                String username = .get("username");
                System.out.println(username);
            }
        } catch (Exception e) {
            e.printStackTrace();
        } finally {
            if ( != null) {
                .close();
            }
        }
    }
}
```

程式執行結果如下。

```
我是中國人0
我是中國人10
```

我是中國人10
我是中國人0

2.7 驗證 Pool 類別中的連接屬於長連接

測試程式如下。

```
public class Test8 {
    private static Pool pool = new Pool(new PoolConfig(), "192.168.1.103",
7777, 5000, "accp");

    public static void main(String[] args) {
        try {
            1 = pool.getResource();
            2 = pool.getResource();
            3 = pool.getResource();
            4 = pool.getResource();
            5 = pool.getResource();

            System.out.println(1.clientList());

            1.close();
            2.close();
            3.close();
            4.close();
            5.close();

            System.out.println(1.clientList());

        } catch (Exception e) {
            e.printStackTrace();
        }
    }
}
```

clientList() 方法的作用是獲知有哪些客戶端正在連接 Redis 伺服器。

程式執行結果如下。

```
id=24 addr=192.168.1.104:58412 fd=7 name= age=1 idle=0 flags=N db=0 sub=0
psub=0 multi=-1 qbuf=26 qbuf-free=32742 obl=0 oll=0 omem=0 events=r cmd=client
id=25 addr=192.168.1.104:58413 fd=8 name= age=0 idle=0 flags=N db=0 sub=0
psub=0 multi=-1 qbuf=0 qbuf-free=32768 obl=0 oll=0 omem=0 events=r cmd=auth
```

```
id=26 addr=192.168.1.104:58414 fd=9 name= age=0 idle=0 flags=N db=0 sub=0
psub=0 multi=-1 qbuf=0 qbuf-free=32768 obl=0 oll=0 omem=0 events=r cmd=auth
id=27 addr=192.168.1.104:58415 fd=10 name= age=0 idle=0 flags=N db=0 sub=0
psub=0 multi=-1 qbuf=0 qbuf-free=32768 obl=0 oll=0 omem=0 events=r cmd=auth
id=28 addr=192.168.1.104:58416 fd=11 name= age=0 idle=0 flags=N db=0 sub=0
psub=0 multi=-1 qbuf=0 qbuf-free=32768 obl=0 oll=0 omem=0 events=r cmd=auth

id=24 addr=192.168.1.104:58412 fd=7 name= age=1 idle=0 flags=N db=0 sub=0
psub=0 multi=-1 qbuf=26 qbuf-free=32742 obl=0 oll=0 omem=0 events=r cmd=client
id=25 addr=192.168.1.104:58413 fd=8 name= age=0 idle=0 flags=N db=0 sub=0
psub=0 multi=-1 qbuf=0 qbuf-free=32768 obl=0 oll=0 omem=0 events=r cmd=auth
id=26 addr=192.168.1.104:58414 fd=9 name= age=0 idle=0 flags=N db=0 sub=0
psub=0 multi=-1 qbuf=0 qbuf-free=32768 obl=0 oll=0 omem=0 events=r cmd=auth
id=27 addr=192.168.1.104:58415 fd=10 name= age=0 idle=0 flags=N db=0 sub=0
psub=0 multi=-1 qbuf=0 qbuf-free=32768 obl=0 oll=0 omem=0 events=r cmd=auth
id=28 addr=192.168.1.104:58416 fd=11 name= age=0 idle=0 flags=N db=0 sub=0
psub=0 multi=-1 qbuf=0 qbuf-free=32768 obl=0 oll=0 omem=0 events=r cmd=auth
```

雖然使用以下程式關閉了連接,但從輸出的結果來看,只是關閉了與 Pool
類別的連接,而 Pool 類別一直以長連接的方式連接到 Redis 伺服器,實現
最快速地存取 Redis 伺服器。

```
1.close();
2.close();
3.close();
4.close();
5.close();
```

2.8 增加 Redis 最大連接數

Pool 類別預設允許的最大連接數為 8,可以更改設定。

```
public class Test9 {
    private static Pool pool = null;
    public static void main(String[] args) {
        PoolConfig config = new PoolConfig();
        config.setMaxTotal(1000); //改成連接池中最大連接數為1000
        pool = new Pool(config, "192.168.1.103", 7777, 5000, "accp");
```

```
        for (int i = 0; i < Integer.MAX_VALUE; i++) {
            pool.getResource();
            System.out.println(i + 1);
        }
    }
}
```

程式執行後成功創建 1000 個連接。

String 類型命令

S tring 類型的命令主要用於處理字串，可以處理 JSON 或 XML 等類型的複雜字串，還可以處理整數、浮點數，甚至是二進位的資料，包括視訊、音訊和圖片等資源。每一個 key 對應的 value 最大可以儲存 512MB 的資料。

String 資料類型常用於儲存 JSON 字串，使用方式是將資料庫中的資料使用 JDBC 存入實體類別，然後將實體類別轉成 JSON 字串保存在 Redis 的 String 資料類型中，以後獲取這筆資料時，直接從 Redis 中獲取，速度比 RDBMS 快得多。

String 資料類型的儲存形式如圖 3-1 所示。

key: username   value: 中國

圖 3-1 String 資料類型的儲存形式

3.1 append 命令

使用格式如下。

```
append key value
```

如果 key 已經存在並且是一個字串，則 append 命令將 value 追加到 key 原來值的尾端；如果 key 不存在，則等於執行 set key value。

返回值代表操作後的字串長度。

3.1.1 測試案例

測試案例如下。

```
127.0.0.1:7777> append a aa
(integer) 2
127.0.0.1:7777> append a bb
(integer) 4
127.0.0.1:7777> get a
"aabb"
127.0.0.1:7777>
```

3.1.2 程式演示

```java
public class Test1 {
    private static Pool pool = new Pool(new PoolConfig(), "192.168.61.84",
7777, 5000, "accp");

    public static void main(String[] args) {
         = null;
        try {
             = pool.getResource();
            .flushAll();
            System.out.println(.append("username".getBytes(), "中".getBytes()));
            System.out.println(.append("username", "ab"));
            System.out.println(.get("username"));
        } catch (Exception e) {
            e.printStackTrace();
        } finally {
            if ( != null) {
                .close();
            }
        }
    }
}
```

程式執行結果如下。

```
3
5
中ab
```

3.2 incr 命令

使用格式如下。

```
incr key
```

該命令用於將 key 對應的整數值自加 1。如果 key 不存在，那麼 key 的 value 會先被初始化為 0，然後執行 incr 命令。如果 value 包括錯誤的類型，或字串的 value 不能表示為整數，那麼返回一個錯誤。value 的限制是 64 位元（bit）有號整數。

incr 命令是一個針對字串的命令，因為 Redis 沒有專用的整數類型，所以 key 中儲存的字串被解釋為十進位 64bit 有號整數來執行 incr 命令。

Redis 使用單執行緒模型，如果有兩個用戶端同時執行 incr 命令時不會出現錯誤的結果。不同用戶端發送的命令按執行的順序進入 Redis 伺服器的命令佇列中，Redis 命令從命令佇列中按循序執行命令，不會出現多筆命令同時執行的情況，而是一行接著一筆按循序執行。這就可能出現如果某一個命令需要花費大量時間來執行，則其他命令會阻塞，影響系統執行效率。

3.2.1 測試案例

測試案例如下。

```
127.0.0.1:7777> keys *
1) "key1"
2) "username"
127.0.0.1:7777> get username
"gaohongyan"
127.0.0.1:7777> incr username
(error) ERR value is not an integer or out of range
127.0.0.1:7777> incr key2
(integer) 1
127.0.0.1:7777> incr key2
(integer) 2
127.0.0.1:7777> get key2
"2"
127.0.0.1:7777>
```

3.2.2 程式演示

```
public class Test2 {
    private static Pool pool = new Pool(new PoolConfig(), "192.168.61.84",
7777, 5000, "accp");

    public static void main(String[] args) {
        = null;
        try {
            = pool.getResource();
            System.out.println(.incr("mynumber"));
            System.out.println(.incr("mynumber"));
            System.out.println(.incr("mynumber"));

            System.out.println(.incr("mynumber".getBytes()));
            System.out.println(.incr("mynumber".getBytes()));
            System.out.println(.incr("mynumber".getBytes()));

            System.out.println(.get("mynumber"));
        } catch (Exception e) {
            e.printStackTrace();
        } finally {
            if ( != null) {
                .close();
            }
        }
    }
}
```

程式執行結果如下。

```
1
2
3
4
5
6
6
```

3.3 incrby 命令

使用格式如下。

```
incrby key increment
```

該命令用於將 key 對應的 value 加上增量 increment。

如果 key 不存在,那麼 key 的 value 會先被初始化為 0,然後執行 incrby 命令。

如果 value 包括錯誤的資料類型,或字串的 value 不能表示為整數,那麼返回一個錯誤。

value 的限制是 64bit 有號整數。

3.3.1 測試案例

測試案例如下。

```
127.0.0.1:7777> set username usernamevalue
OK
127.0.0.1:7777> incrby username 100
(error) ERR value is not an integer or out of range
127.0.0.1:7777> incrby num
(error) ERR wrong number of arguments for 'incrby' command
127.0.0.1:7777> incrby num 100
(integer) 100
127.0.0.1:7777> incrby num 100
(integer) 200
127.0.0.1:7777> incrby num 100
(integer) 300
127.0.0.1:7777>
```

3.3.2 程式演示

```
public class Test3 {
    private static Pool pool = new Pool(new PoolConfig(), "192.168.1.105",
7777, 5000, "accp");

    public static void main(String[] args) {
         = null;
        try {
             = pool.getResource();
            System.out.println(.incrBy("mykey".getBytes(), 10));
            System.out.println(.incrBy("mykey", 90));
            System.out.println(.get("mykey"));
        } catch (Exception e) {
            e.printStackTrace();
        } finally {
```

```
        if ( != null) {
            .close();
        }
    }
  }
}
```

程式執行結果如下。

```
10
100
100
```

3.4 incrbyfloat 命令

使用格式如下。

```
incrbyfloat key increment
```

該命令用於為 key 對應的 value 加上浮點數增量 increment。

如果 key 不存在,那麼 incrbyfloat 命令會先將 key 的 value 設為 0,再執行加法操作。

如果命令執行成功,那麼 key 的 value 會被更新為(執行加法之後的)新 value,並且新 value 會以字串的形式返回給呼叫者。

無論是 key 的 value,還是增量 increment,都可以使用像 2.0e7、3e5、90e-2 這樣的指數符號(Exponential Notation)來表示。但是,執行 incrbyfloat 命令之後的 value 總是以一個數字、一個小數點(可選的)和一個任意位元的小數部分組成(如 3.14、69.768)。小數部分最後的 0 會被刪除,如果有需要的話,還會將浮點數改為整數(如 3.0 會被保存成 3)。

除此之外,無論加法計算所得的浮點數的實際精度有多長,incrbyfloat 命令的計算精度為小數點的後 17 位。

> **注意**:Redis 中的整數和浮點數都以字串形式保存,它們都屬於字串類型。

如果 key 的 value 不能轉換成數字，則執行 incr、incrby 和 incrbyfloat 等數字計算命令會出現異常，如 value 是 List 或 Set 資料類型，或儲存的 value 是 abc 或 123abc 等，都不能正確執行 inc、incrby 和 incrbyfloat 等命令。

3.4.1 測試案例

測試案例如下。

```
127.0.0.1:7777> set mykey 100
OK
127.0.0.1:7777> get mykey
"100"
127.0.0.1:7777> incrbyfloat mykey 100.123
"200.123"
127.0.0.1:7777> get mykey
"200.123"
127.0.0.1:7777>
```

使用 incrbyfloat 命令會出現精度問題，測試案例如下。

```
127.0.0.1:7777> set key 100
OK
127.0.0.1:7777> incrby key 100
(integer) 200
127.0.0.1:7777> incrbyfloat key 100.456
"300.45600000000000002"
127.0.0.1:7777> get key
"300.45600000000000002"
127.0.0.1:7777>
```

浮點數精度是小數點後面 17 位，值分解如圖 3-2 所示。

$$\underline{\overset{5}{}} \quad \underline{\overset{5}{00000}} \quad \underline{\overset{5}{00000}} \quad \underline{\overset{2}{02}}$$
$$300.45600 \quad 00000 \quad 00000 \quad 02$$

圖 3-2 值分解（一）

解決精度問題的辦法就是不要儲存小數，而是把小數轉成整數。測試案例如下。

```
127.0.0.1:7777> set key 100
OK
127.0.0.1:7777> incrby key 100
(integer) 200
127.0.0.1:7777> incrby key 100
```

```
(integer) 300
127.0.0.1:7777> append key 456
(integer) 6
127.0.0.1:7777> get key
"300456"
127.0.0.1:7777>
```

使用 Java 將取得的 300456 除以 1000 即可還原到 300.456 這個正確的值。

> **注意**：不要在 Redis 中儲存金額。

3.4.2 程式演示

```
public class Test4 {
    private static Pool pool = new Pool(new PoolConfig(), "192.168.61.84",
7777, 5000, "accp");

    public static void main(String[] args) {
         = null;
        try {
             = pool.getResource();
            System.out.println(.incrByFloat("mykey4".getBytes(), 100));
            System.out.println(.incrByFloat("mykey4", 100.123456789012345678));
            System.out.println(.get("mykey4"));// 此值為最終有效值
        } catch (Exception e) {
            e.printStackTrace();
        } finally {
            if ( != null) {
                .close();
            }
        }
    }
}
```

程式執行結果如下。

```
100.0
200.12345678901235678
200.12345678901234999
```

200.12345678901234999 的值分解如圖 3-3 所示。

$$\underset{200.12}{} \quad \overset{5}{\underset{34567}{}} \quad \overset{5}{\underset{89012}{}} \quad \overset{5}{\underset{34}{}} \quad \overset{2}{\underset{999}{}}$$

圖 3-3 值分解（二）

3.5 decr 命令

使用格式如下。

```
decr key
```

該命令用於將 key 對應的整數值自減 1。如果 key 不存在,那麼 key 的 value 會先被初始化為 0,然後執行 decr 命令。如果 value 包括錯誤的類型,或字串的 value 不能表示為整數,那麼返回一個錯誤。value 的限制是 64bit 有號整數。

3.5.1 測試案例

測試案例如下。

```
127.0.0.1:7777> set username usernamevalue
OK
127.0.0.1:7777> get username
"usernamevalue"
127.0.0.1:7777> decr username
(error) ERR value is not an integer or out of range
127.0.0.1:7777> set num1 100
OK
127.0.0.1:7777> decr num1
(integer) 99
127.0.0.1:7777> decr num1
(integer) 98
127.0.0.1:7777> set num2 2
OK
127.0.0.1:7777> decr num2
(integer) 1
127.0.0.1:7777> decr num2
(integer) 0
127.0.0.1:7777> decr num2
(integer) -1
127.0.0.1:7777> decr num2
(integer) -2
127.0.0.1:7777>
```

3.5.2 程式演示

```
public class Test5 {
    private static Pool pool = new Pool(new PoolConfig(), "192.168.61.84",
7777, 5000, "accp");
```

```
public static void main(String[] args) {
     = null;
    try {
         = pool.getResource();
        .set("num", "3");
        System.out.println(.decr("num"));
        System.out.println(.decr("num"));
        System.out.println(.decr("num"));
        System.out.println(.decr("num"));
        System.out.println(.get("num"));
    } catch (Exception e) {
        e.printStackTrace();
    } finally {
        if ( != null) {
            .close();
        }
    }
}
```

程式執行結果如下。

```
2
1
0
-1
-1
```

3.6 decrby 命令

使用格式如下。

```
decrby key decrement
```

該命令用於將 key 對應的 value 減去減量 decrement。

如果 key 不存在，那麼 key 的 value 會先被初始化為 0，然後執行 decrby 命令。

如果 value 包括錯誤的類型，或字串的 value 不能表示為整數，那麼返回一個錯誤。

value 的限制是 64bit 有號整數。

3.6.1 測試案例

測試案例如下。

```
127.0.0.1:7777> set key11 100
OK
127.0.0.1:7777> get key11
100
127.0.0.1:7777> decrby key11 88
12
127.0.0.1:7777> get key11
12
```

3.6.2 程式演示

```java
public class Test6 {
    private static Pool pool = new Pool(new PoolConfig(), "192.168.61.84",
7777, 5000, "accp");

    public static void main(String[] args) {
         = null;
        try {
             = pool.getResource();
            .set("num", "300");
            System.out.println(.decrBy("num", 100));
            System.out.println(.decrBy("num", 100));
            System.out.println(.decrBy("num", 100));
            System.out.println(.decrBy("num", 100));
            System.out.println(.get("num"));
        } catch (Exception e) {
            e.printStackTrace();
        } finally {
            if ( != null) {
                .close();
            }
        }
    }
}
```

程式執行結果如下。

```
200
100
0
-100
-100
```

3.7 set 和 get 命令

set 命令的使用格式如下。

```
set key value [EX seconds] [PX milliseconds] [NX|XX]
```

該命令用於將字串的 value 連結到 key。如果 key 已經擁有舊 value，則將新 value 覆蓋舊 value。對某個原本帶有存活時間（Time To Live，TTL）的 key 來說，當 set 命令成功在這個 key 上即時執行，這個 key 原有的 TTL 將被清除。

set 命令的行為可以透過一系列參數來修改。

- EX second：設定 key 的 TTL 為 second（單位為 s）。set key value EX second 的執行效果等於 setex key second value。
- PX millisecond：設定 key 的 TTL 為 millisecond（單位為 ms）。set key value PX millisecond 的執行效果等於 psetex key millisecond value。
- NX：只在 key 不存在時，才對 key 進行設定操作，常用於增加操作。set key value NX 的執行效果等於 setnx key value。
- XX：只在 key 已經存在時，才對 key 進行設定操作，常用於更新操作。

set 命令可以結合相關參數來使用，完全實現和 setex、setnx 和 psetex 這 3 個命令一樣的執行效果。將來的 Redis 版本可能會廢棄並最終刪除 setex、setnx 和 psetex 這 3 個命令，建議在專案中儘量不要使用這 3 個命令。

set 命令在執行成功時才返回 OK。如果在執行 set 命令時結合 NX 或 XX 參數，會因為條件沒有達成而造成 set 命令未執行，那麼 set 命令返回 NULL Bulk Reply。

get 命令的使用格式如下。

```
get key
```

獲取 key 對應的 value。如果 key 不存在，則返回特殊值 nil；如果 key 存在，並且 key 對應的 value 不是字串，則返回錯誤，因為 get 命令只處理字串。

3.7.1 不存在 key 和存在 key 發生值覆蓋的情況

測試不存在 key 和存在 key 發生值覆蓋的情況。

1. 測試案例

測試案例如下。

```
127.0.0.1:7777> keys *
1) "username"
2) "key2"
3) "key3"
4) "key1"
127.0.0.1:7777> set key4 key4value
OK
127.0.0.1:7777> get key4
"key4value"
127.0.0.1:7777> set key4 key4newvalue
OK
127.0.0.1:7777> get key4
"key4newvalue"
127.0.0.1:7777>
```

2. 程式演示

```java
public class Test7 {
    private static Pool pool = new Pool(new PoolConfig(), "192.168.61.84",
7777, 5000, "accp");

    public static void main(String[] args) {
         = null;
        try {
             = pool.getResource();
            .set("mykey", "舊值");
            System.out.println(.get("mykey"));
            .set("mykey", "新值");
            System.out.println(.get("mykey"));
        } catch (Exception e) {
            e.printStackTrace();
        } finally {
            if ( != null) {
                .close();
            }
        }
    }
}
```

程式執行效果如下。

```
舊值
新值
```

3.7.2 使用 ex 實現指定時間（秒）後執行命令

測試使用 ex 實現指定時間（秒）後執行命令。

1. 測試案例

測試案例如下。

```
127.0.0.1:7777> set key5 key5value ex 5
OK
127.0.0.1:7777> get key5
"key5value"
///////////////////////////////////////////////5s後執行下面的命令
127.0.0.1:7777> get key5
(nil)
127.0.0.1:7777>
```

參數 ex 可以實現登入成功後 5s 之內免登入的效果。

2. 程式演示

```java
public class Test8 {
    private static Pool pool = new Pool(new PoolConfig(), "192.168.61.84",
7777, 5000, "accp");

    public static void main(String[] args) {
         = null;
        try {
            SetParams setParams = new SetParams();
            setParams.ex(5);
             = pool.getResource();
            .set("mykey", "我是值", setParams);
            System.out.println(.get("mykey"));
            Thread.sleep(6000);
            System.out.println(.get("mykey"));
        } catch (Exception e) {
            e.printStackTrace();
        } finally {
            if ( != null) {
                .close();
            }
```

```
        }
    }
}
```

程式執行結果如下。

```
我是值
null
```

3.7.3 使用 px 實現指定時間（毫秒）後執行命令

測試使用 px 實現指定時間（毫秒）後執行命令。

1. 測試案例

測試案例如下。

```
127.0.0.1:7777> set key6 key6value px 5000
OK
127.0.0.1:7777> get key6
"key6value"
/////////////////////////////////////////////5ms後執行下面的命令
127.0.0.1:7777> get key6
(nil)
127.0.0.1:7777>
```

2. 程式演示

```java
public class Test9 {
    private static Pool pool = new Pool(new PoolConfig(), "192.168.61.84",
7777, 5000, "accp");

    public static void main(String[] args) {
         = null;
        try {
            SetParams setParams = new SetParams();
            setParams.px(5000);
             = pool.getResource();
            .set("mykey", "我是值", setParams);
            System.out.println(.get("mykey"));
            Thread.sleep(6000);
            System.out.println(.get("mykey"));
        } catch (Exception e) {
            e.printStackTrace();
        } finally {
            if ( != null) {
                .close();
```

```
            }
        }
    }
}
```

程式執行結果如下。

```
我是值
null
```

3.7.4 使用 nx 當 key 不存在時才設定值

測試使用 nx 當 key 不存在時才設定值。

1. 測試案例

參數 nx 常用於增加操作，避免發生值覆蓋。

測試案例如下。

```
127.0.0.1:7777> flushall
OK
127.0.0.1:7777> keys *
(empty list or set)
127.0.0.1:7777> set username usernamevalue nx
OK
127.0.0.1:7777> get username
"usernamevalue"
127.0.0.1:7777> set username usernamevalueNEW nx
(nil)
127.0.0.1:7777> get username
"usernamevalue"
127.0.0.1:7777>
```

2. 程式演示

```java
public class Test10 {
    private static Pool pool = new Pool(new PoolConfig(), "192.168.61.84",
7777, 5000, "accp");

    public static void main(String[] args) {
            = null;
        try {
            SetParams setParams = new SetParams();
            setParams.nx();
             = pool.getResource();
            .flushAll();
```

```
                      .set("mykey", "我是值", setParams);
              System.out.println(.get("mykey"));
                      .set("mykey", "我是新值", setParams);
              System.out.println(.get("mykey"));
          } catch (Exception e) {
              e.printStackTrace();
          } finally {
              if ( != null) {
                  .close();
              }
          }
      }
}
```

程式執行結果如下。

```
我是值
我是值
```

3.7.5 使用 xx 當 key 存在時才設定值

測試使用 xx 當 key 存在時才設定值。

1. 測試案例

參數 xx 用於更新操作，因為只有 key 存在時，才有更新的必要。

測試案例如下。

```
127.0.0.1:7777> keys *
1) "key3"
2) "key4"
3) "key1"
4) "key2"
5) "username"
6) "key5"
///////////////////////////////////////////////存在key5，執行set命令成功
127.0.0.1:7777> set key5 key5newnewvalue xx
OK
127.0.0.1:7777> get key5
"key5newnewvalue"
///////////////////////////////////////////////不存在key6，執行set命令不成功
127.0.0.1:7777> set key6 key6value xx
(nil)
127.0.0.1:7777> get key6
(nil)
127.0.0.1:7777>
```

2. 程式演示

```
public class Test11 {
    private static Pool pool = new Pool(new PoolConfig(), "192.168.61.84",
7777, 5000, "accp");

    public static void main(String[] args) {
         = null;
        try {
            SetParams setParams = new SetParams();
            setParams.xx();
             = pool.getResource();
            .flushAll();
            .set("mykey1", "我是值");
            System.out.println(.get("mykey1"));
            .set("mykey1", "我是新值", setParams);
            System.out.println(.get("mykey1"));

            .set("mykey2", "我是新值", setParams);
            System.out.println(.get("mykey2"));
        } catch (Exception e) {
            e.printStackTrace();
        } finally {
            if ( != null) {
                .close();
            }
        }
    }
}
```

程式執行結果如下。

```
我是值
我是新值
null
```

3.7.6 set 命令具有刪除 TTL 的效果

測試 set 命令具有刪除 TTL 的效果。

1. 測試案例

對某個原本帶有 TTL 的 key 來說,當 set 命令成功在這個 key 上即時執行,這個 key 原有的 TTL 將被刪除。

測試案例如下。

```
/////////////////////////////////////////使用exists命令判斷key是否存在
127.0.0.1:7777> exists key35
1
127.0.0.1:7777> exists key36
0
127.0.0.1:7777> set key36 key36value ex 3
OK
/////////////////////////////////////////3s後執行get命令,沒有取到值
127.0.0.1:7777> get key36

127.0.0.1:7777> set key36 key36value ex 10
OK
/////////////////////////////////////////立即執行,用新值覆蓋舊值,TTL被刪除
127.0.0.1:7777> set key36 key36newvalue
OK
/////////////////////////////////////////立即執行,獲取新值
127.0.0.1:7777> get key36
key36newvalue
/////////////////////////////////////////10s後再執行get命令依然能取得
value,說明TTL被刪除
127.0.0.1:7777> get key36
key36newvalue
127.0.0.1:7777>
```

想要對被刪除 TTL 的 key 繼續設定 TTL,可以使用 expire 命令,後文會介紹。

2. 程式演示

```
public class Test12 {
    private static Pool pool = new Pool(new PoolConfig(), "192.168.61.84",
7777, 5000, "accp");

    public static void main(String[] args) {
         = null;
        try {
            SetParams setParams = new SetParams();
            setParams.ex(5);
             = pool.getResource();
            .flushAll();
            .set("mykey", "我是值", setParams);
            System.out.println(.get("mykey"));
            .set("mykey", "我是新值");
            System.out.println(.get("mykey"));
```

```
        Thread.sleep(6000);
        System.out.println(.get("mykey"));
    } catch (Exception e) {
        e.printStackTrace();
    } finally {
        if ( != null) {
            .close();
        }
    }
  }
}
```

程式執行結果如下。

```
我是值
我是新值
我是新值
```

3.8 strlen 命令

使用格式如下。

```
strlen key
```

該命令用於返回 key 所儲存字串的長度。當 key 儲存的不是字串時，返回一個錯誤。

3.8.1 測試案例

測試案例如下。

```
127.0.0.1:7777> set key1 123456789
OK
127.0.0.1:7777> strlen key1
(integer) 9
127.0.0.1:7777>
```

3.8.2 程式演示

```
public class Test13 {
    private static Pool pool = new Pool(new PoolConfig(), "192.168.61.84",
7777, 5000, "accp");
```

```java
public static void main(String[] args) {
    = null;
    try {
         = pool.getResource();
        .flushAll();
        .set("mykey1", "我是值");
        .set("mykey2", "123123");
        System.out.println(.strlen("mykey1".getBytes()));
        System.out.println(.strlen("mykey1"));
        System.out.println(.strlen("mykey2".getBytes()));
        System.out.println(.strlen("mykey2"));
    } catch (Exception e) {
        e.printStackTrace();
    } finally {
        if ( != null) {
            .close();
        }
    }
}
```

程式執行結果如下。

```
9
9
6
6
```

3.9 setrange 命令

使用格式如下。

```
setrange key offset value
```

該命令用 value 從偏移量 offset 開始將指定 key 所儲存的字串進行覆蓋。
offset 以 B 為單位,值從 0 開始。

如果指定 key 原來儲存的字串長度比 offset 小(如字串只有 5 個字元長,
但設定的 offset 是 10),那麼原字串和 offset 之間的空白將用零位元組
(Zero Bytes,即 \x00)來填充。

> **注意**：能使用的最大 offset 是 $2^{29}-1$（536870911），因為 Redis 字串的大小被
> 限制在 512MB 以內。如果需要使用比這更大的空間，可以使用多個 key。
> 當生成一個很長的字串時，Redis 需要分配記憶體空間，該操作有時候
> 可能會造成伺服器阻塞（block）。

setranage 和 getrange 命令可以將字串作為線性陣列，這是一個非常快速和
高效的儲存結構。

返回值代表被 setrange 命令修改之後字串的長度。

3.9.1 測試案例

使用以下命令連接伺服器。

```
redis-cli -p 7777 -a accp
```

測試案例如下。

```
127.0.0.1:7777> flushall
OK
127.0.0.1:7777> set a 12345
OK
127.0.0.1:7777> setrange a 7 678
(integer) 10
127.0.0.1:7777> get a
"12345\x00\x00678"
127.0.0.1:7777>
```

空白使用 \x00 進行佔位。

使用以下命令連接伺服器。

```
redis-cli -p 7777 -a accp -raw
```

測試案例如下。

```
127.0.0.1:7777> flushall
OK
127.0.0.1:7777> set a 123456
OK
127.0.0.1:7777> setrange a 3 789
6
127.0.0.1:7777> get a
```

```
123789
127.0.0.1:7777> set a 我是美國人
OK
127.0.0.1:7777> get a
我是美國人
127.0.0.1:7777> setrange a 6 中國人
15
127.0.0.1:7777> get a
我是中國人
127.0.0.1:7777>
```

上面測試案例的目的是實現部分內容的更新。

3.9.2 程式演示

```
public class Test14 {
    private static Pool pool = new Pool(new PoolConfig(), "192.168.61.84",
7777, 5000, "accp");

    public static void main(String[] args) {
         = null;
        try {
             = pool.getResource();
            .flushAll();
            .set("mykey1", "12345");
            .set("mykey2", "12345");
            .setrange("mykey1".getBytes(), 7, "678".getBytes());
            .setrange("mykey2", 7, "678");
            System.out.println(.get("mykey1"));
            System.out.println(.get("mykey2"));

            .set("mykey3", "我是美國人");
            System.out.println(.get("mykey3"));
            .setrange("mykey3", 6, "中國人");
            System.out.println(.get("mykey3"));
        } catch (Exception e) {
            e.printStackTrace();
        } finally {
            if ( != null) {
                .close();
            }
        }
    }
}
```

程式執行結果如下。

```
12345   678
12345   678
我是美國人
我是中國人
```

3.10 getrange 命令

使用格式如下。

```
getrange key start end
```

該命令用於返回 key 中字串的子字串,字串的截取範圍由 start 和 end 兩個偏移量決定(包括 start 和 end 在內)。start 和 end 以 B 為單位,值從 0 開始。

負數偏移量表示從字串尾端開始計數,−1 表示最後一個字元,−2 表示倒數第二個字元,依此類推。

返回值就是截取出的子字串。該命令的作用和 Java 中的 subString() 方法相似。

3.10.1 測試案例

測試案例如下。

```
127.0.0.1:7777> set a 123456789
OK
127.0.0.1:7777> getrange a 0 4
"12345"
127.0.0.1:7777> getrange a 0 100
"123456789"
127.0.0.1:7777> getrange a 0 -1
"123456789"
127.0.0.1:7777>
```

在不知道字串具體長度的情況下,想取得全部的資料就可以使用以下命令。

```
getrange a 0 -1
```

3.10.2 程式演示

```
public class Test15 {
    private static Pool pool = new Pool(new PoolConfig(), "192.168.61.84",
7777, 5000, "accp");

    public static void main(String[] args) {
        = null;
        try {
            = pool.getResource();
            .flushDB();
            .set("mykey1", "123456");

            System.out.println(new String(.getrange("mykey1".getBytes(), 1, 4)));
            System.out.println(.getrange("mykey1", 1, 4));

            System.out.println(.getrange("mykey1", 0, 5));
            System.out.println(.getrange("mykey1", 0, -1));
        } catch (Exception e) {
            e.printStackTrace();
        } finally {
            if ( != null) {
                .close();
            }
        }
    }
}
```

程式執行結果如下。

```
2345
2345
123456
123456
```

3.11 setbit 和 getbit 命令

如果想記錄每個人在一年內登入網站的情況，那麼當天登入過值是 1，當天未登入值是 0。針對一個人一年要有 365 筆記錄，如果網站有 10 億使用者呢？如 QQ 就有這樣的體量，可想而知，一年的記錄筆數就是 10 億×365。針對這樣的情況可以使用位元操作來解決，每一年的總記錄筆數是 10 億筆，相當於 10 億個 key，365 天每天登入的狀態以 bit 為單位儲存在 value 中。365bit 等於 45.625B，365/8=45.625，大約使用 46B 就能保存一個使用者一年的登入狀態，僅使用一筆記錄即可，既節省了記憶體，又方便查看。

setbit 命令的使用格式如下。

```
setbit key offset value
```

該命令用於將 key 儲存的 value 作為二進位數字，然後在指定 offset 上的位設定值。

位的值取決於 value，可以是 0，也可以是 1。當 key 不存在時，自動生成一個新的字串。

字串會進行伸展（Grown）以確保它可以將 value 保存在指定的 offset 上。當字串進行伸展時，空白位置以 0 填充。

offset 必須大於或等於 0，並且小於 2^{32}（位映射被限制在 512MB 之內）。對使用大的 offset 的 setbit 命令來説，記憶體分配可能造成 Redis 伺服器被阻塞。

返回值代表指定 offset 原來儲存位對應的值。

getbit 命令的使用格式如下。

```
getbit key offset
```

該命令用於將 key 儲存的 value 作為二進位數字，獲取指定 offset 上的位的值。

當 offset 比字串的長度大，或 key 不存在時，返回 0。

如果想在 Redis 中將儲存的中文字正確顯示出來，需要在執行 redis-cli 命令時增加 --raw 參數，命令如下。

```
redis-cli -p 7777 -a accp --raw
```

3.11.1 測試案例

先使用 Java 程式驗證使用二進位數字之後的效果，此 .java 檔案的編碼格式為 UTF-8，程式如下。

```java
public class Test16 {
    public static void main(String[] args) {
        String username = "中";
        byte[] byteArray = username.getBytes();
        for (int i = 0; i < byteArray.length; i++) {
            System.out.println(byteArray[i] + "   " + Integer.toBinaryString
(byteArray[i]));
        }
        System.out.println(new BigInteger("11100100", 2).byteValue());
        System.out.println(new BigInteger("10111000", 2).byteValue());
        System.out.println(new BigInteger("10101101", 2).byteValue());
        // 對二進位數字最後一位進行反轉，再轉換成中文字
        byte[] newByte = { new BigInteger("11100101", 2).byteValue(), new
BigInteger("10111001", 2).byteValue(),
                new BigInteger("10101100", 2).byteValue() };
        System.out.println(new String(newByte));
    }
}
```

程式執行結果如下。

```
-28   11111111111111111111111111100100
-72   11111111111111111111111110111000
-83   11111111111111111111111110101101
-28
-72
-83
疇
```

對二進位數字最後一位進行反轉，轉換成中文字「疇」，該操作也可以在 Redis 中重現。

測試案例如下。

```
127.0.0.1:7777> set key1 中
OK
127.0.0.1:7777> getbit key1 7
0
```

```
127.0.0.1:7777> setbit key1 7 1
0
127.0.0.1:7777> getbit key1 15
0
127.0.0.1:7777> setbit key1 15 1
0
127.0.0.1:7777> getbit key1 23
1
127.0.0.1:7777> setbit key1 23 0
1
127.0.0.1:7777> get key1
幬
```

如果字元不能輸出，則輸出字元的十六進位值。

3.11.2 程式演示

```java
public class Test17 {
    private static Pool pool = new Pool(new PoolConfig(), "192.168.61.84",
7777, 5000, "accp");

    public static void main(String[] args) {
         = null;
        try {
            // 輸出false代表值為0，輸出true代表值為1
             = pool.getResource();
            .flushAll();
            .set("mykey", "中");
            System.out.println(.getbit("mykey", 7));
            System.out.println(.getbit("mykey", 15));
            System.out.println(.getbit("mykey", 23));

            .setbit("mykey", 7, true);
            .setbit("mykey", 15, true);
            .setbit("mykey", 23, "0");

            System.out.println(.getbit("mykey", 7));
            System.out.println(.getbit("mykey", 15));
            System.out.println(.getbit("mykey", 23));

            System.out.println(.get("mykey"));
        } catch (Exception e) {
            e.printStackTrace();
        } finally {
            if ( != null) {
                .close();
            }
```

```
        }
    }
}
```

程式執行結果如下。

```
false
false
true
true
true
false
幬
```

3.12 bitcount 命令

使用格式如下。

```
bitcount key [start] [end]
```

該命令用於計算指定字串轉換成二進位數字後值為 1 的位的個數。一般情況下,指定的整個字串都會被計數,透過指定額外的 start 或 end 參數,可以在指定的位元組範圍內進行計數。

start 和 end 參數的設定和 getrange 命令類似,都可以使用負數值,如 −1 表示最後一個位元組,−2 表示倒數第二個位元組,依此類推。參數 start 和 end 代表位元組,不是位元。

不存在的 key 被當成是空字串來處理,因此對一個不存在的 key 執行 bitcount 命令,結果為 0。

可以使用 bitcount 命令統計出某個人一年內登入網站的總次數。

3.12.1 測試案例

測試用的 Java 程式如下。

```
public class Test18 {
    public static void main(String[] args) {
        String username = "中";
```

```
        byte[] byteArray = username.getBytes();
        for (int i = 0; i < byteArray.length; i++) {
            System.out.println(byteArray[i] + " " + Integer.toBinaryString
(byteArray[i]).substring(24));
        }
    }
}
```

程式執行結果如下。

```
-28   11100100
-72   10111000
-83   10101101
```

一共 13 個 1，代表一共有 13 個位的值是 1。

在 Redis 中的測試案例如下。

```
127.0.0.1:7777> set username 中
OK
127.0.0.1:7777> bitcount username
13
127.0.0.1:7777> bitcount username 0 0
4
127.0.0.1:7777> bitcount username 0 1
8
127.0.0.1:7777>
```

可以使用此命令計算一個使用者登入了多少次系統，或計算一個視圖中的按鈕被點擊了多少次。

3.12.2 程式演示

```
public class Test19 {
    private static Pool pool = new Pool(new PoolConfig(), "192.168.61.84",
7777, 5000, "accp");

    public static void main(String[] args) {
         = null;
        try {
             = pool.getResource();
            .flushAll();
            .set("username", "中");
            System.out.println(.bitcount("username".getBytes()));
            System.out.println(.bitcount("username"));
            System.out.println(.bitcount("username".getBytes(), 0, 0));
```

```
            System.out.println(.bitcount("username", 0, 1));
        } catch (Exception e) {
            e.printStackTrace();
        } finally {
            if ( != null) {
                .close();
            }
        }
    }
}
```

程式執行結果如下。

```
13
13
4
8
```

3.13 bitop 命令

使用格式如下。

```
bitop operation destkey key [key ...]
```

該命令用於將一個或多個 key 中的字串轉換成二進位數字，並對這些轉換後的 key 進行位元運算，然後將計算結果保存到 destkey 上。

operation 可以是 and、or、xor、not 這 4 種操作中的任意一種。

- bitop and destkey key [key ...]。
  對一個或多個 key 求邏輯並，然後將結果保存到 destkey。
- bitop or destkey key [key ...]。
  對一個或多個 key 求邏輯或，然後將結果保存到 destkey。
- bitop xor destkey key [key ...]。
  對一個或多個 key 求邏輯互斥，然後將結果保存到 destkey。XOR 操作是指如果 a 和 b 兩個值不相同，則互斥結果為 1；如果 a 和 b 兩個值相同，則互斥結果為 0。
- bitop not destkey key。

對指定 key 求邏輯非，1 轉換成 0、0 轉換成 1，然後將結果保存到 destkey。

除 not 操作之外，其他操作都可以接收一個或多個 key 作為輸入參數。

當 bitop 命令處理不同長度的字串時，較短的字串所缺少的部分會被看作 0。

空的 key 也被看作是包括 0 的字串。

3.13.1　and 操作

and 操作對一個或多個 key 求邏輯並，然後將結果保存到 destkey。

1. 測試案例

測試案例如下。

```
127.0.0.1:7777> setbit key8 0 1
0
127.0.0.1:7777> setbit key8 1 0
0
127.0.0.1:7777> setbit key8 2 1
1
127.0.0.1:7777> setbit key8 3 0
1
/////////////////////以上生成二進位數字1010
127.0.0.1:7777> setbit key9 0 1
0
127.0.0.1:7777> setbit key9 1 0
0
127.0.0.1:7777> setbit key9 2 0
1
127.0.0.1:7777> setbit key9 3 1
1
/////////////////////以上生成二進位數字1001
/////////////////////對以下兩個二進位數字進行and操作
/////////////////////1010
/////////////////////1001
127.0.0.1:7777> bitop and key10 key8 key9
1
/////////////////////產生結果
/////////////////////1000
127.0.0.1:7777> getbit key10 0
1
```

```
127.0.0.1:7777> getbit key10 1
0
127.0.0.1:7777> getbit key10 2
0
127.0.0.1:7777> getbit key10 3
0
```

2. 程式演示

```java
public class Test20 {
    private static Pool pool = new Pool(new PoolConfig(), "192.168.61.84",
7777, 5000, "accp");

    public static void main(String[] args) {
         = null;
        try {
             = pool.getResource();
            .flushAll();

            .setbit("a", 0, "1");
            .setbit("a", 1, "0");
            .setbit("a", 2, "1");
            .setbit("a", 3, "0");

            .setbit("b", 0, "1");
            .setbit("b", 1, "0");
            .setbit("b", 2, "0");
            .setbit("b", 3, "1");

            .bitop(BitOP.AND, "c", "a", "b");

            System.out.println(.getbit("c", 0));
            System.out.println(.getbit("c", 1));
            System.out.println(.getbit("c", 2));
            System.out.println(.getbit("c", 3));

        } catch (Exception e) {
            e.printStackTrace();
        } finally {
            if ( != null) {
                .close();
            }
        }
    }
}
```

程式執行結果如下。

```
true
false
false
false
```

3.13.2 or 操作

or 操作對一個或多個 key 求邏輯或，然後將結果保存到 destkey。

1. 測試案例

測試案例如下。

```
/////////////////////////對以下兩個二進位數字進行or操作
/////////////////////////1010
/////////////////////////1001
/////////////////////////產生結果
/////////////////////////1011
127.0.0.1:7777> bitop or key10 key8 key9
1
127.0.0.1:7777> getbit key10 0
1
127.0.0.1:7777> getbit key10 1
0
127.0.0.1:7777> getbit key10 2
1
127.0.0.1:7777> getbit key10 3
1
```

2. 程式演示

```
public class Test21 {
    private static Pool pool = new Pool(new PoolConfig(), "192.168.61.84",
7777, 5000, "accp");

    public static void main(String[] args) {
         = null;
        try {
             = pool.getResource();
            .flushAll();

            .setbit("a", 0, "1");
            .setbit("a", 1, "0");
            .setbit("a", 2, "1");
            .setbit("a", 3, "0");

            .setbit("b", 0, "1");
```

```
        .setbit("b", 1, "0");
        .setbit("b", 2, "0");
        .setbit("b", 3, "1");

        .bitop(BitOP.OR, "c", "a", "b");

        System.out.println(.getbit("c", 0));
        System.out.println(.getbit("c", 1));
        System.out.println(.getbit("c", 2));
        System.out.println(.getbit("c", 3));

    } catch (Exception e) {
        e.printStackTrace();
    } finally {
        if ( != null) {
            .close();
        }
    }
  }
}
```

程式執行結果如下。

```
true
false
true
true
```

3.13.3 xor 操作

xor 操作對一個或多個 key 求邏輯互斥，然後將結果保存到 destkey。如果 a 和 b 兩個值不相同，則互斥結果為 1；如果 a 和 b 兩個值相同，則互斥結果為 0。

1. 測試案例

測試案例如下。

```
///////////////////////對以下兩個二進位數字進行xor操作
///////////////////////1010
///////////////////////1001
///////////////////////產生結果
///////////////////////0011
127.0.0.1:7777> bitop xor key10 key8 key9
1
```

```
127.0.0.1:7777> getbit key10 0
0
127.0.0.1:7777> getbit key10 1
0
127.0.0.1:7777> getbit key10 2
1
127.0.0.1:7777> getbit key10 3
1
```

2. 程式演示

```
public class Test22 {
    private static Pool pool = new Pool(new PoolConfig(), "192.168.61.84",
7777, 5000, "accp");

    public static void main(String[] args) {
         = null;
        try {
             = pool.getResource();
            .flushAll();

            .setbit("a", 0, "1");
            .setbit("a", 1, "0");
            .setbit("a", 2, "1");
            .setbit("a", 3, "0");

            .setbit("b", 0, "1");
            .setbit("b", 1, "0");
            .setbit("b", 2, "0");
            .setbit("b", 3, "1");

            .bitop(BitOP.XOR, "c", "a", "b");

            System.out.println(.getbit("c", 0));
            System.out.println(.getbit("c", 1));
            System.out.println(.getbit("c", 2));
            System.out.println(.getbit("c", 3));

        } catch (Exception e) {
            e.printStackTrace();
        } finally {
            if ( != null) {
                .close();
            }
        }
    }
}
```

程式執行結果如下。

```
false
false
true
true
```

3.13.4 not 操作

not 操作對指定 key 求邏輯非,1 轉換成 0、0 轉換成 1,然後將結果保存到 destkey。

1. 測試案例

測試案例如下。

```
///////////////////////對以下二進位數字進行not操作
///////////////////////1010
///////////////////////產生結果
///////////////////////0101
127.0.0.1:7777> bitop not key10 key8
1
127.0.0.1:7777> getbit key10 0
0
127.0.0.1:7777> getbit key10 1
1
127.0.0.1:7777> getbit key10 2
0
127.0.0.1:7777> getbit key10 3
1
```

2. 程式演示

```java
public class Test23 {
    private static Pool pool = new Pool(new PoolConfig(), "192.168.61.84",
7777, 5000, "accp");

    public static void main(String[] args) {
            = null;
        try {
             = pool.getResource();
            .flushAll();

            .setbit("a", 0, "1");
            .setbit("a", 1, "0");
            .setbit("a", 2, "1");
```

```
        .setbit("a", 3, "0");

        .bitop(BitOP.NOT, "c", "a");

        System.out.println(.getbit("c", 0));
        System.out.println(.getbit("c", 1));
        System.out.println(.getbit("c", 2));
        System.out.println(.getbit("c", 3));
    } catch (Exception e) {
        e.printStackTrace();
    } finally {
        if ( != null) {
            .close();
        }
    }
}
```

程式執行結果如下。

```
false
true
false
true
```

3.14 getset 命令

使用格式如下。

```
getset key value
```

該命令用於原子性（Atomic）地將指定 key 的新值指定為 value，並返回 key 的舊值。

原子性是指不可分割的操作或命令，也就是賦新值和返回值這兩個操作不能被其他的命令所干擾，這兩個操作都執行完了，才會執行其他的命令。

3.14.1 測試案例

測試案例如下。

```
127.0.0.1:7777> getset key12 key12value

127.0.0.1:7777> get key12
key12value
127.0.0.1:7777> getset key12 key12lastvalue
key12value
127.0.0.1:7777> get key12
key12lastvalue
```

3.14.2 程式演示

```java
public class Test24 {
    private static Pool pool = new Pool(new PoolConfig(), "192.168.61.84",
7777, 5000, "accp");

    public static void main(String[] args) {
          = null;
        try {
             = pool.getResource();
            .flushDB();

            System.out.println("a的舊值1：" + .getSet("a".getBytes(),
"avalue".getBytes()));
            System.out.println("b的舊值1：" + .getSet("b", "bvalue"));

            System.out.println("a的舊值2：" + new String(.getSet("a".getBytes(),
"avaluenew".getBytes())));
            System.out.println("b的舊值2：" + .getSet("b", "bvaluenew"));

            System.out.println("a的最新值：" + .get("a"));
            System.out.println("b的最新值：" + .get("b"));

        } catch (Exception e) {
            e.printStackTrace();
        } finally {
            if ( != null) {
                .close();
            }
        }
    }
}
```

程式執行結果如下。

```
a的舊值1：null
b的舊值1：null
a的舊值2：avalue
```

```
b的舊值2：bvalue
a的最新值：avaluenew
b的最新值：bvaluenew
```

3.15 msetnx 命令

使用格式如下。

```
msetnx key value [key value ...]
```

該命令用於同時設定一個或多個 key-value 對，當且僅當所有指定 key 都不存在時，才會批次執行 set 命令；即使只有一個指定 key 存在，msetnx命令也會拒絕執行所有指定 key 的 set 命令。

msetnx 命令是原子性的，所有 key-value 對可以全被設定，也可以全不被設定。

當所有指定 key 都成功設定時返回 1。如果所有指定 key 都設定失敗（至少有一個 key 已經存在），那麼返回 0。

3.15.1 測試案例

測試案例如下。

```
127.0.0.1:6379> flushdb
OK
127.0.0.1:6379> keys *

127.0.0.1:6379> msetnx a aa b bb c cc d dd
1
127.0.0.1:6379> get a
aa
127.0.0.1:6379> get b
bb
127.0.0.1:6379> get c
cc
127.0.0.1:6379> get d
dd
127.0.0.1:6379> msetnx a newaa x xx y yy z zz
0
```

```
127.0.0.1:6379> get a
aa
127.0.0.1:6379> get b
bb
127.0.0.1:6379> get c
cc
127.0.0.1:6379> get d
dd
127.0.0.1:6379> get x

127.0.0.1:6379> get y

127.0.0.1:6379> get z

127.0.0.1:6379>
```

3.15.2 程式演示

```java
public class Test25 {
    private static Pool pool = new Pool(new PoolConfig(), "192.168.61.84",
7777, 5000, "accp");

    public static void main(String[] args) {
        = null;
        try {
            = pool.getResource();
            .flushDB();

            long result1 = .msetnx("a1".getBytes(), "aa1".getBytes(),
"a2".getBytes(), "aa2".getBytes(),
                    "a3".getBytes(), "aa3".getBytes());
            long result2 = .msetnx("b1", "bb1", "b2", "bb2", "b3", "bb3");

            System.out.println("a1=" + .get("a1"));
            System.out.println("a2=" + .get("a2"));
            System.out.println("a3=" + .get("a3"));

            System.out.println("b1=" + .get("b1"));
            System.out.println("b2=" + .get("b2"));
            System.out.println("b3=" + .get("b3"));

            long result3 = .msetnx("a1", "aa1new", "x", "xx", "y", "yy");

            System.out.println("a1=" + .get("a1"));
            System.out.println("x=" + .get("x"));
            System.out.println("y=" + .get("y"));
```

```
        System.out.println(result1);
        System.out.println(result2);
        System.out.println(result3);

    } catch (Exception e) {
        e.printStackTrace();
    } finally {
        if ( != null) {
            .close();
        }
    }
 }
}
```

程式執行結果如下。

```
a1=aa1
a2=aa2
a3=aa3
b1=bb1
b2=bb2
b3=bb3
a1=aa1
x=null
y=null
1
1
0
```

3.16 mset 命令

使用格式如下。

```
mset key value [key value ...]
```

該命令用於同時設定一個或多個 key-value 對。

如果某個指定 key 已經存在，那麼 mset 命令會用新值覆蓋原來的舊值。
如果這不是所希望的效果，請考慮使用 msetnx 命令，它只會在所有指定
key 都不存在的情況下執行 set 命令。

mset 命令是一個原子性命令，所有指定 key 都會在同一時間內設定，用戶
端不會看到某些 key 已更新，而其他 key 保持不變的效果。

3.16.1 測試案例

測試案例如下。

```
127.0.0.1:7777> set a aa
OK
127.0.0.1:7777> set b bb
OK
127.0.0.1:7777> mset a newAA b newBB c CC
OK
127.0.0.1:7777> get a
newAA
127.0.0.1:7777> get b
newBB
127.0.0.1:7777> get c
CC
127.0.0.1:7777>
```

3.16.2 程式演示

```java
public class Test26 {
    private static Pool pool = new Pool(new PoolConfig(), "192.168.56.11",
6379, 5000, "accp");

    public static void main(String[] args) {
         = null;
        try {
             = pool.getResource();
            .flushDB();

            .mset("a1".getBytes(), "aa1".getBytes(), "a2".getBytes(),
"aa2".getBytes(), "a3".getBytes(),
                    "aa3".getBytes());
            System.out.println("a1=" + .get("a1"));
            System.out.println("a2=" + .get("a2"));
            System.out.println("a3=" + .get("a3"));

            .mset("a1", "aa1new", "a2", "aa2new", "a3", "aa3new");
            System.out.println("a1=" + .get("a1"));
            System.out.println("a2=" + .get("a2"));
            System.out.println("a3=" + .get("a3"));

        } catch (Exception e) {
            e.printStackTrace();
        } finally {
            if ( != null) {
                .close();
```

```
            }
        }
    }
}
```

程式執行結果如下。

```
a1=aa1
a2=aa2
a3=aa3
a1=aa1new
a2=aa2new
a3=aa3new
```

3.17 mget 命令

使用格式如下。

```
mget key [key ...]
```

該命令用於返回所有（一個或多個）指定 key 的值。

如果指定的多個 key 中有某個 key 不存在，那麼這個 key 返回特殊值 nil。

3.17.1 測試案例

測試案例如下。

```
127.0.0.1:7777[1]> mset a aa b bb c cc
OK
127.0.0.1:7777[1]> mget a b c
aa
bb
cc
127.0.0.1:7777[1]>
```

3.17.2 程式演示

```java
public class Test27 {
    private static Pool pool = new Pool(new PoolConfig(), "192.168.61.84",
7777, 5000, "accp");

    public static void main(String[] args) {
```

```
            = null;
        try {
             = pool.getResource();
            .flushDB();

            .mset("a", "中國1", "b", "美國", "c", "法國");

            List<byte[]> list1 = .mget("a".getBytes(), "b".getBytes(),
"c".getBytes());
            for (int i = 0; i < list1.size(); i++) {
                System.out.println(new String(list1.get(i)));
            }

            System.out.println();

            List<String> list2 = .mget("a", "b", "c");
            for (int i = 0; i < list2.size(); i++) {
                System.out.println(list2.get(i));
            }
        } catch (Exception e) {
            e.printStackTrace();
        } finally {
            if ( != null) {
                .close();
            }
        }
    }
}
```

程式執行結果如下。

```
中國1
美國
法國

中國1
美國
法國
```

3.18 bitfield 命令

使用格式如下。

```
bitfield key [GET type offset] [SET type offset value] [INCRBY type offset
increment] [OVERFLOW WRAP|SAT|FAIL]
```

前文介紹過 setbit 和 getbit 命令,這兩個命令只會對一個位元操作,而 bitfield 命令可以將多個位元當成一個「組」,對這個組中的資料操作。

bitfield 命令可以將一個 Redis 字串看作一個由二進位位元組成的陣列,可以對陣列中的資料進行「分組」存取。如將陣列中的「某一部分資料」當作整數,對這個整數進行加法和減法操作,並且這些操作可以透過設定某些參數妥善地處理計算時出現的溢位情況。

注意以下幾點。

■ 使用 get 子命令對超出字串當前範圍的二進位位元進行存取(包括 key 不存在的情況),超出部分的二進位位元的值將被當作 0。

■ 使用 set 子命令或 incrby 子命令對超出字串當前範圍的二進位位元進行存取將導致字串被擴充,被擴充的部分會使用值為 0 的二進位位元進行填充。在對字串進行擴充時,命令會根據字串目前已有的最遠端二進位位元計算出執行操作所需的最小長度。

以下是 bitfield 命令支援的子命令。

■ get type offset:返回指定 offset 處的 type 的值。

■ set type offset value:對指定 offset 處設定 type 的值,並返回它的舊值。

■ incrby type offset increment:對指定 offset 處的 type 進行加法操作,並返回它的舊值。使用者可以透過向 increment 參數傳入負值來實現對應的減法操作,並返回它的新值。

■ overflow [WRAP|SAT|FAIL]:可以改變之後執行的 incrby 子命令在發生溢位情況時的行為。

當對 offset 處的資料操作時,可以在 type 的前面增加 i 來表示有號整數,如使用 i16 來表示 16 位元長的有號整數。或使用 u 來表示不帶正負號的整數,如可以使用 u8 來表示 8 位元長的不帶正負號的整數。

bitfield 命令最大支援 64 位元長的有號整數和 63 位元長的不帶正負號的整數,其中不帶正負號的整數的 63 位元長度限制是由於 Redis 協定目前還無法返回 64 位元長的不帶正負號的整數。

3.18.1 set、get、incrby 子命令的測試

1. 測試案例

先來看一看整數 −123 的二進位值，程式如下。

```
public class Test28 {
    public static void main(String[] args) {
        int num = -123;
        System.out.println(Integer.toBinaryString(num));
        System.out.println(new BigInteger("10000101", 2).byteValue());
    }
}
```

程式執行結果如下。

```
11111111111111111111111110000101
-123
```

bitfield key19 set i8 0 −123 命令的作用是對 key19 進行位元操作，操作的
類型是 set，資料的類型是 8 位元整數有號，在第 0 位元開始執行 set 子命
令，值是 −123。

測試案例如下。

```
127.0.0.1:7777> bitfield key19 set i8 0 -123
0
127.0.0.1:7777> getbit key19 0
1
127.0.0.1:7777> getbit key19 1
0
127.0.0.1:7777> getbit key19 2
0
127.0.0.1:7777> getbit key19 3
0
127.0.0.1:7777> getbit key19 4
0
127.0.0.1:7777> getbit key19 5
1
127.0.0.1:7777> getbit key19 6
0
127.0.0.1:7777> getbit key19 7
1
127.0.0.1:7777> bitfield key19 set i8 0 -124
-123                            //返回的-123是舊值
```

```
127.0.0.1:7777> bitfield key19 get i8 0
-124
127.0.0.1:7777> bitfield key19 incrby i8 0 20
-104
127.0.0.1:7777>
```

2. 程式演示

```
public class Test29 {
    private static Pool pool = new Pool(new PoolConfig(), "192.168.61.84",
7777, 5000, "accp");

    public static void main(String[] args) {
            = null;
        try {
            = pool.getResource();
            .flushDB();

            List<Long> listLong = .bitfield("a", "SET", "i8", "0", "-123");
            System.out.println(.getbit("a", 0));
            System.out.println(.getbit("a", 1));
            System.out.println(.getbit("a", 2));
            System.out.println(.getbit("a", 3));
            System.out.println(.getbit("a", 4));
            System.out.println(.getbit("a", 5));
            System.out.println(.getbit("a", 6));
            System.out.println(.getbit("a", 7));

            System.out.println(listLong.get(0));

            listLong = .bitfield("a", "SET", "i8", "0", "-124");
            System.out.println(listLong.get(0));
            listLong = .bitfield("a", "GET", "i8", "0");
            System.out.println(listLong.get(0));
            listLong = .bitfield("a", "INCRBY", "i8", "0", "20");
            System.out.println(listLong.get(0));
        } catch (Exception e) {
            e.printStackTrace();
        } finally {
            if ( != null) {
                .close();
            }
        }
    }
}
```

程式執行結果如下。

```
true
false
false
false
false
true
false
true
0
-123
-124
-104
```

3.18.2 使用 # 方便處理「組資料」

使用者有兩種方法來設定 offset。

■ 如果使用者指定的 offset 是一個沒有任何字首的數字，那麼這個數字指示的就是以 0 為開始（Zero-Base）的 offset，也就是位元所對應的索引值。

■ 如果使用者指定的是一個帶有 # 的 offset，那麼命令將使用這個 offset 與被設定的數字類型的長度相乘，從而計算出真正的 offset，如以下命令。

```
bitfield mystring set i8 #0 100 i8 #1 200
```

命令會把 mystring 裡面第一個 i8 長度的二進位位元的值設定為 100，並把第二個 i8 長度的二進位位元的值設定為 200。當把 key 對應的 value 當作陣列來使用，並且陣列中儲存的都是固定長度（Fixed-Length）的整數時，使用 # 可以免去手動計算二進位位元所在的 offset 的麻煩。

1. 測試案例

測試案例如下。

```
127.0.0.1:7777[1]> flushdb
OK
127.0.0.1:7777[1]> bitfield a set i8 #0 10
0
127.0.0.1:7777[1]> bitfield a set i8 #1 20
0
```

```
127.0.0.1:7777[1]> bitfield a get i8 #0
10
127.0.0.1:7777[1]> bitfield a get i8 #1
20
127.0.0.1:7777[1]> bitfield a incrby i8 #0 40
50
127.0.0.1:7777[1]> bitfield a get i8 #0
50
127.0.0.1:7777[1]>
```

2. 程式演示

```java
public class Test30 {
    private static Pool pool = new Pool(new PoolConfig(), "192.168.61.84",
7777, 5000, "accp");

    public static void main(String[] args) {
         = null;
        try {
             = pool.getResource();
            .flushDB();

            List<Long> listLong = null;
            listLong = .bitfield("a", "SET", "i8", "#0", "10");
            System.out.println(listLong.get(0));

            listLong = .bitfield("a", "SET", "i8", "#1", "20");
            System.out.println(listLong.get(0));

            listLong = .bitfield("a", "GET", "i8", "#0");
            System.out.println(listLong.get(0));
            listLong = .bitfield("a", "GET", "i8", "#1");
            System.out.println(listLong.get(0));

            listLong = .bitfield("a", "INCRBY", "i8", "#0", "40");
            System.out.println(listLong.get(0));
        } catch (Exception e) {
            e.printStackTrace();
        } finally {
            if ( != null) {
                .close();
            }
        }
    }
}
```

程式執行結果如下。

```
0
0
10
20
50
```

3.18.3 overflow 子命令的測試

使用者可以透過 overflow 子命令結合以下 3 個參數來決定在執行自動增加或自減操作時遇到向上溢位（Overflow）或向下溢位（Underflow）時的行為。

- WRAP：使用回繞（Wrap Around）方法處理有號整數和不帶正負號的整數的溢位情況。對不帶正負號的整數來說，類似於將時鐘指標向前撥或向後撥。對有號整數來說，上溢將導致數字重新從最小的負數開始計算，而下溢將導致數字重新從最大的正數開始計算。比如果我們對一個值為 127 的 i8 整數執行加 1 操作，那麼將得到結果 −128。在預設情況下，incrby 命令使用 WRAP 來處理溢位計算。

- SAT：使用飽和計算（Saturation Arithmetic）方法處理溢位情況，也就是説，下溢計算的結果為最小的整數值，而上溢計算的結果為最大的整數值。舉個例子，如果我們對一個值為 120 的 i8 整數執行加 10 操作，那麼命令的結果將為 i8 類型所能儲存的最大整數值 127。與此相反，如果一個針對 i8 整數的計算造成了下溢，那麼這個 i8 整數將被設定為 −127。

- FAIL：在這一方法下，命令將拒絕執行那些會導致上溢或下溢情況出現的計算，並向使用者返回空值表示計算未被執行。

1. 測試 WRAP

（1）測試案例

先來測試 WRAP 的情況。有號上溢的測試案例如下。

```
127.0.0.1:7777> bitfield a set i8 #0 120
0
127.0.0.1:7777> bitfield a overflow wrap incrby i8 #0 10
-126
```

```
127.0.0.1:7777> bitfield a get i8 #0
-126
127.0.0.1:7777>
```

有號下溢的測試案例如下。

```
127.0.0.1:7777> bitfield a set i8 #0 -120
0
127.0.0.1:7777> bitfield a overflow wrap incrby i8 #0 -10
126
127.0.0.1:7777> bitfield a get i8 #0
126
127.0.0.1:7777>
```

無號上溢的測試案例如下。

```
127.0.0.1:7777> bitfield a set u8 0 250
0
127.0.0.1:7777> bitfield a incrby u8 0 10
4
127.0.0.1:7777> bitfield a get u8 0
4
127.0.0.1:7777>
```

無號下溢的測試案例程式如下。

```
127.0.0.1:7777> bitfield key21 set u8 #0 0
0
127.0.0.1:7777> bitfield key21 get u8 #0
0
127.0.0.1:7777> bitfield key21 incrby u8 #0 -1
255
127.0.0.1:7777> bitfield key21 get u8 #0
255
127.0.0.1:7777>
```

（2）程式演示

```java
public class Test31 {
    private static Pool pool = new Pool(new PoolConfig(), "192.168.61.84",
7777, 5000, "accp");

    public static void main(String[] args) {
          = null;
        try {
            = pool.getResource();

          .flushDB();
```

```java
            // 有號上溢
            {
                List list = null;
                list = .bitfield("a", "set", "i8", "#0", "120");
                System.out.println(list.get(0));
                list = .bitfield("a", "overflow", "wrap", "incrby", "i8",
"#0", "10");
                System.out.println(list.get(0));
                list = .bitfield("a", "get", "i8", "#0");
                System.out.println(list.get(0));
            }

            System.out.println();

            .flushDB();
            // 有號下溢
            {
                List list = null;
                list = .bitfield("a", "set", "i8", "#0", "-120");
                System.out.println(list.get(0));
                list = .bitfield("a", "overflow", "wrap", "incrby", "i8",
"#0", "-10");
                System.out.println(list.get(0));
                list = .bitfield("a", "get", "i8", "#0");
                System.out.println(list.get(0));
            }

            System.out.println();

            .flushDB();
            // 無號上溢
            {
                List list = null;
                list = .bitfield("a", "set", "u8", "#0", "250");
                System.out.println(list.get(0));
                list = .bitfield("a", "overflow", "wrap", "incrby", "u8",
"#0", "10");
                System.out.println(list.get(0));
                list = .bitfield("a", "get", "u8", "#0");
                System.out.println(list.get(0));
            }

            System.out.println();

            .flushDB();
            // 無號下溢
            {
                List list = null;
```

```
                list = .bitfield("a", "set", "u8", "#0", "0");
                System.out.println(list.get(0));
                list = .bitfield("a", "overflow", "wrap", "incrby", "u8",
"#0", "-1");
                System.out.println(list.get(0));
                list = .bitfield("a", "get", "u8", "#0");
                System.out.println(list.get(0));
            }

        } catch (Exception e) {
            e.printStackTrace();
        } finally {
            if ( != null) {
                .close();
            }
        }
    }
}
```

程式執行結果如下。

```
0
-126
-126

0
126
126

0
4
4

0
255
255
```

2. 測試 SAT

（1）測試案例

有號上溢的測試案例如下。

```
127.0.0.1:7777> bitfield a set i8 #0 120
0
127.0.0.1:7777> bitfield a overflow sat incrby i8 #0 10
127
127.0.0.1:7777> bitfield a get i8 #0
```

```
127
127.0.0.1:7777>
```

有號下溢的測試案例如下。

```
127.0.0.1:7777> bitfield a set i8 #0 -120
0
127.0.0.1:7777> bitfield a overflow sat incrby i8 #0 -10
-128
127.0.0.1:7777> bitfield a get i8 #0
-128
127.0.0.1:7777>
```

無號上溢的測試案例如下。

```
127.0.0.1:7777> bitfield a set u8 #0 250
0
127.0.0.1:7777> bitfield a overflow sat incrby u8 #0 10
255
127.0.0.1:7777> bitfield a get u8 #0
255
127.0.0.1:7777>
```

無號下溢的測試案例如下。

```
127.0.0.1:7777> bitfield a set u8 #0 5
0
127.0.0.1:7777> bitfield a overflow sat incrby u8 #0 -10
0
127.0.0.1:7777> bitfield a get u8 #0
0
127.0.0.1:7777>
```

（2）程式演示

```java
public class Test32 {
    private static Pool pool = new Pool(new PoolConfig(), "192.168.61.84",
7777, 5000, "accp");

    public static void main(String[] args) {
        = null;
        try {
            = pool.getResource();

            .flushDB();
            // 有號上溢
            {
                List list = null;
```

```
                list = .bitfield("a", "set", "i8", "#0", "120");
                System.out.println(list.get(0));
                list = .bitfield("a", "overflow", "sat", "incrby", "i8",
"#0", "10");
                System.out.println(list.get(0));
                list = .bitfield("a", "get", "i8", "#0");
                System.out.println(list.get(0));
            }

        System.out.println();

        .flushDB();
        // 有號下溢
        {
            List list = null;
            list = .bitfield("a", "set", "i8", "#0", "-120");
            System.out.println(list.get(0));
            list = .bitfield("a", "overflow", "sat", "incrby", "i8",
"#0", "-10");
            System.out.println(list.get(0));
            list = .bitfield("a", "get", "i8", "#0");
            System.out.println(list.get(0));
        }

        System.out.println();

        .flushDB();
        // 無號上溢
        {
            List list = null;
            list = .bitfield("a", "set", "u8", "#0", "250");
            System.out.println(list.get(0));
            list = .bitfield("a", "overflow", "sat", "incrby", "u8",
"#0", "10");
            System.out.println(list.get(0));
            list = .bitfield("a", "get", "u8", "#0");
            System.out.println(list.get(0));
        }

        System.out.println();

        .flushDB();
        // 無號下溢
        {
            List list = null;
            list = .bitfield("a", "set", "u8", "#0", "5");
            System.out.println(list.get(0));
            list = .bitfield("a", "overflow", "sat", "incrby", "u8",
```

```
"#0", "-10");
                System.out.println(list.get(0));
                list = .bitfield("a", "get", "u8", "#0");
                System.out.println(list.get(0));
            }

        } catch (Exception e) {
            e.printStackTrace();
        } finally {
            if ( != null) {
                .close();
            }
        }
    }
}
```

程式執行結果如下。

```
0
127
127

0
-128
-128

0
255
255

0
0
0
```

3. wrap 和 sat 的差別

（1）測試案例

測試案例如下。

```
127.0.0.1:7777> bitfield a set u8 0 250
0
127.0.0.1:7777> bitfield a overflow wrap incrby u8 0 10
4
127.0.0.1:7777> bitfield a get u8 0
4

127.0.0.1:7777> bitfield b set u8 0 250
```

```
0
127.0.0.1:7777> bitfield b overflow sat incrby u8 0 10
255
127.0.0.1:7777> bitfield b get u8 0
255
127.0.0.1:7777>
```

（2）程式演示

```java
public class Test33 {
    private static Pool pool = new Pool(new PoolConfig(), "192.168.61.84",
7777, 5000, "accp");

    public static void main(String[] args) {
         = null;
        try {
             = pool.getResource();

            .flushDB();
            {
                List list = null;
                list = .bitfield("a", "set", "u8", "#0", "250");
                System.out.println(list.get(0));
                list = .bitfield("a", "overflow", "wrap", "incrby", "u8",
"#0", "10");
                System.out.println(list.get(0));
                list = .bitfield("a", "get", "u8", "#0");
                System.out.println(list.get(0));
            }

            System.out.println();

            .flushDB();
            {
                List list = null;
                list = .bitfield("a", "set", "u8", "#0", "250");
                System.out.println(list.get(0));
                list = .bitfield("a", "overflow", "sat", "incrby", "u8",
"#0", "10");
                System.out.println(list.get(0));
                list = .bitfield("a", "get", "u8", "#0");
                System.out.println(list.get(0));
            }
        } catch (Exception e) {
            e.printStackTrace();
        } finally {
            if ( != null) {
                .close();
```

```
                }
            }
        }
}
```

程式執行結果如下。

```
0
4
4

0
255
255
```

4. 測試 fail

（1）測試案例

有號上溢的測試案例如下。

```
127.0.0.1:7777> bitfield a set i8 #0 120
0
127.0.0.1:7777> bitfield a overflow fail incrby i8 #0 10

127.0.0.1:7777> bitfield a get i8 #0
120
127.0.0.1:7777>
```

有號下溢的測試案例如下。

```
127.0.0.1:7777> bitfield a set i8 #0 -120
0
127.0.0.1:7777> bitfield a overflow fail incrby i8 #0 -10

127.0.0.1:7777> bitfield a get i8 #0
-120
127.0.0.1:7777>
```

無號上溢的測試案例如下。

```
127.0.0.1:7777> bitfield a set u8 #0 250
0
127.0.0.1:7777> bitfield a overflow fail incrby u8 #0 10

127.0.0.1:7777> bitfield a get u8 #0
250
127.0.0.1:7777>
```

無號下溢的測試案例如下。

```
127.0.0.1:7777> bitfield a set u8 #0 5
0
127.0.0.1:7777> bitfield a overflow fail incrby u8 #0 -10

127.0.0.1:7777> bitfield a get u8 #0
5
127.0.0.1:7777>
```

（2）程式演示

```
public class Test34 {
    private static Pool pool = new Pool(new PoolConfig(), "192.168.61.84",
7777, 5000, "accp");

    public static void main(String[] args) {
         = null;
        try {
             = pool.getResource();

            .flushDB();
            // 有號上溢
            {
                List list = null;
                list = .bitfield("a", "set", "i8", "#0", "120");
                System.out.println(list.get(0));
                list = .bitfield("a", "overflow", "fail", "incrby", "i8",
"#0", "10");
                System.out.println(list.get(0));
                list = .bitfield("a", "get", "i8", "#0");
                System.out.println(list.get(0));
            }

            System.out.println();

            .flushDB();
            // 有號下溢
            {
                List list = null;
                list = .bitfield("a", "set", "i8", "#0", "-120");
                System.out.println(list.get(0));
                list = .bitfield("a", "overflow", "fail", "incrby", "i8",
"#0", "-10");
                System.out.println(list.get(0));
                list = .bitfield("a", "get", "i8", "#0");
                System.out.println(list.get(0));
            }
```

```
        System.out.println();

        .flushDB();
        // 無號上溢
        {
            List list = null;
            list = .bitfield("a", "set", "u8", "#0", "250");
            System.out.println(list.get(0));
            list = .bitfield("a", "overflow", "fail", "incrby", "u8",
"#0", "10");
            System.out.println(list.get(0));
            list = .bitfield("a", "get", "u8", "#0");
            System.out.println(list.get(0));
        }

        System.out.println();

        .flushDB();
        // 無號下溢
        {
            List list = null;
            list = .bitfield("a", "set", "u8", "#0", "5");
            System.out.println(list.get(0));
            list = .bitfield("a", "overflow", "fail", "incrby", "u8",
"#0", "-10");
            System.out.println(list.get(0));
            list = .bitfield("a", "get", "u8", "#0");
            System.out.println(list.get(0));
        }

    } catch (Exception e) {
        e.printStackTrace();
    } finally {
        if ( != null) {
            .close();
        }
    }
  }
}
```

程式執行結果如下。

```
0
null
120

0
```

```
null
-120

0
null
250

0
null
5
```

3.19 bitpos 命令

使用格式如下。

```
bitpos key bit [start] [end]
```

該命令用於返回設定為 1 或 0 的第一個位元的索引值。

注意：參數 start、end 中的值以 B（位元組）為單位，而非 bit（位元）。

3.19.1 測試案例

測試案例如下。

```
127.0.0.1:7777> del key1
1
127.0.0.1:7777> del key2
0
127.0.0.1:7777> setbit key1 0 0
0
127.0.0.1:7777> setbit key1 1 0
0
127.0.0.1:7777> setbit key1 2 0
0
127.0.0.1:7777> setbit key1 3 0
0
127.0.0.1:7777> setbit key1 4 0
0
127.0.0.1:7777> setbit key1 5 0
0
127.0.0.1:7777> setbit key1 6 0
0
```

```
127.0.0.1:7777> setbit key1 7 0
0
127.0.0.1:7777> setbit key2 0 1
0
127.0.0.1:7777> setbit key2 1 1
0
127.0.0.1:7777> setbit key2 2 1
0
127.0.0.1:7777> setbit key2 3 1
0
127.0.0.1:7777> setbit key2 4 1
0
127.0.0.1:7777> setbit key2 5 1
0
127.0.0.1:7777> setbit key2 6 1
0
127.0.0.1:7777> setbit key2 7 1
0
/////////////key1的二進位值是00000000
/////////////key2的二進位值是11111111
127.0.0.1:7777> bitpos key1 0
0
127.0.0.1:7777> bitpos key1 1
-1
127.0.0.1:7777> bitpos key2 0
8
127.0.0.1:7777> bitpos key2 1
0
127.0.0.1:7777>
```

3.19.2 程式演示

```java
public class Test35 {
    private static Pool pool = new Pool(new PoolConfig(), "192.168.61.84",
7777, 5000, "accp");

    public static void main(String[] args) {
           = null;
        try {
            = pool.getResource();
           .flushDB();

           .setbit("a", 0, "0");
           .setbit("a", 1, "0");
           .setbit("a", 2, "0");
           .setbit("a", 3, "0");
```

```
        .setbit("a", 4, "0");
        .setbit("a", 5, "0");
        .setbit("a", 6, "0");
        .setbit("a", 7, "0");

        .setbit("b", 0, "1");
        .setbit("b", 1, "1");
        .setbit("b", 2, "1");
        .setbit("b", 3, "1");
        .setbit("b", 4, "1");
        .setbit("b", 5, "1");
        .setbit("b", 6, "1");
        .setbit("b", 7, "1");

        System.out.println(.bitpos("a".getBytes(), false));
        System.out.println(.bitpos("a".getBytes(), true));

        System.out.println(.bitpos("b", false));
        System.out.println(.bitpos("b", true));

    } catch (Exception e) {
        e.printStackTrace();
    } finally {
        if ( != null) {
            .close();
        }
    }
}
}
```

程式執行結果如下。

```
0
-1
8
0
```

3.20「秒殺」核心演算法實現

創建工具類別程式如下。

```
import java.util.Set;
import java.util.concurrent.ConcurrentSkipListSet;
```

```java
public class SetTools {
    public static Set set = new ConcurrentSkipListSet();
}
```

創建執行緒類別程式如下。

```java
import java.util.concurrent.CountDownLatch;
import redis.clients..;

public class MyThread extends Thread {
    private  ;
    private CountDownLatch finalExit;

    public MyThread( , CountDownLatch finalExit) {
        this. = ;
        this.finalExit = finalExit;
    }

    @Override
    public void run() {
        try {
            long getValue = .decr("RedisBookCount");
            if (getValue >= 0) {
                if (SetTools.set.contains(getValue) == true) {
                    System.out.println("=");
                }
                SetTools.set.add(getValue);
            }
        } catch (Exception e) {
            e.printStackTrace();
        } finally {
            finalExit.countDown();
            .close();
        }
    }
}
```

創建執行類別程式如下。

```java
import java.util.concurrent.CountDownLatch;

import redis.clients..;
import redis.clients..Pool;
import redis.clients..PoolConfig;

public class Test36 {
    private static Pool pool = null;
```

```java
public static void main(String[] args) {
    PoolConfig config = new PoolConfig();
    config.setMaxTotal(5000);
    pool = new Pool(config, "192.168.1.103", 7777, 50000, "accp");
    try {

        {
             = pool.getResource();
            .flushAll();

            for (int i = 0; i < 3000; i++) {
                .set("RedisBookCount", "" + 3000);
            }
            .close();
        }

        CountDownLatch finalExit = new CountDownLatch(4000);

        MyThread[] threadArray = new MyThread[4000];
        for (int i = 0; i < 4000; i++) {
            threadArray[i] = new MyThread(pool.getResource(), finalExit);
        }
        for (int i = 0; i < 4000; i++) {
            threadArray[i].start();
        }

        finalExit.await();

        Thread.sleep(2000);

         = pool.getResource();
        System.out.println("RedisBook剩餘產品個數：" +
.get("RedisBookCount"));
        System.out.println("取出的產品個數為" + SetTools.set.size());
        .close();
        pool.destroy();
    } catch (Exception e) {
        e.printStackTrace();
    }
}

}
```

程式執行結果如下。

```
RedisBook剩餘產品個數：-1000
取出的產品個數為3000
```

3.21 使用 Redisson 框架實現分散式鎖

創建 Maven 項目，並增加 POM.XML 依賴，程式如下。

```xml
<dependencies>
    <dependency>
        <groupId>org.redisson</groupId>
        <artifactId>redisson</artifactId>
        <version>3.12.2</version>
    </dependency>
</dependencies>
```

測試程式如下。

```java
package test;

import org.redisson.Redisson;
import org.redisson.api.RLock;
import org.redisson.api.RedissonClient;
import org.redisson.config.Config;
import org.redisson.config.SingleServerConfig;

public class Test37 {
    public static void main(String[] args) throws InterruptedException {
        String username = "我是" + Math.random() + "處理程序";
        Config config = new Config();
        SingleServerConfig singleServerConfig = config.useSingleServer();
        singleServerConfig.setAddress("redis://192.168.1.103:7777").
setPassword("accp");
        RedissonClient redisson = Redisson.create(config);

        RLock lock = redisson.getLock("lock");
        lock.lock();

        for (int i = 0; i < 30; i++) {
            System.out.println(username + " i=" + (i + 1));
            Thread.sleep(1000);
        }

        lock.unlock();
        redisson.shutdown();
    }
}
```

連續執行 3 次以上 Java 類別。由於這 3 個類別，也就是 3 個處理程序使用的是同一把分散式鎖，因此只有在持有鎖的處理程序釋放鎖之後，後面的處理程序才可以在主控台輸出，否則呈阻塞等待鎖的狀態。

3.22 處理慢查詢

當 key 對應的 value 儲存大量資料，查詢時會減慢 Redis 的回應速度，導致 Redis 發生阻塞，最終可能會引起整個 Redis 服務不可用，所以要找到那些導致慢查詢的有關命令。

在 redis.conf 設定檔中，主要有兩處與慢查詢有關的設定。

- slowlog-log-slower-than：當命令執行時間（不包括排隊時間）超過該時間時會被記錄下來，單位為 ms。以下命令就可以記錄執行時間超過 30ms 的命令。

```
config set slowlog-log-slower-than 30000
```

上面這個命令也可以在 redis.conf 設定檔中進行設定。

- slowlog-max-len：可以記錄慢查詢命令的總數。透過下面的命令可以記錄最近 200 行慢查詢命令。

```
config set slowlog-max-len 200
```

上面這個命令也可以在 redis.conf 設定檔中進行設定。

可以使用以下兩個命令獲取慢查詢的命令。

- slowlog get [len]：獲取指定長度的慢查詢列表。
- slowlog reset：清空慢查詢記錄檔佇列。

3.22.1 測試案例

更改 redis.conf 設定檔中的設定如下。

```
slowlog-log-slower-than 100
slowlog-max-len 128
```

創建產生資料的測試類別，程式如下。

```
public class Test38 {
    private static Pool pool = new Pool(new PoolConfig(), "192.168.1.103",
7777, 5000, "accp");

    public static void main(String[] args) {
        = null;
      try {
          = pool.getResource();
         .flushAll();

         StringBuffer setString = new StringBuffer();
         {
             for (int i = 0; i < 10; i++) {
                 setString.append(i + 1);
             }
             .set("a", setString.toString());
         }

         setString = new StringBuffer();
         {
             for (int i = 0; i < 100; i++) {
                 setString.append(i + 1);
             }
             .set("b", setString.toString());
         }

         setString = new StringBuffer();
         {
             for (int i = 0; i < 1000; i++) {
                 setString.append(i + 1);
             }
             .set("c", setString.toString());
         }

         setString = new StringBuffer();
         {
             for (int i = 0; i < 10000; i++) {
                 setString.append(i + 1);
             }
             .set("d", setString.toString());
         }

         setString = new StringBuffer();
         {
             for (int i = 0; i < 100000; i++) {
                 setString.append(i + 1);
```

```
                    }
                    .set("e", setString.toString());
                }

                setString = new StringBuffer();
                {
                    for (int i = 0; i < 1000000; i++) {
                        setString.append(i + 1);
                    }
                    .set("f", setString.toString());
                }

            } catch (Exception e) {
                e.printStackTrace();
            } finally {
                if ( != null) {
                    .close();
                }
            }
        }
    }
}
```

執行以上 Java 類別產生測試用的 key 和 value。

在 Redis 用戶端中依次執行以下命令。

```
get a
get b
get c
get d
get e
get f
```

這 6 行 get 命令哪個命令執行得最慢呢？使用以下命令進行獲取。

```
127.0.0.1:7777> slowlog get
1) 1) (integer) 0
   2) (integer) 1582630698
   3) (integer) 2518
   4) 1) "get"
      2) "f"
   5) "127.0.0.1:36162"
   6) ""
127.0.0.1:7777> slowlog reset
OK
127.0.0.1:7777> slowlog get
(empty list or set)
127.0.0.1:7777>
```

輸出的資訊含義如下。

- (integer) 0：慢查詢命令的 ID。該 ID 是自動增加的，只有在 Redis 服務重新啟動時這個 ID 才會重置歸 0。
- (integer) 1582630698：慢查詢命令執行的時間戳記。
- (integer) 2518：慢查詢命令執行的耗時，單位為 ms。
- 1) "get"、2) "f"：代表是哪個命令導致的慢查詢。
- "127.0.0.1:36162"：Redis 用戶端的 IP 位址和通訊埠編號。
- " "：Redis 用戶端的名稱。由於 Redis 用戶端沒有設定名稱，因此值為 " "。

3.22.2 程式演示

創建測試類別程式如下。

```
public class Test39 {
    private static Pool pool = new Pool(new PoolConfig(), "192.168.1.103",
7777, 5000, "accp");

    public static void main(String[] args) {
         = null;
        try {
             = pool.getResource();

            System.out.println("slowlogLen=" + .slowlogLen());
            System.out.println();
            List<Slowlog> list = .slowlogGet();
            for (int i = 0; i < list.size(); i++) {
                Slowlog log = list.get(i);
                System.out.println("getId=" + log.getId());
                System.out.println("getTimeStamp=" + log.getTimeStamp());
                System.out.println("getExecutionTime=" + log.getExecutionTime());
                List<String> argList = log.getArgs();
                for (int j = 0; j < argList.size(); j++) {
                    String eachValue = argList.get(j);
                    System.out.println("  getArgs=" + eachValue);
                }
                System.out.println();
            }
```

```
        } catch (Exception e) {
            e.printStackTrace();
        } finally {
            if ( != null) {
                .close();
            }
        }
    }
}
```

程式執行結果如下。

```
slowlogLen=1

getId=1
getTimeStamp=1582631699
getExecutionTime=476
  getArgs=get
  getArgs=f
```

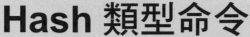

Hash 類型命令

Redis 中的 Hash 映射是 key 和 value 的映射，其中 value 包括「field-value 對」的映射。

Hash 資料類型的儲存形式如圖 4-1 所示。

		field	value
key:	Hash	username	中國
value:		password	中國人

圖 4-1 Hash 資料類型的儲存形式

Hash 資料類型保持 key-value 對結構，它的 key-value 對個數最多為 $2^{32}-1$ 個。Hash 資料類型中的 key 與普通的 key 一樣，具有 TTL 的功能，但 field 沒有這個功能。

4.1 hset 和 hget 命令

hset 命令的使用格式如下。

```
hset key field value
```

該命令作用和 Java 中的 HashMap.put(key,value) 方法相似。

hget 命令的使用格式如下。

```
hget key field
```

該命令作用和 Java 中的 HashMap.get(key) 方法相似。

4.1.1 測試案例

測試案例如下。

```
127.0.0.1:7777> del key1
(integer) 1
127.0.0.1:7777> hget key1 a
(nil)
127.0.0.1:7777> hset key1 a aa
(integer) 1
127.0.0.1:7777> hget key1 a
"aa"
127.0.0.1:7777> hset key1 a aaNewValue
(integer) 0
127.0.0.1:7777> hget key1 a
"aaNewValue"
127.0.0.1:7777>
```

4.1.2 程式演示

```java
public class Test1 {
    private static Pool pool = new Pool(new PoolConfig(), "192.168.61.84",
7777, 5000, "accp");

    public static void main(String[] args) {
            = null;
        try {
             = pool.getResource();
            .flushDB();

            System.out.println(.hget("userinfo1".getBytes(), "username".
getBytes()));
            System.out.println(.hget("userinfo1".getBytes(), "password".
getBytes()));
            System.out.println(.hget("userinfo1", "age"));
            System.out.println(.hget("userinfo1", "address"));

            System.out.println();

            .hset("userinfo1".getBytes(), "username".getBytes(), "中國"
.getBytes());
            .hset("userinfo1", "password", "中國人");
```

```
                HashMap<byte[], byte[]> map1 = new HashMap<>();
                map1.put("age".getBytes(), "100".getBytes());
                .hset("userinfo1".getBytes(), map1);

                HashMap<String, String> map2 = new HashMap<>();
                map2.put("address", "北京");
                .hset("userinfo1", map2);

                System.out.println(.hget("userinfo1", "username"));
                System.out.println(.hget("userinfo1", "password"));
                System.out.println(.hget("userinfo1", "age"));
                System.out.println(.hget("userinfo1", "address"));

                .hset("userinfo1", "username", "中國人new");
                .hset("userinfo1", "password", "中國人new");
                .hset("userinfo1", "age", "200");
                .hset("userinfo1", "address", "北京new");

                System.out.println();

                System.out.println(.hget("userinfo1", "username"));
                System.out.println(.hget("userinfo1", "password"));
                System.out.println(.hget("userinfo1", "age"));
                System.out.println(.hget("userinfo1", "address"));

        } catch (Exception e) {
            e.printStackTrace();
        } finally {
            if ( != null) {
                .close();
            }
        }
    }
}
```

程式執行結果如下。

```
null

null
null
null

中國
中國人
100
北京
```

```
中國人new
中國人new
200
北京new
```

4.2 hmset 和 hmget 命令

hmset 命令的使用格式如下。

```
hmset key field value [field value ...]
```

該命令用於批次增加 field 和 value。

hmget 命令的使用格式如下。

```
hmget key field [field ...]
```

該命令用於批次獲取 field 對應的 value。

4.2.1 測試案例

測試案例如下。

```
127.0.0.1:7777> del key1
(integer) 1
127.0.0.1:7777> hmset key1 a aa b bb c cc
OK
127.0.0.1:7777> hmget key1 a b c
1) "aa"
2) "bb"
3) "cc"
127.0.0.1:7777>
```

4.2.2 程式演示

```java
public class Test2 {
    private static Pool pool = new Pool(new PoolConfig(), "192.168.61.84",
7777, 5000, "accp");

    public static void main(String[] args) {
             = null;
        try {
```

```
        = pool.getResource();
        .flushDB();

        HashMap<byte[], byte[]> map1 = new HashMap<>();
        map1.put("username".getBytes(), "username1".getBytes());
        map1.put("password".getBytes(), "password1".getBytes());
        map1.put("age".getBytes(), "age1".getBytes());
        map1.put("address".getBytes(), "address1".getBytes());

        HashMap<String, String> map2 = new HashMap<>();
        map2.put("username", "username2");
        map2.put("password", "password2");
        map2.put("age", "age2");
        map2.put("address", "address2");

        .hmset("userinfo1".getBytes(), map1);
        .hmset("userinfo2", map2);

        List<byte[]> listByteArray = .hmget("userinfo1".getBytes(),
            "username".getBytes(), "password".getBytes(),
            "age".getBytes(), "address".getBytes());
        List<String> listStringArray = .hmget("userinfo2", "username",
            "password", "age", "address");

        for (int i = 0; i < listByteArray.size(); i++) {
            System.out.println(new String(listByteArray.get(i)));
        }

        System.out.println();

        for (int i = 0; i < listStringArray.size(); i++) {
            System.out.println(listStringArray.get(i));
        }
    } catch (Exception e) {
        e.printStackTrace();
    } finally {
        if ( != null) {
            .close();
        }
    }
    }
    }
}
```

程式執行結果如下。

```
username1
password1
age1
```

```
address1

username2
password2
age2
address2
```

4.3 hlen 命令

使用格式如下。

```
hlen key
```

該命令用於返回 field 的個數。

4.3.1 測試案例

測試案例如下。

```
127.0.0.1:7777> del key1
(integer) 1
127.0.0.1:7777> hset key1 a aa
(integer) 1
127.0.0.1:7777> hset key1 b bb
(integer) 1
127.0.0.1:7777> hset key1 c cc
(integer) 1
127.0.0.1:7777> hlen key1
(integer) 3
127.0.0.1:7777>
```

4.3.2 程式演示

```java
public class Test3 {
    private static Pool pool = new Pool(new PoolConfig(), "192.168.61.84",
7777, 5000, "accp");

    public static void main(String[] args) {
         = null;
        try {
             = pool.getResource();
            .flushDB();
```

```
            .hset("userinfo", "username", "中國人new");
            .hset("userinfo", "password", "中國人new");
            .hset("userinfo", "age", "200");
            .hset("userinfo", "address", "北京new");

            System.out.println(.hlen("userinfo".getBytes()));
            System.out.println(.hlen("userinfo"));

    } catch (Exception e) {
        e.printStackTrace();
    } finally {
        if ( != null) {
            .close();
        }
    }
  }
}
```

程式執行結果如下。

```
4
4
```

4.4 hdel 命令

使用格式如下。

```
hdel key field [field ...]
```

該命令用於刪除 key 中的 field。

4.4.1 測試案例

測試案例如下。

```
127.0.0.1:7777> flushdb
OK
127.0.0.1:7777> hset userinfo username usernamevalue
1
127.0.0.1:7777> hset userinfo password passwordvalue
1
127.0.0.1:7777> hset userinfo age agevalue
1
127.0.0.1:7777> hset userinfo address addressvalue
```

```
1
127.0.0.1:7777> hget userinfo username
usernamevalue
127.0.0.1:7777> hget userinfo password
passwordvalue
127.0.0.1:7777> hget userinfo age
agevalue
127.0.0.1:7777> hget userinfo address
addressvalue
127.0.0.1:7777> hlen userinfo
4
127.0.0.1:7777> hdel userinfo nofield
0
127.0.0.1:7777> hlen userinfo
4
127.0.0.1:7777> hdel userinfo address
1
127.0.0.1:7777> hlen userinfo
3
127.0.0.1:7777> hget userinfo username
usernamevalue
127.0.0.1:7777> hget userinfo password
passwordvalue
127.0.0.1:7777> hget userinfo age
agevalue
127.0.0.1:7777> hget userinfo address

127.0.0.1:7777>
```

4.4.2 程式演示

```java
public class Test4 {
    private static Pool pool = new Pool(new PoolConfig(), "192.168.61.84",
7777, 5000, "accp");

    public static void main(String[] args) {
         = null;
        try {
             = pool.getResource();
            .flushDB();

            .hset("userinfo", "username", "中國人new");
            .hset("userinfo", "password", "中國人new");
            .hset("userinfo", "age", "200");
            .hset("userinfo", "address", "北京new");

            System.out.println(.hlen("userinfo"));
```

```
                    .hdel("userinfo".getBytes(), "username".getBytes());
                    .hdel("userinfo", "password");

            System.out.println(.hlen("userinfo"));

            System.out.println(.hdel("userinfo", "nofield"));

            System.out.println(.hlen("userinfo"));

            System.out.println();

            System.out.println(.hget("userinfo", "username"));
            System.out.println(.hget("userinfo", "password"));
            System.out.println(.hget("userinfo", "age"));
            System.out.println(.hget("userinfo", "address"));

        } catch (Exception e) {
            e.printStackTrace();
        } finally {
            if ( != null) {
                .close();
            }
        }
    }
}
```

程式執行結果如下。

```
4
2
0
2


null
null
200
北京new
```

4.5 hexists 命令

使用格式如下。

```
hexists key field
```

如果 key 對應的 value 中包括指定的 field，則返回 1；否則返回 0。

4.5.1 測試案例

測試案例如下。

```
127.0.0.1:7777> del key1
(integer) 1
127.0.0.1:7777> hexists key1 a
(integer) 0
127.0.0.1:7777> hset key1 a aa
(integer) 1
127.0.0.1:7777> hexists key1 a
(integer) 1
127.0.0.1:7777> hexists keyNoExists a
(integer) 0
127.0.0.1:7777>
```

4.5.2 程式演示

```java
public class Test5 {
    private static Pool pool = new Pool(new PoolConfig(), "192.168.61.84",
7777, 5000, "accp");

    public static void main(String[] args) {
        = null;
        try {
            = pool.getResource();
            .flushDB();

            System.out.println(.hexists("userinfo".getBytes(), "username".
getBytes()));
            System.out.println(.hexists("userinfo", "username"));

            .hset("userinfo", "username", "中國人new");

            System.out.println(.hexists("userinfo", "username"));
            System.out.println(.hexists("userinfo", "password"));

        } catch (Exception e) {
            e.printStackTrace();
        } finally {
            if ( != null) {
                .close();
            }
        }
    }
}
```

程式執行結果如下。

```
false
false
true
false
```

4.6 hincrby 和 hincrbyfloat 命令

hincrby 命令的使用格式如下。

```
hincrby key field increment
```

該命令用於對 field 的值進行整數自動增加，field 的範圍是 64bit 有號整數。

hincrbyfloat 命令的使用格式如下。

```
hincrbyfloat key field increment
```

該命令用於對 field 的值進行浮點數自動增加。

4.6.1 測試案例

測試案例如下。

```
127.0.0.1:7777> del key1
(integer) 1
127.0.0.1:7777> hset key1 a 123
(integer) 1
127.0.0.1:7777> hincrby key1 a 1000
(integer) 1123
127.0.0.1:7777> hget key1 a
"1123"
127.0.0.1:7777> hincrbyfloat key1 a 0.456
"1123.45599999999999996"
127.0.0.1:7777> hget key1 a
"1123.45599999999999996"
127.0.0.1:7777>
```

hincrby 和 hincrbyfloat 命令輸出精度都固定為小數點後 17 位。

4.6.2 程式演示

```
public class Test6 {
    private static Pool pool = new Pool(new PoolConfig(), "192.168.61.84",
7777, 5000, "accp");

    public static void main(String[] args) {
         = null;
        try {
             = pool.getResource();
            .flushDB();

            .hset("userinfo", "age1", "100");

            .hincrBy("userinfo".getBytes(), "age1".getBytes(), 100);
            .hincrBy("userinfo", "age1", 100);
            System.out.println(.hget("userinfo", "age1"));

            .hset("userinfo", "age2", "1000");
            .hincrByFloat("userinfo".getBytes(), "age2".getBytes(), 0.456);
            System.out.println(.hget("userinfo", "age2"));

            .hset("userinfo", "age3", "1000");
            .hincrByFloat("userinfo", "age3", 0.456);
            System.out.println(.hget("userinfo", "age3"));
        } catch (Exception e) {
            e.printStackTrace();
        } finally {
            if ( != null) {
                .close();
            }
        }
    }
}
```

程式執行結果如下。

```
300
1000.45600000000000002
1000.45600000000000002
```

4.7 hgetall 命令

使用格式如下。

```
hgetall key
```

該命令用於取得所有 field 和對應的 value。如果 field 和 value 個數很多，
則該命令會阻塞 Redis 伺服器。建議 field 的個數不要超過 5000。

4.7.1 測試案例

測試案例如下。

```
127.0.0.1:7777> del key1
(integer) 1
127.0.0.1:7777> hset key1 a aa
(integer) 1
127.0.0.1:7777> hset key1 b bb
(integer) 1
127.0.0.1:7777> hset key1 c cc
(integer) 1
127.0.0.1:7777> hgetall key1
1) "a"
2) "aa"
3) "b"
4) "bb"
5) "c"
6) "cc"
127.0.0.1:7777>
```

4.7.2 程式演示

```java
public class Test7 {
    private static Pool pool = new Pool(new PoolConfig(), "192.168.61.84",
7777, 5000, "accp");

    public static void main(String[] args) {
        = null;
        try {
            = pool.getResource();
            .flushDB();

            .hset("userinfo1", "username", "中國人");
            .hset("userinfo1", "password", "中國人");
            .hset("userinfo1", "age", "100");
            .hset("userinfo1", "address", "北京");

            Map<byte[], byte[]> map1 = .hgetAll("userinfo1".getBytes());
            Map<String, String> map2 = .hgetAll("userinfo1");

            Iterator<byte[]> iterator1 = map1.keySet().iterator();
```

```
        while (iterator1.hasNext()) {
            byte[] byteArray = iterator1.next();
            String key = new String(byteArray);
            String value = new String(map1.get(byteArray));
            System.out.println(key + " " + value);
        }
        System.out.println();
        Iterator<String> iterator2 = map2.keySet().iterator();
        while (iterator2.hasNext()) {
            String key = iterator2.next();
            String value = map2.get(key);
            System.out.println(key + " " + value);
        }
    } catch (Exception e) {
        e.printStackTrace();
    } finally {
        if ( != null) {
            .close();
        }
    }
    }
}
```

程式執行結果如下。

```
address 北京
password 中國人
username 中國人
age 100

password 中國人
age 100
username 中國人
address 北京
```

4.8 hkeys 和 hvals 命令

hkeys 命令的使用格式如下。

```
hkeys key
```

該命令用於取得所有的 field，field 應該稱為 hfields 更恰當。

hvals 命令的使用格式如下。

```
hvals key
```

該命令用於取得 key 對應的所有 value。

4.8.1 測試案例

測試案例如下。

```
127.0.0.1:7777> del key1
(integer) 1
127.0.0.1:7777> hset key1 a aa
(integer) 1
127.0.0.1:7777> hset key1 b bb
(integer) 1
127.0.0.1:7777> hset key1 c cc
(integer) 1
127.0.0.1:7777> hkeys key1
1) "a"
2) "b"
3) "c"
127.0.0.1:7777> hvals key1
1) "aa"
2) "bb"
3) "cc"
127.0.0.1:7777>
```

4.8.2 程式演示

```java
public class Test8 {
    private static Pool pool = new Pool(new PoolConfig(), "192.168.61.84",
7777, 5000, "accp");

    public static void main(String[] args) {
         = null;
        try {
             = pool.getResource();
            .flushDB();

            .hset("userinfo1", "username", "中國人");
            .hset("userinfo1", "password", "中國人");
            .hset("userinfo1", "age", "100");
            .hset("userinfo1", "address", "北京");

            Set<byte[]> set1 = .hkeys("userinfo1".getBytes());
            Set<String> set2 = .hkeys("userinfo1");

            List<byte[]> list1 = .hvals("userinfo1".getBytes());
            List<String> list2 = .hvals("userinfo1");
```

```
            Iterator<byte[]> iterator1 = set1.iterator();
            while (iterator1.hasNext()) {
                byte[] byteArray = iterator1.next();
                String fieldName = new String(byteArray);
                System.out.println(fieldName);
            }
            System.out.println();
            Iterator<String> iterator2 = set2.iterator();
            while (iterator2.hasNext()) {
                String fieldName = iterator2.next();
                System.out.println(fieldName);
            }
            System.out.println();
            for (int i = 0; i < list1.size(); i++) {
                System.out.println(new String(list1.get(i)));
            }
            System.out.println();
            for (int i = 0; i < list2.size(); i++) {
                System.out.println(list2.get(i));
            }
        } catch (Exception e) {
            e.printStackTrace();
        } finally {
            if ( != null) {
                .close();
            }
        }
    }
}
```

程式執行結果如下。

```
username
password
age
address

password
age
username
address

中國人
中國人
100
北京
```

```
中國人
100
中國人
北京
```

4.9 hsetnx 命令

使用格式如下。

```
hsetnx key field value
```

只有當 field 不存在時，才保存 value；如果 field 存在，則不進行任何操作。

4.9.1 測試案例

測試案例如下。

```
127.0.0.1:7777> del key1
(integer) 1
127.0.0.1:7777> hsetnx key1 a aa
(integer) 1
127.0.0.1:7777> hget key1 a
"aa"
127.0.0.1:7777> hsetnx key1 a aaNewValue
(integer) 0
127.0.0.1:7777> hget key1 a
"aa"
127.0.0.1:7777>
```

4.9.2 程式演示

```java
public class Test9 {
    private static Pool pool = new Pool(new PoolConfig(), "192.168.61.84",
7777, 5000, "accp");

    public static void main(String[] args) {
         = null;
        try {
             = pool.getResource();
            .flushDB();
```

```
            .hsetnx("userinfo1", "username", "中國人舊值");
            .hsetnx("userinfo1", "username", "中國人新值");

            System.out.println(.hget("userinfo1", "username"));
        } catch (Exception e) {
            e.printStackTrace();
        } finally {
            if ( != null) {
                .close();
            }
        }
    }
}
```

程式執行結果如下。

```
中國人舊值
```

4.10 hstrlen 命令

使用格式如下。

```
hstrlen key field
```

該命令用於返回 field 儲存的 value 字串長度。

4.10.1 測試案例

測試案例如下如下。

```
127.0.0.1:7777> del key1
(integer) 1
127.0.0.1:7777> hset key1 a 123456abc
(integer) 1
127.0.0.1:7777> hstrlen key1 a
(integer) 9
127.0.0.1:7777>
```

4.10.2 程式演示

```
public class Test10 {
    private static Pool pool = new Pool(new PoolConfig(), "192.168.61.84",
7777, 5000, "accp");
```

```
    public static void main(String[] args) {
         = null;
      try {
          = pool.getResource();
         .flushDB();

         .hset("userinfo1", "username", "中國人");
         System.out.println(.hstrlen("userinfo1".getBytes(), "username".
getBytes()));
         System.out.println(.hstrlen("userinfo1", "username"));
      } catch (Exception e) {
         e.printStackTrace();
      } finally {
         if ( != null) {
             .close();
         }
      }
   }
}
```

程式執行結果如下。

```
9
9
```

4.11 hscan 命令

使用格式如下。

```
hscan key cursor [MATCH pattern] [COUNT count]
```

該命令用於以多次疊代的方式將 Hash（雜湊）中的資料取出。

hscan 命令是一個基於游標的疊代器，代表在每次呼叫此命令時伺服器都
會返回一個更新的游標值，使用者需要使用該游標值作為游標參數才可以
執行下一次疊代。當游標值設定為 0 時開始疊代，當伺服器返回的游標值
為 0 時停止疊代。

4.11.1 測試案例

使用 Java 生成雜湊中的資料，程式如下。

```java
public class Test11 {
    public static void main(String[] args) throws IOException {
        String myString1 = "";
        for (int i = 1; i <= 300; i++) {
            myString1 = myString1 + " " + i + " " + i + "" + i;
        }
        myString1 = myString1.substring(1);

        String myString2 = "";
        for (int i = 301; i <= 600; i++) {
            myString2 = myString2 + " " + i + " " + i + "" + i;
        }
        myString2 = myString2.substring(1);

        String myString3 = "";
        for (int i = 601; i <= 900; i++) {
            myString3 = myString3 + " " + i + " " + i + "" + i;
        }
        myString3 = myString3.substring(1);

        FileWriter fileWriter1 = new FileWriter("c:\\abc\\abc1.txt");
        fileWriter1.write(myString1);
        fileWriter1.close();

        FileWriter fileWriter2 = new FileWriter("c:\\abc\\abc2.txt");
        fileWriter2.write(myString2);
        fileWriter2.close();

        FileWriter fileWriter3 = new FileWriter("c:\\abc\\abc3.txt");
        fileWriter3.write(myString3);
        fileWriter3.close();
    }
}
```

執行後，資料就在 3 個 .txt 檔案中。

測試案例如下。

```
127.0.0.1:7777> flushdb
(integer) 0
```

然後執行 3 次 hmset 命令來增加 900 個資料。

```
127.0.0.1:7777> hlen userinfo
900
127.0.0.1:7777>
```

再執行以下命令疊代雜湊中的 field 和 value。

```
127.0.0.1:7777> hscan userinfo 0
960
814
814814
773
773773
791
791791
639
639639
888
888888
12
1212
682
682682
150
150150
324
324324
357
357357
127.0.0.1:7777> hscan userinfo 960
480
870
870870
349
349349
569
569569
681
681681
355
355355
627
627627
669
669669
363
363363
865
865865
820
820820
456
456456
127.0.0.1:7777>
```

直到 hscan 命令返回 0 為止。

> **注意**：如果雜湊內部的編碼類型是 ZipList，則 count 參數將被忽略。

4.11.2 程式演示

```
public class Test12 {
    private static Pool pool = new Pool(new PoolConfig(), "192.168.61.84",
7777, 5000, "accp");

    public static void main(String[] args) {
         = null;
        try {
             = pool.getResource();

            ScanResult<Entry<byte[], byte[]>> scanResult1 = .hscan("userinfo".
getBytes(), "0".getBytes());
            byte[] cursors1 = null;
            do {
                List<Entry<byte[], byte[]>> list = scanResult1.getResult();
                for (int i = 0; i < list.size(); i++) {
                    Entry entry = list.get(i);
                    System.out
                            .println(new String((byte[]) entry.getKey()) + " "
+ new String((byte[]) entry.getValue()));
                }
                cursors1 = scanResult1.getCursorAsBytes();
                scanResult1 = .hscan("userinfo".getBytes(), cursors1);
            } while (!new String(cursors1).equals("0"));

            ScanResult<Entry<String, String>> scanResult2 = .hscan("userinfo",
"0");
            String cursors2 = null;
            do {
                List<Entry<String, String>> list = scanResult2.getResult();
                for (int i = 0; i < list.size(); i++) {
                    Entry entry = list.get(i);
                    System.out.println(entry.getKey() + " " + entry.getValue());
                }
                cursors2 = scanResult2.getCursor();
                scanResult2 = .hscan("userinfo", cursors2);
            } while (!new String(cursors2).equals("0"));

        } catch (Exception e) {
            e.printStackTrace();
        } finally {
```

```
            if ( != null) {
                .close();
            }
        }
    }
}
```

程式執行後在主控台輸出 1800 行的資訊。

4.12 使用 sort 命令對雜湊進行排序

對雜湊中指定的 field 進行排序。

4.12.1 測試案例

測試案例如下。

```
127.0.0.1:7777> flushdb
OK
127.0.0.1:7777> rpush userId 1 2 3
3
127.0.0.1:7777> hmset hashkey1 name A age 100
OK
127.0.0.1:7777> hmset hashkey2 name B age 50
OK
127.0.0.1:7777> hmset hashkey3 name C age 1
OK
127.0.0.1:7777> sort userId by hashkey*->age
3
2
1
127.0.0.1:7777> sort userId by hashkey*->age DESC
1
2
3
127.0.0.1:7777> sort userId by hashkey*->age get hashkey*->name
C
B
A
127.0.0.1:7777> sort userId by hashkey*->age get hashkey*->name DESC
A
B
C
127.0.0.1:7777> sort userId by hashkey*->age get # get hashkey*->name
```

```
3
C
2
B
1
A
127.0.0.1:7777> sort userId by hashkey*->age get # get hashkey*->name DESC
1
A
2
B
3
C
127.0.0.1:7777>
```

rpush 命令用於向 key 中儲存數字 1、2 和 3，資料類型是 List，範例程式
如下。

```
rpush userId 1 2 3
```

4.12.2 程式演示

```java
public class Test13 {
    private static Pool pool = new Pool(new PoolConfig(), "192.168.61.84",
7777, 5000, "accp");

    public static void main(String[] args) {
         = null;
        try {
             = pool.getResource();

            .flushDB();

            .rpush("userId", "1", "2", "3");

            .hset("userinfo1", "username", "A");
            .hset("userinfo1", "age", "100");

            .hset("userinfo2", "username", "B");
            .hset("userinfo2", "age", "50");

            .hset("userinfo3", "username", "C");
            .hset("userinfo3", "age", "1");
```

```java
SortingParams params1 = new SortingParams();
params1.by("userinfo*->age");
List<String> list1 = .sort("userId", params1);
for (int i = 0; i < list1.size(); i++) {
    System.out.println(list1.get(i));
}
System.out.println();
SortingParams params2 = new SortingParams();
params2.by("userinfo*->age");
params2.desc();
List<String> list2 = .sort("userId", params2);
for (int i = 0; i < list2.size(); i++) {
    System.out.println(list2.get(i));
}
System.out.println();
SortingParams params3 = new SortingParams();
params3.by("userinfo*->age");
params3.get("userinfo*->username");
List<String> list3 = .sort("userId", params3);
for (int i = 0; i < list3.size(); i++) {
    System.out.println(list3.get(i));
}
System.out.println();
SortingParams params4 = new SortingParams();
params4.by("userinfo*->age");
params4.get("userinfo*->username");
params4.desc();
List<String> list4 = .sort("userId", params4);
for (int i = 0; i < list4.size(); i++) {
    System.out.println(list4.get(i));
}
System.out.println();
SortingParams params5 = new SortingParams();
params5.by("userinfo*->age");
params5.get("#", "userinfo*->username");
List<String> list5 = .sort("userId", params5);
for (int i = 0; i < list5.size(); i++) {
    System.out.println(list5.get(i));
}
System.out.println();
SortingParams params6 = new SortingParams();
params6.by("userinfo*->age");
params6.get("#", "userinfo*->username");
```

```
            params6.desc();
            List<String> list6 = .sort("userId", params6);
            for (int i = 0; i < list6.size(); i++) {
                System.out.println(list6.get(i));
            }
        } catch (Exception e) {
            e.printStackTrace();
        } finally {
            if ( != null) {
                .close();
            }
        }
    }
}
```

程式執行結果如下。

```
3
2
1

1
2
3

C
B
A

A
B
C

3
C
2
B
1
A

1
A
2
B
3
C
```

List 類型命令

05

L ist 類型命令主要用於處理串列，相當於 Java 中的 LinkedList，其插入和刪除速度非常快，但根據索引的定位速度就很慢。

以 List 資料類型儲存的元素具有有序性，元素可以重複，可以對串列的頭部和尾部進行元素的增加與彈出，可以向前或向後進行雙向遍歷。

List 資料類型可以用作佇列：先進先出，具有 FIFO 特性。

List 資料類型可以用作堆疊：先進後出，具有 FILO 特性。

List 資料類型可以用作任務佇列，將需要延後處理的任務放入串列中，使用新的執行緒按順序讀取串列中的任務並進行處理。任務佇列可以使用具有阻塞特性的 blpop 或 brpop 命令實現。

一個 List 資料類型最多可以儲存 $2^{32}-1$ 個元素。

List 資料類型的儲存形式如圖 5-1 所示。

key: myList   value: ["中國","中國","中國人","美國"]

圖 5-1 List 資料類型的儲存形式

5.1 rpush、llen 和 lrange 命令

rpush 命令的使用格式如下。

```
rpush key value [value ...]
```

該命令用於在串列尾部增加一個或多個元素,類似於 Java 中的 ArrayList. add(object) 方法,但 rpush 命令一次可以增加多個元素。

llen 命令的使用格式如下。

```
llen key
```

該命令用於獲取串列中元素的個數。

lrange 命令的使用格式如下。

```
lrange key start stop
```

該命令用於使用偏移量返回串列的全部或部分元素,偏移量的值從 0 開始作為索引值,其中 0 代表串列的第一個元素,1 代表下一個元素,依此類推。

偏移量也可以是負數,代表從串列尾部開始的偏移量,如 −1 代表串列的最後一個元素,−2 代表倒數第二個元素,依此類推。

5.1.1 測試案例

測試案例如下。

```
127.0.0.1:7777> del key1
(integer) 1
127.0.0.1:7777> rpush key1 a b c
(integer) 3
127.0.0.1:7777> llen key1
(integer) 3
127.0.0.1:7777> rpush key1 d
(integer) 4
127.0.0.1:7777> llen key1
(integer) 4
127.0.0.1:7777> lrange key1 0 -1
1) "a"
2) "b"
```

```
3) "c"
4) "d"
127.0.0.1:7777>
```

5.1.2 程式演示

```java
public class Test1 {
    private static Pool pool = new Pool(new PoolConfig(), "192.168.61.84",
7777, 5000, "accp");

    public static void main(String[] args) {
         = null;
        try {
             = pool.getResource();
            .flushDB();

            .rpush("mylist1".getBytes(), "1".getBytes(), "2".getBytes());
            .rpush("mylist2", "a", "b");
            System.out.println(.llen("mylist1".getBytes()));
            System.out.println(.llen("mylist2"));

            System.out.println();

            .rpush("mylist1".getBytes(), "3".getBytes());
            .rpush("mylist2", "c");
            System.out.println(.llen("mylist1".getBytes()));
            System.out.println(.llen("mylist2"));

            System.out.println();

            List<byte[]> list1 = .lrange("mylist1".getBytes(), 0, -1);
            for (int i = 0; i < list1.size(); i++) {
                System.out.println(new String(list1.get(i)));
            }

            System.out.println();

            List<String> list2 = .lrange("mylist2", 0, -1);
            for (int i = 0; i < list2.size(); i++) {
                System.out.println(list2.get(i));
            }

        } catch (Exception e) {
            e.printStackTrace();
        } finally {
            if ( != null) {
                .close();
            }
```

```
            }
        }
    }
```

程式執行結果如下。

```
2
2

3
3

1
2
3

a
b
c
```

5.2 rpushx 命令

使用格式如下。

```
rpushx key value
```

該命令用於僅在 key 已經存在並被包括在串列中的情況下,才在串列尾部插入元素。與 rpush 命令相反,當 key 不存在時,rpushx 命令不執行任何操作。

5.2.1 測試案例

測試案例如下。

```
127.0.0.1:7777> del key1
(integer) 1
127.0.0.1:7777> rpushx key1 a b c
(integer) 0
127.0.0.1:7777> rpush key1 a b c
(integer) 3
127.0.0.1:7777> rpushx key1 d
(integer) 4
127.0.0.1:7777> llen key1
```

```
(integer) 4
127.0.0.1:7777> lrange key1 0 -1
1) "a"
2) "b"
3) "c"
4) "d"
127.0.0.1:7777>
```

5.2.2 程式演示

```
public class Test2 {
    private static Pool pool = new Pool(new PoolConfig(), "192.168.61.84",
7777, 5000, "accp");

    public static void main(String[] args) {
         = null;
        try {
             = pool.getResource();
            .flushDB();

            .rpushx("mylist1".getBytes(), "1".getBytes(), "2".getBytes());
            .rpushx("mylist1", "3", "4");

            System.out.println("1 begin");
            List<String> list2 = .lrange("mylist2", 0, -1);
            for (int i = 0; i < list2.size(); i++) {
                System.out.println(list2.get(i));
            }
            System.out.println("1    end");

            .rpush("mylist1", "1", "2");
            .rpush("mylist1", "3", "4");

            .rpushx("mylist1", "5", "6");

            System.out.println();

            List<String> list = .lrange("mylist1", 0, -1);
            for (int i = 0; i < list.size(); i++) {
                System.out.println(list.get(i));
            }

        } catch (Exception e) {
            e.printStackTrace();
        } finally {
            if ( != null) {
                .close();
```

```
                }
            }
        }
    }
```

程式執行結果如下。

```
1 begin
1   end

1
2
3
4
5
6
```

5.3 lpush 命令

使用格式如下。

```
lpush key value [value ...]
```

該命令用於在串列頭部增加一個或多個元素。

5.3.1 測試案例

測試案例如下。

```
127.0.0.1:7777> del key1
(integer) 1
127.0.0.1:7777> rpush key1 a b c
(integer) 3
127.0.0.1:7777> lrange key1 0 -1
1) "a"
2) "b"
3) "c"
127.0.0.1:7777> lpush key1 3 2 1
(integer) 6
127.0.0.1:7777> lrange key1 0 -1
1) "1"
2) "2"
3) "3"
4) "a"
```

```
5) "b"
6) "c"
127.0.0.1:7777>
```

5.3.2 程式演示

```java
public class Test3 {
    private static Pool pool = new Pool(new PoolConfig(), "192.168.61.84",
7777, 5000, "accp");

    public static void main(String[] args) {
         = null;
        try {
             = pool.getResource();
            .flushDB();

            .rpush("mylist1", "4", "5", "6");

            .lpush("mylist1".getBytes(), "3".getBytes(), "2".getBytes(),
"1".getBytes());
            .lpush("mylist1", "c", "b", "a");

            List<String> list = .lrange("mylist1", 0, -1);
            for (int i = 0; i < list.size(); i++) {
                System.out.println(list.get(i));
            }

        } catch (Exception e) {
            e.printStackTrace();
        } finally {
            if ( != null) {
                .close();
            }
        }
    }
}
```

程式執行結果如下。

```
a
b
c
1
2
3
4
5
6
```

5.4 lpushx 命令

使用格式如下。

```
lpushx key value
```

該命令用於僅在 key 已經存在並包括於串列的情況下，才在串列頭部插入元素。與 lpush 命令相反，當 key 不存在時，lpushx 命令將不執行任何操作。

5.4.1 測試案例

測試案例如下。

```
127.0.0.1:7777> del key1
(integer) 1
127.0.0.1:7777> lpushx key1 3 2 1
(integer) 0
127.0.0.1:7777> lpush key1 3 2 1
(integer) 3
127.0.0.1:7777> lrange key1 0 -1
1) "1"
2) "2"
3) "3"
127.0.0.1:7777> lpushx key1 c b a
(integer) 6
127.0.0.1:7777> lrange key1 0 -1
1) "a"
2) "b"
3) "c"
4) "1"
5) "2"
6) "3"
127.0.0.1:7777>
```

5.4.2 程式演示

```java
public class Test4 {
    private static Pool pool = new Pool(new PoolConfig(), "192.168.61.84",
7777, 5000, "accp");

    public static void main(String[] args) {
        = null;
        try {
            = pool.getResource();
```

```
                .flushDB();

                .lpushx("mylist".getBytes(), "3".getBytes(), "2".getBytes(),
    "1".getBytes());
                .lpushx("mylist", "9", "8", "7");

                System.out.println(.llen("mylist"));

                .lpush("mylist", "z", "y", "x");

                System.out.println(.llen("mylist"));

                .lpushx("mylist".getBytes(), "3".getBytes(), "2".getBytes(),
    "1".getBytes());
                .lpushx("mylist", "9", "8", "7");

                System.out.println(.llen("mylist"));

                System.out.println();

                List<String> list = .lrange("mylist", 0, -1);
                for (int i = 0; i < list.size(); i++) {
                    System.out.println(list.get(i));
                }

        } catch (Exception e) {
            e.printStackTrace();
        } finally {
            if ( != null) {
                .close();
            }
        }
    }
}
```

程式執行結果如下。

```
0
3
9

7
8
9
1
2
3
x
y
z
```

5.5 rpop 命令

使用格式如下。

```
rpop key
```

該命令用於刪除並返回存於 key 對應的串列的最後一個元素。

5.5.1 測試案例

測試案例如下。

```
127.0.0.1:7777> del key1
(integer) 1
127.0.0.1:7777> rpush key1 a b c
(integer) 3
127.0.0.1:7777> rpop key1
"c"
127.0.0.1:7777> lrange key1 0 -1
1) "a"
2) "b"
127.0.0.1:7777>
```

5.5.2 程式演示

```java
public class Test5 {
    private static Pool pool = new Pool(new PoolConfig(), "192.168.61.84",
7777, 5000, "accp");

    public static void main(String[] args) {
         = null;
        try {
             = pool.getResource();
            .flushDB();

            .rpush("mylist", "1", "2", "3", "4", "5");

            System.out.println(.llen("mylist"));

            System.out.println(new String(.rpop("mylist".getBytes())));
            System.out.println(.rpop("mylist"));

            System.out.println(.llen("mylist"));

            System.out.println();
```

```
            List<String> list = .lrange("mylist", 0, -1);
            for (int i = 0; i < list.size(); i++) {
                System.out.println(list.get(i));
            }

        } catch (Exception e) {
            e.printStackTrace();
        } finally {
            if ( != null) {
                .close();
            }
        }
    }
}
```

程式執行結果如下。

```
5
5
4
3

1
2
3
```

5.6 lpop 命令

使用格式如下。

```
lpop key
```

該命令用於刪除並且返回存於 key 對應的串列的第一個元素。

5.6.1 測試案例

測試案例如下。

```
127.0.0.1:7777> del key1
(integer) 1
127.0.0.1:7777> rpush key1 a b c d e f
(integer) 6
127.0.0.1:7777> lrange key1 0 -1
```

```
1) "a"
2) "b"
3) "c"
4) "d"
5) "e"
6) "f"
127.0.0.1:7777> lpop key1
"a"
127.0.0.1:7777> lrange key1 0 -1
1) "b"
2) "c"
3) "d"
4) "e"
5) "f"
127.0.0.1:7777>
```

5.6.2 程式演示

```java
public class Test6 {
    private static Pool pool = new Pool(new PoolConfig(), "192.168.61.84",
7777, 5000, "accp");

    public static void main(String[] args) {
         = null;
        try {
             = pool.getResource();
            .flushDB();

            .rpush("mylist", "1", "2", "3", "4", "5");

            System.out.println(.llen("mylist"));

            System.out.println(new String(.lpop("mylist".getBytes())));
            System.out.println(.lpop("mylist"));

            System.out.println(.llen("mylist"));

            System.out.println();

            List<String> list = .lrange("mylist", 0, -1);
            for (int i = 0; i < list.size(); i++) {
                System.out.println(list.get(i));
            }

        } catch (Exception e) {
            e.printStackTrace();
        } finally {
```

```
            if ( != null) {
                .close();
            }
        }
    }
}
```

程式執行結果如下。

```
5
1
2
3

3
4
5
```

5.7 rpoplpush 命令

使用格式如下。

```
rpoplpush source destination
```

該命令用於原子性地返回並刪除儲存在來源串列的最後一個元素,並將返回的元素儲存在目標串列的第一個位置。

5.7.1 測試案例

測試案例如下。

```
127.0.0.1:7777> del key1
(integer) 1
127.0.0.1:7777> del key2
(integer) 1
127.0.0.1:7777> rpush key1 a b c
(integer) 3
127.0.0.1:7777> rpush key2 1 2 3
(integer) 3
127.0.0.1:7777> rpoplpush key1 key2
"c"
127.0.0.1:7777> lrange key1 0 -1
1) "a"
2) "b"
```

```
127.0.0.1:7777> lrange key2 0 -1
1) "c"
2) "1"
3) "2"
4) "3"
127.0.0.1:7777>
```

如果來源串列和目標串列是同一個，則該操作同等於從串列中刪除最後一
個元素，並將其作為串列的第一個元素，因此可以將其視為串列旋轉命
令。

測試案例如下。

```
127.0.0.1:7777> del key1
(integer) 1
127.0.0.1:7777> rpush key1 a b c
(integer) 3
127.0.0.1:7777> lrange key1 0 -1
1) "a"
2) "b"
3) "c"
127.0.0.1:7777> rpoplpush key1 key1
"c"
127.0.0.1:7777> lrange key1 0 -1
1) "c"
2) "a"
3) "b"
127.0.0.1:7777>
```

5.7.2 程式演示

```java
public class Test7 {
    private static Pool pool = new Pool(new PoolConfig(), "192.168.61.84",
7777, 5000, "accp");

    public static void main(String[] args) {
         = null;
        try {
             = pool.getResource();
            .flushDB();

            .rpush("mylist1", "1", "2", "3");
            .rpush("mylist2", "a", "b", "c");

            .rpoplpush("mylist1".getBytes(), "mylist2".getBytes());
            .rpoplpush("mylist1", "mylist2");
```

```java
        List<String> list1 = .lrange("mylist1", 0, -1);
        for (int i = 0; i < list1.size(); i++) {
            System.out.println(list1.get(i));
        }

        System.out.println();

        List<String> list2 = .lrange("mylist2", 0, -1);
        for (int i = 0; i < list2.size(); i++) {
            System.out.println(list2.get(i));
        }

        System.out.println("下面程式測試旋轉的效果：");
        // 測試串列旋轉命令的效果
        .rpush("mylist3", "1", "2", "3");
        List<String> list3 = null;
        list3 = .lrange("mylist3", 0, -1);
        for (int i = 0; i < list3.size(); i++) {
            System.out.println(list3.get(i));
        }
        System.out.println();
        .rpoplpush("mylist3", "mylist3");
        list3 = .lrange("mylist3", 0, -1);
        for (int i = 0; i < list3.size(); i++) {
            System.out.println(list3.get(i));
        }
        System.out.println();
        .rpoplpush("mylist3", "mylist3");
        list3 = .lrange("mylist3", 0, -1);
        for (int i = 0; i < list3.size(); i++) {
            System.out.println(list3.get(i));
        }
        System.out.println();
        .rpoplpush("mylist3", "mylist3");
        list3 = .lrange("mylist3", 0, -1);
        for (int i = 0; i < list3.size(); i++) {
            System.out.println(list3.get(i));
        }
    } catch (Exception e) {
        e.printStackTrace();
    } finally {
        if ( != null) {
            .close();
        }
    }
  }
}
```

程式執行結果如下。

```
1
2
3
a
b
c

下面程式測試旋轉的效果：

1
2
3

3
1
2

2
3
1

1
2
3
```

5.8 lrem 命令

使用格式如下。

```
lrem key count value
```

該命令用於從 key 對應的串列裡刪除前 count 次出現的值為 value 的元素。

參數 count 可以有以下幾種用法。

- count > 0：從頭到尾刪除值為 value 的 count 個元素。
- count < 0：從尾到頭刪除值為 value 的 count 個元素。
- count = 0：刪除所有值為 value 的元素。

使用以下命令會從串列中刪除最後出現的兩個 hello 元素。

```
lrem list -2 "hello"
```

lrem 命令刪除時採用絕對等於方式。

5.8.1 測試案例

測試案例如下。

```
127.0.0.1:7777> rpush mykey a hello b hello c hello d hello e hello f hello g hello
14
127.0.0.1:7777> llen mykey
14
127.0.0.1:7777> lrem mykey 3 hello
3
127.0.0.1:7777> lrange mykey 0 -1
a
b
c
d
hello
e
hello
f
hello
g
hello
127.0.0.1:7777> lrem mykey -2 hello
2
127.0.0.1:7777> lrange mykey 0 -1
a
b
c
d
hello
e
hello
f
g
127.0.0.1:7777> lrem mykey 0 hello
2
127.0.0.1:7777> lrange mykey 0 -1
a
b
c
d
e
f
g
127.0.0.1:7777>
```

5.8.2 程式演示

```
public class Test8 {
    private static Pool pool = new Pool(new PoolConfig(), "192.168.61.84",
7777, 5000, "accp");

    public static void main(String[] args) {
        = null;
        try {
            = pool.getResource();
            .flushDB();

            .rpush("mylist", "a", "hello", "b", "hello", "c", "hello", "d",
"hello", "e", "hello", "f", "hello",
                    "g", "hello");

            System.out.println(.llen("mylist"));

            .lrem("mylist".getBytes(), 3, "hello".getBytes());

            List<String> list1 = .lrange("mylist", 0, -1);
            for (int i = 0; i < list1.size(); i++) {
                System.out.println(list1.get(i));
            }

            System.out.println();

            .lrem("mylist", -2, "hello");

            List<String> list2 = .lrange("mylist", 0, -1);
            for (int i = 0; i < list2.size(); i++) {
                System.out.println(list2.get(i));
            }

            System.out.println();

            .lrem("mylist", 0, "hello");

            List<String> list3 = .lrange("mylist", 0, -1);
            for (int i = 0; i < list3.size(); i++) {
                System.out.println(list3.get(i));
            }
        } catch (Exception e) {
            e.printStackTrace();
        } finally {
            if ( != null) {
                .close();
            }
```

```
        }
    }
}
```

程式執行結果如下。

```
14
a
b
c
d
hello
e
hello
f
hello
g
hello

a
b
c
d
hello
e
hello
f
g

a
b
c
d
e
f
g
```

▌ **5.9 lset 命令**

使用格式如下。

```
lset key index value
```

該命令用於在指定 index 處放置元素，相當於新元素更新舊元素。

5.9.1 測試案例

測試案例如下。

```
127.0.0.1:7777> del key1
(integer) 1
127.0.0.1:7777> rpush key1 1 2 3
(integer) 3
127.0.0.1:7777> lrange key1 0 -1
1) "1"
2) "2"
3) "3"
127.0.0.1:7777> lset key1 0 a
OK
127.0.0.1:7777> lrange key1 0 -1
1) "a"
2) "2"
3) "3"
127.0.0.1:7777>
```

5.9.2 程式演示

```java
public class Test9 {
    private static Pool pool = new Pool(new PoolConfig(), "192.168.61.84",
7777, 5000, "accp");

    public static void main(String[] args) {
            = null;
        try {
             = pool.getResource();
            .flushDB();

            .rpush("mylist", "1", "2", "3");

            .lset("mylist".getBytes(), 0, "a".getBytes());
            .lset("mylist", 1, "b");

            List<String> list1 = .lrange("mylist", 0, -1);
            for (int i = 0; i < list1.size(); i++) {
                System.out.println(list1.get(i));
            }
        } catch (Exception e) {
            e.printStackTrace();
        } finally {
            if ( != null) {
                .close();
            }
```

```
        }
    }
}
```

程式執行結果如下。

```
a
b
3
```

5.10 ltrim 命令

使用格式如下。

```
ltrim key start stop
```

該命令類似於 String.substring() 方法。

參數 start 和 stop 也可以是負數，代表串列尾端的偏移量，其中 −1 代表串列的最後一個元素，−2 代表倒數第二個元素，依此類推。

ltrim 命令一個常見用法是和 rpush/lpush 命令一起使用，使用格式如下。

```
lpush mylist someelement
ltrim mylist 0 99
```

這對命令會將一個新的元素增加進串列頭部，並保證該串列不會增長到超過 100 個元素，如想創建一個有佇列時會使用到它們。

5.10.1 測試案例

測試案例如下。

```
127.0.0.1:7777> del key1
(integer) 1
127.0.0.1:7777> rpush key1 a b c d
(integer) 4
127.0.0.1:7777> ltrim key1 0 2
OK
127.0.0.1:7777> lrange key1 0 -1
1) "a"
2) "b"
```

```
3) "c"
127.0.0.1:7777>
```

5.10.2 程式演示

```java
public class Test10 {
    private static Pool pool = new Pool(new PoolConfig(), "192.168.61.84",
7777, 5000, "accp");

    public static void main(String[] args) {
        = null;
        try {
            = pool.getResource();
            .flushDB();

            .rpush("mylist", "1", "2", "3", "4", "5");
            System.out.println(.llen("mylist"));
            .lpush("mylist", "new");
            System.out.println(.llen("mylist"));

            .ltrim("mylist".getBytes(), 0, 4);
            System.out.println(.llen("mylist"));

            .ltrim("mylist", 0, 3);
            System.out.println(.llen("mylist"));

            System.out.println();

            List<String> list1 = .lrange("mylist", 0, -1);
            for (int i = 0; i < list1.size(); i++) {
                System.out.println(list1.get(i));
            }
        } catch (Exception e) {
            e.printStackTrace();
        } finally {
            if ( != null) {
                .close();
            }
        }
    }
}
```

程式執行結果如下。

```
5
6
5
```

```
4

new
1
2
3
```

5.11 linsert 命令

使用格式如下。

```
linsert key BEFORE|AFTER pivot value
```

該命令用於在串列中的 pivot 元素之前（BEFORE）或之後（AFTER）插入 value 元素。

5.11.1 測試案例

測試案例如下。

```
127.0.0.1:7777> flushdb
OK
127.0.0.1:7777> rpush mylist a b c c c d
(integer) 6
127.0.0.1:7777> linsert mylist before c X
(integer) 7
127.0.0.1:7777> lrange mylist 0 -1
1) "a"
2) "b"
3) "X"
4) "c"
5) "c"
6) "c"
7) "d"
127.0.0.1:7777> linsert mylist after a AA
(integer) 8
127.0.0.1:7777> lrange mylist 0 -1
1) "a"
2) "AA"
3) "b"
4) "X"
5) "c"
6) "c"
```

```
7) "c"
8) "d"
127.0.0.1:7777>
```

5.11.2 程式演示

```
public class Test11 {
    private static Pool pool = new Pool(new PoolConfig(), "192.168.61.84",
7777, 5000, "accp");

    public static void main(String[] args) {
        = null;
        try {
            = pool.getResource();
            .flushDB();

            .rpush("mylist", "a", "a", "c", "c");

            .linsert("mylist".getBytes(), ListPosition.BEFORE, "a".getBytes(),
"newa".getBytes());
            .linsert("mylist", ListPosition.AFTER, "c", "newc");

            List<String> list1 = .lrange("mylist", 0, -1);
            for (int i = 0; i < list1.size(); i++) {
                System.out.println(list1.get(i));
            }
        } catch (Exception e) {
            e.printStackTrace();
        } finally {
            if ( != null) {
                .close();
            }
        }
    }
}
```

程式執行結果如下。

```
newa
a
a
c
newc
c
```

5.12 lindex 命令

使用格式如下。

```
lindex key index
```

該命令用於返回串列中指定 index 的元素。

5.12.1 測試案例

測試案例如下。

```
127.0.0.1:7777> del key1
(integer) 1
127.0.0.1:7777> rpush key1 a b c d
(integer) 4
127.0.0.1:7777> lindex key1 1
"b"
127.0.0.1:7777> lindex key1 -1
"d"
127.0.0.1:7777>
```

5.12.2 程式演示

```java
public class Test12 {
    private static Pool pool = new Pool(new PoolConfig(), "192.168.61.84",
7777, 5000, "accp");

    public static void main(String[] args) {
         = null;
        try {
             = pool.getResource();
            .flushDB();

            .rpush("mylist", "a", "b", "c", "d");

            System.out.println(new String(.lindex("mylist".getBytes(), 0)));
            System.out.println(.lindex("mylist", -1));

        } catch (Exception e) {
            e.printStackTrace();
        } finally {
            if ( != null) {
                .close();
            }
```

```
        }
    }
}
```

程式執行結果如下。

```
a
d
```

5.13 blpop 命令

如果使用串列來實現任務佇列，那麼當佇列中沒有任務時，用戶端需要程式設計師使用輪詢的方式來判斷串列中有沒有新元素，如果沒有則繼續輪詢。這會造成空執行並且佔用 CPU 資源，這種情況可以使用阻塞 BLOCK 版本的 pop 命令來解決。

使用格式如下。

```
blpop key [key ...] timeout
```

它是 lpop 命令的阻塞版本。

使用阻塞版本的相關操作時，如果阻塞的時間過長，Linux 會強制斷開閒置的網路連接，釋放網路資源。當被強制斷開連接時會出現異常，所以要將 catch 和重試機制結合使用。

5.13.1 監測一個 key

當指定串列內沒有任何元素時，blpop 命令將被阻塞。

1. 測試案例

測試案例如圖 5-2 所示。

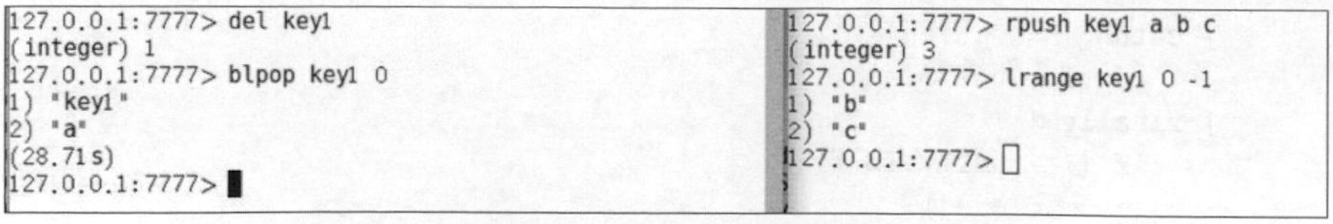

圖 5-2 測試案例（一）

如果所有指定的 key 都不存在或包括空串列，那麼 blpop 命令將呈阻塞狀態，直到有另一個用戶端對指定的 key 執行 lpush 或 rpush 命令而解除阻塞狀態。

一旦有新的元素出現在某一個串列裡，該命令就會解除阻塞狀態，並且返回 key 和彈出的元素值。

2. 程式演示

處理程序 1 的範例程式如下。

```
public class Test13_1 {
    private static Pool pool = new Pool(new PoolConfig(), "192.168.56.11",
6379, 5000, "accp");

    public static void main(String[] args) {
          = null;
        try {
              = pool.getResource();
            .flushDB();
            System.out.println("blpop begin");
            List<String> list = .blpop(0, "mykey1");
            for (int i - 0; i < list.size(); i++) {
                System.out.println("blpop取得的值:" + list.get(i));
            }
            System.out.println("blpop  end");
        } catch (Exception e) {
            e.printStackTrace();
        } finally {
            if ( != null) {
                .close();
            }
        }
    }
}
```

處理程序 2 的範例程式如下。

```
public class Test13_2 {
    private static Pool pool = new Pool(new PoolConfig(), "192.168.56.11",
6379, 5000, "accp");

    public static void main(String[] args) {
            = null;
        try {
              = pool.getResource();
```

```
            .flushDB();

            .rpush("mykey1", "a", "b", "c", "d");

            List<String> list1 = .lrange("mykey1", 0, -1);
            for (int i = 0; i < list1.size(); i++) {
                System.out.println(list1.get(i));
            }

        } catch (Exception e) {
            e.printStackTrace();
        } finally {
            if ( != null) {
                .close();
            }
        }
    }
}
```

執行類別 Test13_1.java，主控台輸出結果如下。

```
blpop begin
```

處理程序呈阻塞狀態。

執行類別 Test13_2.java，主控台輸出結果如下。

```
b
c
d
```

執行類別 Test13_1.java，主控台輸出結果如下。

```
blpop begin
blpop取得的值：mykey1
blpop取得的值：a
blpop    end
```

5.13.2 監測多個 key

當指定多個 key 時，按 key 的先後順序依次檢查各個串列，彈出第一個不可為空串列的第一個（頭）元素。

當 blpop 命令被呼叫時，如果指定多個 key 中至少有一個串列是不可為空的，那麼彈出並刪除第一個不可為空串列的頭元素，將彈出的頭元素和所屬的 key 一起返回給呼叫者。當指定多個 key 時，blpop 命令按 key 排列的先後順序依次檢查各個串列，如假設 key 的名稱是 list1，它是空串列，而 list2 和 list3 都是不可為空串列，如果執行以下命令。

```
blpop list1 list2 list3 0
```

blpop 命令將返回一個存於 list2 裡的元素，因為查詢按照從 list1 到 list2、再到 list3 這個順序來檢查當前串列是不是第一個不可為空串列。

1. 測試案例

測試案例如圖 5-3 所示。

```
127.0.0.1:7777> del key1
(integer) 0
127.0.0.1:7777> del key2
(integer) 1
127.0.0.1:7777> del key3
(integer) 1
127.0.0.1:7777> blpop key1 key2 key3 0
1) "key3"
2) "3"
(16.06s)
127.0.0.1:7777>
```

```
127.0.0.1:7777> rpush key3 3 2 1
(integer) 3
127.0.0.1:7777> lrange key3 0 -1
1) "2"
2) "1"
127.0.0.1:7777>
```

圖 5-3 測試案例（二）

2. 程式演示

處理程序 1 的範例程式如下。

```
public class Test14_1 {
    private static Pool pool = new Pool(new PoolConfig(), "192.168.56.11",
6379, 5000, "accp");

    public static void main(String[] args) {
          = null;
        try {
             = pool.getResource();
            .flushDB();
            System.out.println("blpop begin");
            List<String> list = .blpop(0, "mykey1", "mykey2", "mykey3");
            for (int i = 0; i < list.size(); i++) {
                System.out.println("blpop取得的值：" + list.get(i));
            }
            System.out.println("blpop   end");
        } catch (Exception e) {
            e.printStackTrace();
```

```
        } finally {
            if ( != null) {
                .close();
            }
        }
    }
}
```

處理程序 2 的範例程式如下。

```
public class Test14_2 {
    private static Pool pool = new Pool(new PoolConfig(), "192.168.56.11",
6379, 5000, "accp");

    public static void main(String[] args) {
         = null;
        try {
             = pool.getResource();
            .flushDB();

            .rpush("mykey3", "a", "b", "c", "d");

            List<String> list1 = .lrange("mykey3", 0, -1);
            for (int i = 0; i < list1.size(); i++) {
                System.out.println(list1.get(i));
            }

        } catch (Exception e) {
            e.printStackTrace();
        } finally {
            if ( != null) {
                .close();
            }
        }
    }
}
```

執行類別 Test14_1.java，主控台輸出結果如下。

```
blpop begin
```

處理程序 1 呈阻塞狀態。

執行類別 Test14_2.java，主控台輸出結果如下。

```
b
c
d
```

執行類別 Test14_1.java，主控台輸出結果如下。

```
blpop begin
blpop取得的值：mykey3
blpop取得的值：a
blpop    end
```

5.13.3 測試阻塞時間

當 blpop 命令引起用戶端阻塞並且設定了一個非零的阻塞時間參數 timeout
的時候，若經過了指定的 timeout 仍沒有對某一特定的 key 執行增加操
作，則用戶端會解除阻塞狀態並且返回 nil。

參數 timeout 表示指定阻塞的最大秒數的整數。timeout 為 0 表示阻塞時間
無限制。

1. 測試案例

測試案例如下。

```
127.0.0.1:7777> del key1
(integer) 0
127.0.0.1:7777> blpop key1 5
(nil)
(5.06s)
127.0.0.1:7777>
```

2. 程式演示

```
public class Test15 {
    private static Pool pool = new Pool(new PoolConfig(), "192.168.61.84",
7777, 5000, "accp");

    public static void main(String[] args) {
         = null;
        try {
             = pool.getResource();
            .flushDB();
            System.out.println("blpop begin " + System.currentTimeMillis());
            List<String> list = .blpop(5, "mykey");
            if (list != null) {
                for (int i = 0; i < list.size(); i++) {
                    System.out.println("blpop取得的值：" + list.get(i));
                }
```

```
            }
            System.out.println("blpop  end " + System.currentTimeMillis());
        } catch (Exception e) {
            e.printStackTrace();
        } finally {
            if ( != null) {
                .close();
            }
        }
    }
}
```

程式執行結果如下。

```
blpop begin 1569290343070
blpop  end 1569290348176
```

5.13.4 先來先得

當多個用戶端被同一個 key 阻塞的時候，第一個被處理的用戶端是等待最長時間的用戶端，因為 Redis 會對所有等待這個 key 的用戶端按照 FIFO 的順序進行服務。

1. 測試案例

測試案例如圖 5-4 所示。

圖 5-4 測試案例（三）

2. 程式演示

創建 3 個 blpop 測試類別，程式如下。

```
public class Test16_1 {
    private static Pool pool = new Pool(new PoolConfig(), "192.168.61.84",
7777, 5000, "accp");

    public static void main(String[] args) {
         = null;
        try {
             = pool.getResource();
            .flushDB();
            System.out.println("1 blpop begin");
            List<String> list = .blpop("mykey", "0");
            for (int i = 0; i < list.size(); i++) {
                System.out.println("blpop取得的值：" + list.get(i));
            }
            System.out.println("1 blpop   end");
        } catch (Exception e) {
            e.printStackTrace();
        } finally {
            if ( != null) {
                .close();
            }
        }
    }
}

public class Test16_2 {
    private static Pool pool = new Pool(new PoolConfig(), "192.168.61.84",
7777, 5000, "accp");

    public static void main(String[] args) {
         = null;
        try {
             = pool.getResource();
            .flushDB();
            System.out.println("2 blpop begin");
            List<String> list = .blpop("mykey", "0");
            for (int i = 0; i < list.size(); i++) {
                System.out.println("blpop取得的值：" + list.get(i));
            }
            System.out.println("2 blpop   end");
        } catch (Exception e) {
            e.printStackTrace();
        } finally {
            if ( != null) {
                .close();
            }
        }
    }
```

```
}
public class Test16_3 {
    private static Pool pool = new Pool(new PoolConfig(), "192.168.61.84",
7777, 5000, "accp");

    public static void main(String[] args) {
         = null;
        try {
             = pool.getResource();
            .flushDB();
            System.out.println("3 blpop begin");
            List<String> list = .blpop("mykey", "0");
            for (int i = 0; i < list.size(); i++) {
                System.out.println("blpop取得的值：" + list.get(i));
            }
            System.out.println("3 blpop    end");
        } catch (Exception e) {
            e.printStackTrace();
        } finally {
            if ( != null) {
                .close();
            }
        }
    }
}
```

再創建執行 rpush 命令的測試類別，程式如下。

```
public class Test16_4 {
    private static Pool pool = new Pool(new PoolConfig(), "192.168.61.84",
7777, 5000, "accp");

    public static void main(String[] args) {
         = null;
        try {
             = pool.getResource();
            .flushDB();
            .rpush("mykey", "a", "b", "c");
        } catch (Exception e) {
            e.printStackTrace();
        } finally {
            if ( != null) {
                .close();
            }
        }
    }
}
```

按順序分別啟動類別。

```
Test16_1.java
Test16_2.java
Test16_3.java
Test16_4.java
```

3 個主控台輸出結果分別如下。

```
1 blpop begin
  blpop取得的值:mykey
  blpop取得的值:a
1 blpop    end

2 blpop begin
  blpop取得的值:mykey
  blpop取得的值:b
  blpop    end

3 blpop begin
  blpop取得的值:mykey
  blpop取得的值:c
3 blpop    end
```

5.14 brpop 命令

使用格式如下。

```
brpop key [key ...] timeout
```

brpop 命令是 rpop 命令的阻塞版本，刪除並返回存於串列的最後一個元素。從功能上分析，brpop 命令和 blpop 命令基本是一樣的，只不過一個是從尾部彈出元素，而另一個是從頭部彈出元素。

關於 brpop 命令的使用方式和對應 API 的使用，請參考 5.13 節。

5.15 brpoplpush 命令

使用格式如下。

```
brpoplpush source destination timeout
```

brpoplpush 命令是 rpoplpush 命令的阻塞版本，把最後一個元素移動到其他串列的第一個位置。

如果來源串列和目標串列是同一個，則該命令可以實現迴圈鏈結串列。

5.15.1 來源串列包括元素時的執行效果

當來源串列包括元素的時候，該命令執行效果和 rpoplpush 命令一樣。

1. 測試案例

測試案例如圖 5-5 所示。

```
127.0.0.1:7777> del key1              127.0.0.1:7777> del key2
(integer) 1                           (integer) 0
127.0.0.1:7777> rpush key1 a b c      127.0.0.1:7777> rpush key2 1 2 3
(integer) 3                           (integer) 3
127.0.0.1:7777> brpoplpush key1 key2 0  127.0.0.1:7777> []
"c"
127.0.0.1:7777> lrange key1 0 -1
1) "a"
2) "b"
127.0.0.1:7777> lrange key2 0 -1
1) "c"
2) "1"
3) "2"
4) "3"
127.0.0.1:7777>
```

圖 5-5 測試案例（四）

2. 程式演示

```java
public class Test17 {
    private static Pool pool = new Pool(new PoolConfig(), "192.168.61.84",
7777, 5000, "accp");

    public static void main(String[] args) {
        = null;
        try {
            = pool.getResource();
            .flushDB();

            .rpush("mylist1", "1", "2", "3");
            .rpush("mylist2", "a", "b", "c");

            .brpoplpush("mylist1".getBytes(), "mylist2".getBytes(), 0);
            .brpoplpush("mylist1", "mylist2", 0);
```

```java
            List<String> list1 = .lrange("mylist1", 0, -1);
            for (int i = 0; i < list1.size(); i++) {
                System.out.println(list1.get(i));
            }

            System.out.println();

            List<String> list2 = .lrange("mylist2", 0, -1);
            for (int i = 0; i < list2.size(); i++) {
                System.out.println(list2.get(i));
            }

            System.out.println("下面程式測試旋轉的效果：");
            // 測試串列旋轉命令的效果
            .rpush("mylist3", "1", "2", "3");
            List<String> list3 = null;
            list3 = .lrange("mylist3", 0, -1);
            for (int i = 0; i < list3.size(); i++) {
                System.out.println(list3.get(i));
            }
            System.out.println();
            .brpoplpush("mylist3", "mylist3", 0);
            list3 = .lrange("mylist3", 0, -1);
            for (int i = 0; i < list3.size(); i++) {
                System.out.println(list3.get(i));
            }
            System.out.println();
            .brpoplpush("mylist3", "mylist3", 0);
            list3 = .lrange("mylist3", 0, -1);
            for (int i = 0; i < list3.size(); i++) {
                System.out.println(list3.get(i));
            }
            System.out.println();
            .brpoplpush("mylist3", "mylist3", 0);
            list3 = .lrange("mylist3", 0, -1);
            for (int i = 0; i < list3.size(); i++) {
                System.out.println(list3.get(i));
            }
        } catch (Exception e) {
            e.printStackTrace();
        } finally {
            if ( != null) {
                .close();
            }
        }
    }
}
```

程式執行結果如下。

```
1

2
3
a
b
c

下面程式測試旋轉的效果：

1
2
3

3
1
2

2
3
1

1
2
3
```

5.15.2 呈阻塞的效果

當來源串列是空的時候，Redis 將阻塞這個連接，直到另一個用戶端增加
的元素或達到 timeout。timeout 為 0 能用於無限期阻塞用戶端。

1. 測試案例

測試案例如圖 5-6 所示。

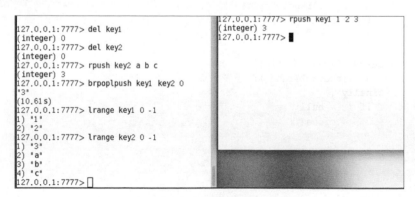

圖 5-6　測試案例（五）

2. 程式演示

處理程序 1 的範例程式如下。

```java
public class Test18_1 {
    private static Pool pool = new Pool(new PoolConfig(), "192.168.61.84",
7777, 5000, "accp");

    public static void main(String[] args) {
         = null;
        try {
             = pool.getResource();
            .flushDB();
            System.out.println("brpoplpush begin " + System.currentTimeMillis());
            System.out.println(.brpoplpush("mylist1", "mylist2", 0));
            System.out.println("brpoplpush   end " + System.currentTimeMillis());
        } catch (Exception e) {
            e.printStackTrace();
        } finally {
            if ( != null) {
                .close();
            }
        }
    }
}
```

處理程序 2 的範例程式如下。

```java
public class Test18_2 {
    private static Pool pool = new Pool(new PoolConfig(), "192.168.61.84",
7777, 5000, "accp");

    public static void main(String[] args) {
         = null;
        try {
             = pool.getResource();
            .flushDB();

            .rpush("mylist1", "1", "2", "3");

            List<String> list1 = .lrange("mylist1", 0, -1);
            for (int i = 0; i < list1.size(); i++) {
                System.out.println(list1.get(i));
            }

            System.out.println();

            List<String> list2 = .lrange("mylist2", 0, -1);
```

```
            for (int i = 0; i < list2.size(); i++) {
                System.out.println(list2.get(i));
            }
    } catch (Exception e) {
        e.printStackTrace();
    } finally {
        if ( != null) {
            .close();
        }
    }
  }
}
```

執行類別 Test18_1.java，主控台輸出結果如下。

```
brpoplpush begin 1569291615856
```

處理程序 1 呈阻塞狀態。

執行類別 Test18_2.java，主控台輸出結果如下。

```
1
2

3
```

執行類別 Test18_1.java，主控台輸出結果如下。

```
brpoplpush begin 1569291704855
3
brpoplpush   end 1569291707151
```

5.16 使用 sort 命令對串列進行排序

使用格式如下。

```
sort key [BY pattern] [LIMIT offset count] [GET pattern [GET pattern ...]]
[ASC|DESC] [ALPHA] [STORE destination]
```

預設是按照數值型態排序的，並且按照兩個元素的雙精度浮點數進行比較。

5.16.1 按數字大小進行正 / 倒排序

1. 測試案例

測試案例如下。

```
127.0.0.1:7777> del key1
(integer) 0
127.0.0.1:7777> rpush key1 13 234 345 324 23 345 4 67 567 24321 3
(integer) 11
127.0.0.1:7777> sort key1
 1) "3"
 2) "4"
 3) "13"
 4) "23"
 5) "67"
 6) "234"
 7) "324"
 8) "345"
 9) "345"
10) "567"
11) "24321"
127.0.0.1:7777> sort key1 desc
 1) "24321"
 2) "567"
 3) "345"
 4) "345"
 5) "324"
 6) "234"
 7) "67"
 8) "23"
 9) "13"
10) "4"
11) "3"
127.0.0.1:7777>
```

2. 程式演示

```java
public class Test19 {
    private static Pool pool = new Pool(new PoolConfig(), "192.168.61.84",
7777, 5000, "accp");

    public static void main(String[] args) {
            = null;
        try {
             = pool.getResource();
            .flushDB();
```

```
            .rpush("mylist1", "132342", "23452", "334567", "456567", "234357",
    "67879");

            List<String> list = .sort("mylist1");
            for (int i = 0; i < list.size(); i++) {
                System.out.println(list.get(i));
            }

            System.out.println();

            SortingParams param = new SortingParams();
            param.desc();
            list = .sort("mylist1", param);
            for (int i = 0; i < list.size(); i++) {
                System.out.println(list.get(i));
            }
        } catch (Exception e) {
            e.printStackTrace();
        } finally {
            if ( != null) {
                .close();
            }
        }
    }
}
```

程式執行結果如下。

```
23452
67879
132342
234357
334567
456567

456567
334567
234357
132342
67879
23452
```

5.16.2 按 ASCII 值進行正 / 倒排序

按 ASCII 值進行正 / 倒排序支持 DESC 參數。

1. 測試案例

測試案例如下。

```
127.0.0.1:7777> flushdb
OK
127.0.0.1:7777> rpush key1 a a fwe r erth sfd as dfasd fs gfsdf fas fasdf
12
127.0.0.1:7777> sort key1 alpha
a
a
as
dfasd
erth
fas
fasdf
fs
fwe
gfsdf
r
sfd
127.0.0.1:7777> sort key1 alpha desc
sfd
r
gfsdf
fwe
fs
fasdf
fas
erth
dfasd
as
a
a
127.0.0.1:7777>
```

2. 程式演示

```
public class Test20 {
    private static Pool pool = new Pool(new PoolConfig(), "192.168.61.84",
7777, 5000, "accp");

    public static void main(String[] args) {
         = null;
        try {
             = pool.getResource();
            .flushDB();
```

```
            .rpush("mylist1", "z1", "z2", "z3", "c", "b", "a");

        SortingParams param1 = new SortingParams();
        param1.alpha();
        param1.asc();
        List<String> list = .sort("mylist1", param1);
        for (int i = 0; i < list.size(); i++) {
            System.out.println(list.get(i));
        }

        System.out.println();

        SortingParams param2 = new SortingParams();
        param2.alpha();
        param2.desc();
        list = .sort("mylist1", param2);
        for (int i = 0; i < list.size(); i++) {
            System.out.println(list.get(i));
        }
    } catch (Exception e) {
        e.printStackTrace();
    } finally {
        if ( != null) {
            .close();
        }
    }
  }
}
```

程式執行結果如下。

```
a
b
c
z1
z2
z3

z3
z2
z1
c
b
a
```

5.16.3 實現分頁

1. 測試案例

測試案例如下。

```
127.0.0.1:7777> sort key1 ALPHA limit 0 5
1) "a"
2) "a"
3) "as"
4) "dfasd"
5) "erth"
127.0.0.1:7777> sort key1 ALPHA limit 0 5 desc
1) "sfd"
2) "r"
3) "qfsdf"
4) "fwe"
5) "fs"
127.0.0.1:7777>
```

2. 程式演示

```java
public class Test21 {
    private static Pool pool = new Pool(new PoolConfig(), "192.168.61.84",
7777, 5000, "accp");

    public static void main(String[] args) {
         = null;
        try {
             = pool.getResource();
            .flushDB();

            .rpush("mylist1", "a", "b", "c", "d", "e", "f", "g");

            SortingParams param1 = new SortingParams();
            param1.alpha();
            param1.asc();
            param1.limit(0, 3);
            List<String> list1 = .sort("mylist1", param1);
            for (int i = 0; i < list1.size(); i++) {
                System.out.println(list1.get(i));
            }
            System.out.println();

            SortingParams param2 = new SortingParams();
            param2.alpha();
            param2.asc();
```

```
        param2.limit(3, 3);
        List<String> list2 = .sort("mylist1", param2);
        for (int i = 0; i < list2.size(); i++) {
            System.out.println(list2.get(i));
        }
        System.out.println();

        SortingParams param3 = new SortingParams();
        param3.alpha();
        param3.asc();
        param3.limit(6, 3);
        List<String> list3 = .sort("mylist1", param3);
        for (int i = 0; i < list3.size(); i++) {
            System.out.println(list3.get(i));
        }
        System.out.println();
    } catch (Exception e) {
        e.printStackTrace();
    } finally {
        if ( != null) {
            .close();
        }
    }
}
}
```

程式執行結果如下。

```
a
b
c

d
e
f

g
```

5.16.4 透過外部 key 對應 value 的大小關係排序

測試成功外部 key 對應 value 的大小關係來對串列中的元素進行排序。

1. 測試案例

先來測試對串列中的元素進行排序的效果。

```
127.0.0.1:6379> flushdb
OK
127.0.0.1:6379> rpush key 5 4 3 2 1
5
127.0.0.1:6379> sort key asc
1
2
3
4
5
127.0.0.1:6379> sort key desc
5
4
3
2
1
127.0.0.1:6379>
```

此案例在前文已經介紹過了，但某些情況下不直接對串列中的元素進行正
/ 倒排序，對串列中元素的排序要參考其他 key 對應 value 的大小，測試
案例如下。

```
127.0.0.1:6379> flushdb
OK
127.0.0.1:6379> set userage_1 50
OK
127.0.0.1:6379> set userage_2 1
OK
127.0.0.1:6379> set userage_3 25
OK
127.0.0.1:6379> rpush userId 3 1 2
3
127.0.0.1:6379> sort userId by userage_*
2
3
1
127.0.0.1:6379> sort userId by userage_* asc
2
3
1
127.0.0.1:6379> sort userId by userage_* desc
1
3
2
127.0.0.1:6379>
```

2. 程式演示

```
public class Test22 {
    private static Pool pool = new Pool(new PoolConfig(), "192.168.56.11",
6379, 5000, "accp");

    public static void main(String[] args) {
         = null;
        try {
             = pool.getResource();

            .flushDB();

            .rpush("userId", "3", "1", "2");

            .set("age_1", "50");

            .set("age_2", "1");

            .set("age_3", "25");

            {
                SortingParams params1 = new SortingParams();
                params1.by("age_*");
                List<String> list1 = .sort("userId", params1);
                for (int i = 0; i < list1.size(); i++) {
                    System.out.println(list1.get(i));
                }
            }
            System.out.println();
            {
                SortingParams params1 = new SortingParams();
                params1.by("age_*");
                params1.asc();
                List<String> list1 = .sort("userId", params1);
                for (int i = 0; i < list1.size(); i++) {
                    System.out.println(list1.get(i));
                }
            }
            System.out.println();
            {
                SortingParams params1 = new SortingParams();
                params1.by("age_*");
                params1.desc();
                List<String> list1 = .sort("userId", params1);
                for (int i = 0; i < list1.size(); i++) {
                    System.out.println(list1.get(i));
                }
```

```
            }
        } catch (Exception e) {
            e.printStackTrace();
        } finally {
            if ( != null) {
                .close();
            }
        }
    }
}
```

程式執行結果如下。

```
2
3
1

2
3
1

1
3
2
```

5.16.5 透過外部 key 排序串列並顯示 value

測試成功外部 key 對串列中的元素進行排序並顯示外部 key 對應的 value。

1. 測試案例

測試案例如下。

```
127.0.0.1:6379> flushdb
OK
127.0.0.1:6379> set userage_1 50
OK
127.0.0.1:6379> set userage_2 1
OK
127.0.0.1:6379> set userage_3 25
OK
127.0.0.1:6379> rpush userId 3 1 2
3
127.0.0.1:6379> sort userId by userage_* get userage_* asc
1
25
50
```

```
127.0.0.1:6379> sort userId by userage_* get userage_* desc
50
25
1
127.0.0.1:6379> set username_1 username50
OK
127.0.0.1:6379> set username_2 username1
OK
127.0.0.1:6379> set username_3 username25
OK
127.0.0.1:6379> sort userId by userage_* get userage_* get username_* asc
1
username1
25
username25
50
username50
127.0.0.1:6379> sort userId by userage_* get userage_* get username_* desc
50
username50
25
username25
1
username1
127.0.0.1:6379> sort userId by userage_* get # get userage_* get username_* asc
2
1
username1
3
25
username25
1
50
username50
127.0.0.1:6379> sort userId by userage_* get # get userage_* get username_* desc
1
50
username50
3
25
username25
2
1
username1
127.0.0.1:6379>
```

2. 程式演示

```
package lists;

import java.util.List;

import redis.clients..;
import redis.clients..Pool;
import redis.clients..PoolConfig;
import redis.clients..SortingParams;

public class Test23 {
    private static Pool pool = new Pool(new PoolConfig(), "192.168.56.11",
6379, 5000, "accp");

    public static void main(String[] args) {
         = null;
        try {
             = pool.getResource();

            .flushDB();

            .set("username_1", "username50");
            .set("userage_1", "50");

            .set("username_2", "username1");
            .set("userage_2", "1");

            .set("username_3", "username25");
            .set("userage_3", "25");

            .rpush("userId", "3", "1", "2");

            {
                SortingParams params1 = new SortingParams();
                params1.by("userage_*");
                params1.get("userage_*");
                params1.asc();
                List<String> list1 = .sort("userId", params1);
                for (int i = 0; i < list1.size(); i++) {
                    System.out.println(list1.get(i));
                }
            }
            System.out.println();
            {
                SortingParams params1 = new SortingParams();
                params1.by("userage_*");
                params1.get("userage_*");
```

```
            params1.desc();
            List<String> list1 = .sort("userId", params1);
            for (int i = 0; i < list1.size(); i++) {
                System.out.println(list1.get(i));
            }
        }
        System.out.println();
        {
            SortingParams params1 = new SortingParams();
            params1.by("userage_*");
            params1.get("userage_*");
            params1.get("username_*");
            params1.asc();
            List<String> list1 = .sort("userId", params1);
            for (int i = 0; i < list1.size(); i++) {
                System.out.println(list1.get(i));
            }
        }
        System.out.println();
        {
            SortingParams params1 = new SortingParams();
            params1.by("userage_*");
            params1.get("userage_*");
            params1.get("username_*");
            params1.desc();
            List<String> list1 = .sort("userId", params1);
            for (int i = 0; i < list1.size(); i++) {
                System.out.println(list1.get(i));
            }
        }
        System.out.println();
        {
            SortingParams params1 = new SortingParams();
            params1.by("userage_*");
            params1.get("#");
            params1.get("userage_*");
            params1.get("username_*");
            params1.asc();
            List<String> list1 = .sort("userId", params1);
            for (int i = 0; i < list1.size(); i++) {
                System.out.println(list1.get(i));
            }
        }
        System.out.println();
        {
            SortingParams params1 = new SortingParams();
            params1.by("userage_*");
            params1.get("#");
```

```
            ·        params1.get("userage_*");
                     params1.get("username_*");
                     params1.desc();
                     List<String> list1 = .sort("userId", params1);
                     for (int i = 0; i < list1.size(); i++) {
                         System.out.println(list1.get(i));
                     }
                 }
         } catch (Exception e) {
             e.printStackTrace();
         } finally {
             if ( != null) {
                 .close();
             }
         }
     }
}
```

程式執行結果如下。

```
1
25
50

50
25
1

1
username1
25
username25
50
username50

50
username50
25
username25
1
username1

2
1
username1
3
25
username25
```

```
1
50
username50

1
50
username50
3
25
username25
2
1
username1
```

5.16.6 將排序結果儲存到其他的 key

將排序結果儲存到其他的 key。

1. 測試案例

測試案例如下。

```
127.0.0.1:6379> sort userId by userage_* get # get userage_* get username_* desc
1
50
username50
3
25
username25
2
1
username1
127.0.0.1:6379> sort userId by userage_* get # get userage_* get username_*
desc store otherkey
9
127.0.0.1:6379> lrange otherkey 0 -1
1
50
username50
3
25
username25
2
1
username1
127.0.0.1:6379>
```

2. 程式演示

```
public class Test24 {
    private static Pool pool = new Pool(new PoolConfig(), "192.168.56.11",
6379, 5000, "accp");

    public static void main(String[] args) {
         = null;
        try {
             = pool.getResource();

            .flushDB();

            .set("username_1", "username50");
            .set("userage_1", "50");

            .set("username_2", "username1");
            .set("userage_2", "1");

            .set("username_3", "username25");
            .set("userage_3", "25");

            .rpush("userId", "3", "1", "2");

            SortingParams params1 = new SortingParams();
            params1.by("userage_*");
            params1.get("#");
            params1.get("userage_*");
            params1.get("username_*");
            params1.desc();

            {
                List<String> list1 = .sort("userId", params1);
                for (int i = 0; i < list1.size(); i++) {
                    System.out.println(list1.get(i));
                }
            }
            .sort("userId", params1, "otherKey");
            System.out.println();
            System.out.println();
            {
                List<String> list1 = .lrange("otherKey", 0, -1);
                for (int i = 0; i < list1.size(); i++) {
                    System.out.println(list1.get(i));
                }
            }
        } catch (Exception e) {
            e.printStackTrace();
```

```
        } finally {
            if ( != null) {
                .close();
            }
        }
    }
}
```

程式執行結果如下。

```
1
50
username50
3
25
username25
2
1
username1

1
50
username50
3
25
username25
2
1
username1
```

5.16.7 跳過排序

跳過排序不使用外部 key 對應 value 的大小作為串列中元素的排序參考，
而是使用串列中元素的預設順序。

1. 測試案例

測試案例如下。

```
127.0.0.1:6379> flushdb
OK
127.0.0.1:6379> rpush userId 1 3 5 2 4 6
6
127.0.0.1:6379> set username_1 username1
OK
127.0.0.1:6379> set username_2 username2
OK
```

```
127.0.0.1:6379> set username_3 username3
OK
127.0.0.1:6379> set username_4 username4
OK
127.0.0.1:6379> set username_5 username5
OK
127.0.0.1:6379> set username_6 username6
OK
127.0.0.1:6379> sort userId by username_* alpha asc get # get username_*
1
username1
2
username2
3
username3
4
username4
5
username5
6
username6
127.0.0.1:6379> sort userId by nokey get # get username_*
1
username1
3
username3
5
username5
2
username2
4
username4
6
username6
127.0.0.1:6379> sort userId get # get username_*
1
username1
2
username2
3
username3
4
username4
5
username5
6
username6
127.0.0.1:6379>
```

2. 程式演示

```java
public class Test25 {
    private static Pool pool = new Pool(new PoolConfig(), "192.168.56.11",
6379, 5000, "accp");

    public static void main(String[] args) {
        = null;
        try {
            = pool.getResource();

            .flushDB();

            .set("username_1", "username1");
            .set("username_2", "username2");
            .set("username_3", "username3");
            .set("username_4", "username4");
            .set("username_5", "username5");
            .set("username_6", "username6");

            .rpush("userId", "1", "3", "5", "2", "4", "6");

            {
                SortingParams params1 = new SortingParams();
                params1.by("username_*");
                params1.alpha();
                params1.asc();
                params1.get("#");
                params1.get("username_*");
                List<String> list1 = .sort("userId", params1);
                for (int i = 0; i < list1.size(); i++) {
                    System.out.println(list1.get(i));
                }
            }
            System.out.println();
            {
                SortingParams params1 = new SortingParams();
                params1.by("nokey");
                params1.get("#");
                params1.get("username_*");
                List<String> list1 = .sort("userId", params1);
                for (int i = 0; i < list1.size(); i++) {
                    System.out.println(list1.get(i));
                }
            }
            System.out.println();
            {
                SortingParams params1 = new SortingParams();
```

```
            params1.get("#");
            params1.get("username_*");
            List<String> list1 = .sort("userId", params1);
            for (int i = 0; i < list1.size(); i++) {
                System.out.println(list1.get(i));
            }
        }
    } catch (Exception e) {
        e.printStackTrace();
    } finally {
        if ( != null) {
            .close();
        }
    }
}
}
```

程式執行結果如下。

```
1
username1
2
username2
3
username3
4
username4
5
username5
6
username6

1
username1
3
username3
5
username5
2
username2
4
username4
6
username6

1
username1
2
```

```
username2
3
username3
4
username4
5
username5
6
username6
```

5.17 List 類型命令的常見使用模式

List 類型命令的常見模式如下。

- 使用 lpush+brpop 實現阻塞佇列。
- 使用 lpush+rpop 實現非阻塞佇列。
- 使用 lpush+lpop 實現堆疊。
- 使用 lpush+ltrim 實現有界佇列。

在實現佇列時，使用 lpush 命令將元素放入佇列的最前面，然後使用 brpop 命令或 rpop 命令取得等待時間最長的元素。如果元素代表的是任務或訊息，這樣處理則可能出現任務或訊息的遺失。這是因為 brpop 命令和 rpop 命令都具有刪除元素的功能，將元素進行刪除並返回給用戶端，用戶端再對返回的元素進行處理，但在處理的過程中如果出現異常，就會出現任務或訊息遺失的情況。因為元素已經從串列中被刪除了，所以這時可以將 lpush 命令結合 rpoplpush 命令來解決。

rpoplpush 命令用於原子性地返回並刪除儲存在來源串列的最後一個元素，並將返回的元素儲存為目標串列的第一個元素。如果處理任務或訊息失敗，就從目標串列中取出剛才的元素並將其放回來源串列中；如果處理任務或訊息成功，就將目標串列中的元素使用 lrem 命令刪除。

Set 類型命令

S et 類型命令主要用於處理 Set 資料類型，Set 資料類型的儲存形式如圖 6-1 所示。

key: [mySet] value: ["中國1","中國2","中國3","美國"]

圖 6-1 Set 資料類型的儲存形式

和 Java 中的 Set 介面一樣，Redis 中的 Set 資料類型不允許儲存重複的元素，儲存元素具有無序性。Set 資料類型的元素個數最多為 $2^{32}-1$ 個。

6.1 sadd、smembers 和 scard 命令

sadd 命令的使用格式如下。

```
sadd key member [member ...]
```

該命令的作用和 Java 中的 HashSet.add(value) 方法一致。

smembers 命令的使用格式如下。

```
smembers key
```

該命令用於返回所有的 value。

scard 命令的使用格式如下。

```
scard key
```

該命令用於返回元素個數。

6.1.1 測試案例

測試案例如下。

```
127.0.0.1:7777> del key1
(integer) 1
127.0.0.1:7777> sadd key1 a a b b c c d e f
(integer) 6
127.0.0.1:7777> smembers key1
1) "d"
2) "c"
3) "f"
4) "a"
5) "b"
6) "e"
127.0.0.1:7777> scard key1
(integer) 6
127.0.0.1:7777>
```

6.1.2 程式演示

```java
public class Test1 {
    private static Pool pool = new Pool(new PoolConfig(), "192.168.61.84",
7777, 5000, "accp");

    public static void main(String[] args) {
         = null;
        try {
             = pool.getResource();
            .flushDB();

            .sadd("myset1".getBytes(), "a".getBytes(), "a".getBytes(),
"b".getBytes(), "b".getBytes(), "c".getBytes(), "c".getBytes());
            .sadd("myset2", "1", "1", "2", "2", "3", "3");

            System.out.println(.scard("myset1".getBytes()));
            System.out.println(.scard("myset1"));
            System.out.println(.scard("myset2".getBytes()));
            System.out.println(.scard("myset2"));

            System.out.println();

            Set<byte[]> set1 = .smembers("myset1".getBytes());
            Set<String> set2 = .smembers("myset2");
```

```
            Iterator<byte[]> iterator1 = set1.iterator();
            while (iterator1.hasNext()) {
                System.out.println(new String(iterator1.next()));
            }

            System.out.println();

            Iterator<String> iterator2 = set2.iterator();
            while (iterator2.hasNext()) {
                System.out.println(iterator2.next());
            }

        } catch (Exception e) {
            e.printStackTrace();
        } finally {
            if ( != null) {
                .close();
            }
        }
    }
}
```

程式執行結果如下。

```
3
3
3
3

c
a
b

1
2
3
```

6.2 sdiff 和 sdiffstore 命令

sdiff 命令的使用格式如下。

```
sdiff key [key ...]
```

該命令用於返回只有第一個 key 具有，而其他 key 不具有的元素。

sdiffstore 命令的使用格式如下。

```
sdiffstore destination key [key ...]
```

該命令作用和 sdiff 命令基本一樣,不同之處是將第一個 key 的獨有元素放入目標 key 中。

6.2.1 測試案例

測試案例如下。

```
127.0.0.1:7777> del key1
(integer) 1
127.0.0.1:7777> del key2
(integer) 1
127.0.0.1:7777> del key3
(integer) 1
127.0.0.1:7777> sadd key1 a b c x y z
(integer) 6
127.0.0.1:7777> sadd key2 o p q
(integer) 3
127.0.0.1:7777> sadd key3 a b c x
(integer) 4
127.0.0.1:7777> sdiff key1 key2 key3
1) "y"
2) "z"
127.0.0.1:7777> sdiffstore showkey1 key1 key2 key3
(integer) 2
127.0.0.1:7777> smembers showkey1
1) "y"
2) "z"
127.0.0.1:7777>
```

如果 showkey1 中已有元素,則執行 sdiffstore 命令後會將 showkey1 中的元素清空,再存放 key1 的獨有元素。

6.2.2 程式演示

```
public class Test2 {
    private static Pool pool = new Pool(new PoolConfig(), "192.168.61.84",
7777, 5000, "accp");

    public static void main(String[] args) {
            = null;
```

```java
        try {
             = pool.getResource();
            .flushDB();

            .sadd("myset1", "a", "b", "c", "x", "y", "z");
            .sadd("myset2", "o", "p", "q");
            .sadd("myset3", "a", "b", "c", "x");

            Set<byte[]> set1 = .sdiff("myset1".getBytes(), "myset2".
getBytes(), "myset3".getBytes());
            Set<String> set2 = .sdiff("myset1", "myset2", "myset3");

            Iterator<byte[]> iterator1 = set1.iterator();
            while (iterator1.hasNext()) {
                System.out.println(new String(iterator1.next()));
            }

            System.out.println();

            Iterator<String> iterator2 = set2.iterator();
            while (iterator2.hasNext()) {
                System.out.println(iterator2.next());
            }

            System.out.println();

            .sdiffstore("myset101".getBytes(), "myset1".getBytes(), "myset2".
getBytes(), "myset3".getBytes());
            .sdiffstore("myset102", "myset1", "myset2", "myset3");

            Iterator<byte[]> iterator3 = .smembers("myset101".getBytes()).
iterator();
            while (iterator3.hasNext()) {
                System.out.println(new String(iterator3.next()));
            }

            System.out.println();

            Iterator<String> iterator4 = .smembers("myset102").iterator();
            while (iterator4.hasNext()) {
                System.out.println(iterator4.next());
            }
        } catch (Exception e) {
            e.printStackTrace();
        } finally {
            if ( != null) {
                .close();
            }
```

```
        }
      }
}
```

程式執行結果如下。

```
z
y

z
y

z
y

z
y
```

6.3 sinter 和 sinterstore 命令

sinter 命令的使用格式如下。

```
sinter key [key ...]
```

該命令用於取得指定 key 共同交集的 value。

sinterstore 命令的使用格式如下。

```
sinterstore destination key [key ...]
```

該命令作用和 sinter 命令的不同之處是將交集的 value 放入目標 key 中。

這兩個命令可以計算出兩個人共同的愛好。

6.3.1 測試案例

測試案例如下。

```
127.0.0.1:7777> del key1
(integer) 1
127.0.0.1:7777> del key2
(integer) 0
127.0.0.1:7777> del key3
```

```
(integer) 0
127.0.0.1:7777> sadd key1 a b c x
(integer) 4
127.0.0.1:7777> sadd key2 o p q x
(integer) 4
127.0.0.1:7777> sadd key3 a u v x
(integer) 4
127.0.0.1:7777> sinter key1 key2 key3
1) "x"
127.0.0.1:7777> sinterstore endkey key1 key2 key3
(integer) 1
127.0.0.1:7777> smembers endkey
1) "x"
127.0.0.1:7777>
```

6.3.2 程式演示

```java
public class Test3 {
    private static Pool pool = new Pool(new PoolConfig(), "192.168.61.84",
7777, 5000, "accp");

    public static void main(String[] args) {
         = null;
        try {
             = pool.getResource();
            .flushDB();

            .sadd("myset1", "a", "b", "c", "x", "y", "z");
            .sadd("myset2", "b", "o", "p", "q");
            .sadd("myset3", "a", "b", "c", "x");

            Set<byte[]> set1 = .sinter("myset1".getBytes(), "myset2".
getBytes(), "myset3".getBytes());
            Set<String> set2 = .sinter("myset1", "myset2", "myset3");

            Iterator<byte[]> iterator1 = set1.iterator();
            while (iterator1.hasNext()) {
                System.out.println(new String(iterator1.next()));
            }

            System.out.println();

            Iterator<String> iterator2 = set2.iterator();
            while (iterator2.hasNext()) {
                System.out.println(iterator2.next());
            }
```

```
            System.out.println();

            .sinterstore("myset101".getBytes(), "myset1".getBytes(), "myset2".
getBytes(), "myset3".getBytes());
            .sinterstore("myset102", "myset1", "myset2", "myset3");

            Iterator<byte[]> iterator3 = .smembers("myset101".getBytes()).
iterator();
            while (iterator3.hasNext()) {
                System.out.println(new String(iterator3.next()));
            }

            System.out.println();

            Iterator<String> iterator4 = .smembers("myset102").iterator();
            while (iterator4.hasNext()) {
                System.out.println(iterator4.next());
            }
        } catch (Exception e) {
            e.printStackTrace();
        } finally {
            if ( != null) {
                .close();
            }
        }
    }
}
```

程式執行結果如下。

```
b

b

b

b
```

6.4 sismember 命令

使用格式如下。

```
sismember key member
```

該命令用於判斷元素是否在集合中。

6.4.1 測試案例

測試案例如下。

```
127.0.0.1:7777> del key1
(integer) 1
127.0.0.1:7777> sadd key1 a b c
(integer) 3
127.0.0.1:7777> sismember key1 a
(integer) 1
127.0.0.1:7777> sismember key1 b
(integer) 1
127.0.0.1:7777> sismember key1 c
(integer) 1
127.0.0.1:7777> sismember key1 d
(integer) 0
127.0.0.1:7777>
```

6.4.2 程式演示

```java
public class Test4 {
    private static Pool pool = new Pool(new PoolConfig(), "192.168.61.84",
7777, 5000, "accp");

    public static void main(String[] args) {
         = null;
        try {
             = pool.getResource();
            .flushDB();

            .sadd("myset1", "a", "b", "c", "x", "y", "z");

            System.out.println(.sismember("myset1".getBytes(), "a".getBytes()));
            System.out.println(.sismember("myset1".getBytes(),
"aa".getBytes()));
            System.out.println(.sismember("myset1", "b"));
            System.out.println(.sismember("myset1", "bb"));

        } catch (Exception e) {
            e.printStackTrace();
        } finally {
            if ( != null) {
                .close();
            }
        }
    }
}
```

程式執行結果如下。

```
true
false
true
false
```

6.5 smove 命令

使用格式如下。

```
smove source destination member
```

該命令用於將元素從 source（來源集合）移動到 destination（目標集合）。

如果 source 不存在或不包括指定的元素，則不執行任何操作，並返回 0；不然元素將從 source 中被刪除並增加到 destination 中。

當指定的元素已存在於 destination 中時，將從 source 中被刪除。如果 source 或 destination 不是集合類型，則返回錯誤。

6.5.1 測試案例

測試案例如下。

```
127.0.0.1:7777> del key1
(integer) 1
127.0.0.1:7777> del key2
(integer) 1
127.0.0.1:7777> sadd key1 a b c
(integer) 3
127.0.0.1:7777> sadd key2 1 2 3
(integer) 3
127.0.0.1:7777> smove key1 key2 b
(integer) 1
127.0.0.1:7777> smembers key2
1) "b"
2) "3"
3) "1"
4) "2"
127.0.0.1:7777>
```

6.5.2 程式演示

```java
public class Test5 {
    private static Pool pool = new Pool(new PoolConfig(), "192.168.61.84",
7777, 5000, "accp");

    public static void main(String[] args) {
         = null;
        try {
             = pool.getResource();
            .flushDB();

            .sadd("myset1", "a", "b", "c", "x", "y", "z");
            .sadd("myset2", "1", "2", "3");

            .smove("myset1".getBytes(), "myset2".getBytes(), "x".getBytes());
            .smove("myset1", "myset2", "y");

            Set<String> set1 = .smembers("myset1");

            Iterator<String> iterator1 = set1.iterator();
            while (iterator1.hasNext()) {
                System.out.println(iterator1.next());
            }

            System.out.println();

            Set<String> set2 = .smembers("myset2");

            Iterator<String> iterator2 = set2.iterator();
            while (iterator2.hasNext()) {
                System.out.println(iterator2.next());
            }

        } catch (Exception e) {
            e.printStackTrace();
        } finally {
            if ( != null) {
                .close();
            }
        }
    }
}
```

程式執行結果如下。

```
z
a
```

```
c
b
3
1
x
2
y
```

6.6 srandmember 命令

使用格式如下。

```
srandmember key [count]
```

只提供 key 參數時會隨機獲取 key 集合中的某一個元素，和 spop 命令作用類似。不同的是，spop 命令會將被獲取的隨機元素從集合中移除，而 srandmember 命令僅獲取該隨機元素，不做任何的操作，包括刪除。

count 參數的作用如下。

- 如果 count 是整數且小於元素的個數，則獲取含有 count 個不同的元素的陣列。
- 如果 count 是整數且大於元素的個數，則獲取整數個集合的所有元素。
- 如果 count 是負數，則獲取包括 count 絕對值個數的元素的陣列；如果 count 的絕對值大於元素的個數，則獲取的陣列裡會出現元素重複的情況。

6.6.1 測試案例

測試案例如下。

```
127.0.0.1:7777> flushdb
OK
127.0.0.1:7777> sadd key1 1 2 3 4 5 6 7 8 9 10
10
127.0.0.1:7777> srandmember key1
8
127.0.0.1:7777> srandmember key1
```

```
6
127.0.0.1:7777> srandmember key1
4
127.0.0.1:7777> smembers key1
1
2
3
4
5
6
7
8
9
10
127.0.0.1:7777> srandmember key1 5
9
7
10
3
5
127.0.0.1:7777> srandmember key1 5
1
8
7
2
5
127.0.0.1:7777> srandmember key1 100
1
2
3
4
5
6
7
8
9
10
127.0.0.1:7777> srandmember key1 -15
7
10
10
10
5
5
1
2
4
2
```

```
1
4
6
3
6
127.0.0.1:7777>
```

6.6.2 程式演示

```java
public class Test6 {
    private static Pool pool = new Pool(new PoolConfig(), "192.168.61.84",
7777, 5000, "accp");

    public static void main(String[] args) {
        = null;
        try {
            = pool.getResource();
            .flushDB();

            .sadd("myset1", "1", "2", "3", "4", "5", "6");

            System.out.println(new String(.srandmember("myset1".getBytes())));
            System.out.println(.srandmember("myset1"));

            System.out.println();

            Set<String> set1 = .smembers("myset1");
            Iterator<String> iterator1 = set1.iterator();
            while (iterator1.hasNext()) {
                System.out.println(iterator1.next());
            }

            System.out.println();

            List<byte[]> list1 = .srandmember("myset1".getBytes(), 2);
            List<String> list2 = .srandmember("myset1", 2);

            for (int i = 0; i < list1.size(); i++) {
                System.out.println(new String(list1.get(i)));
            }

            System.out.println();

            for (int i = 0; i < list2.size(); i++) {
                System.out.println(list2.get(i));
            }
```

```
            System.out.println();
            System.out.println();

            List<String> list3 = .srandmember("myset1", 10);

            for (int i = 0; i < list3.size(); i++) {
                System.out.println(new String(list3.get(i)));
            }

            System.out.println();

            List<String> list4 = .srandmember("myset1", -10);

            for (int i = 0; i < list4.size(); i++) {
                System.out.println(new String(list4.get(i)));
            }

        } catch (Exception e) {
            e.printStackTrace();
        } finally {
            if ( != null) {
                .close();
            }
        }
    }
}
```

程式執行結果如下。

```
2
5

1
2
3
4
5
6

3
4

3
5

1
2
3
```

```
4
5
6

2
1
5
2
3
6
6
6
3
1
```

6.7 spop 命令

使用格式如下。

```
spop key [count]
```

該命令與 srandmember 命令功能相似，只不過 spop 命令要將隨機獲取的
元素刪除。

參數 count 不允許為負數，不然會出現以下異常。

```
ERR index out of range
```

6.7.1 測試案例

測試案例如下。

```
127.0.0.1:6379> flushdb
OK
127.0.0.1:6379> sadd key 1 2 3 4 5 6 7 8 9 10
10
127.0.0.1:6379> spop key
9
127.0.0.1:6379> spop key
4
127.0.0.1:6379> spop key
5
127.0.0.1:6379> smembers key
```

```
1
2
3
6
7
8
10
127.0.0.1:6379> spop key 2
7
3
127.0.0.1:6379> spop key 100
1
2
6
8
127.0.0.1:6379> smembers key

127.0.0.1:6379> spop key -1
ERR index out of range

127.0.0.1:6379>
```

6.7.2 程式演示

```java
public class Test7 {
    private static Pool pool = new Pool(new PoolConfig(), "192.168.56.11",
6379, 5000, "accp");

    public static void main(String[] args) {
          = null;
        try {
             = pool.getResource();

            {
                .flushDB();
                .sadd("myset1", "1", "2", "3", "4", "5", "6");
                System.out.println(new String(.spop("myset1".getBytes())));
                System.out.println(.spop("myset1"));
                System.out.println();
                Set<String> set1 = .smembers("myset1");
                Iterator<String> iterator1 = set1.iterator();
                while (iterator1.hasNext()) {
                    System.out.println(iterator1.next());
                }
            }
            System.out.println("--------------------");
            {
```

```
            .flushDB();
            .sadd("myset1", "1", "2", "3", "4", "5", "6");
            Set<byte[]> set1 = .spop("myset1".getBytes(), 2);
            Iterator<byte[]> iterator1 = set1.iterator();
            while (iterator1.hasNext()) {
                System.out.println(new String(iterator1.next()));
            }
            System.out.println();
            Set<String> set2 = .smembers("myset1");
            Iterator<String> iterator2 = set2.iterator();
            while (iterator2.hasNext()) {
                System.out.println(iterator2.next());
            }
        }
        System.out.println("--------------------");
        {
            .flushDB();
            .sadd("myset1", "1", "2", "3", "4", "5", "6");
            Set<String> set1 = .spop("myset1", 100);
            Iterator<String> iterator1 = set1.iterator();
            while (iterator1.hasNext()) {
                System.out.println(iterator1.next());
            }
            System.out.println();
            Set<String> set2 = .smembers("myset1");
            Iterator<String> iterator2 = set2.iterator();
            while (iterator2.hasNext()) {
                System.out.println(iterator2.next());
            }
        }
        System.out.println("--------------------");
        {
            .flushDB();
            .sadd("myset1", "1", "2", "3", "4", "5", "6");
            .spop("myset1", -1);
        }
    } catch (Exception e) {
        e.printStackTrace();
    } finally {
        if ( != null) {
            .close();
        }
    }
  }
}
```

程式執行結果如下。

```
4
6

1
2
3
5
--------------------
6
5

1
2
3
4
--------------------
1
2
3
4
5
6

--------------------
redis.clients..exceptions.DataException: ERR index out of range
    at redis.clients..Protocol.processError(Protocol.java:132)
    at redis.clients..Protocol.process(Protocol.java:166)
    at redis.clients..Protocol.read(Protocol.java:220)
    at redis.clients..Connection.readProtocolWithCheckingBroken(Connection.
java:318)
    at redis.clients..Connection.getBinaryMultiBulkReply(Connection.java:270)
    at redis.clients..Connection.getMultiBulkReply(Connection.java:264)
    at redis.clients...spop(.java:1273)
    at sets.Test7.main(Test7.java:66)
```

6.8 srem 命令

使用格式如下。

```
srem key member [member ...]
```

該命令用於從集合中刪除指定的元素。

6.8.1 測試案例

測試案例如下。

```
127.0.0.1:7777> del key1
(integer) 1
127.0.0.1:7777> sadd key1 a b c d
(integer) 4
127.0.0.1:7777> srem key1 a d
(integer) 2
127.0.0.1:7777> smembers key1
1) "b"
2) "c"
127.0.0.1:7777>
```

6.8.2 程式演示

```java
public class Test8 {
    private static Pool pool = new Pool(new PoolConfig(), "192.168.61.84",
7777, 5000, "accp");

    public static void main(String[] args) {
        = null;
        try {
            = pool.getResource();

            .flushDB();
            .sadd("myset1", "1", "2", "3", "4", "5", "6");

            .srem("myset1".getBytes(), "1".getBytes(), "2".getBytes());
            .srem("myset1", "3", "4");

            Set<String> set1 = .smembers("myset1");
            Iterator<String> iterator1 = set1.iterator();
            while (iterator1.hasNext()) {
                System.out.println(iterator1.next());
            }

        } catch (Exception e) {
            e.printStackTrace();
        } finally {
            if ( != null) {
                .close();
            }
        }
    }
}
```

程式執行結果如下。

```
5
6
```

6.9 sunion 和 sunionstore 命令

sunion 命令的使用格式如下。

```
sunion key [key ...]
```

該命令用於合併所有 key 中的元素，並去掉重複的元素。

sunionstore 命令的使用格式如下。

```
sunionstore destination key [key ...]
```

該命令用於合併所有 key 中的元素，去掉重複的元素，並將合併後的元素存入目標 key 中。

6.9.1 測試案例

測試案例如下。

```
127.0.0.1:7777> del key1
(integer) 1
127.0.0.1:7777> del key2
(integer) 1
127.0.0.1:7777> del key3
(integer) 1
127.0.0.1:7777> sadd key1 a b c
(integer) 3
127.0.0.1:7777> sadd key2 a d e
(integer) 3
127.0.0.1:7777> sadd key3 d 1 2
(integer) 3
127.0.0.1:7777> sunion key1 key2 key3
1) "2"
2) "d"
3) "c"
4) "1"
5) "b"
6) "a"
```

```
7) "e"
127.0.0.1:7777> sunionstore showme key1 key2 key3
(integer) 7
127.0.0.1:7777> smembers showme
1) "2"
2) "d"
3) "c"
4) "1"
5) "b"
6) "a"
7) "e"
127.0.0.1:7777>
```

6.9.2 程式演示

```java
public class Test9 {
    private static Pool pool = new Pool(new PoolConfig(), "192.168.61.84",
7777, 5000, "accp");

    public static void main(String[] args) {
            = null;
        try {
             = pool.getResource();

            .flushDB();
            .sadd("myset1", "1", "2", "3");
            .sadd("myset2", "1", "2", "3", "4");
            .sadd("myset3", "1", "2", "3", "4", "a", "b");

            {
                Set<byte[]> set1 = .sunion("myset1".getBytes(),
"myset2".getBytes(), "myset3".getBytes());
                Set<String> set2 = .sunion("myset1", "myset2", "myset3");

                Iterator<byte[]> iterator1 = set1.iterator();
                while (iterator1.hasNext()) {
                    System.out.println(new String(iterator1.next()));
                }

                System.out.println();

                Iterator<String> iterator2 = set2.iterator();
                while (iterator2.hasNext()) {
                    System.out.println(iterator2.next());
                }

                System.out.println();
```

```
            }

            {
                .sunionstore("myset4".getBytes(), "myset1".getBytes(),
"myset2".getBytes(), "myset3".getBytes());
                .sunionstore("myset5", "myset1", "myset2", "myset3");

                Set<String> set1 = .smembers("myset4");
                Iterator<String> iterator1 = set1.iterator();
                while (iterator1.hasNext()) {
                    System.out.println(iterator1.next());
                }

                System.out.println();

                Set<String> set2 = .smembers("myset5");
                Iterator<String> iterator2 = set2.iterator();
                while (iterator2.hasNext()) {
                    System.out.println(iterator2.next());
                }
            }

        } catch (Exception e) {
            e.printStackTrace();
        } finally {
            if ( != null) {
                .close();
            }
        }
    }
}
```

程式執行結果如下。

```
4
2
a
3
1
b

4
2
a
3
1
b
```

```
4
2
a
3
1
b

4
2
a
3
1
b
```

6.10 sscan 命令

使用格式如下。

```
sscan key cursor [MATCH pattern] [COUNT count]
```

該命令用於增量疊代。

6.10.1 測試案例

測試案例如下。

```
127.0.0.1:7777> del setkey
(integer) 0
127.0.0.1:7777> sadd setkey a b c d e f g h j k l m n
(integer) 13
127.0.0.1:7777> sscan setkey 0
1) "3"
2)  1) "k"
    2) "f"
    3) "b"
    4) "a"
    5) "e"
    6) "l"
    7) "d"
    8) "g"
    9) "j"
   10) "n"
127.0.0.1:7777> sscan setkey 3
1) "0"
```

```
2) 1) "c"
   2) "m"
   3) "h"
127.0.0.1:7777>
```

6.10.2 程式演示

創建以下程式生成 sadd 命令所增加元素的字串，程式如下。

```java
public class Test10 {
    public static void main(String[] args) throws IOException {
        String addString = "";
        for (int i = 1; i <= 900; i++) {
            addString = addString + " " + "\"" + (i) + "\"";
        }
        addString = addString.substring(1);
        System.out.println(addString);

        FileWriter fileWriter1 = new FileWriter("c:\\abc\\abc1.txt");
        fileWriter1.write(addString);
        fileWriter1.close();
    }
}
```

測試程式如下。

```java
public class Test111 {
    private static Pool pool = new Pool(new PoolConfig(), "192.168.61.84",
7777, 5000, "accp");

    public static void main(String[] args) {
         = null;
        try {
             = pool.getResource();

            .flushDB();
            .sadd("myset1", "1", "2", "3", "4", "5", "6", "7", "8", "9", "10",
                "11", "12", "13", "14", "15", "16", "17", "18", "19", "20",
                "21", "22", "23", "24", "25", "26", "27", "28", "29", "30",
                "31", "32", "33", "34", "35", "36", "37", "38", "39", "40",
                "41", "42", "43", "44", "45", "46", "47", "48", "49", "50",
                "51", "52", "53", "54", "55", "56", "57", "58", "59", "60",
                "61", "62", "63", "64", "65", "66", "67", "68", "69", "70",
                "71", "72", "73", "74", "75", "76", "77", "78", "79", "80",
                "81", "82", "83", "84", "85", "86", "87", "88", "89", "90",
                "91", "92", "93", "94", "95", "96", "97", "98", "99", "100",
                "101", "102", "103", "104", "105", "106", "107", "108",
```

```
"109", "110", "111", "112", "113", "114", "115", "116",
"117", "118", "119", "120", "121", "122", "123", "124",
"125", "126", "127", "128", "129", "130", "131", "132",
"133", "134", "135", "136", "137", "138", "139", "140",
"141", "142", "143", "144", "145", "146", "147", "148",
"149", "150", "151", "152", "153", "154", "155", "156",
"157", "158", "159", "160", "161", "162", "163", "164",
"165", "166", "167", "168", "169", "170", "171", "172",
"173", "174", "175", "176", "177", "178", "179", "180",
"181", "182", "183", "184", "185", "186", "187", "188",
"189", "190", "191", "192", "193", "194", "195", "196",
"197", "198", "199", "200", "201", "202", "203", "204",
"205", "206", "207", "208", "209", "210", "211", "212",
"213", "214", "215", "216", "217", "218", "219", "220",
"221", "222", "223", "224", "225", "226", "227", "228",
"229", "230", "231", "232", "233", "234", "235", "236",
"237", "238", "239", "240", "241", "242", "243", "244",
"245", "246", "247", "248", "249", "250", "251", "252",
"253", "254", "255", "256", "257", "258", "259", "260",
"261", "262", "263", "264", "265", "266", "267", "268",
"269", "270", "271", "272", "273", "274", "275", "276",
"277", "278", "279", "280", "281", "282", "283", "284",
"285", "286", "287", "288", "289", "290", "291", "292",
"293", "294", "295", "296", "297", "298", "299", "300",
"301", "302", "303", "304", "305", "306", "307", "308",
"309", "310", "311", "312", "313", "314", "315", "316",
"317", "318", "319", "320", "321", "322", "323", "324",
"325", "326", "327", "328", "329", "330", "331", "332",
"333", "334", "335", "336", "337", "338", "339", "340",
"341", "342", "343", "344", "345", "346", "347", "348",
"349", "350", "351", "352", "353", "354", "355", "356",
"357", "358", "359", "360", "361", "362", "363", "364",
"365", "366", "367", "368", "369", "370", "371", "372",
"373", "374", "375", "376", "377", "378", "379", "380",
"381", "382", "383", "384", "385", "386", "387", "388",
"389", "390", "391", "392", "393", "394", "395", "396",
"397", "398", "399", "400", "401", "402", "403", "404",
"405", "406", "407", "408", "409", "410", "411", "412",
"413", "414", "415", "416", "417", "418", "419", "420",
"421", "422", "423", "424", "425", "426", "427", "428",
"429", "430", "431", "432", "433", "434", "435", "436",
"437", "438", "439", "440", "441", "442", "443", "444",
"445", "446", "447", "448", "449", "450", "451", "452",
"453", "454", "455", "456", "457", "458", "459", "460",
"461", "462", "463", "464", "465", "466", "467", "468",
"469", "470", "471", "472", "473", "474", "475", "476",
"477", "478", "479", "480", "481", "482", "483", "484",
"485", "486", "487", "488", "489", "490", "491", "492",
```

```
"493", "494", "495", "496", "497", "498", "499", "500",
"501", "502", "503", "504", "505", "506", "507", "508",
"509", "510", "511", "512", "513", "514", "515", "516",
"517", "518", "519", "520", "521", "522", "523", "524",
"525", "526", "527", "528", "529", "530", "531", "532",
"533", "534", "535", "536", "537", "538", "539", "540",
"541", "542", "543", "544", "545", "546", "547", "548",
"549", "550", "551", "552", "553", "554", "555", "556",
"557", "558", "559", "560", "561", "562", "563", "564",
"565", "566", "567", "568", "569", "570", "571", "572",
"573", "574", "575", "576", "577", "578", "579", "580",
"581", "582", "583", "584", "585", "586", "587", "588",
"589", "590", "591", "592", "593", "594", "595", "596",
"597", "598", "599", "600", "601", "602", "603", "604",
"605", "606", "607", "608", "609", "610", "611", "612",
"613", "614", "615", "616", "617", "618", "619", "620",
"621", "622", "623", "624", "625", "626", "627", "628",
"629", "630", "631", "632", "633", "634", "635", "636",
"637", "638", "639", "640", "641", "642", "643", "644",
"645", "646", "647", "648", "649", "650", "651", "652",
"653", "654", "655", "656", "657", "658", "659", "660",
"661", "662", "663", "664", "665", "666", "667", "668",
"669", "670", "671", "672", "673", "674", "675", "676",
"677", "678", "679", "680", "681", "682", "683", "684",
"685", "686", "687", "688", "689", "690", "691", "692",
"693", "694", "695", "696", "697", "698", "699", "700",
"701", "702", "703", "704", "705", "706", "707", "708",
"709", "710", "711", "712", "713", "714", "715", "716",
"717", "718", "719", "720", "721", "722", "723", "724",
"725", "726", "727", "728", "729", "730", "731", "732",
"733", "734", "735", "736", "737", "738", "739", "740",
"741", "742", "743", "744", "745", "746", "747", "748",
"749", "750", "751", "752", "753", "754", "755", "756",
"757", "758", "759", "760", "761", "762", "763", "764",
"765", "766", "767", "768", "769", "770", "771", "772",
"773", "774", "775", "776", "777", "778", "779", "780",
"781", "782", "783", "784", "785", "786", "787", "788",
"789", "790", "791", "792", "793", "794", "795", "796",
"797", "798", "799", "800", "801", "802", "803", "804",
"805", "806", "807", "808", "809", "810", "811", "812",
"813", "814", "815", "816", "817", "818", "819", "820",
"821", "822", "823", "824", "825", "826", "827", "828",
"829", "830", "831", "832", "833", "834", "835", "836",
"837", "838", "839", "840", "841", "842", "843", "844",
"845", "846", "847", "848", "849", "850", "851", "852",
"853", "854", "855", "856", "857", "858", "859", "860",
"861", "862", "863", "864", "865", "866", "867", "868",
"869", "870", "871", "872", "873", "874", "875", "876",
```

```
                        "877", "878", "879", "880", "881", "882", "883", "884",
                        "885", "886", "887", "888", "889", "890", "891", "892",
                        "893", "894", "895", "896", "897", "898", "899", "900");

            ScanResult<byte[]> scanResult1 = .sscan("myset1".getBytes(),
"0".getBytes());
            byte[] cursors1 = null;
            do {
                List<byte[]> list = scanResult1.getResult();
                for (int i = 0; i < list.size(); i++) {
                    System.out.println(new String(list.get(i)));
                }
                cursors1 = scanResult1.getCursorAsBytes();
                scanResult1 = .sscan("myset1".getBytes(), new String(cursors1)
.getBytes());

            } while (!new String(cursors1).equals("0"));

            System.out.println("-----------------");
            System.out.println("-----------------");

            ScanResult<String> scanResult2 = .sscan("myset1", "0");
            String cursors2 = null;
            do {
                List<String> list = scanResult2.getResult();
                for (int i = 0; i < list.size(); i++) {
                    System.out.println(list.get(i));
                }
                cursors2 = scanResult2.getCursor();
                scanResult2 = .sscan("myset1", cursors2);
            } while (!new String(cursors2).equals("0"));

        } catch (Exception e) {
            e.printStackTrace();
        } finally {
            if ( != null) {
                .close();
            }
        }
    }
}
```

程式執行後會以增量的方式，多次從集合中取得全部的元素並輸出。

Sorted Set 類型命令

Sorted Set 資料類型和 Java 中的 LinkedHashSet 類別特性一致。

Sorted Set 資料類型的儲存形式如圖 7-1 所示。

key: SortedSet   value: [{100,中國},{101,美國},{1000,法國},{9999,英國}]

圖 7-1 Sorted Set 資料類型的儲存形式

Sorted Set 資料類型中的元素根據分數（score）進行排序，並不像 LinkedHashSet 以增加的順序作為排序依據，因此適合排行榜的場景。

Sorted Set 資料類型中的元素以 score 的大小預設按昇冪的方式進行排序。因為存放在集合中，所以同一元素只存在一次，不允許重複的元素存在。

可以用整數來表示 score，因為 Redis 中的 Sorted Set 資料類型使用雙精度 64bit 浮點數來表示 score，所以它能夠精確地表示 $-2^{53} \sim 2^{53}$ 的整數。sorted set 資料類型的元素最多為 $2^{32}-1$ 個。

7.1 zadd、zrange 和 zrevrange 命令

zadd 命令的使用格式如下。

```
zadd key [NX|XX] [ch] [incr] score member [score member ...]
```

該命令用於將所有指定的元素增加到與 key 連結的有序集合裡。增加時可以指定多個分數 - 元素（score-member）對。如果增加的元素已經是有序集合裡面的元素，則會更新元素的 score，並更新到正確的排序位置。

如果 key 不存在，那麼將創建一個新的有序集合，並將 score-member 對增加到有序集合中。如果 key 存在，但是儲存的類型不是有序集合將返回一個錯誤訊息。

score 是一個雙精度的浮點數字字串，正數最大值可以使用 +inf 作為代替，負數最小值可以使用 −inf 作為代替。

zadd 命令用於在 key 和 score-member 對之間可以加入 NX、XX、ch、incr 參數，參數解釋如下。

- NX：不存在才更新。
- XX：存在才更新。
- ch：ch 是 Changed 的縮寫。ch 參數的作用是返回新增加的新元素個數和已更新 score 的已存在元素個數之和。命令列中指定的 score 和有序集合中擁有相同 score 的元素則不會計算在內。注意：zadd 命令只返回新增加的新元素的個數。
- incr：當 zadd 命令指定這個參數時，等於 zincrby 命令，可以對元素的 score 進行遞增操作。但同時只能對一個 score-member 進行自動增加操作。使用 incr 參數將返回元素的新 score，用字串來表示一個雙精度的浮點數。

參數 NX|XX、ch、incr 之間可以聯合使用。

zrange 命令的使用格式如下。

```
zrange key start stop [withscores]
```

該命令用於返回與 key 連結的有序集合中指定索引範圍的元素，不是 score 範圍。元素是按從低到高的 score 順序進行排序的。

當需要從高到低進行排序時，請參考 zrevrange 命令。

start 和 stop 都是從 0 開始的索引，其中 0 代表第一個元素，1 代表下一個元素，依此類推。它們也可以是負數，如 −1 代表有序集合中的最後一個元素，−2 代表倒數第二個元素，依此類推。

可以使用 withscores 參數，以便將元素的 score 與元素值一起返回。

zrevrange 命令的使用格式如下。

```
zrevrange key start stop [withscores]
```

zrevrange 命令是 zrange 命令的倒序版本。

7.1.1 增加元素並返回指定索引範圍的元素

zadd 命令會將所有指定的元素增加到與 key 連結的有序集合裡。增加時可以指定多個 score-member 對。

zrange 命令會返回與 key 連結的有序集合中指定索引範圍的元素，元素是按從低到高的 score 順序進行排序的。

1. 測試案例

測試案例如下。

```
127.0.0.1:7777> flushdb
OK
127.0.0.1:7777> keys *
(empty list or set)
127.0.0.1:7777> zadd zset 1 a
(integer) 1
127.0.0.1:7777> zadd zset 2 b
(integer) 1
127.0.0.1:7777> zadd zset 100 z
(integer) 1
127.0.0.1:7777> zadd zset 3 c
(integer) 1
127.0.0.1:7777> zrange zset 0 -1
1) "a"
2) "b"
3) "c"
4) "z"
127.0.0.1:7777>
```

可以批次增加 score 和元素，測試案例如下。

```
127.0.0.1:7777> flushdb
OK
127.0.0.1:7777> keys *
(empty list or set)
127.0.0.1:7777> zadd zset 1 a 2 b 100 z 3 c
(integer) 4
127.0.0.1:7777> zrange zset 0 -1
1) "a"
2) "b"
3) "c"
4) "z"
127.0.0.1:7777>
```

2. 程式演示

```java
public class Test1 {
    private static Pool pool = new Pool(new PoolConfig(), "192.168.61.84",
7777, 5000, "accp");

    public static void main(String[] args) {
        = null;
        try {
             = pool.getResource();
            .flushDB();

            //
            .zadd("zset1".getBytes(), 1, "a".getBytes());
            .zadd("zset1", 2, "b");
            //
            Map<byte[], Double> map1 = new HashMap<>();
            map1.put("c".getBytes(), Double.valueOf("3"));
            map1.put("d".getBytes(), Double.valueOf("4"));
            .zadd("zset1".getBytes(), map1);
            //
            Map<String, Double> map2 = new HashMap<>();
            map2.put("e", Double.valueOf("5"));
            map2.put("f", Double.valueOf("6"));
            .zadd("zset1", map2);
            //
            Set<byte[]> set1 = .zrange("zset1".getBytes(), 0, -1);
            Set<String> set2 = .zrange("zset1", 0, -1);

            Iterator<byte[]> iterator1 = set1.iterator();
            while (iterator1.hasNext()) {
                System.out.println(new String(iterator1.next()));
            }
```

```
            System.out.println();

            Iterator<String> iterator2 = set2.iterator();
            while (iterator2.hasNext()) {
                System.out.println(iterator2.next());
            }

    } catch (Exception e) {
        e.printStackTrace();
    } finally {
        if ( != null) {
            .close();
        }
    }
  }
}
```

程式執行結果如下。

```
a
b
c
d
e
f

a
b
c
d
e
f
```

7.1.2 更新 score 導致重排序並返回新增加元素的個數

使用 zadd 命令時，如果增加的元素已經在有序集合中存在，則會更改元素的 score 並重排序；如果增加的元素不在有序集合中，則在有序集合中增加這些 score 並排序，最後返回新增加 score 的個數。

1. 測試案例

測試案例如下。

```
127.0.0.1:7777> zadd key1 1 a 2 b 3 c
```

```
3
127.0.0.1:7777> zadd key1 11 a 22 b 100 z
1
127.0.0.1:7777> zrange key1 0 -1
c
a
b
z
127.0.0.1:7777>
```

第二次執行 zadd 命令後，返回 1 代表新增加了 "100 z"。

2. 程式演示

```java
public class Test2 {
    private static Pool pool = new Pool(new PoolConfig(), "192.168.61.84",
7777, 5000, "accp");

    public static void main(String[] args) {
            = null;
        try {
             = pool.getResource();
            .flushDB();

            //
            Map<String, Double> map1 = new HashMap<>();
            map1.put("a", Double.valueOf("1"));
            map1.put("b", Double.valueOf("2"));
            map1.put("c", Double.valueOf("3"));
            System.out.println(.zadd("zset1", map1));
            //
            Map<String, Double> map2 = new HashMap<>();
            map2.put("a", Double.valueOf("11"));
            map2.put("b", Double.valueOf("22"));
            map2.put("z", Double.valueOf("100"));
            System.out.println(.zadd("zset1", map2));

            System.out.println();

            Set<String> set = .zrange("zset1", 0, -1);
            Iterator<String> iterator = set.iterator();
            while (iterator.hasNext()) {
                System.out.println(iterator.next());
            }

        } catch (Exception e) {
            e.printStackTrace();
        } finally {
```

```
            if ( != null) {
                .close();
            }
        }
    }
}
```

程式執行結果如下。

```
3
1

c
a
b
z
```

7.1.3 使用 ch 參數

在預設情況下，zadd 命令返回新增加元素的個數。如果結合 ch 參數，則
會返回更新的元素個數和新增加的元素個數之和。

1. 結合 ch 參數返回更新的元素個數和新增加的元素個數之和

（1）測試案例

測試案例如下。

```
127.0.0.1:7777> flushdb
OK
127.0.0.1:7777> zadd key1 1 a 2 b 3 c
3
127.0.0.1:7777> zadd key1 ch 11 a 22 b 33 c 100 z
4
127.0.0.1:7777> zrange key1 0 -1
a
b
c
z
127.0.0.1:7777>
```

（2）程式演示

```
public class Test3 {
    private static Pool pool = new Pool(new PoolConfig(), "192.168.61.84",
7777, 5000, "accp");
```

```java
public static void main(String[] args) {
    = null;
    try {
        = pool.getResource();
        .flushDB();

        //
        Map<String, Double> map1 = new HashMap<>();
        map1.put("a", Double.valueOf("1"));
        map1.put("b", Double.valueOf("2"));
        map1.put("c", Double.valueOf("3"));
        System.out.println(.zadd("zset1", map1));
        //
        Map<String, Double> map2 = new HashMap<>();
        map2.put("a", Double.valueOf("11"));
        map2.put("b", Double.valueOf("22"));
        map2.put("c", Double.valueOf("33"));
        map2.put("z", Double.valueOf("100"));
        ZAddParams param = new ZAddParams();
        param.ch();
        System.out.println(.zadd("zset1", map2, param));

        System.out.println();

        Set<String> set = .zrange("zset1", 0, -1);
        Iterator<String> iterator = set.iterator();
        while (iterator.hasNext()) {
            System.out.println(iterator.next());
        }

    } catch (Exception e) {
        e.printStackTrace();
    } finally {
        if ( != null) {
            .close();
        }
    }
}
```

程式執行結果如下。

```
3
4

a
b
```

```
c
z
```

2. 如果指定的 score 和有序集合中擁有相同的元素，則不會計算在返回值中

（1）測試案例

測試案例如下。

```
127.0.0.1:6379> flushdb
OK
127.0.0.1:6379> zadd key 1 a 2 b 3 c
3
127.0.0.1:6379> zadd key ch 1 a 2 b 3 c 99 y 100 z
2
127.0.0.1:6379> zrange key 0 -1
a
b
c
y
z
127.0.0.1:6379>
```

（2）程式演示

```java
public class Test4 {
    private static Pool pool = new Pool(new PoolConfig(), "192.168.61.84",
7777, 5000, "accp");

    public static void main(String[] args) {
         = null;
        try {
             = pool.getResource();
            .flushDB();

            //
            Map<String, Double> map1 = new HashMap<>();
            map1.put("a", Double.valueOf("1"));
            map1.put("b", Double.valueOf("2"));
            map1.put("c", Double.valueOf("3"));
            System.out.println(.zadd("zset1", map1));
            //
            Map<String, Double> map2 = new HashMap<>();
            map2.put("a", Double.valueOf("1"));
            map2.put("b", Double.valueOf("2"));
            map2.put("c", Double.valueOf("3"));
            map2.put("x", Double.valueOf("99"));
```

```
        map2.put("z", Double.valueOf("100"));
        ZAddParams param = new ZAddParams();
        param.ch();
        System.out.println(.zadd("zset1", map2, param));

        System.out.println();

        Set<String> set = .zrange("zset1", 0, -1);
        Iterator<String> iterator = set.iterator();
        while (iterator.hasNext()) {
            System.out.println(iterator.next());
        }

    } catch (Exception e) {
        e.printStackTrace();
    } finally {
        if ( != null) {
            .close();
        }
    }
}
}
```

程式執行結果如下。

```
3
2

a
b
c
x
z
```

7.1.4 一起返回元素和 score

使用 zrange 命令時可以結合 withscores 參數，以便將元素和 score 一起返回。

1. 測試案例

測試案例如下。

```
127.0.0.1:7777> del key1
(integer) 0
127.0.0.1:7777> zadd key1 1 a
```

```
(integer) 1
127.0.0.1:7777> zadd key1 2 b
(integer) 1
127.0.0.1:7777> zadd key1 3 c
(integer) 1
127.0.0.1:7777> zadd key1 200 b
(integer) 0
127.0.0.1:7777> zrange key1 0 -1
1) "a"
2) "c"
3) "b"
127.0.0.1:7777> zrange key1 0 -1 withscores
1) "a"
2) "1"
3) "c"
4) "3"
5) "b"
6) "200"
127.0.0.1:7777>
```

2. 程式演示

```java
public class Test5 {
    private static Pool pool = new Pool(new PoolConfig(), "192.168.61.84",
7777, 5000, "accp");

    public static void main(String[] args) {
        = null;
        try {
            = pool.getResource();
            .flushDB();

            .zadd("zset1", 1, "a");
            .zadd("zset1", 2, "b");
            .zadd("zset1", 3, "c");

            {
                Set<String> set1 = .zrange("zset1", 0, -1);
                Iterator<String> iterator1 = set1.iterator();
                while (iterator1.hasNext()) {
                    System.out.println(new String(iterator1.next()));
                }
            }
            System.out.println();
            {
                Set<Tuple> set1 = .zrangeWithScores("zset1".getBytes(), 0, -1);
                Iterator<Tuple> iterator1 = set1.iterator();
                while (iterator1.hasNext()) {
```

```
                Tuple tuple = iterator1.next();
                System.out.println(tuple.getElement() + " " + tuple.
getScore());
            }
        }
        System.out.println();

        {
            Set<Tuple> set1 = .zrangeWithScores("zset1", 0, -1);
            Iterator<Tuple> iterator1 = set1.iterator();
            while (iterator1.hasNext()) {
                Tuple tuple = iterator1.next();
                System.out.println(tuple.getElement() + " " + tuple.
getScore());
            }
        }

    } catch (Exception e) {
        e.printStackTrace();
    } finally {
        if ( != null) {
            .close();
        }
    }
  }
}
```

程式執行結果如下。

```
a
b
c

a 1.0
b 2.0
c 3.0

a 1.0
b 2.0
c 3.0
```

7.1.5 score 可以是雙精度浮點數

zadd 命令中的 score 可以是雙精度浮點數。

1. 測試案例

測試案例如下。

```
127.0.0.1:7777> del key1
(integer) 1
127.0.0.1:7777> zadd key1 -1 a
(integer) 1
127.0.0.1:7777> zadd key1 -2 b
(integer) 1
127.0.0.1:7777> zadd key1 -2.5 c
(integer) 1
127.0.0.1:7777> zadd key1 -1.5 d
(integer) 1
127.0.0.1:7777> zadd key1 -3 e
(integer) 1
127.0.0.1:7777> zadd key1 1 f
(integer) 1
127.0.0.1:7777> zadd key1 2 h
(integer) 1
127.0.0.1:7777> zadd key1 1.5 g
(integer) 1
127.0.0.1:7777> zrange key1 0 -1 withscores
 1) "e"
 2) "-3"
 3) "c"
 4) "-2.5"
 5) "b"
 6) "-2"
 7) "d"
 8) "-1.5"
 9) "a"
10) "-1"
11) "f"
12) "1"
13) "g"
14) "1.5"
15) "h"
16) "2"
127.0.0.1:7777>
```

2. 程式演示

```java
public class Test6 {
    private static Pool pool = new Pool(new PoolConfig(), "192.168.61.84",
7777, 5000, "accp");

    public static void main(String[] args) {
           = null;
        try {
             = pool.getResource();
            .flushDB();
```

```
        .zadd("zset1", -2, "-2String");
        .zadd("zset1", 2, "2String");
        .zadd("zset1", -1.5, "-1.5String");
        .zadd("zset1", 1.5, "1.5String");
        .zadd("zset1", 0, "0String");

        {
            Set<Tuple> set1 = .zrangeWithScores("zset1", 0, -1);
            Iterator<Tuple> iterator1 = set1.iterator();
            while (iterator1.hasNext()) {
                Tuple tuple = iterator1.next();
                System.out.println(tuple.getElement() + "       " + tuple.
getScore());
            }
        }

    } catch (Exception e) {
        e.printStackTrace();
    } finally {
        if ( != null) {
            .close();
        }
    }
  }
}
```

程式執行結果如下。

```
-2String        -2.0
-1.5String        -1.5
0String        0.0
1.5String        1.5
2String        2.0
```

7.1.6 使用 XX 參數

XX 參數代表只更新存在的元素，不增加新元素。

1. 測試案例

測試案例如下。

```
127.0.0.1:7777> flushdb
OK
127.0.0.1:7777> zadd key 1 a 2 b 3 c
3
```

```
127.0.0.1:7777> zadd key XX 11 a 22 b 33 c 44 d
0
127.0.0.1:7777> zrange key 0 -1 withscores
a
11
b
22
c
33
127.0.0.1:7777>
```

使用 XX 參數後只更新已存在元素的 score，不增加新元素。

使用 XX 參數後，返回值是 0，如果想獲得更新的元素個數，則可以結合 ch 參數，測試程式如下。

```
127.0.0.1:7777> flushdb
OK
127.0.0.1:7777> zadd key 1 a 2 b 3 c
3
127.0.0.1:7777> zadd key ch XX 11 a 22 b 33 c 44 d
3
127.0.0.1:7777> zrange key 0 -1 withscores
a
11
b
22
c
33
127.0.0.1:7777>
```

以上程式更新的元素個數是 3。

2. 程式演示

```java
public class Test7 {
    private static Pool pool = new Pool(new PoolConfig(), "192.168.61.84",
7777, 5000, "accp");

    public static void main(String[] args) {
         = null;
        try {
             = pool.getResource();
            .flushDB();

            .zadd("zset1", 1, "a");
            .zadd("zset1", 2, "b");
```

```
                .zadd("zset1", 3, "c");

                //
                Map<String, Double> map = new HashMap<>();
                map.put("a", Double.valueOf("11"));
                map.put("b", Double.valueOf("22"));
                map.put("c", Double.valueOf("33"));
                map.put("d", Double.valueOf("44"));

                ZAddParams param = new ZAddParams();
                param.ch();
                param.xx();

                System.out.println(.zadd("zset1", map, param));

                System.out.println();

                {
                    Set<Tuple> set1 = .zrangeWithScores("zset1", 0, -1);
                    Iterator<Tuple> iterator1 = set1.iterator();
                    while (iterator1.hasNext()) {
                        Tuple tuple = iterator1.next();
                        System.out.println(tuple.getElement() + "        " + tuple.
getScore());
                    }
                }

        } catch (Exception e) {
            e.printStackTrace();
        } finally {
            if ( != null) {
                .close();
            }
        }
    }
}
```

程式執行結果如下。

```
3

a        11.0
b        22.0
c        33.0
```

7.1.7 使用 NX 參數

zadd 命令中的 NX 參數代表不更新已存在的元素，只增加新元素。

1. 測試案例

測試案例如下。

```
127.0.0.1:7777> flushdb
OK
127.0.0.1:7777> keys *
(empty list or set)
127.0.0.1:7777> zadd zset 1 a 2 b 3 c
(integer) 3
127.0.0.1:7777> zadd zset NX 11 a 22 b 33 c 4 d
(integer) 1
127.0.0.1:7777> zrange zset 0 -1 withscores
1) "a"
2) "1"
3) "b"
4) "2"
5) "c"
6) "3"
7) "d"
8) "4"
127.0.0.1:7777>
```

2. 程式演示

```java
public class Test8 {
    private static Pool pool = new Pool(new PoolConfig(), "192.168.61.84",
7777, 5000, "accp");

    public static void main(String[] args) {
         = null;
        try {
             = pool.getResource();
            .flushDB();

            .zadd("zset1", 1, "a");
            .zadd("zset1", 2, "b");
            .zadd("zset1", 3, "c");

            //
            Map<String, Double> map = new HashMap<>();
            map.put("a", Double.valueOf("11"));
            map.put("b", Double.valueOf("22"));
            map.put("c", Double.valueOf("33"));
            map.put("d", Double.valueOf("4"));

            ZAddParams param = new ZAddParams();
            param.nx();
```

```
            System.out.println(.zadd("zset1", map, param));

            System.out.println();

            {
                Set<Tuple> set1 = .zrangeWithScores("zset1", 0, -1);
                Iterator<Tuple> iterator1 = set1.iterator();
                while (iterator1.hasNext()) {
                    Tuple tuple = iterator1.next();
                    System.out.println(tuple.getElement() + "        " + tuple.
getScore());
                }
            }

        } catch (Exception e) {
            e.printStackTrace();
        } finally {
            if ( != null) {
                .close();
            }
        }
    }
}
```

程式執行結果如下。

```
1

a       1.0
b       2.0
c       3.0
d       4.0
```

7.1.8 使用 incr 參數

zadd 命令中的 incr 參數的作用等於 zincrby 命令，可以對元素的 score 進
行遞增操作，但同時只能對一個 score-member 對進行自動增加操作。

1. 測試案例

測試案例如下。

```
127.0.0.1:7777> flushdb
OK
127.0.0.1:7777> zadd zset 1 a 2 b 3 c
```

```
(integer) 3
127.0.0.1:7777> zadd zset incr 100 a
"101"
127.0.0.1:7777> zrange zset 0 -1 withscores
1) "b"
2) "2"
3) "c"
4) "3"
5) "a"
6) "101"
127.0.0.1:7777>
```

2. 程式演示

當前版本中的 ZAddParams 類別並不提供 incr() 方法，想實現 incr 參數的操作請使用 zincrby 命令對應的以下 Java 方法。

```
.zincrby();
```

zincrby 命令和 .zincrby() 方法在 7.4 節有介紹。

7.1.9 測試字典排序

同一個元素不能在有序集合中重複，因為每個元素都是唯一的，但可以增加具有相同 score 的多個不同元素。當多個元素有相同的 score 時，將使用有序字典進行排序，也就是使用 score 作為第一排序條件，然後對相同 score 的元素按照字典規則進行排序。

1. 測試案例

測試案例如下。

```
127.0.0.1:7777> del key1
(integer) 1
127.0.0.1:7777> zadd key1 1 az 1 ay 1 ax
(integer) 3
127.0.0.1:7777> zrange key1 0 -1 withscores
1) "ax"
2) "1"
3) "ay"
4) "1"
5) "az"
6) "1"
127.0.0.1:7777>
```

2. 程式演示

```java
public class Test9 {
    private static Pool pool = new Pool(new PoolConfig(), "192.168.61.84",
7777, 5000, "accp");

    public static void main(String[] args) {
         = null;
        try {
             = pool.getResource();
            .flushDB();

            .zadd("zset1", 1, "az");
            .zadd("zset1", 1, "ay");
            .zadd("zset1", 1, "ax");

            {
                Set<Tuple> set1 = .zrangeWithScores("zset1", 0, -1);
                Iterator<Tuple> iterator1 = set1.iterator();
                while (iterator1.hasNext()) {
                    Tuple tuple = iterator1.next();
                    System.out.println(tuple.getElement() + "        " + tuple.
getScore());
                }
            }

        } catch (Exception e) {
            e.printStackTrace();
        } finally {
            if ( != null) {
                .close();
            }
        }
    }
}
```

程式執行結果如下。

```
ax      1.0
ay      1.0
az      1.0
```

7.1.10 倒序顯示

zrevrange 命令以倒序顯示有序集合中的元素。

1. 測試案例

測試案例如下。

```
127.0.0.1:7777> flushdb
OK
127.0.0.1:7777> keys *
(empty list or set)
127.0.0.1:7777> zadd zset 1 a 2 b 3 c 4 d 5 e
(integer) 5
127.0.0.1:7777> zrange zset 0 -1
1) "a"
2) "b"
3) "c"
4) "d"
5) "e"
127.0.0.1:7777> zrevrange zset 0 -1
1) "e"
2) "d"
3) "c"
4) "b"
5) "a"
127.0.0.1:7777>
```

2. 程式演示

```java
public class Test10 {
    private static Pool pool = new Pool(new PoolConfig(), "192.168.61.84",
7777, 5000, "accp");

    public static void main(String[] args) {
         = null;
        try {
             = pool.getResource();
            .flushDB();

            .zadd("zset1", 1, "az");
            .zadd("zset1", 1, "ay");
            .zadd("zset1", 1, "ax");

            {
                Set<Tuple> set1 = .zrangeWithScores("zset1", 0, -1);
                Iterator<Tuple> iterator1 = set1.iterator();
                while (iterator1.hasNext()) {
                    Tuple tuple = iterator1.next();
                    System.out.println(tuple.getElement() + "         " + tuple.
getScore());
                }
```

```
            }

            System.out.println();

            {
                Set<Tuple> set1 = .zrevrangeWithScores("zset1", 0, -1);
                Iterator<Tuple> iterator1 = set1.iterator();
                while (iterator1.hasNext()) {
                    Tuple tuple = iterator1.next();
                    System.out.println(tuple.getElement() + "        " + tuple.
getScore());
                }
            }

        } catch (Exception e) {
            e.printStackTrace();
        } finally {
            if ( != null) {
                .close();
            }
        }
    }
}
```

程式執行結果如下。

```
ax        1.0
ay        1.0
az        1.0

az        1.0
ay        1.0
ax        1.0
```

7.2 zcard 命令

使用格式如下。

```
zcard key
```

該命令用於返回有序集合中元素的個數。

7.2.1 測試案例

測試案例如下。

```
127.0.0.1:7777> flushdb
OK
127.0.0.1:7777> keys *
(empty list or set)
127.0.0.1:7777> zadd zset 1 a 2 b 3 c 4 d 5 e
(integer) 5
127.0.0.1:7777> zcard zset
(integer) 5
127.0.0.1:7777>
```

7.2.2 程式演示

```java
public class Test11 {
    private static Pool pool = new Pool(new PoolConfig(), "192.168.61.84",
7777, 5000, "accp");

    public static void main(String[] args) {
         = null;
        try {
             = pool.getResource();
            .flushDB();

            .zadd("zset1", 1, "az");
            .zadd("zset1", 1, "ay");
            .zadd("zset1", 1, "ax");

            {
                Set<Tuple> set1 = .zrangeWithScores("zset1", 0, -1);
                Iterator<Tuple> iterator1 = set1.iterator();
                while (iterator1.hasNext()) {
                    Tuple tuple = iterator1.next();
                    System.out.println(tuple.getElement() + "        " + tuple.
getScore());
                }
            }

            System.out.println();
            System.out.println(.zcard("zset1".getBytes()));
            System.out.println(.zcard("zset1"));

        } catch (Exception e) {
            e.printStackTrace();
        } finally {
            if ( != null) {
                .close();
            }
        }
```

```
        }
    }
```

程式執行結果如下。

```
ax      1.0
ay      1.0
az      1.0

3
3
```

7.3 zcount 命令

使用格式如下。

```
zcount key min max
```

該命令用於返回 score 在 min 和 max 之間的元素個數。常數值 −inf 代表最小值，+inf 代表最大值。

7.3.1 測試案例

測試案例如下。

```
127.0.0.1:7777> del key1
(integer) 1
127.0.0.1:7777> zadd key1 1 a
(integer) 1
127.0.0.1:7777> zadd key1 2 b
(integer) 1
127.0.0.1:7777> zadd key1 3 c
(integer) 1
127.0.0.1:7777> zcount key1 1 3
(integer) 3
127.0.0.1:7777> zcount key1 1 2
(integer) 2
127.0.0.1:7777> zcount key1 -inf +inf
(integer) 3
127.0.0.1:7777>
```

7.3.2 程式演示

```
public class Test12 {
    private static Pool pool = new Pool(new PoolConfig(), "192.168.61.84",
7777, 5000, "accp");

    public static void main(String[] args) {
         = null;
        try {
             = pool.getResource();
            .flushDB();

            .zadd("zset1", 1, "a");
            .zadd("zset1", 2, "b");
            .zadd("zset1", 3, "c");
            .zadd("zset1", 4, "d");

            {
                Set<Tuple> set1 = .zrangeWithScores("zset1", 0, -1);
                Iterator<Tuple> iterator1 = set1.iterator();
                while (iterator1.hasNext()) {
                    Tuple tuple = iterator1.next();
                    System.out.println(tuple.getElement() + "          " + tuple.
getScore());
                }
            }

            System.out.println(.zcount("zset1".getBytes(), "1".getBytes(),
"1".getBytes()));
            System.out.println(.zcount("zset1".getBytes(), 1, 2));
            System.out.println(.zcount("zset1", "1", "3"));
            System.out.println(.zcount("zset1".getBytes(), 1, 4));
            System.out.println(.zcount("zset1", "-inf", "+inf"));
        } catch (Exception e) {
            e.printStackTrace();
        } finally {
            if ( != null) {
                .close();
            }
        }
    }
}
```

程式執行結果如下。

```
a       1.0
b       2.0
c       3.0
```

```
d     4.0
1
2
3
4
4
```

7.4 zincrby 命令

使用格式如下。

```
zincrby key increment member
```

該命令用於對 score 進行自動增加。如果 increment 值是負數，則該操作
相當於減法。

7.4.1 測試案例

測試案例如下。

```
127.0.0.1:7777> flushdb
OK
127.0.0.1:7777> zadd zset 1 a 2 b
(integer) 2
127.0.0.1:7777> zincrby zset 100 a
"101"
127.0.0.1:7777> zincrby zset 200 b
"202"
127.0.0.1:7777> zrange zset 0 -1 withscores
1) "a"
2) "101"
3) "b"
4) "202"
127.0.0.1:7777>
```

7.4.2 程式演示

```
public class Test13 {
    private static Pool pool = new Pool(new PoolConfig(), "192.168.61.84",
7777, 5000, "accp");

    public static void main(String[] args) {
```

```
         = null;
      try {
           = pool.getResource();
          .flushDB();

          .zadd("zset1", 1, "a");
          .zadd("zset1", 2, "b");
          .zadd("zset1", 3, "c");
          .zadd("zset1", 4, "d");

          System.out.println(.zincrby("zset1".getBytes(), 100, "a".
getBytes()));
          System.out.println(.zincrby("zset1", 100, "a"));

          System.out.println();

          {
              Set<Tuple> set1 = .zrangeWithScores("zset1", 0, -1);
              Iterator<Tuple> iterator1 = set1.iterator();
              while (iterator1.hasNext()) {
                  Tuple tuple = iterator1.next();
                  System.out.println(tuple.getElement() + "        " + tuple.
getScore());
              }
          }
          System.out.println();

          .flushDB();
          ZIncrByParams param1 = new ZIncrByParams();
          param1.xx();
          System.out.println(.zincrby("zset1", 100, "a", param1));
          .zadd("zset1", 1, "a");
          System.out.println(.zincrby("zset1", 100, "a", param1));

          System.out.println();

          .flushDB();
          ZIncrByParams param2 = new ZIncrByParams();
          param2.nx();
          System.out.println(.zincrby("zset1", 100, "a", param2));

      } catch (Exception e) {
          e.printStackTrace();
      } finally {
          if ( != null) {
              .close();
          }
      }
```

```
    }
}
```

程式執行結果如下。

```
101.0
201.0

b        2.0
c        3.0
d        4.0
a        201.0

null
101.0

100.0
```

7.5 zunionstore 命令

使用格式如下。

```
zunionstore destination numkeys key [key ...] [weights weight [weight ...]]
[aggregate sum|min|max]
```

該命令用於對多個 key 進行合併。

參數 weights 和 aggregate 可以同時使用。

7.5.1 測試合併的效果

測試合併 score-member 對的效果。

1. 測試案例

測試案例如下。

```
127.0.0.1:7777> del key1
(integer) 1
127.0.0.1:7777> del key2
(integer) 1
127.0.0.1:7777> del key3
(integer) 1
```

```
127.0.0.1:7777> zadd key1 1 a 2 b 3 c
(integer) 3
127.0.0.1:7777> zadd key2 1 a 2 b 4 d
(integer) 3
127.0.0.1:7777> zunionstore key3 2 key1 key2
(integer) 4
127.0.0.1:7777> zrange key3 0 -1 withscores
1) "a"
2) "2"
3) "c"
4) "3"
5) "b"
6) "4"
7) "d"
8) "4"
127.0.0.1:7777>
```

2. 程式演示

```java
public class Test14 {
    private static Pool pool = new Pool(new PoolConfig(), "192.168.61.84",
7777, 5000, "accp");

    public static void main(String[] args) {
          = null;
        try {
             = pool.getResource();
            .flushDB();

            .zadd("zset1", 1, "a");
            .zadd("zset1", 2, "b");
            .zadd("zset1", 3, "c");
            .zadd("zset1", 4, "d");

            .zadd("zset2", 1, "a");
            .zadd("zset2", 2, "b");
            .zadd("zset2", 3, "c");
            .zadd("zset2", 4, "d");

            .zunionstore("zset31".getBytes(), "zset1".getBytes(), "zset2".
getBytes());
            .zunionstore("zset32", "zset1", "zset2");

            {
                Set<Tuple> set1 = .zrangeWithScores("zset31", 0, -1);
                Iterator<Tuple> iterator1 = set1.iterator();
                while (iterator1.hasNext()) {
                    Tuple tuple = iterator1.next();
```

```
                        System.out.println(tuple.getElement() + "          " + tuple.
getScore());
                }
        }

        System.out.println();

        {
                Set<Tuple> set1 = .zrangeWithScores("zset32", 0, -1);
                Iterator<Tuple> iterator1 = set1.iterator();
                while (iterator1.hasNext()) {
                        Tuple tuple = iterator1.next();
                        System.out.println(tuple.getElement() + "          " + tuple.
getScore());
                }
        }
    } catch (Exception e) {
        e.printStackTrace();
    } finally {
        if ( != null) {
            .close();
        }
    }
  }
}
```

程式執行結果如下。

```
a        2.0
b        4.0
c        6.0
d        8.0

a        2.0
b        4.0
c        6.0
d        8.0
```

7.5.2 參數 weights 的使用

參數 weights 的作用是在元素合併之前先對 score 進行運算,然後將 score
累加合併。

1. 測試案例

測試案例如下。

```
127.0.0.1:7777> del key1
(integer) 1
127.0.0.1:7777> del key2
(integer) 1
127.0.0.1:7777> del key3
(integer) 1
127.0.0.1:7777> zadd key1 1 a 2 b 3 c
(integer) 3
127.0.0.1:7777> zadd key2 1 a 2 b 4 d
(integer) 3
127.0.0.1:7777> zunionstore key3 2 key1 key2 weights 2 3
(integer) 4
127.0.0.1:7777> zrange key3 0 -1 withscores
1) "a"
2) "5"
3) "c"
4) "6"
5) "b"
6) "10"
7) "d"
8) "12"
127.0.0.1:7777>
```

運算過程如下。

key1 中的內容如下。

```
1 a
2 b
3 c
```

key2 中的內容如下。

```
1 a
2 b
4 d
```

"weights 2 3" 的執行步驟如下。

key1 中的 1×2+key2 中的 1×3=5。

key1 中的 2×2+key2 中的 2×3=10。

key1 中的 3×2 =6。

key2 中的 4×3=12。

如果沒有指定 weights 參數，則預設值是 1。

2. 程式演示

```
public class Test15 {
    private static Pool pool = new Pool(new PoolConfig(), "192.168.61.84",
7777, 5000, "accp");

    public static void main(String[] args) {
         = null;
        try {
             = pool.getResource();
            .flushDB();

            .zadd("zset1", 1, "a");
            .zadd("zset1", 2, "b");
            .zadd("zset1", 3, "c");

            .zadd("zset2", 1, "a");
            .zadd("zset2", 2, "b");
            .zadd("zset2", 4, "d");

            ZParams param1 = new ZParams();
            param1.weights(2, 3);
            .zunionstore("zset31".getBytes(), param1, "zset1".getBytes(),
"zset2".getBytes());
            .zunionstore("zset32", param1, "zset1", "zset2");

            {
                Set<Tuple> set1 = .zrangeWithScores("zset31", 0, -1);
                Iterator<Tuple> iterator1 = set1.iterator();
                while (iterator1.hasNext()) {
                    Tuple tuple = iterator1.next();
                    System.out.println(tuple.getElement() + "        " + tuple.
getScore());
                }
            }

            System.out.println();

            {
                Set<Tuple> set1 = .zrangeWithScores("zset32", 0, -1);
                Iterator<Tuple> iterator1 = set1.iterator();
                while (iterator1.hasNext()) {
                    Tuple tuple = iterator1.next();
                    System.out.println(tuple.getElement() + "        " + tuple.
getScore());
                }
            }
        } catch (Exception e) {
```

```
            e.printStackTrace();
        } finally {
            if ( != null) {
                .close();
            }
        }
    }
}
```

程式執行結果如下。

```
a       5.0
c       6.0
b       10.0
d       12.0


a       5.0
c       6.0
b       10.0
d       12.0
```

7.5.3 參數 aggregate 的使用

使用 aggregate 參數，可以指定聯集的聚合方式，預設使用的參數是 sum，也就是求合，前面的案例使用的就是 sum。

如果使用參數 min 或 max，則聯集中保存的就是 score 值最小或最大的元素。

1. 測試案例

測試案例如下。

```
127.0.0.1:7777> del key1
(integer) 1
127.0.0.1:7777> del key2
(integer) 1
127.0.0.1:7777> del key3
(integer) 0
127.0.0.1:7777> zadd key1 1 a 2 b 3 c
(integer) 3
127.0.0.1:7777> zadd key2 2 a 1 b 3 c 4 d
(integer) 4
127.0.0.1:7777> zunionstore key3 2 key1 key2 aggregate min
(integer) 4
```

```
127.0.0.1:7777> zrange key3 0 -1 withscores
1) "a"
2) "1"
3) "b"
4) "1"
5) "c"
6) "3"
7) "d"
8) "4"
127.0.0.1:7777> zunionstore key3 2 key1 key2 aggregate max
(integer) 4
127.0.0.1:7777> zrange key3 0 -1 withscores
1) "a"
2) "2"
3) "b"
4) "2"
5) "c"
6) "3"
7) "d"
8) "4"
127.0.0.1:7777>
```

2. 程式演示

```java
public class Test16 {
    private static Pool pool = new Pool(new PoolConfig(), "192.168.61.84",
7777, 5000, "accp");

    public static void main(String[] args) {
         = null;
        try {
             = pool.getResource();
            .flushDB();

            .zadd("zset1", 1, "a");
            .zadd("zset1", 2, "b");
            .zadd("zset1", 3, "c");

            .zadd("zset2", 2, "a");
            .zadd("zset2", 1, "b");
            .zadd("zset2", 3, "c");
            .zadd("zset2", 4, "d");

            {
                ZParams param1 = new ZParams();
                param1.aggregate(Aggregate.MIN);
                .zunionstore("zset31".getBytes(), param1, "zset1".getBytes(),
"zset2".getBytes());
```

```
            .zunionstore("zset32", param1, "zset1", "zset2");

            {
                Set<Tuple> set1 = .zrangeWithScores("zset31", 0, -1);
                Iterator<Tuple> iterator1 = set1.iterator();
                while (iterator1.hasNext()) {
                    Tuple tuple = iterator1.next();
                    System.out.println(tuple.getElement() + "          " +
tuple.getScore());
                }
            }

            System.out.println();

            {
                Set<Tuple> set1 = .zrangeWithScores("zset32", 0, -1);
                Iterator<Tuple> iterator1 = set1.iterator();
                while (iterator1.hasNext()) {
                    Tuple tuple = iterator1.next();
                    System.out.println(tuple.getElement() + "          " +
tuple.getScore());
                }
            }
        }
        System.out.println();
        {
            ZParams param1 = new ZParams();
            param1.aggregate(Aggregate.MAX);
            .zunionstore("zset41".getBytes(), param1, "zset1".getBytes(),
"zset2".getBytes());
            .zunionstore("zset42", param1, "zset1", "zset2");

            {
                Set<Tuple> set1 = .zrangeWithScores("zset41", 0, -1);
                Iterator<Tuple> iterator1 = set1.iterator();
                while (iterator1.hasNext()) {
                    Tuple tuple = iterator1.next();
                    System.out.println(tuple.getElement() + "          " +
tuple.getScore());
                }
            }

            System.out.println();

            {
                Set<Tuple> set1 = .zrangeWithScores("zset42", 0, -1);
                Iterator<Tuple> iterator1 = set1.iterator();
                while (iterator1.hasNext()) {
```

```
                        Tuple tuple = iterator1.next();
                        System.out.println(tuple.getElement() + "        " +
tuple.getScore());
                    }
                }
            }
        } catch (Exception e) {
            e.printStackTrace();
        } finally {
            if ( != null) {
                .close();
            }
        }
    }
}
```

程式執行結果如下。

```
a       1.0
b       1.0
c       3.0
d       4.0

a       1.0
b       1.0
c       3.0
d       4.0

a       2.0
b       2.0
c       3.0
d       4.0

a       2.0
b       2.0
c       3.0
d       4.0
```

7.6 zinterstore 命令

使用格式如下。

```
zinterstore destination numkeys key [key ...] [weights weight [weight ...]]
[aggregate sum|min|max]
```

該命令用於對多個 key 進行計算而獲得交集。

參數 weights 和 aggregate 可以同時使用。

7.6.1 測試交集的效果

1. 測試案例

測試案例如下。

```
127.0.0.1:7777> del key1
(integer) 1
127.0.0.1:7777> del key2
(integer) 1
127.0.0.1:7777> del key3
(integer) 1
127.0.0.1:7777> zadd key1 1 a 2 b 3 c 4 d
(integer) 4
127.0.0.1:7777> zadd key2 1 a 2 b 3 c 5 e
(integer) 4
127.0.0.1:7777> zinterstore key3 2 key1 key2
(integer) 3
127.0.0.1:7777> zrange key3 0 -1 withscores
1) "a"
2) "2"
3) "b"
4) "4"
5) "c"
6) "6"
127.0.0.1:7777>
```

2. 程式演示

```
public class Test17 {
    private static Pool pool = new Pool(new PoolConfig(), "192.168.61.84",
7777, 5000, "accp");

    public static void main(String[] args) {
        = null;
        try {
            = pool.getResource();
            .flushDB();

            .zadd("zset1", 1, "a");
            .zadd("zset1", 2, "b");
```

```
            .zadd("zset1", 3, "c");
            .zadd("zset1", 4, "d");

            .zadd("zset2", 1, "a");
            .zadd("zset2", 2, "b");
            .zadd("zset2", 3, "c");
            .zadd("zset2", 5, "e");

            .zinterstore("zset31".getBytes(), "zset1".getBytes(), "zset2".
getBytes());
            .zinterstore("zset32", "zset1", "zset2");

            {
                Set<Tuple> set1 = .zrangeWithScores("zset31", 0, -1);
                Iterator<Tuple> iterator1 = set1.iterator();
                while (iterator1.hasNext()) {
                    Tuple tuple = iterator1.next();
                    System.out.println(tuple.getElement() + "      " + tuple.
getScore());
                }
            }

            System.out.println();

            {
                Set<Tuple> set1 = .zrangeWithScores("zset32", 0, -1);
                Iterator<Tuple> iterator1 = set1.iterator();
                while (iterator1.hasNext()) {
                    Tuple tuple = iterator1.next();
                    System.out.println(tuple.getElement() + "      " + tuple.
getScore());
                }
            }
        } catch (Exception e) {
            e.printStackTrace();
        } finally {
            if ( != null) {
                .close();
            }
        }
    }
}
```

程式執行結果如下。

```
a     2.0
b     4.0
c     6.0
```

```
a       2.0
b       4.0
c       6.0
```

7.6.2 參數 weights 的使用

參數 weights 的作用是在元素合併之前先對 score 進行運算，然後將 score 累加合併。

1. 測試案例

測試案例如下。

```
127.0.0.1:7777> del key1
(integer) 1
127.0.0.1:7777> del key2
(integer) 1
127.0.0.1:7777> del key3
(integer) 1
127.0.0.1:7777> zadd key1 1 a 2 b 3 c 4 d
(integer) 4
127.0.0.1:7777> zadd key2 1 a 2 b 3 c 5 e
(integer) 4
127.0.0.1:7777> zinterstore key3 2 key1 key2 weights 3 4
(integer) 3
127.0.0.1:7777> zrange key3 0 -1 withscores
1) "a"
2) "7"
3) "b"
4) "14"
5) "c"
6) "21"
127.0.0.1:7777>
```

運算過程如下。

key1 中的內容如下。

```
1 a
2 b
3 c
4 d
```

key2 中的內容如下。

```
1 a
2 b
3 c
5 e
```

"weights 3 4" 的執行步驟如下。

key1 中的 1×3+key2 中的 1×4=7。

key1 中的 2×3+key2 中的 2×4=14。

key1 中的 3×3+key2 中的 3×4=21。

如果沒有指定 weights 參數，則預設值是 1。

2. 程式演示

```
public class Test18 {
    private static Pool pool = new Pool(new PoolConfig(), "192.168.61.84",
7777, 5000, "accp");

    public static void main(String[] args) {
         = null;
        try {
             = pool.getResource();
            .flushDB();

            .zadd("zset1", 1, "a");
            .zadd("zset1", 2, "b");
            .zadd("zset1", 3, "c");
            .zadd("zset1", 4, "d");

            .zadd("zset2", 1, "a");
            .zadd("zset2", 2, "b");
            .zadd("zset2", 3, "c");
            .zadd("zset2", 5, "e");

            ZParams param1 = new ZParams();
            param1.weights(3, 4);
            .zinterstore("zset31".getBytes(), param1, "zset1".getBytes(),
"zset2".getBytes());
            .zinterstore("zset32", param1, "zset1", "zset2");

            {
                Set<Tuple> set1 = .zrangeWithScores("zset31", 0, -1);
```

```
                Iterator<Tuple> iterator1 = set1.iterator();
                while (iterator1.hasNext()) {
                    Tuple tuple = iterator1.next();
                    System.out.println(tuple.getElement() + "        " + tuple.
getScore());
                }
            }

        System.out.println();

        {
            Set<Tuple> set1 = .zrangeWithScores("zset32", 0, -1);
            Iterator<Tuple> iterator1 = set1.iterator();
            while (iterator1.hasNext()) {
                Tuple tuple = iterator1.next();
                System.out.println(tuple.getElement() + "        " + tuple.
getScore());
            }
        }
    } catch (Exception e) {
        e.printStackTrace();
    } finally {
        if ( != null) {
            .close();
        }
    }
}
}
```

程式執行結果如下。

```
a        7.0
b        14.0
c        21.0

a        7.0
b        14.0
c        21.0
```

7.6.3 參數 aggregate 的使用

使用 aggregate 參數，可以指定交集的聚合方式，預設使用的參數是 sum。

如果使用參數 min 或 max，則交集中保存的就是 score 值最小或最大的元素。

1. 測試案例

測試案例如下。

```
127.0.0.1:7777> del key1
(integer) 0
127.0.0.1:7777> del key2
(integer) 0
127.0.0.1:7777> del key3
(integer) 0
127.0.0.1:7777> zadd key1 1 a 2 b 3 c 4 d
(integer) 4
127.0.0.1:7777> zadd key2 2 a 1 b 3 c 5 e
(integer) 4
127.0.0.1:7777> zinterstore key3 2 key1 key2 AGGREGATE min
(integer) 3
127.0.0.1:7777> zrange key3 0 -1 withscores
1) "a"
2) "1"
3) "b"
4) "1"
5) "c"
6) "3"
127.0.0.1:7777> zinterstore key3 2 key1 key2 AGGREGATE max
(integer) 3
127.0.0.1:7777> zrange key3 0 -1 withscores
1) "a"
2) "2"
3) "b"
4) "2"
5) "c"
6) "3"
127.0.0.1:7777>
```

2. 程式演示

```
public class Test19 {
    private static Pool pool = new Pool(new PoolConfig(), "192.168.61.84",
7777, 5000, "accp");

    public static void main(String[] args) {
         = null;
        try {
             = pool.getResource();
            .flushDB();

            .zadd("zset1", 1, "a");
            .zadd("zset1", 2, "b");
```

```
            .zadd("zset1", 3, "c");
            .zadd("zset1", 4, "d");

            .zadd("zset2", 2, "a");
            .zadd("zset2", 1, "b");
            .zadd("zset2", 3, "c");
            .zadd("zset2", 5, "e");

            {
                ZParams param1 = new ZParams();
                param1.aggregate(Aggregate.MIN);
                .zinterstore("zset31".getBytes(), param1, "zset1".getBytes(),
"zset2".getBytes());
                .zinterstore("zset32", param1, "zset1", "zset2");

                {
                    Set<Tuple> set1 = .zrangeWithScores("zset31", 0, -1);
                    Iterator<Tuple> iterator1 = set1.iterator();
                    while (iterator1.hasNext()) {
                        Tuple tuple = iterator1.next();
                        System.out.println(tuple.getElement() + "        " +
tuple.getScore());
                    }
                }

                System.out.println();

                {
                    Set<Tuple> set1 = .zrangeWithScores("zset32", 0, -1);
                    Iterator<Tuple> iterator1 = set1.iterator();
                    while (iterator1.hasNext()) {
                        Tuple tuple = iterator1.next();
                        System.out.println(tuple.getElement() + "        " +
tuple.getScore());
                    }
                }
            }
            System.out.println();
            {
                ZParams param1 = new ZParams();
                param1.aggregate(Aggregate.MAX);
                .zinterstore("zset41".getBytes(), param1, "zset1".getBytes(),
"zset2".getBytes());
                .zinterstore("zset42", param1, "zset1", "zset2");

                {
                    Set<Tuple> set1 = .zrangeWithScores("zset41", 0, -1);
                    Iterator<Tuple> iterator1 = set1.iterator();
```

```
                    while (iterator1.hasNext()) {
                        Tuple tuple = iterator1.next();
                        System.out.println(tuple.getElement() + "          " +
tuple.getScore());
                    }
                }

                System.out.println();

                {
                    Set<Tuple> set1 = .zrangeWithScores("zset42", 0, -1);
                    Iterator<Tuple> iterator1 = set1.iterator();
                    while (iterator1.hasNext()) {
                        Tuple tuple = iterator1.next();
                        System.out.println(tuple.getElement() + "          " +
tuple.getScore());
                    }
                }
            }
        } catch (Exception e) {
            e.printStackTrace();
        } finally {
            if ( != null) {
                .close();
            }
        }
    }
}
```

程式執行結果如下。

```
a       1.0
b       1.0
c       3.0

a       1.0
b       1.0
c       3.0

a       2.0
b       2.0
c       3.0

a       2.0
b       2.0
c       3.0
```

7.7 zrangebylex、zrevrangebylex 和 zremrangebylex 命令

zrange 命令按索引的範圍查詢出元素和 score，命令範例如下。

```
zrange key1 0 -1 withscores
```

如果想按元素的字母排序進行查詢，則需要使用 zrangebylex 命令，命令範例如下。

```
zrangebylex key1 a x
```

上面命令的作用是查詢出 a ～ x 的資料（包括 a 和 x）。

zrangebylex 命令的使用格式如下。

```
zrangebylex key min max [limit offset count]
```

當插入有序集合中的所有元素都具有相同的 score 時，該命令按字母排序從有序集合中返回最小值和最大值之間的元素。注意：此命令在使用時一定要確保 score 相同，否則達不到預期的效果。

如果在字串開頭有部分字元相同，則較長的字串被認為大於較短的字串。

有效的 start 和 stop 必須以符號 "(" 或 "[" 開始。符號 "(" 代表排除，符號 "[" 代表包括。而特殊參數 "+" 和 "−" 代表正無限和負無限，命令範例如下。

```
zrangebylex myzset - +
```

如果所有元素都具有相同的 score，則返回有序集合中的所有元素。

zrevrangebylex 命令的使用格式如下。

```
zrevrangebylex key max min [limit offset count]
```

zrevrangebylex 命令是 zrangebylex 命令的倒序版本。

zremrangebylex 命令的使用格式如下。

```
zremrangebylex key min max
```

zremrangebylex 命令是 zrangebylex 命令的刪除版本。

準備資料來源，內容如下。

```
a
a:A
alibaba:ALIBABA
apple:APPLE
b
b:B
border:BORDER
x
x:X
xx:XX
z
z:Z
zero:ZERO
13711111111
13711111112
13711111113
13811111111
13811111112
13811111113
13911111111
13911111112
13911111113
```

執行以下命令。

```
127.0.0.1:7777> del key1
(integer) 1
127.0.0.1:7777> zadd key1 0 a 0 a:A 0 alibaba:ALIBABA 0 apple:APPLE 0 b 0
b:B 0 border:BORDER 0 x 0 x:X 0 xx:XX 0 z 0 z:Z 0 zero:ZERO 0 13711111111
0 13711111112 0 13711111113 0 13811111111 0 13811111112 0 13811111113 0
13911111111 0 13911111112 0 13911111113
(integer) 22
127.0.0.1:7777> zrange key1 0 -1
 1) "13711111111"
 2) "13711111112"
 3) "13711111113"
 4) "13811111111"
 5) "13811111112"
 6) "13811111113"
 7) "13911111111"
 8) "13911111112"
 9) "13911111113"
10) "a"
11) "a:A"
```

```
12) "alibaba:ALIBABA"
13) "apple:APPLE"
14) "b"
15) "b:B"
16) "border:BORDER"
17) "x"
18) "x:X"
19) "xx:XX"
20) "z"
21) "z:Z"
22) "zero:ZERO"
127.0.0.1:7777>
```

7.7.1 測試 "−" 和 "+" 參數

參數 "−" 和 "+" 代表負無限和正無限。

1. 測試案例

測試案例如下。

```
127.0.0.1:7777> zrangebylex key1 - +
 1) "13711111111"
 2) "13711111112"
 3) "13711111113"
 4) "13811111111"
 5) "13811111112"
 6) "13811111113"
 7) "13911111111"
 8) "13911111112"
 9) "13911111113"
10) "a"
11) "a:A"
12) "alibaba:ALIBABA"
13) "apple:APPLE"
14) "b"
15) "b:B"
16) "border:BORDER"
17) "x"
18) "x:X"
19) "xx:XX"
20) "z"
21) "z:Z"
22) "zero:ZERO"
127.0.0.1:7777>
```

2. 程式演示

```
public class Test20 {
    private static Pool pool = new Pool(new PoolConfig(), "192.168.61.84",
7777, 5000, "accp");

    public static void main(String[] args) {
        = null;
        try {
            = pool.getResource();
            .flushDB();

            .zadd("key1", 0, "a");
            .zadd("key1", 0, "a:A");
            .zadd("key1", 0, "alibaba:ALIBABA");
            .zadd("key1", 0, "apple:APPLE");
            .zadd("key1", 0, "b");
            .zadd("key1", 0, "b:B");
            .zadd("key1", 0, "border:BORDER");
            .zadd("key1", 0, "x");
            .zadd("key1", 0, "x:X");
            .zadd("key1", 0, "xx:XX");
            .zadd("key1", 0, "z");
            .zadd("key1", 0, "z:Z");
            .zadd("key1", 0, "zero:ZERO");
            .zadd("key1", 0, "13711111111");
            .zadd("key1", 0, "13711111112");
            .zadd("key1", 0, "13711111113");
            .zadd("key1", 0, "13811111111");
            .zadd("key1", 0, "13811111112");
            .zadd("key1", 0, "13811111113");
            .zadd("key1", 0, "13911111111");
            .zadd("key1", 0, "13911111112");
            .zadd("key1", 0, "13911111113");
            Set<byte[]> set1 = .zrangeByLex("key1".getBytes(), "-".getBytes(),
"+".getBytes());
            Set<String> set2 = .zrangeByLex("key1", "-", "+");

            {
                Iterator<byte[]> iterator = set1.iterator();
                while (iterator.hasNext()) {
                    System.out.println(new String(iterator.next()));
                }
            }
            System.out.println();
            {
                Iterator<String> iterator = set2.iterator();
                while (iterator.hasNext()) {
```

```
                System.out.println(iterator.next());
            }
        }
    } catch (Exception e) {
        e.printStackTrace();
    } finally {
        if ( != null) {
            .close();
        }
    }
  }
}
```

程式執行結果如下。

```
13711111111
13711111112
13711111113
13811111111
13811111112
13811111113
13911111111
13911111112
13911111113
a
a:A
alibaba:ALIBABA
apple:APPLE
b
b:B
border:BORDER
x
x:X
xx:XX
z
z:Z
zero:ZERO

13711111111
13711111112
13711111113
13811111111
13811111112
13811111113
13911111111
13911111112
13911111113
a
```

```
a:A
alibaba:ALIBABA
apple:APPLE
b
b:B
border:BORDER
x
x:X
xx:XX
z
z:Z
zero:ZERO
```

7.7.2 測試以 "[" 開始的參數 1

符號 "[" 代表包括。

1. 測試案例

測試案例如下。

```
127.0.0.1:7777> keys *
(empty list or set)
127.0.0.1:7777> zadd key1 0 77 0 88 0 99
(integer) 3
127.0.0.1:7777> zrangebylex key1 [7 [9
1) "77"
2) "88"
127.0.0.1:7777>
```

此案例中為什麼沒有把 99 匹配出來呢？先來看以下分析。

查詢準則最小值是 [7，查詢準則最大值是 [9，假設有序集合中有 7 和 9 這兩個數，則有序集合中的值按字典排序後內容如下。

```
7
77
88
9
99
```

透過條件 [7 [9 查詢出來的值如下。

```
7
77
88
9
```

但問題是,值 7 和 9 並不存在,取出最終值如下。

```
77
88
```

後面案例的測試邏輯都是根據此想法分析得出的,主要的想法是查看有序
集合中的最小值和最大值範圍,然後就可以得出查詢結果。

2. 程式演示

```java
public class Test21 {
    private static Pool pool = new Pool(new PoolConfig(), "192.168.61.84",
7777, 5000, "accp");

    public static void main(String[] args) {
         = null;
        try {
             = pool.getResource();
            .flushDB();

            .zadd("key1", 0, "77");
            .zadd("key1", 0, "88");
            .zadd("key1", 0, "99");

            Set<byte[]> set1 = .zrangeByLex("key1".getBytes(), "[7".getBytes(),
"[9".getBytes());
            Set<String> set2 = .zrangeByLex("key1", "[7", "[9");

            {
                Iterator<byte[]> iterator = set1.iterator();
                while (iterator.hasNext()) {
                    System.out.println(new String(iterator.next()));
                }
            }
            System.out.println();
            {
                Iterator<String> iterator = set2.iterator();
                while (iterator.hasNext()) {
                    System.out.println(iterator.next());
                }
            }
        } catch (Exception e) {
            e.printStackTrace();
        } finally {
            if ( != null) {
                .close();
            }
```

```
            }
        }
    }
}
```

程式執行結果如下。

```
77
88

77
88
```

7.7.3 測試以 "[" 開始的參數 2

繼續測試以 "[" 開始的參數的使用。

1. 測試案例

測試案例如下。

```
127.0.0.1:7777> zrangebylex key1 [a [az
1) "a"
2) "a:A"
3) "alibaba:ALIBABA"
4) "apple:APPLE"
127.0.0.1:7777>
```

2. 程式演示

```
public class Test22 {
    private static Pool pool = new Pool(new PoolConfig(), "192.168.61.84",
7777, 5000, "accp");

    public static void main(String[] args) {
            = null;
        try {
            = pool.getResource();
            .flushDB();

            .zadd("key1", 0, "a");
            .zadd("key1", 0, "a:A");
            .zadd("key1", 0, "alibaba:ALIBABA");
            .zadd("key1", 0, "apple:APPLE");
            .zadd("key1", 0, "b");
            .zadd("key1", 0, "b:B");
            .zadd("key1", 0, "border:BORDER");
            .zadd("key1", 0, "x");
```

```
            .zadd("key1", 0, "x:X");
            .zadd("key1", 0, "xx:XX");
            .zadd("key1", 0, "z");
            .zadd("key1", 0, "z:Z");
            .zadd("key1", 0, "zero:ZERO");
            .zadd("key1", 0, "13711111111");
            .zadd("key1", 0, "13711111112");
            .zadd("key1", 0, "13711111113");
            .zadd("key1", 0, "13811111111");
            .zadd("key1", 0, "13811111112");
            .zadd("key1", 0, "13811111113");
            .zadd("key1", 0, "13911111111");
            .zadd("key1", 0, "13911111112");
            .zadd("key1", 0, "13911111113");

            Set<String> set1 = .zrangeByLex("key1", "[a", "[az");
            Iterator<String> iterator = set1.iterator();
            while (iterator.hasNext()) {
                System.out.println(iterator.next());
            }
        } catch (Exception e) {
            e.printStackTrace();
        } finally {
            if ( != null) {
                .close();
            }
        }
    }
}
```

程式執行結果如下。

```
a
a:A
alibaba:ALIBABA
apple:APPLE
```

7.7.4 測試以 "[" 開始的參數 3

繼續測試以 "[" 開始的參數的使用。

1. 測試案例

測試案例如下。

```
127.0.0.1:7777> zrangebylex key1 [a [a
1) "a"
```

```
127.0.0.1:7777>
```

2. 程式演示

```java
public class Test23 {
    private static Pool pool = new Pool(new PoolConfig(), "192.168.61.84",
7777, 5000, "accp");

    public static void main(String[] args) {
        = null;
        try {
            = pool.getResource();
            .flushDB();

            .zadd("key1", 0, "a");
            .zadd("key1", 0, "a:A");
            .zadd("key1", 0, "alibaba:ALIBABA");
            .zadd("key1", 0, "apple:APPLE");
            .zadd("key1", 0, "b");
            .zadd("key1", 0, "b:B");
            .zadd("key1", 0, "border:BORDER");
            .zadd("key1", 0, "x");
            .zadd("key1", 0, "x:X");
            .zadd("key1", 0, "xx:XX");
            .zadd("key1", 0, "z");
            .zadd("key1", 0, "z:Z");
            .zadd("key1", 0, "zero:ZERO");
            .zadd("key1", 0, "13711111111");
            .zadd("key1", 0, "13711111112");
            .zadd("key1", 0, "13711111113");
            .zadd("key1", 0, "13811111111");
            .zadd("key1", 0, "13811111112");
            .zadd("key1", 0, "13811111113");
            .zadd("key1", 0, "13911111111");
            .zadd("key1", 0, "13911111112");
            .zadd("key1", 0, "13911111113");

            Set<String> set1 = .zrangeByLex("key1", "[a", "[a");
            Iterator<String> iterator = set1.iterator();
            while (iterator.hasNext()) {
                System.out.println(iterator.next());
            }
        } catch (Exception e) {
            e.printStackTrace();
        } finally {
            if ( != null) {
                .close();
            }
```

```
            }
        }
    }
```

程式執行結果如下。

```
a
```

7.7.5 測試 limit 分頁

參數 limit 可以實現分頁的效果。

1. 測試案例

測試案例如下。

```
127.0.0.1:7777> zrangebylex key1 - + limit 0 3
1) "13711111111"
2) "13711111112"
3) "13711111113"
127.0.0.1:7777> zrangebylex key1 - + limit 3 3
1) "13811111111"
2) "13811111112"
3) "13811111113"
127.0.0.1:7777>
```

2. 程式演示

```
public class Test24 {
    private static Pool pool = new Pool(new PoolConfig(), "192.168.61.84",
7777, 5000, "accp");

    public static void main(String[] args) {
          = null;
        try {
            = pool.getResource();
            .flushDB();

            .zadd("key1", 0, "a");
            .zadd("key1", 0, "a:A");
            .zadd("key1", 0, "alibaba:ALIBABA");
            .zadd("key1", 0, "apple:APPLE");
            .zadd("key1", 0, "b");
            .zadd("key1", 0, "b:B");
            .zadd("key1", 0, "border:BORDER");
            .zadd("key1", 0, "x");
            .zadd("key1", 0, "x:X");
```

```
            .zadd("key1", 0, "xx:XX");
            .zadd("key1", 0, "z");
            .zadd("key1", 0, "z:Z");
            .zadd("key1", 0, "zero:ZERO");
            .zadd("key1", 0, "13711111111");
            .zadd("key1", 0, "13711111112");
            .zadd("key1", 0, "13711111113");
            .zadd("key1", 0, "13811111111");
            .zadd("key1", 0, "13811111112");
            .zadd("key1", 0, "13811111113");
            .zadd("key1", 0, "13911111111");
            .zadd("key1", 0, "13911111112");
            .zadd("key1", 0, "13911111113");

            Set<byte[]> set1 = .zrangeByLex("key1".getBytes(), "-".getBytes(),
"+".getBytes(), 0, 3);
            Set<String> set2 = .zrangeByLex("key1", "-", "+", 3, 3);

            {
                Iterator<byte[]> iterator = set1.iterator();
                while (iterator.hasNext()) {
                    System.out.println(new String(iterator.next()));
                }
            }
            System.out.println();
            {
                Iterator<String> iterator = set2.iterator();
                while (iterator.hasNext()) {
                    System.out.println(iterator.next());
                }
            }
        } catch (Exception e) {
            e.printStackTrace();
        } finally {
            if ( != null) {
                .close();
            }
        }
    }
}
```

程式執行結果如下。

```
13711111111
13711111112
13711111113

13811111111
```

```
13811111112
13811111113
```

7.7.6 測試以 "(" 開始的參數 1

符號 "(" 代表排除。

1. 測試案例

測試案例如下。

```
127.0.0.1:7777> zrangebylex key1 [a (z
 1) "a"
 2) "a:A"
 3) "alibaba:ALIBABA"
 4) "apple:APPLE"
 5) "b"
 6) "b:B"
 7) "border:BORDER"
 8) "x"
 9) "x:X"
10) "xx:XX"
127.0.0.1:7777>
```

2. 程式演示

```java
public class Test25 {
    private static Pool pool = new Pool(new PoolConfig(), "192.168.61.84",
7777, 5000, "accp");

    public static void main(String[] args) {
         = null;
        try {
             = pool.getResource();
            .flushDB();

            .zadd("key1", 0, "a");
            .zadd("key1", 0, "a:A");
            .zadd("key1", 0, "alibaba:ALIBABA");
            .zadd("key1", 0, "apple:APPLE");
            .zadd("key1", 0, "b");
            .zadd("key1", 0, "b:B");
            .zadd("key1", 0, "border:BORDER");
            .zadd("key1", 0, "x");
            .zadd("key1", 0, "x:X");
            .zadd("key1", 0, "xx:XX");
            .zadd("key1", 0, "z");
```

```
            .zadd("key1", 0, "z:Z");
            .zadd("key1", 0, "zero:ZERO");
            .zadd("key1", 0, "13711111111");
            .zadd("key1", 0, "13711111112");
            .zadd("key1", 0, "13711111113");
            .zadd("key1", 0, "13811111111");
            .zadd("key1", 0, "13811111112");
            .zadd("key1", 0, "13811111113");
            .zadd("key1", 0, "13911111111");
            .zadd("key1", 0, "13911111112");
            .zadd("key1", 0, "13911111113");

            Set<byte[]> set1 = .zrangeByLex("key1".getBytes(), "[a".getBytes(),
"(z".getBytes());
            Set<String> set2 = .zrangeByLex("key1", "[a", "(z");

            {
                Iterator<byte[]> iterator = set1.iterator();
                while (iterator.hasNext()) {
                    System.out.println(new String(iterator.next()));
                }
            }
            System.out.println();
            {
                Iterator<String> iterator = set2.iterator();
                while (iterator.hasNext()) {
                    System.out.println(iterator.next());
                }
            }
        } catch (Exception e) {
            e.printStackTrace();
        } finally {
            if ( != null) {
                .close();
            }
        }
    }
}
```

程式執行結果如下。

```
a
a:A
alibaba:ALIBABA
apple:APPLE
b
b:B
border:BORDER
```

```
x
x:X
xx:XX

a
a:A
alibaba:ALIBABA
apple:APPLE
b
b:B
border:BORDER
x
x:X
xx:XX
```

7.7.7 測試以 "(" 開始的參數 2

繼續測試以 "(" 開始的參數的使用。

1. 測試案例

測試案例如下。

```
127.0.0.1:7777> zrangebylex key1 [137 (139
1) "13711111111"
2) "13711111112"
3) "13711111113"
4) "13811111111"
5) "13811111112"
6) "13811111113"
127.0.0.1:7777>
```

2. 程式演示

```
public class Test26 {
    private static Pool pool = new Pool(new PoolConfig(), "192.168.61.84",
7777, 5000, "accp");

    public static void main(String[] args) {
        = null;
        try {
            = pool.getResource();
            .flushDB();

            .zadd("key1", 0, "a");
            .zadd("key1", 0, "a:A");
            .zadd("key1", 0, "alibaba:ALIBABA");
```

```
            .zadd("key1", 0, "apple:APPLE");
            .zadd("key1", 0, "b");
            .zadd("key1", 0, "b:B");
            .zadd("key1", 0, "border:BORDER");
            .zadd("key1", 0, "x");
            .zadd("key1", 0, "x:X");
            .zadd("key1", 0, "xx:XX");
            .zadd("key1", 0, "z");
            .zadd("key1", 0, "z:Z");
            .zadd("key1", 0, "zero:ZERO");
            .zadd("key1", 0, "13711111111");
            .zadd("key1", 0, "13711111112");
            .zadd("key1", 0, "13711111113");
            .zadd("key1", 0, "13811111111");
            .zadd("key1", 0, "13811111112");
            .zadd("key1", 0, "13811111113");
            .zadd("key1", 0, "13911111111");
            .zadd("key1", 0, "13911111112");
            .zadd("key1", 0, "13911111113");

            Set<byte[]> set1 = .zrangeByLex("key1".getBytes(),
    "[137".getBytes(), "(139".getBytes());
            Set<String> set2 = .zrangeByLex("key1", "[137", "(139");

            {
                Iterator<byte[]> iterator = set1.iterator();
                while (iterator.hasNext()) {
                    System.out.println(new String(iterator.next()));
                }
            }
            System.out.println();
            {
                Iterator<String> iterator = set2.iterator();
                while (iterator.hasNext()) {
                    System.out.println(iterator.next());
                }
            }
        } catch (Exception e) {
            e.printStackTrace();
        } finally {
            if ( != null) {
                .close();
            }
        }
    }
}
```

程式執行結果如下。

```
13711111111
13711111112
13711111113
13811111111
13811111112
13811111113

13711111111
13711111112
13711111113
13811111111
13811111112
13811111113
```

7.7.8 使用 zrevrangebylex 命令實現倒序查詢

1. 測試案例

測試案例如下。

```
127.0.0.1:7777> zrevrangebylex key1 + - limit 0 3
1) "zero:ZERO"
2) "z:Z"
3) "z"
127.0.0.1:7777>
```

2. 程式演示

```
public class Test27 {
    private static Pool pool = new Pool(new PoolConfig(), "192.168.61.84",
7777, 5000, "accp");

    public static void main(String[] args) {
         = null;
        try {
             = pool.getResource();
            .flushDB();

            .zadd("key1", 0, "a");
            .zadd("key1", 0, "a:A");
            .zadd("key1", 0, "alibaba:ALIBABA");
            .zadd("key1", 0, "apple:APPLE");
            .zadd("key1", 0, "b");
            .zadd("key1", 0, "b:B");
            .zadd("key1", 0, "border:BORDER");
            .zadd("key1", 0, "x");
            .zadd("key1", 0, "x:X");
```

```
                .zadd("key1", 0, "xx:XX");
                .zadd("key1", 0, "z");
                .zadd("key1", 0, "z:Z");
                .zadd("key1", 0, "zero:ZERO");
                .zadd("key1", 0, "13711111111");
                .zadd("key1", 0, "13711111112");
                .zadd("key1", 0, "13711111113");
                .zadd("key1", 0, "13811111111");
                .zadd("key1", 0, "13811111112");
                .zadd("key1", 0, "13811111113");
                .zadd("key1", 0, "13911111111");
                .zadd("key1", 0, "13911111112");
                .zadd("key1", 0, "13911111113");

            Set<byte[]> set1 = .zrevrangeByLex("key1".getBytes(),
"+".getBytes(), "-".getBytes(), 0, 3);
            Set<String> set2 = .zrevrangeByLex("key1", "+", "-", 0, 3);

            {
                Iterator<byte[]> iterator = set1.iterator();
                while (iterator.hasNext()) {
                    System.out.println(new String(iterator.next()));
                }
            }
            System.out.println();
            {
                Iterator<String> iterator = set2.iterator();
                while (iterator.hasNext()) {
                    System.out.println(iterator.next());
                }
            }
        } catch (Exception e) {
            e.printStackTrace();
        } finally {
            if ( != null) {
                .close();
            }
        }
    }
}
```

程式執行結果如下。

```
zero:ZERO
z:Z
z

zero:ZERO
```

```
z:Z
z
```

7.7.9 使用 zremrangebylex 命令刪除元素

1. 測試案例

測試案例如下。

```
127.0.0.1:7777> zremrangebylex key1 - +
(integer) 22
127.0.0.1:7777> zrange key1 0 -1
(empty list or set)
127.0.0.1:7777>
```

2. 程式演示

```
public class Test28 {
    private static Pool pool = new Pool(new PoolConfig(), "192.168.61.84",
7777, 5000, "accp");

    public static void main(String[] args) {
            = null;
        try {
            = pool.getResource();
            .flushDB();

            .zadd("key1", 0, "a");
            .zadd("key1", 0, "a:A");
            .zadd("key1", 0, "alibaba:ALIBABA");
            .zadd("key1", 0, "apple:APPLE");
            .zadd("key1", 0, "b");
            .zadd("key1", 0, "b:B");
            .zadd("key1", 0, "border:BORDER");
            .zadd("key1", 0, "x");
            .zadd("key1", 0, "x:X");
            .zadd("key1", 0, "xx:XX");
            .zadd("key1", 0, "z");
            .zadd("key1", 0, "z:Z");
            .zadd("key1", 0, "zero:ZERO");
            .zadd("key1", 0, "13711111111");
            .zadd("key1", 0, "13711111112");
            .zadd("key1", 0, "13711111113");
            .zadd("key1", 0, "13811111111");
            .zadd("key1", 0, "13811111112");
            .zadd("key1", 0, "13811111113");
            .zadd("key1", 0, "13911111111");
```

```
            .zadd("key1", 0, "13911111112");
            .zadd("key1", 0, "13911111113");

            System.out.println(.zremrangeByLex("key1", "-", "+"));
            System.out.println(.zcard("key1"));

        } catch (Exception e) {
            e.printStackTrace();
        } finally {
            if ( != null) {
                .close();
            }
        }
    }
}
```

程式執行結果如下。

```
22
0
```

7.8 zlexcount 命令

使用格式如下。

```
zlexcount key min max
```

該命令與 zrangebylex 命令類似,只不過 zrangebylex 命令查詢的是元素,
而 zlexcount 命令查詢的是元素的個數。

7.8.1 測試案例

測試案例如下。

```
127.0.0.1:7777> zrangebylex key1 [137 (138
1) "13711111111"
2) "13711111112"
3) "13711111113"
127.0.0.1:7777> zlexcount key1 [137 (138
(integer) 3
127.0.0.1:7777>
```

7.8.2 程式演示

```
public class Test29 {
    private static Pool pool = new Pool(new PoolConfig(), "192.168.61.84",
7777, 5000, "accp");

    public static void main(String[] args) {
             = null;
        try {
                = pool.getResource();
            .flushDB();

            .zadd("key1", 0, "a");
            .zadd("key1", 0, "a:A");
            .zadd("key1", 0, "alibaba:ALIBABA");
            .zadd("key1", 0, "apple:APPLE");
            .zadd("key1", 0, "b");
            .zadd("key1", 0, "b:B");
            .zadd("key1", 0, "border:BORDER");
            .zadd("key1", 0, "x");
            .zadd("key1", 0, "x:X");
            .zadd("key1", 0, "xx:XX");
            .zadd("key1", 0, "z");
            .zadd("key1", 0, "z:Z");
            .zadd("key1", 0, "zero:ZERO");
            .zadd("key1", 0, "13711111111");
            .zadd("key1", 0, "13711111112");
            .zadd("key1", 0, "13711111113");
            .zadd("key1", 0, "13811111111");
            .zadd("key1", 0, "13811111112");
            .zadd("key1", 0, "13811111113");
            .zadd("key1", 0, "13911111111");
            .zadd("key1", 0, "13911111112");
            .zadd("key1", 0, "13911111113");

            Set<String> set = .rangeByLex("key1", "[137", "(138");
            Iterator<String> iterator = set.iterator();
            while (iterator.hasNext()) {
                System.out.println(iterator.next());
            }

            System.out.println();

            System.out.println(.zlexcount("key1".getBytes(),
"[137".getBytes(), "(138".getBytes()));
            System.out.println(.zlexcount("key1", "[137", "(138"));

        } catch (Exception e) {
```

```
        e.printStackTrace();
    } finally {
        if ( != null) {
            .close();
        }
    }
}
}
```

程式執行結果如下。

```
13711111111
13711111112
13711111113

3
3
```

7.9 zrangebyscore、zrevrangebyscore 和 zremrangebyscore 命令

zrangebyscore 命令的使用格式如下。

```
zrangebyscore key min max [withscores] [limit offset count]
```

按 score 範圍從有序集合中取得元素，範圍包括參數 min 和 max 的值。如果不想具有包括功能，則要使用 "("。參數 min 和 max 可以使用 −inf 和 +inf 代替，代表最小值和最大值。

zrevrangebyscore 命令的使用格式如下。

```
zrevrangebyscore key max min [withscores] [limit offset count]
```

zrevrangebyscore 命令是 zrangebyscore 命令的倒序版本。

zremrangebyscore 命令的使用格式如下。

```
zremrangebyscore key min max
```

zremrangebyscore 命令是 zrangebyscore 命令的刪除版本。

7.9.1 測試案例

測試案例如下。

```
127.0.0.1:7777> flushdb
OK
127.0.0.1:7777> zadd key1 1 a 11 b 111 c 1111 d 2 e 3 f 33 g
7
127.0.0.1:7777> zrange key1 0 -1 withscores
a
1
e
2
f
3
b
11
g
33
c
111
d
1111
127.0.0.1:7777> zrangebyscore key1 1 5 withscores
a
1
e
2
f
3
127.0.0.1:7777> zrangebyscore key1 (1 5 withscores
e
2
f
3
127.0.0.1:7777> zrangebyscore key1 -inf +inf withscores
a
1
e
2
f
3
b
11
g
33
c
111
```

```
d
1111
127.0.0.1:7777> zrangebyscore key1 (1 (3 withscores
e
2
127.0.0.1:7777> zrangebyscore key1 -inf (1111 withscores
a
1
e
2
f
3
b
11
g
33
c
111
127.0.0.1:7777> zrangebyscore key1 -inf (1111 withscores limit 0 3
a
1
e
2
f
3
127.0.0.1:7777> zrevrangebyscore key1 +inf -inf withscores limit 0 3
d
1111
c
111
g
33
127.0.0.1:7777> zremrangebyscore key1 -inf +inf
7
127.0.0.1:7777> zrange key1 0 -1

127.0.0.1:7777>
```

score 具體的值還可以結合 −inf 和 +inf 使用。

7.9.2 程式演示

```
public class Test30 {
    private static Pool pool = new Pool(new PoolConfig(), "192.168.61.84",
7777, 5000, "accp");

    public static void main(String[] args) {
```

```
         = null;
     try {
         = pool.getResource();
         .flushDB();

         .zadd("key1", 1, "a");
         .zadd("key1", 11, "b");
         .zadd("key1", 111, "c");
         .zadd("key1", 1111, "d");
         .zadd("key1", 2, "e");
         .zadd("key1", 3, "f");
         .zadd("key1", 33, "g");


         {
             Set<Tuple> set = .zrangeWithScores("key1", 0, -1);
             Iterator<Tuple> iterator1 = set.iterator();
             while (iterator1.hasNext()) {
                 Tuple tuple = iterator1.next();
                 System.out.println(tuple.getElement() + "        " + tuple.
getScore());
             }
         }

         System.out.println();

         {
             Set<Tuple> set = .zrangeByScoreWithScores("key1", 1, 5);
             Iterator<Tuple> iterator1 = set.iterator();
             while (iterator1.hasNext()) {
                 Tuple tuple = iterator1.next();
                 System.out.println(tuple.getElement() + "        " + tuple.
getScore());
             }
         }

         System.out.println();

         {
             Set<Tuple> set = .zrangeByScoreWithScores("key1", "(1", "5");
             Iterator<Tuple> iterator1 = set.iterator();
             while (iterator1.hasNext()) {
                 Tuple tuple = iterator1.next();
                 System.out.println(tuple.getElement() + "        " + tuple.
getScore());
             }
         }

         System.out.println();
```

```
            {
                Set<Tuple> set = .zrangeByScoreWithScores("key1", "-inf", "+inf");
                Iterator<Tuple> iterator1 = set.iterator();
                while (iterator1.hasNext()) {
                    Tuple tuple = iterator1.next();
                    System.out.println(tuple.getElement() + "        " + tuple.
getScore());
                }
            }

        System.out.println();

            {
                Set<Tuple> set = .zrangeByScoreWithScores("key1", "(1", "(3");
                Iterator<Tuple> iterator1 = set.iterator();
                while (iterator1.hasNext()) {
                    Tuple tuple = iterator1.next();
                    System.out.println(tuple.getElement() + "        " + tuple.
getScore());
                }
            }

        System.out.println();

            {
                Set<Tuple> set = .zrangeByScoreWithScores("key1", "-inf", "(1111");
                Iterator<Tuple> iterator1 = set.iterator();
                while (iterator1.hasNext()) {
                    Tuple tuple = iterator1.next();
                    System.out.println(tuple.getElement() + "        " + tuple.
getScore());
                }
            }

        System.out.println();

            {
                Set<Tuple> set = .zrangeByScoreWithScores("key1", "-inf",
"(1111", 0, 3);
                Iterator<Tuple> iterator1 = set.iterator();
                while (iterator1.hasNext()) {
                    Tuple tuple = iterator1.next();
                    System.out.println(tuple.getElement() + "        " + tuple.
getScore());
                }
            }
```

```
                System.out.println();

            {
                Set<Tuple> set = .zrevrangeByScoreWithScores("key1", "+inf",
"-inf", 0, 3);
                Iterator<Tuple> iterator1 = set.iterator();
                while (iterator1.hasNext()) {
                    Tuple tuple = iterator1.next();
                    System.out.println(tuple.getElement() + "         " + tuple.
getScore());
                }
            }

            System.out.println();

            System.out.println(.zremrangeByScore("key1", "-inf", "+inf"));
            System.out.println(.zcard("key1"));
        } catch (Exception e) {
            e.printStackTrace();
        } finally {
            if ( != null) {
                .close();
            }
        }
    }
}
```

程式執行結果如下。

```
a       1.0
e       2.0
f       3.0
b       11.0
g       33.0
c       111.0
d       1111.0

a       1.0
e       2.0
f       3.0

e       2.0
f       3.0

a       1.0
e       2.0
f       3.0
b       11.0
```

```
g          33.0
c          111.0
d          1111.0

e          2.0

a          1.0
e          2.0
f          3.0
b          11.0
g          33.0
c          111.0

a          1.0
e          2.0
f          3.0

d          1111.0
c          111.0
g          33.0

7
0
```

7.10 zpopmax 和 zpopmin 命令

zpopmax 命令的使用格式如下。

```
zpopmax key [count]
```

該命令用於刪除並返回最多 count 個 score 值最大的元素。

zpopmin 命令的使用格式如下。

```
zpopmin key [count]
```

該命令用於刪除並返回最多 count 個 score 值最小的元素。

7.10.1 測試案例

測試案例如下。

```
127.0.0.1:7777> del key1
(integer) 1
```

```
127.0.0.1:7777> zadd key1 1 a 2 b 3 c 4 d 5 e 6 f 7 g 8 h 9 i
(integer) 9
127.0.0.1:7777> zrange key1 0 -1 withscores
 1) "a"
 2) "1"
 3) "b"
 4) "2"
 5) "c"
 6) "3"
 7) "d"
 8) "4"
 9) "e"
10) "5"
11) "f"
12) "6"
13) "g"
14) "7"
15) "h"
16) "8"
17) "i"
18) "9"
127.0.0.1:7777> zpopmax key1
1) "i"
2) "9"
127.0.0.1:7777> zrange key1 0 -1 withscores
 1) "a"
 2) "1"
 3) "b"
 4) "2"
 5) "c"
 6) "3"
 7) "d"
 8) "4"
 9) "e"
10) "5"
11) "f"
12) "6"
13) "g"
14) "7"
15) "h"
16) "8"
127.0.0.1:7777> zpopmax key1 2
1) "h"
2) "8"
3) "g"
4) "7"
127.0.0.1:7777> zrange key1 0 -1 withscores
 1) "a"
```

```
 2)  "1"
 3)  "b"
 4)  "2"
 5)  "c"
 6)  "3"
 7)  "d"
 8)  "4"
 9)  "e"
10)  "5"
11)  "f"
12)  "6"
127.0.0.1:7777> zpopmin key1
1) "a"
2) "1"
127.0.0.1:7777> zrange key1 0 -1 withscores
 1)  "b"
 2)  "2"
 3)  "c"
 4)  "3"
 5)  "d"
 6)  "4"
 7)  "e"
 8)  "5"
 9)  "f"
10)  "6"
127.0.0.1:7777> zpopmin key1 2
1) "b"
2) "2"
3) "c"
4) "3"
127.0.0.1:7777> zrange key1 0 -1 withscores
1) "d"
2) "4"
3) "e"
4) "5"
5) "f"
6) "6"
127.0.0.1:7777>
```

7.10.2 程式演示

```java
public class Test31 {
    private static Pool pool = new Pool(new PoolConfig(), "192.168.56.11",
6379, 5000, "accp");

    public static void main(String[] args) {
        = null;
```

```java
        try {
            = pool.getResource();
        .flushDB();

        .zadd("key1", 1, "a");
        .zadd("key1", 2, "b");
        .zadd("key1", 3, "c");
        .zadd("key1", 4, "d");
        .zadd("key1", 5, "e");
        .zadd("key1", 6, "f");
        .zadd("key1", 7, "g");

        {
            Tuple tuple = .zpopmin("key1");
            System.out.println(tuple.getElement() + "        " + tuple.
getScore());
        }
        System.out.println();
        {
            Set<Tuple> set = .zpopmin("key1", 2);
            Iterator<Tuple> iterator1 = set.iterator();
            while (iterator1.hasNext()) {
                Tuple tuple = iterator1.next();
                System.out.println(tuple.getElement() + "        " + tuple.
getScore());
            }
        }
        System.out.println();
        {
            Tuple tuple = .zpopmax("key1");
            System.out.println(tuple.getElement() + "        " + tuple.
getScore());
        }
        System.out.println();
        {
            Set<Tuple> set = .zpopmax("key1", 2);
            Iterator<Tuple> iterator1 = set.iterator();
            while (iterator1.hasNext()) {
                Tuple tuple = iterator1.next();
                System.out.println(tuple.getElement() + "        " + tuple.
getScore());
            }
        }
        System.out.println();
        {
            Set<Tuple> set1 = .zrangeWithScores("key1", 0, -1);
            Iterator<Tuple> iterator1 = set1.iterator();
            while (iterator1.hasNext()) {
```

```
                    Tuple tuple = iterator1.next();
                    System.out.println(tuple.getElement() + "        " + tuple.
getScore());
                }
            }
        } catch (

        Exception e) {
            e.printStackTrace();
        } finally {
            if ( != null) {
                .close();
            }
        }
    }
}
```

程式執行結果如下。

```
a       1.0

b       2.0
c       3.0

g       7.0

f       6.0
e       5.0

d       4.0
```

7.11 bzpopmax 和 bzpopmin 命令

bzpopmax 命令的使用格式如下。

```
BZPOPMAX key [key ...] timeout
```

該命令是 zpopmax 命令的阻塞版本。

bzpopmin 命令的使用格式如下。

```
BZPOPMIN key [key ...] timeout
```

該命令是 zpopmin 命令的阻塞版本。

timeout 參數為 0，表示永遠等待。

7.12 zrank、zrevrank 和 zremrangebyrank 命令

zrank 命令的使用格式如下。

```
zrank key member
```

該命令用於取得元素在有序集合中的排名。排名以 0 為起始,相當於索引。

zrevrank 命令的使用格式如下。

```
zrevrank key member
```

zrevrank 命令是 zrank 命令的倒序版本。

zremrangebyrank 命令的使用格式如下。

```
zremrangebyrank key start stop
```

該命令用於刪除指定排名範圍中的元素。

7.12.1 測試案例

測試案例如下。

```
127.0.0.1:7777> flushdb
OK
127.0.0.1:7777> zadd key1 11 a 22 b 33 c 44 d 55 e
5
127.0.0.1:7777> zrank key1 a
0
127.0.0.1:7777> zrank key1 b
1
127.0.0.1:7777> zrank key1 c
2
127.0.0.1:7777> zrank key1 d
3
127.0.0.1:7777> zrank key1 e
4
127.0.0.1:7777> zrevrank key1 a
4
127.0.0.1:7777> zrevrank key1 b
```

```
3
127.0.0.1:7777> zrevrank key1 c
2
127.0.0.1:7777> zrevrank key1 d
1
127.0.0.1:7777> zrevrank key1 e
0
127.0.0.1:7777> zremrangebyrank key1 0 2
3
127.0.0.1:7777> zrange key1 0 -1
d
e
127.0.0.1:7777>
```

7.12.2 程式演示

```java
public class Test32 {
    private static Pool pool = new Pool(new PoolConfig(), "192.168.61.84",
7777, 5000, "accp");

    public static void main(String[] args) {
         = null;
        try {
             = pool.getResource();
            .flushDB();

            .zadd("key1", 11, "a");
            .zadd("key1", 22, "b");
            .zadd("key1", 33, "c");
            .zadd("key1", 44, "d");
            .zadd("key1", 55, "e");

            System.out.println(.zrank("key1".getBytes(), "a".getBytes()));
            System.out.println(.zrank("key1".getBytes(), "b".getBytes()));
            System.out.println(.zrank("key1".getBytes(), "c".getBytes()));
            System.out.println(.zrank("key1".getBytes(), "d".getBytes()));
            System.out.println(.zrank("key1".getBytes(), "e".getBytes()));

            System.out.println();

            System.out.println(.zrank("key1", "a"));
            System.out.println(.zrank("key1", "b"));
            System.out.println(.zrank("key1", "c"));
            System.out.println(.zrank("key1", "d"));
            System.out.println(.zrank("key1", "e"));

            System.out.println();
```

```
            System.out.println(.zrevrank("key1".getBytes(), "a".getBytes()));
            System.out.println(.zrevrank("key1".getBytes(), "b".getBytes()));
            System.out.println(.zrevrank("key1".getBytes(), "c".getBytes()));
            System.out.println(.zrevrank("key1".getBytes(), "d".getBytes()));
            System.out.println(.zrevrank("key1".getBytes(), "e".getBytes()));

            System.out.println();

            System.out.println(.zrevrank("key1", "a"));
            System.out.println(.zrevrank("key1", "b"));
            System.out.println(.zrevrank("key1", "c"));
            System.out.println(.zrevrank("key1", "d"));
            System.out.println(.zrevrank("key1", "e"));

            System.out.println();

            .zremrangeByRank("key1", 0, 2);

            {
                Set<Tuple> set = .zrangeWithScores("key1", 0, -1);
                Iterator<Tuple> iterator1 = set.iterator();
                while (iterator1.hasNext()) {
                    Tuple tuple = iterator1.next();
                    System.out.println(tuple.getElement() + "        " + tuple.
getScore());
                }
            }
        } catch (Exception e) {
            e.printStackTrace();
        } finally {
            if ( != null) {
                .close();
            }
        }
    }
}
```

程式執行結果如下。

```
0
1
2
3
4

0
1
```

```
2
3
4

4
3
2
1
0

4
3
2
1
0

d          44.0
e          55.0
```

7.13 zrem 命令

使用格式如下。

```
zrem key member [member ...]
```

該命令用於刪除指定的元素。

7.13.1 測試案例

測試案例如下。

```
127.0.0.1:7777> flushdb
OK
127.0.0.1:7777> zadd key1 1 a 2 b 3 c 40 d 50 e
5
127.0.0.1:7777> zrange key1 0 -1 withscores
a
1
b
2
c
3
d
40
```

```
e
50
127.0.0.1:7777> zrem key1 c d e
3
127.0.0.1:7777> zrange key1 0 -1 withscores
a
1
b
2
127.0.0.1:7777>
```

7.13.2 程式演示

```java
public class Test33 {
    private static Pool pool = new Pool(new PoolConfig(), "192.168.61.84",
7777, 5000, "accp");

    public static void main(String[] args) {
         = null;
        try {
             = pool.getResource();
            .flushDB();

            .zadd("key1", 1, "a");
            .zadd("key1", 1, "b");
            .zadd("key1", 2, "c");
            .zadd("key1", 40, "d");
            .zadd("key1", 50, "e");

            .zrem("key1".getBytes(), "a".getBytes(), "b".getBytes());
            .zrem("key1", "c", "d");

            {
                Set<Tuple> set = .zrangeWithScores("key1", 0, -1);
                Iterator<Tuple> iterator1 = set.iterator();
                while (iterator1.hasNext()) {
                    Tuple tuple = iterator1.next();
                    System.out.println(tuple.getElement() + "        " + tuple.
getScore());
                }
            }
        } catch (Exception e) {
            e.printStackTrace();
        } finally {
            if ( != null) {
                .close();
            }
```

```
        }
    }
}
```

程式執行結果如下。

```
e       50.0
```

7.14 zscore 命令

使用格式如下。

```
zscore key member
```

該命令用於返回元素的 score。

7.14.1 測試案例

測試案例如下。

```
127.0.0.1:7777> flushdb
OK
127.0.0.1:7777> zadd key1 1 a 2 b 3 c 40 d 50 e
5
127.0.0.1:7777> zscore key1 a
1
127.0.0.1:7777> zscore key1 b
2
127.0.0.1:7777> zscore key1 c
3
127.0.0.1:7777> zscore key1 d
40
127.0.0.1:7777> zscore key1 e
50
127.0.0.1:7777>
```

7.14.2 程式演示

```java
public class Test34 {
    private static Pool pool = new Pool(new PoolConfig(), "192.168.61.84",
7777, 5000, "accp");

    public static void main(String[] args) {
```

```
        = null;
    try {
         = pool.getResource();
        .flushDB();

        .zadd("key1", 1, "a");
        .zadd("key1", 1, "b");
        .zadd("key1", 2, "c");
        .zadd("key1", 40, "d");
        .zadd("key1", 50, "e");

        System.out.println(.zscore("key1".getBytes(), "a".getBytes()));
        System.out.println(.zscore("key1", "b"));
        System.out.println(.zscore("key1", "c"));
        System.out.println(.zscore("key1", "d"));
        System.out.println(.zscore("key1", "e"));

    } catch (Exception e) {
        e.printStackTrace();
    } finally {
        if ( != null) {
            .close();
        }
    }
}
```

程式執行結果如下。

```
1.0
1.0
2.0
40.0
50.0
```

7.15 zscan 命令

使用格式如下。

```
zscan key cursor [MATCH pattern] [COUNT count]
```

該命令用於增量疊代。

7.15.1 測試案例

測試案例如下。

```
127.0.0.1:7777> del zkey
(integer) 0
127.0.0.1:7777> zadd zkey 1 a 2 b 3 c 4 d 5 e
(integer) 5
127.0.0.1:7777> zscan zkey 0
1) "0"
2)  1) "a"
    2) "1"
    3) "b"
    4) "2"
    5) "c"
    6) "3"
    7) "d"
    8) "4"
    9) "e"
   10) "5"
127.0.0.1:7777>
```

7.15.2 程式演示

```java
public class Test35 {
    private static Pool pool = new Pool(new PoolConfig(), "192.168.61.84",
7777, 5000, "accp");

    public static void main(String[] args) {
         = null;
        try {
             = pool.getResource();
            .flushDB();

            for (int i = 1; i <= 900; i++) {
                .zadd("key1", 1, "" + (i + 1));
            }

            ScanResult<Tuple> scanResult1 = .zscan("key1".getBytes(), "0".
getBytes());
            byte[] cursors1 = null;
            do {
                List<Tuple> list = scanResult1.getResult();
                for (int i = 0; i < list.size(); i++) {
                    System.out.println(list.get(i).getScore() + " " + list.
get(i).getElement());
                }
```

```
                    cursors1 = scanResult1.getCursorAsBytes();
                    scanResult1 = .zscan("key1".getBytes(), cursors1);

            } while (!new String(cursors1).equals("0"));

            System.out.println("-----------------");
            System.out.println("-----------------");

            ScanResult<Tuple> scanResult2 = .zscan("key1", "0");
            String cursors2 = null;
            do {
                List<Tuple> list = scanResult2.getResult();
                for (int i = 0; i < list.size(); i++) {
                    System.out.println(list.get(i).getScore() + " " + list.
get(i).getElement());
                }
                cursors2 = scanResult2.getCursor();
                scanResult2 = .zscan("key1", cursors2);
            } while (!new String(cursors2).equals("0"));

        } catch (Exception e) {
            e.printStackTrace();
        } finally {
            if ( != null) {
                .close();
            }
        }
    }
}
```

程式執行後會以增量的方式，多次從有序集合中取得全部的元素並輸出。

7.16 sort 命令

使用 sort 命令對有序集合排序時，只針對 value 進行排序，而不針對 score。

7.16.1 測試案例

測試案例如下。

```
127.0.0.1:6379> flushdb
OK
```

```
127.0.0.1:6379> zadd key1 10 a 20 b 30 c 40 d 50 e
(integer) 5
127.0.0.1:6379> zadd key2 10 5 20 4 30 3 40 2 50 1
(integer) 5
127.0.0.1:6379> zrange key1 0 -1 withscores
 1) "a"
 2) "10"
 3) "b"
 4) "20"
 5) "c"
 6) "30"
 7) "d"
 8) "40"
 9) "e"
10) "50"
127.0.0.1:6379> zrange key2 0 -1 withscores
 1) "5"
 2) "10"
 3) "4"
 4) "20"
 5) "3"
 6) "30"
 7) "2"
 8) "40"
 9) "1"
10) "50"
127.0.0.1:6379> sort key1 alpha
1) "a"
2) "b"
3) "c"
4) "d"
5) "e"
127.0.0.1:6379> sort key2
1) "1"
2) "2"
3) "3"
4) "4"
5) "5"
127.0.0.1:6379>
```

7.16.2 程式演示

```java
public class Test36 {
    private static Pool pool = new Pool(new PoolConfig(), "192.168.1.108",
6379, 5000, "accp");

    public static void main(String[] args) {
```

```
       = null;
   try {
        = pool.getResource();
       .flushDB();

       Map<String, Double> map1 = new HashMap<>();
       map1.put("a", Double.valueOf("10"));
       map1.put("b", Double.valueOf("20"));
       map1.put("c", Double.valueOf("30"));
       map1.put("d", Double.valueOf("40"));
       map1.put("e", Double.valueOf("50"));
       .zadd("key1", map1);

       Map<String, Double> map2 = new HashMap<>();
       map2.put("5", Double.valueOf("10"));
       map2.put("4", Double.valueOf("20"));
       map2.put("3", Double.valueOf("30"));
       map2.put("2", Double.valueOf("40"));
       map2.put("1", Double.valueOf("50"));
       .zadd("key2", map2);

       {
           SortingParams params = new SortingParams();
           params.alpha();
           List<String> list = .sort("key1", params);
           for (int i = 0; i < list.size(); i++) {
               System.out.println(list.get(i));
           }
       }
       System.out.println();
       {
           List<String> list = .sort("key2");
           for (int i = 0; i < list.size(); i++) {
               System.out.println(list.get(i));
           }
       }
   } catch (Exception e) {
       e.printStackTrace();
   } finally {
       if ( != null) {
           .close();
       }
   }
  }
}
```

程式執行結果如下。

```
a
b
c
d
e

1
2
3
4
5
```

Key 類型命令

Key 類型命令主要用於處理 key。

8.1 del 和 exists 命令

del 命令的使用格式如下。

```
del key [key ...]
```

該命令用於刪除指定的或多個 key。不存在的 key 會被忽略。

返回值是被刪除 key 的數量。

exists 命令的使用格式如下。

```
exists key
```

該命令用於判斷指定 key 是否存在。

如果 key 存在，則返回 1；否則返回 0。

8.1.1 測試案例

測試案例如下。

```
127.0.0.1:7777> set a avalue
OK
127.0.0.1:7777> set b bvalue
OK
127.0.0.1:7777> set c cvalue
```

```
OK
127.0.0.1:7777> exists a
1
127.0.0.1:7777> exists b
1
127.0.0.1:7777> exists c
1
127.0.0.1:7777> del a
1
127.0.0.1:7777> exists a
0
127.0.0.1:7777> del b c
2
127.0.0.1:7777> exists b
0
127.0.0.1:7777> exists c
0
127.0.0.1:7777>
```

exists 命令允許判斷多個 key，測試案例如下。

```
127.0.0.1:7777> keys *
1) "b"
2) "a"
3) "mykey"
4) "c"
127.0.0.1:7777> exists a b c d
(integer) 3
127.0.0.1:7777>
```

8.1.2 程式演示

```java
public class Test1 {
    private static Pool pool = new Pool(new PoolConfig(), "192.168.61.84",
7777, 5000, "accp");

    public static void main(String[] args) {
         = null;
        try {
             = pool.getResource();

            {
                .set("a".getBytes(), "avalue".getBytes());
                .set("b", "bvalue");
                .set("c", "cvalue");

                System.out.println(.exists("a".getBytes()));
```

```
            System.out.println(.exists("a".getBytes()) + " " +
.exists("b".getBytes()) + " "
                    + .exists("c".getBytes()));
            System.out.println(.exists("a"));
            System.out.println(.exists("a") + " " + .exists("b") + " " +
.exists("c"));


        }

        System.out.println();

        {
            .del("a".getBytes());
            .del("b".getBytes(), "c".getBytes());
            System.out.println(.exists("a") + " " + .exists("b") + " " +
.exists("c"));
        }

        System.out.println();

        .set("a".getBytes(), "avalue".getBytes());
        .set("b", "bvalue");
        .set("c", "cvalue");

        {
            .del("a");
            .del("b", "c");
            System.out.println(.exists("a") + " " + .exists("b") + " " +
.exists("c"));
        }
    } catch (Exception e) {
        e.printStackTrace();
    } finally {
        if ( != null) {
            .close();
        }
    }
  }
}
```

程式執行結果如下。

```
true
true true true
true
true true true

false false false
```

```
false false false
```

8.2 unlink 命令

使用格式如下。

```
unlink key [key ...]
```

此命令與 del 命令非常相似，功能也是刪除指定的 key。

如果 key 不存在，就會被忽略。但是，該命令在不同的執行緒中執行並實現記憶體回收，因此它不會阻塞，而 del 命令會阻塞。

unlink 命令只斷開 key 與 value 的連結，實際的刪除操作是以非同步的方式執行的。

執行成功後返回未斷開連結的 key 的數量。

8.2.1 測試案例

測試案例如下。

```
127.0.0.1:7777[1]> del key1
1
127.0.0.1:7777[1]> del key2
0
127.0.0.1:7777[1]> set key1 key1value
OK
127.0.0.1:7777[1]> set key2 key2value
OK
127.0.0.1:7777[1]> unlink key1 key2
2
127.0.0.1:7777[1]> get key1

127.0.0.1:7777[1]> get key2

127.0.0.1:7777[1]> exists key1
0
127.0.0.1:7777[1]> exists key2
0
127.0.0.1:7777[1]>
```

8.2.2 程式演示

```java
public class Test2 {
    private static Pool pool = new Pool(new PoolConfig(), "192.168.61.84",
7777, 5000, "accp");

    public static void main(String[] args) {
         = null;
        try {
             = pool.getResource();
            .set("key1", "key1value");
            .set("key2", "key2value");
            .set("key3", "key3value");
            .set("key4", "key4value");
            .set("key5", "key5value");
            .set("key6", "key6value");
            .set("key7", "key7value");
            .set("key8", "key8value");
            .set("key9", "key9value");

            .unlink("key1".getBytes());
            .unlink("key2".getBytes(), "key3".getBytes());
            .unlink("key4");
            .unlink("key5", "key6");

            System.out.println(.get("key1"));
            System.out.println(.get("key2"));
            System.out.println(.get("key3"));
            System.out.println(.get("key4"));
            System.out.println(.get("key5"));
            System.out.println(.get("key6"));
            System.out.println(.get("key7"));
            System.out.println(.get("key8"));
            System.out.println(.get("key9"));

            System.out.println();

            System.out.println(.exists("key1"));
            System.out.println(.exists("key2"));
            System.out.println(.exists("key3"));
            System.out.println(.exists("key4"));
            System.out.println(.exists("key5"));
            System.out.println(.exists("key6"));
            System.out.println(.exists("key7"));
            System.out.println(.exists("key8"));
            System.out.println(.exists("key9"));

        } catch (Exception e) {
```

```
            e.printStackTrace();
        } finally {
            if ( != null) {
                .close();
            }
        }
    }
}
```

程式執行結果如下。

```
null
null
null
null
null
null
key7value
key8value
key9value

false
false
false
false
false
false
true
true
true
```

8.3 rename 命令

使用格式如下。

```
rename key newkey
```

該命令用於對 key 進行重新命名，當 key 不存在時返回錯誤。如果 newkey 已經存在，則最終使用 key 對應的值。

8.3.1 測試案例

測試案例如下。

```
127.0.0.1:7777> del key1
1
127.0.0.1:7777> del key2
1
127.0.0.1:7777> set key1 key1value
OK
127.0.0.1:7777> set key2 key2value
OK
127.0.0.1:7777> get key1
key1value
127.0.0.1:7777> get key2
key2value
127.0.0.1:7777> rename key1 key2
OK
127.0.0.1:7777> get key1

127.0.0.1:7777> get key2
key1value
127.0.0.1:7777> rename keyNoExists newKey
ERR no such key

127.0.0.1:7777>
```

8.3.2 程式演示

```java
public class Test3 {
    private static Pool pool = new Pool(new PoolConfig(), "192.168.61.84",
7777, 5000, "accp");

    public static void main(String[] args) {
         = null;
        try {
             = pool.getResource();
            .set("key1", "key1value");
            .set("key2", "key2value");

            System.out.println(.get("key1"));
            System.out.println(.get("key2"));

            System.out.println();

            .rename("key1".getBytes(), "key2".getBytes());
            System.out.println(.get("key1"));
            System.out.println(.get("key2"));

            System.out.println();
```

```
            .rename("key2", "key1");
            System.out.println(.get("key1"));
            System.out.println(.get("key2"));
        } catch (Exception e) {
            e.printStackTrace();
        } finally {
            if ( != null) {
                .close();
            }
        }
    }
}
```

程式執行結果如下。

```
key1value
key2value

null
key1value

key1value
null
```

8.4 renamenx 命令

使用格式如下。

```
renamenx key newkey
```

如果 newkey 不存在，則將 key 重新命名為 newkey；如果 newkey 存在，則取消操作。當 key 不存在時，它返回錯誤。

返回 1 代表成功對 key 進行重新命名。如果 newkey 已存在，則返回 0。

8.4.1 測試案例

測試案例如下。

```
127.0.0.1:7777> set a aa
OK
127.0.0.1:7777> set b bb
OK
```

```
127.0.0.1:7777> set c cc
OK
127.0.0.1:7777> keys *
c
a
b
127.0.0.1:7777> mget a b c
aa
bb
cc
127.0.0.1:7777> renamenx a newa //newkey不存在，成功重新命名
1
127.0.0.1:7777> keys *
c
newa
b
127.0.0.1:7777> get newa
aa
127.0.0.1:7777> renamenx b c //newkey是c，已存在，取消重新命名
0
127.0.0.1:7777> keys *
c
newa
b
127.0.0.1:7777> renamenx noExistsKey zzzzzzzzzz //key不存在，返回錯誤
ERR no such key

127.0.0.1:7777> keys *
c
newa
b
127.0.0.1:7777>
```

8.4.2 程式演示

```
public class Test4 {
    private static Pool pool = new Pool(new PoolConfig(), "192.168.61.84",
7777, 5000, "accp");

    public static void main(String[] args) {
         = null;
        try {
             = pool.getResource();
            .flushDB();

            .set("a", "aa");
            .set("b", "bb");
```

```
            .set("c", "cc");

            {
                // .keys("*")的作用是取出所有的key
                Set<String> set = .keys("*");
                Iterator<String> iterator = set.iterator();
                while (iterator.hasNext()) {
                    System.out.println(iterator.next());
                }

                System.out.println();

                List<String> listString = .mget("a", "b", "c");
                for (int i = 0; i < listString.size(); i++) {
                    System.out.println(listString.get(i));
                }
            }

            System.out.println();

            {
                .renamenx("a".getBytes(), "newa".getBytes());
                Set<String> set = .keys("*");
                Iterator<String> iterator = set.iterator();
                while (iterator.hasNext()) {
                    System.out.println(iterator.next());
                }

                System.out.println();

                System.out.println(.get("newa"));
                System.out.println(.get("b"));
                System.out.println(.get("c"));
            }

            System.out.println();

            {
                .renamenx("b", "c");
                Set<String> set = .keys("*");
                Iterator<String> iterator = set.iterator();
                while (iterator.hasNext()) {
                    System.out.println(iterator.next());
                }

                System.out.println();

                System.out.println(.get("newa"));
```

```
            System.out.println(.get("b"));
            System.out.println(.get("c"));
        }

        System.out.println();

        {
            .renamenx("我是不存在的key", "c");
        }

    } catch (Exception e) {
        e.printStackTrace();
    } finally {
        if ( != null) {
            .close();
        }
    }
}
}
```

程式執行結果如下。

```
a
b
c

aa
bb
cc

newa
b
c

aa
bb
cc

newa
b
c

aa
bb
cc

redis.clients..exceptions.DataException: ERR no such key
    at redis.clients..Protocol.processError(Protocol.java:132)
```

```
    at redis.clients..Protocol.process(Protocol.java:166)
    at redis.clients..Protocol.read(Protocol.java:220)
    at redis.clients..Connection.readProtocolWithCheckingBroken(Connection.
java:318)
    at redis.clients..Connection.getIntegerReply(Connection.java:260)
    at redis.clients...renamenx(.java:324)
    at keys.Test4.main(Test4.java:76)
```

8.5 keys 命令

使用格式如下。

```
keys pattern
```

該命令用於返回匹配的所有 key 串列。

Redis 在入門級可攜式電腦上可以在 40ms 內掃描擁有 100 萬個 key 的資料庫。但需要注意，如果在生產環境中，並且對大類型資料庫執行此命令，則可能會破壞性能，會出現阻塞的情況，因此不建議在生產環境中執行此命令。

8.5.1 測試搜索模式：?

h?llo 可以匹配 hello、hallo 和 hxllo，"?" 代表一個字元。

1. 測試案例

測試案例如下。

```
127.0.0.1:7777> flushdb
OK
127.0.0.1:7777> set h1llo 1
OK
127.0.0.1:7777> set h2llo 2
OK
127.0.0.1:7777> set h3llo 3
OK
127.0.0.1:7777> set hxllo x
OK
127.0.0.1:7777> set hyllo y
OK
```

```
127.0.0.1:7777> set hzllo z
OK
127.0.0.1:7777> keys h?llo
hzllo
h3llo
h2llo
hyllo
hxllo
h1llo
127.0.0.1:7777>
```

2. 程式演示

```
public class Test5 {
    private static Pool pool = new Pool(new PoolConfig(), "192.168.61.84",
7777, 5000, "accp");

    public static void main(String[] args) {
         = null;
        try {
             = pool.getResource();
            .flushDB();

            .set("h1llo", "1");
            .set("h2llo", "2");
            .set("h3llo", "3");
            .set("hxllo", "x");
            .set("hyllo", "y");
            .set("hzllo", "z");

            Set<String> set = .keys("h?llo");
            Iterator<String> iterator = set.iterator();
            while (iterator.hasNext()) {
                System.out.println(iterator.next());
            }

        } catch (Exception e) {
            e.printStackTrace();
        } finally {
            if ( != null) {
                .close();
            }
        }
    }
}
```

程式執行結果如下。

```
h2llo
```

```
hyllo
h3llo
hxllo
hzllo
h1llo
```

8.5.2 測試搜索模式：*

h*llo 匹配 hllo 和 heeeello，"*" 代表任意個數的字元。

1. 測試案例

測試案例如下。

```
127.0.0.1:7777> flushdb
OK
127.0.0.1:7777> set h123456llo 1
OK
127.0.0.1:7777> set h123llo     2
OK
127.0.0.1:7777> set h1llo       3
OK
127.0.0.1:7777> set habcllo     4
OK
127.0.0.1:7777> set hallo       5
OK
127.0.0.1:7777> set hello       6
OK
127.0.0.1:7777> keys h*
h123456llo
h123llo
habcllo
hallo
hello
h1llo
127.0.0.1:7777>
```

2. 程式演示

```
public class Test6 {
    private static Pool pool = new Pool(new PoolConfig(), "192.168.61.84",
7777, 5000, "accp");

    public static void main(String[] args) {
         = null;
        try {
             = pool.getResource();
```

```
            .flushDB();

            .set("h123456llo", "1");
            .set("h123llo", "2");
            .set("h1llo", "3");
            .set("habcllo", "x");
            .set("hallo", "y");
            .set("hello", "z");

            Set<String> set = .keys("h*llo");
            Iterator<String> iterator = set.iterator();
            while (iterator.hasNext()) {
                System.out.println(iterator.next());
            }

    } catch (Exception e) {
        e.printStackTrace();
    } finally {
        if ( != null) {
            .close();
        }
    }
  }
}
```

程式執行結果如下。

```
hallo
h123llo
hello
h123456llo
habcllo
h1llo
```

8.5.3 測試搜索模式：[]

h[ae]llo 匹配 hallo 和 hello，但不匹配 hillo。"[ ]" 中的內容之間有「或」
關係，只匹配其中的字元。

1. 測試案例

測試案例如下。

```
127.0.0.1:7777> flushdb
OK
127.0.0.1:7777> set hello 1
```

```
OK
127.0.0.1:7777> set hallo 2
OK
127.0.0.1:7777> set haello 3
OK
127.0.0.1:7777> keys h[a]llo
hallo
127.0.0.1:7777> keys h[e]llo
hello
127.0.0.1:7777> keys h[ae]llo
hello
hallo
127.0.0.1:7777>
```

2. 程式演示

```java
public class Test7 {
    private static Pool pool = new Pool(new PoolConfig(), "192.168.61.84",
7777, 5000, "accp");

    public static void main(String[] args) {
         = null;
        try {
             = pool.getResource();
            .flushDB();
            .set("hello", "1");
            .set("hallo", "2");
            .set("haello", "3");

            {
                Set<String> set = .keys("h[a]llo");
                Iterator<String> iterator = set.iterator();
                while (iterator.hasNext()) {
                    System.out.println(iterator.next());
                }
            }

            System.out.println();

            {
                Set<String> set = .keys("h[e]llo");
                Iterator<String> iterator = set.iterator();
                while (iterator.hasNext()) {
                    System.out.println(iterator.next());
                }
            }

            System.out.println();
```

```
        {
            Set<String> set = .keys("h[ae]llo");
            Iterator<String> iterator = set.iterator();
            while (iterator.hasNext()) {
                System.out.println(iterator.next());
            }
        }
    } catch (Exception e) {
        e.printStackTrace();
    } finally {
        if ( != null) {
            .close();
        }
    }
}
}
```

程式執行結果如下。

```
hallo

hello

hello
hallo
```

8.5.4 測試搜索模式：[^]

h[^e]llo 匹配 hallo 和 hbllo 等，但不匹配 hello。

1. 測試案例

測試案例如下。

```
127.0.0.1:7777> flushdb
OK
127.0.0.1:7777> set hallo 1
OK
127.0.0.1:7777> set hbllo 2
OK
127.0.0.1:7777> set hcllo 3
OK
127.0.0.1:7777> set hdllo 4
OK
127.0.0.1:7777> set hello 5
OK
```

```
127.0.0.1:7777> keys h[^e]llo
hallo
hcllo
hdllo
hbllo
127.0.0.1:7777>
```

2. 程式演示

```java
public class Test8 {
    private static Pool pool = new Pool(new PoolConfig(), "192.168.61.84",
7777, 5000, "accp");

    public static void main(String[] args) {
         = null;
        try {
             = pool.getResource();
            .flushDB();

            .set("hallo", "1");
            .set("hbllo", "2");
            .set("hcllo", "3");
            .set("hdllo", "4");
            .set("hello", "5");

            {
                Set<String> set = .keys("h[^e]llo");
                Iterator<String> iterator = set.iterator();
                while (iterator.hasNext()) {
                    System.out.println(iterator.next());
                }
            }
        } catch (Exception e) {
            e.printStackTrace();
        } finally {
            if ( != null) {
                .close();
            }
        }
    }
}
```

程式執行結果如下。

```
hcllo
hallo
hbllo
hdllo
```

8.5.5 測試搜索模式：[a-b]

h[a-b]llo 匹配 hallo 和 hbllo。

1. 測試案例

測試案例如下。

```
127.0.0.1:6379> mset h1llo 1 h2llo 2 h3llo 3 h4llo 4
OK
127.0.0.1:6379> keys h[1-3]llo
1) "h3llo"
2) "h2llo"
3) "h1llo"
127.0.0.1:6379>
```

查詢特殊字元可以使用 "\" 對特殊字元進行逸出，如要查詢 "*" 或 "?"。

2. 程式演示

```
public class Test9 {
    private static Pool pool = new Pool(new PoolConfig(), "192.168.56.11",
6379, 5000, "accp");

    public static void main(String[] args) {
         = null;
        try {
             = pool.getResource();
            .flushDB();

            .set("hallo", "1");
            .set("hbllo", "2");
            .set("hcllo", "3");
            .set("hdllo", "4");

            {
                Set<String> set = .keys("h[a-c]llo");
                Iterator<String> iterator = set.iterator();
                while (iterator.hasNext()) {
                    System.out.println(iterator.next());
                }
            }
        } catch (Exception e) {
            e.printStackTrace();
        } finally {
            if ( != null) {
                .close();
```

```
            }
        }
    }
}
```

程式執行結果如下。

```
hcllo
hallo
hbllo
```

8.6 type 命令

使用格式如下。

```
type key
```

該命令用於獲取 key 的 value 的資料類型，常見的資料類型有 String、List、Set、Sonted、Set 和 Hash。

8.6.1 測試案例

測試案例如下。

```
127.0.0.1:7777> flushdb
OK
127.0.0.1:7777> set a avalue
OK
127.0.0.1:7777> rpush b 1 2 3
3
127.0.0.1:7777> hset c a aa b bb
2
127.0.0.1:7777> sadd d 1 2 3 4
4
127.0.0.1:7777> zadd e 1 11 2 22
2
127.0.0.1:7777> type a
string
127.0.0.1:7777> type b
list
127.0.0.1:7777> type c
hash
127.0.0.1:7777> type d
```

```
set
127.0.0.1:7777> type e
zset
127.0.0.1:7777>
```

8.6.2 程式演示

```java
public class Test10 {
    private static Pool pool = new Pool(new PoolConfig(), "192.168.61.84",
7777, 5000, "accp");

    public static void main(String[] args) {
        = null;
        try {
            = pool.getResource();
            .flushDB();

            .set("a", "aa");// String
            .rpush("b", "bb");// List
            .hset("c", "key", "value");// Hash
            .sadd("d", "dd");// Set
            .zadd("e", 1, "ee");// Sorted Set

            System.out.println(.type("a".getBytes()));
            System.out.println(.type("b"));
            System.out.println(.type("c"));
            System.out.println(.type("d"));
            System.out.println(.type("e"));
        } catch (Exception e) {
            e.printStackTrace();
        } finally {
            if ( != null) {
                .close();
            }
        }
    }
}
```

程式執行結果如下。

```
string
list
hash
set
zset
```

8.7 randomkey 命令

使用格式如下。

```
randomkey
```

該命令用於隨機返回 key。

8.7.1 測試案例

測試案例如下。

```
127.0.0.1:7777> flushdb
OK
127.0.0.1:7777> set a aa
OK
127.0.0.1:7777> set b bb
OK
127.0.0.1:7777> set c cc
OK
127.0.0.1:7777> set d dd
OK
127.0.0.1:7777> set e ee
OK
127.0.0.1:7777> set f ff
OK
127.0.0.1:7777> randomkey
c
127.0.0.1:7777> randomkey
e
127.0.0.1:7777> randomkey
e
127.0.0.1:7777> randomkey
d
127.0.0.1:7777> randomkey
c
127.0.0.1:7777> randomkey
e
127.0.0.1:7777> randomkey
e
127.0.0.1:7777> randomkey
f
127.0.0.1:7777> randomkey
c
127.0.0.1:7777>
```

8.7.2 程式演示

```java
public class Test11 {
    private static Pool pool = new Pool(new PoolConfig(), "192.168.61.84",
7777, 5000, "accp");

    public static void main(String[] args) {
        = null;
        try {
            = pool.getResource();
            .flushDB();

            .set("a", "aa");
            .set("b", "bb");
            .set("c", "cc");
            .set("d", "dd");
            .set("e", "ee");
            .set("f", "ff");

            System.out.println(.randomKey());
            System.out.println(.randomKey());
            System.out.println(.randomKey());
            System.out.println(.randomKey());
            System.out.println(.randomKey());
            System.out.println(.randomKey());
            System.out.println(.randomKey());
            System.out.println(.randomKey());
            System.out.println(.randomKey());

        } catch (Exception e) {
            e.printStackTrace();
        } finally {
            if ( != null) {
                .close();
            }
        }
    }
}
```

程式執行結果如下。

```
b
b
b
c
c
e
b
```

```
e
b
```

8.8 dump 和 restore 命令

dump 命令的使用格式如下。

```
dump key
```

該命令用於序列化指定 key 對應的值,通常將序列化值作為備份資料。

序列化值有以下幾個特點。

- 它帶有 64 位元校正碼,用於檢測錯誤和驗證資料有效性,在進行反序列化之前會先檢查校正碼的有效性。
- 序列化值的編碼格式和 RDB 檔案保持一致。
- RDB 版本編號會被編碼在序列化值當中,如果由於 Redis 的版本不同而造成 RDB 編碼格式不相容,那麼 Redis 會拒絕對序列化值進行反序列化操作。
- 序列化值不包括 TTL 資訊。

如果 key 不存在,則返回 nil;不然返回序列化值。

restore 命令的使用格式如下。

```
restore key ttl serialized-value [replace]
```

使用 restore 命令可以對序列化值進行反序列化,並將結果保存到當前 Redis 或其他 Redis 實例中,相當於還原資料。參數 ttl 以 ms 為單位,代表 key 的 TTL,如果 ttl 為 0,那麼不設定 TTL。

restore 命令在執行反序列化之前會先對序列化值的 RDB 版本編號和校正碼進行檢查,如果 RDB 版本編號不相同或資料不完整的話,那麼 restore 命令會拒絕進行反序列化,並返回一個錯誤。

如果反序列化成功,則返回 OK;不然返回一個錯誤。

dump 和 restore 命令為非原子性命令。

為什麼不使用 get 和 set 命令實現資料的備份和還原呢？因為使用 get 命令獲取的資料可能被惡意或非惡意地改動，造成欲還原的資料被破壞。可以使用 dump 和 restore 命令解決這個問題，因為 restore 命令在還原資料時是要對校正碼進行檢查的，不通過檢查不執行還原操作。

8.8.1 測試序列化和反序列化

1. 測試案例

測試案例如下。

```
127.0.0.1:6379> flushdb
OK
127.0.0.1:6379> set a aa
OK
127.0.0.1:6379> get a
"aa"
127.0.0.1:6379> dump a
"\x00\x02aa\t\x00\x04\x92\xc5P\x1e\x7f\xeb\x93"
127.0.0.1:6379> del a
(integer) 1
127.0.0.1:6379> keys *
(empty list or set)
127.0.0.1:6379> restore a 0 "\x00\x02aa\t\x00\x04\x92\xc5P\x1e\x7f\xeb\x93"
OK
127.0.0.1:6379> keys *
1) "a"
127.0.0.1:6379> get a
"aa"
127.0.0.1:6379>
```

不要使用 --raw 參數連接 Redis 伺服器。

2. 程式演示

```java
public class Test12 {
    private static Pool pool = new Pool(new PoolConfig(), "192.168.56.11",
6379, 5000, "accp");

    public static void main(String[] args) {
         = null;
        try {
             = pool.getResource();
            .flushDB();
```

```
                   .set("a", "aa");
                   .set("b", "bb");
                   System.out.println(.get("a"));
                   System.out.println(.get("b"));

                   System.out.println();

                   byte[] byte1Array = .dump("a".getBytes());
                   byte[] byte2Array = .dump("b");

                   .del("a");
                   .del("b");

                   .restore("c".getBytes(), 0, byte1Array);
                   .restore("d", 0, byte2Array);

                   System.out.println(.get("c"));
                   System.out.println(.get("d"));
               } catch (Exception e) {
                   e.printStackTrace();
               } finally {
                   if ( != null) {
                       .close();
                   }
               }
           }
       }
```

程式執行結果如下。

```
aa
bb

aa
bb
```

8.8.2 測試 restore 命令的 replace 參數

如果 key 已經存在，並且設定了 replace 參數，那麼使用反序列化值來代替 key 原有的值。如果 key 已經存在，但是沒有設定 replace 參數，那麼該命令返回一個錯誤。

1. 測試案例

測試案例如下。

```
127.0.0.1:7777> flushdb
OK
127.0.0.1:7777> set a aa
OK
127.0.0.1:7777> set b bb
OK
127.0.0.1:7777> dump a
"\x00\x02aa\L\x00\x04\x92\xc5P\x1e\x7f\xeb\x93"
127.0.0.1:7777> restore b 0 "\x00\x02aa\t\x00\x04\x92\xc5P\x1e\x7f\xeb\x93"
(error) BUSYKEY Target key name already exists.
127.0.0.1:7777> restore b 0 "\x00\x02aa\t\x00\x04\x92\xc5P\x1e\x7f\xeb\x93"
replace
OK
127.0.0.1:7777> get a
"aa"
127.0.0.1:7777> get b
"aa"
127.0.0.1:7777>
```

不要使用 --raw 參數連接 Redis 伺服器。

2. 程式演示

```
public class Test13 {
    private static Pool pool = new Pool(new PoolConfig(), "192.168.61.84",
7777, 5000, "accp");

    public static void main(String[] args) {
         = null;
        try {
             = pool.getResource();
            .flushDB();

            .set("a", "aa");
            .set("b", "bb");
            System.out.println(.get("a"));
            System.out.println(.get("b"));

            System.out.println();

            byte[] byte2Array = .dump("a");

            .restore("b", 0, byte2Array);
```

```
        } catch (Exception e) {
            e.printStackTrace();
        } finally {
            if ( != null) {
                .close();
            }
        }
    }
}
```

程式執行結果如下。

```
aa
bb

redis.clients..exceptions.DataException: BUSYKEY Target key name already exists.
    at redis.clients..Protocol.processError(Protocol.java:132)
    at redis.clients..Protocol.process(Protocol.java:166)
    at redis.clients..Protocol.read(Protocol.java:220)
    at redis.clients..Connection.readProtocolWithCheckingBroken(Connection.
java:318)
    at redis.clients..Connection.getStatusCodeReply(Connection.java:236)
    at redis.clients...restore(.java:3121)
    at keys.Test13.main(Test13.java:25)
```

如果想要在反序列化的過程中，對舊 key 對應的值進行覆蓋，則使用
replace 參數，測試程式如下。

```
public class Test14 {
    private static Pool pool = new Pool(new PoolConfig(), "192.168.61.84",
7777, 5000, "accp");

    public static void main(String[] args) {
         = null;
        try {
             = pool.getResource();
            .flushDB();

            .set("a", "aa");
            .set("b", "bb");
            System.out.println(.get("a"));
            System.out.println(.get("b"));

            System.out.println();

            byte[] byte2Array = .dump("a");
```

```
                .restoreReplace("b", 0, byte2Array);

            System.out.println(.get("a"));
            System.out.println(.get("b"));

        } catch (Exception e) {
            e.printStackTrace();
        } finally {
            if ( != null) {
                .close();
            }
        }
    }
}
```

程式執行結果如下。

```
aa
bb

aa
aa
```

8.8.3　更改序列化值造成資料無法還原

1. 測試案例

測試案例如下。

```
127.0.0.1:6379> flushdb
OK
127.0.0.1:6379> set a aa
OK
127.0.0.1:6379> dump a
"\x00\x02aa\t\x00\x04\x92\xc5P\x1e\x7f\xeb\x93"
127.0.0.1:6379> del a
(integer) 1
127.0.0.1:6379> restore a 0 "\x00\x02aa\t\x00\x04\x92\xc5P\x1e\x7f\xeb\
x93zzzzzzzzzzzzzz"
(error) ERR DUMP payload version or checksum are wrong
127.0.0.1:6379> keys *
(empty list or set)
127.0.0.1:6379>
```

不要使用 --raw 參數連接 Redis 伺服器。

2. 程式演示

```
public class Test15 {
    private static Pool pool = new Pool(new PoolConfig(), "192.168.56.11",
6379, 5000, "accp");

    public static void main(String[] args) {
         = null;
        try {
             = pool.getResource();
            .flushDB();

            .set("a", "aa");
            System.out.println(.get("a"));

            System.out.println();

            byte[] byte2Array = .dump("a");
            byte2Array[0] = 123;// 資料被更改！

            .del("a");

            .restore("b", 0, byte2Array);

        } catch (Exception e) {
            e.printStackTrace();
        } finally {
            if ( != null) {
                .close();
            }
        }
    }
}
```

程式執行結果如下。

```
aa

redis.clients..exceptions.DataException: ERR DUMP payload version or checksum
are wrong
    at redis.clients..Protocol.processError(Protocol.java:132)
    at redis.clients..Protocol.process(Protocol.java:166)
    at redis.clients..Protocol.read(Protocol.java:220)
    at redis.clients..Connection.readProtocolWithCheckingBroken(Connection.
java:318)
    at redis.clients..Connection.getStatusCodeReply(Connection.java:236)
    at redis.clients...restore(.java:3155)
    at keys.Test15.main(Test15.java:26)
```

8.9 expire 和 ttl 命令

expire 命令的使用格式如下。

```
expire key seconds
```

注意：seconds 參數是當前時間之後的秒數。

expire 命令用於在 key 上設定 TTL，逾時後 key 將被自動刪除。

逾時效果可以被刪除，也可以被保持，具體如下。

- 刪除逾時的效果可以使用 del、set、getset 和所有 *store 的命令。使用 PERSIST 命令將 key 重新轉為永久 key 也可以刪除逾時效果。
- 保持逾時的效果可以使用「能改變」key 中 value 的相關命令。如使用 incr 命令對舊 value 進行增加，使用 lpush 命令對舊 value 增加新的元素，或使用 hset 命令改變一個雜湊的欄位的舊 value 都會使逾時效果保持不變。如果使用 rename 命令對 key 進行重新命名，則原有的 TTL 將轉移到新 key 中。

注意：使用非正數的 TTL 值來呼叫 expire、pexpire 命令，或在過去的某個時間呼叫 expireat、pexpireat 命令將導致 key 被刪除。

對一個已經擁有 TTL 的 key 再次執行 expire 命令時，會對該 key 重新設定新的 TTL。

ttl 命令的使用格式如下。

```
ttl key
```

ttl 命令的作用是返回具有 TTL 的 key 的剩餘存活時間。

如果 key 不存在，則該命令將返回 −2；如果 key 存在，但沒有設定 TTL，則該命令返回 −1。

刪除 TTL 請使用 persist 命令。

8.9.1 測試 key 存在和不存在的 ttl 命令返回值

如果 key 不存在，ttl 命令將返回 −2；如果 key 存在，但沒有設定 TTL，則 ttl 命令返回 −1。

1. 測試案例

測試案例如下。

```
127.0.0.1:7777> flushdb
OK
127.0.0.1:7777> set a aa
OK
127.0.0.1:7777> ttl a
(integer) -1
127.0.0.1:7777> ttl b
(integer) -2
127.0.0.1:7777>
```

2. 程式演示

```java
public class Test16 {
    private static Pool pool = new Pool(new PoolConfig(), "192.168.61.84",
7777, 5000, "accp");

    public static void main(String[] args) {
         = null;
        try {
             = pool.getResource();
            .flushDB();

            .set("a", "aa");

            System.out.println(.ttl("a".getBytes()));
            System.out.println(.ttl("b"));

        } catch (Exception e) {
            e.printStackTrace();
        } finally {
            if ( != null) {
                .close();
            }
        }
    }
}
```

程式執行結果如下。

```
-1
-2
```

8.9.2 使用 expire 和 ttl 命令

1. 測試案例

測試案例如下。

```
127.0.0.1:7777> del key1
1
127.0.0.1:7777> del key2
1
127.0.0.1:7777> set key1 key1value
OK
127.0.0.1:7777> expire key1 10
1
127.0.0.1:7777> ttl key1
7
127.0.0.1:7777> ttl key1
4
127.0.0.1:7777> ttl key1
3
127.0.0.1:7777> ttl key1
2
127.0.0.1:7777> ttl key1
1
127.0.0.1:7777> ttl key1
-2
127.0.0.1:7777> ttl key1
-2
127.0.0.1:7777> get key1

127.0.0.1:7777>
```

2. 程式演示

```java
public class Test17 {
    private static Pool pool = new Pool(new PoolConfig(), "192.168.56.11",
6379, 5000, "accp");

    public static void main(String[] args) {
         = null;
        try {
             = pool.getResource();
```

```
        .flushDB();

        .set("a", "aa");
        .set("b", "bb");

        .expire("a".getBytes(), 10);
        .expire("b", 15);

        for (int i = 0; i < 16; i++) {
            System.out.println(.ttl("a"));
            System.out.println(.ttl("b"));
            System.out.println();
            Thread.sleep(1000);
        }
        System.out.println(.get("a"));
        System.out.println(.get("b"));
    } catch (Exception e) {
        e.printStackTrace();
    } finally {
        if ( != null) {
            .close();
        }
    }
  }
}
```

程式執行結果如下。

```
10
15

9
14

8
13

7
12

6
11

5
10

4
9
```

```
3
8

2
7

1
6

-2
5

-2
4

-2
3

-2
2

-2
1

-2
-2

null
null
```

8.9.3　rename 命令不會刪除 TTL

測試 rename 命令不會除 TTL，會保持原有 key 的 TTL 不變。

1. 測試案例

測試案例如下。

```
127.0.0.1:7777> flushdb
OK
127.0.0.1:7777> set a aa ex 30 //此種方法是同時執行設定值與設定TTL操作
OK
127.0.0.1:7777> get a
aa
127.0.0.1:7777> ttl a
26
```

```
127.0.0.1:7777> rename a aaaaa
OK
127.0.0.1:7777> ttl aaaaa
16
127.0.0.1:7777> ttl aaaaa
14
127.0.0.1:7777> ttl aaaaa
13
127.0.0.1:7777> ttl aaaaa
12
127.0.0.1:7777>
```

2. 程式演示

```java
public class Test18 {
    private static Pool pool = new Pool(new PoolConfig(), "192.168.61.84",
7777, 5000, "accp");

    public static void main(String[] args) {
        = null;
        try {
            = pool.getResource();
            .flushDB();

            SetParams param = new SetParams();
            param.ex(10);
            .set("a", "aa", param);

            System.out.println(.ttl("a"));

            System.out.println();

            .rename("a", "newA");

            for (int i = 0; i < 10; i++) {
                System.out.println(.ttl("newA"));
                Thread.sleep(1000);
            }
        } catch (Exception e) {
            e.printStackTrace();
        } finally {
            if ( != null) {
                .close();
            }
        }
    }
}
```

程式執行結果如下。

```
10

10
9
8
7
6
5
4
3
2
1
```

8.9.4   del、set、getset 和 *store 命令會刪除 TTL

測試 del、set、getset 和 *store 命令會刪除 TTL。

1. 測試案例

測試案例如下。

```
127.0.0.1:7777> del key1
0
127.0.0.1:7777> set key1 key1value
OK
127.0.0.1:7777> expire key1 100
1
127.0.0.1:7777> ttl key1
98
127.0.0.1:7777> ttl key1
97
127.0.0.1:7777> ttl key1
97
127.0.0.1:7777> set key1 key1newvalue
OK
127.0.0.1:7777> ttl key1
-1
127.0.0.1:7777> ttl key1
-1
127.0.0.1:7777>
```

2. 程式演示

```
public class Test19 {
    private static Pool pool = new Pool(new PoolConfig(), "192.168.61.84",
7777, 5000, "accp");

    public static void main(String[] args) {
         = null;
        try {
             = pool.getResource();
            .flushDB();

            SetParams param = new SetParams();
            param.ex(100);
            .set("a", "aa", param);

            System.out.println(.ttl("a"));

            .set("a", "aanew");

            System.out.println(.ttl("a"));
        } catch (Exception e) {
            e.printStackTrace();
        } finally {
            if ( != null) {
                .close();
            }
        }
    }
}
```

程式執行結果如下。

```
100
-1
```

8.9.5 改變 value 不會刪除 TTL

1. 測試案例

測試案例如下。

```
127.0.0.1:7777> del key1
1
127.0.0.1:7777> set key1 100
OK
127.0.0.1:7777> expire key1 200
```

```
1
127.0.0.1:7777> ttl key1
196
127.0.0.1:7777> ttl key1
195
127.0.0.1:7777> ttl key1
195
127.0.0.1:7777> get key1
100
127.0.0.1:7777> incr key1
101
127.0.0.1:7777> incr key1
102
127.0.0.1:7777> incr key1
103
127.0.0.1:7777> get key1
103
127.0.0.1:7777> ttl key1
180
127.0.0.1:7777> ttl key1
176
127.0.0.1:7777> ttl key1
175
127.0.0.1:7777>
```

2. 程式演示

```java
public class Test20 {
    private static Pool pool = new Pool(new PoolConfig(), "192.168.61.84",
7777, 5000, "accp");

    public static void main(String[] args) {
            = null;
        try {
             = pool.getResource();
            .flushDB();

            SetParams param = new SetParams();
            param.ex(500);
            .set("a", "100", param);

            System.out.println(.get("a"));
            System.out.println(.ttl("a"));

            System.out.println();

            .incrBy("a", 100);
            .incrBy("a", 100);
```

```
            .incrBy("a", 100);
            .incrBy("a", 100);

            Thread.sleep(4000);

            System.out.println(.get("a"));
            System.out.println(.ttl("a"));
    } catch (Exception e) {
        e.printStackTrace();
    } finally {
        if ( != null) {
            .close();
        }
    }
    }
}
```

程式執行結果如下。

```
100
500

500
496
```

8.9.6 expire 命令會重新設定新的 TTL

1. 測試案例

測試案例如下。

```
127.0.0.1:7777> del key1
0
127.0.0.1:7777> set key1 key1value
OK
127.0.0.1:7777> expire key1 100
1
127.0.0.1:7777> ttl key1
98
127.0.0.1:7777> ttl key1
97
127.0.0.1:7777> ttl key1
97
127.0.0.1:7777> expire key1 10000
1
127.0.0.1:7777> ttl key1
9999
```

```
127.0.0.1:7777> ttl key1
9998
127.0.0.1:7777> ttl key1
9997
127.0.0.1:7777>
```

2. 程式演示

```java
public class Test21 {
    private static Pool pool = new Pool(new PoolConfig(), "192.168.61.84",
7777, 5000, "accp");

    public static void main(String[] args) {
         = null;
        try {
             = pool.getResource();
            .flushDB();

            SetParams param = new SetParams();
            param.ex(1000);
            .set("a", "aa", param);

            System.out.println(.get("a"));
            System.out.println(.ttl("a"));

            .expire("a", 10000);

            System.out.println();

            System.out.println(.get("a"));
            System.out.println(.ttl("a"));
        } catch (Exception e) {
            e.printStackTrace();
        } finally {
            if ( != null) {
                .close();
            }
        }
    }
}
```

程式執行結果如下。

```
aa
1000

aa
10000
```

8.10 pexpire 和 pttl 命令

pexpire 命令的使用格式如下。

```
pexpire key milliseconds
```

> **注意**：milliseconds 參數是當前時間之後的毫秒數。

此命令的工作原理與 expire 命令完全相同，但 key 的 TTL 是以 ms 為單位的，而非 s。

如果成功設定了 TTL，則返回 1；如果 key 不存在，則返回為 0。

pttl 命令的使用格式如下。

```
pttl key
```

與 ttl 命令一樣，pttl 命令返回具有 TTL 的 key 的剩餘存活時間，唯一的區別是 ttl 命令返回的剩餘存活時間以 s 為單位，而 pttl 命令以 ms 為單位。

如果 key 不存在，則該命令將返回 −2；如果 key 存在，但沒有連結的 TTL，則該命令返回 −1。

8.10.1 測試案例

測試案例如下。

```
127.0.0.1:7777> del key1
1
127.0.0.1:7777> set key1 key1value
OK
127.0.0.1:7777> pexpire key1 6000
1
127.0.0.1:7777> pttl key1
3896
127.0.0.1:7777> pttl key1
3122
127.0.0.1:7777> pttl key1
2267
127.0.0.1:7777> pttl key1
1601
```

```
127.0.0.1:7777> pttl key1
713
127.0.0.1:7777> pttl key1
-2
127.0.0.1:7777> pttl key1
-2
127.0.0.1:7777> get key1

127.0.0.1:7777> exists key1
0
127.0.0.1:7777>
```

8.10.2 程式演示

```java
public class Test22 {
    private static Pool pool = new Pool(new PoolConfig(), "192.168.31.45",
7777, 5000, "accp");

    public static void main(String[] args) {
         = null;
        try {
             = pool.getResource();
            .flushDB();

            .set("a", "aa");
            .set("b", "bb");
            .pexpire("a", 9000);
            .pexpire("b".getBytes(), 9000);

            for (int i = 0; i < 12; i++) {
                System.out.println(.pttl("a".getBytes()) + "    " + .pttl("a")
+ "    " + .get("a"));
                System.out.println(.pttl("b".getBytes()) + "    " + .pttl("b")
+ "    " + .get("b"));
                System.out.println();
                Thread.sleep(1000);
            }
        } catch (Exception e) {
            e.printStackTrace();
        } finally {
            if ( != null) {
                .close();
            }
        }
    }
}
```

程式執行結果如下。

```
9000    8999    aa
8999    8999    bb

7998    7998    aa
7998    7998    bb

6997    6997    aa
6997    6996    bb

5996    5996    aa
5995    5995    bb

4995    4995    aa
4994    4994    bb

3994    3994    aa
3993    3993    bb

2993    2992    aa
2992    2992    bb

1992    1991    aa
1991    1991    bb

990     990     aa
990     990     bb

-2      -2      null
-2      -2      null

-2      -2      null
-2      -2      null

-2      -2      null
-2      -2      null
```

8.11 expireat 命令

使用格式如下。

```
expireat key timestamp
```

注意：timestamp 參數是 UNIX 時間戳記，時間單位是 s。

expireat 命令具有與 expire 命令相同的效果和語義，但 expireat 命令不指定 TTL 的秒數，而是指定絕對的 UNIX 時間戳記（自 1970 年 1 月 1 日起的秒數）。當前時間超過 UNIX 時間戳記時，立即刪除 key。

如果設定了 TTL，則返回為 1；如果 key 不存在，則返回為 0。

8.11.1 測試案例

先使用 Java 程式返回未來 50s 後的 UNIX 時間戳記，單位為 s。

```java
public class Test23 {
    public static void main(String[] args) {
        Calendar calendarRef = Calendar.getInstance();
        calendarRef.add(Calendar.SECOND, 50);
        System.out.println(calendarRef.getTime().getTime() / 1000);
    }
}
```

主控台輸出結果如下。

```
1541573888
```

輸出的值代表自 1970 年 1 月 1 日造成當前時間延後 50s 的秒數。

測試案例如下。

```
127.0.0.1:7777> del key1
1
127.0.0.1:7777> set key1 key1value
OK
127.0.0.1:7777> expireat key1 1541573888
1
127.0.0.1:7777> ttl key1
35
127.0.0.1:7777> ttl key1
34
127.0.0.1:7777> ttl key1
33
127.0.0.1:7777> ttl key1
18
127.0.0.1:7777> get key1
key1value
127.0.0.1:7777> get key1
key1value
```

```
127.0.0.1:7777> ttl key1
7
127.0.0.1:7777> ttl key1
0
127.0.0.1:7777> ttl key1
-2
127.0.0.1:7777> ttl key1
-2
127.0.0.1:7777> get key1

127.0.0.1:7777>
```

8.11.2 程式演示

在測試案例之前，建議先把宿主主機和虛擬機器的時間進行統一，否則會出現提前幾秒刪除 key 的情況。

測試程式如下。

```
public class Test24 {
    private static Pool pool = new Pool(new PoolConfig(), "192.168.31.45",
7777, 5000, "accp");

    public static void main(String[] args) {
        Calendar calendarRef = Calendar.getInstance();
        calendarRef.add(Calendar.SECOND, 10);
        long secondNum = calendarRef.getTime().getTime() / 1000;
         = null;
        try {
             = pool.getResource();
            .flushDB();

            .set("a", "aa");
            .set("b", "bb");
            .expireAt("a", secondNum);
            .expireAt("b".getBytes(), secondNum);

            for (int i = 0; i < 12; i++) {
                System.out.println(.ttl("a".getBytes()) + "    " + .ttl("a") +
"    " + .get("a"));
                System.out.println(.ttl("b".getBytes()) + "    " + .ttl("b") +
"    " + .get("b"));
                System.out.println();
                Thread.sleep(1000);
            }
```

```
        } catch (Exception e) {
            e.printStackTrace();
        } finally {
            if ( != null) {
                .close();
            }
        }
    }
}
```

程式執行結果如下。

```
10    10    aa
10    10    bb

9     9     aa
9     9     bb

8     8     aa
8     8     bb

7     7     aa
7     7     bb

6     6     aa
6     6     bb

5     5     aa
5     5     bb

4     4     aa
4     4     bb

3     3     aa
3     3     bb

2     2     aa
2     2     bb

1     1     aa
1     1     bb

-2    -2    null
-2    -2    null

-2    -2    null
-2    -2    null
```

8.12 pexpireat 命令

使用格式如下。

```
pexpireat key milliseconds-timestamp
```

> **注意**：milliseconds-timestamp 參數是 UNIX 時間戳記，時間單位是 ms。

pexpireat 命令具有與 expireat 命令相同的效果和語義，但 key 逾時的 UNIX 時間戳記以 ms 而非 s 為單位。

如果成功設定了 TTL，則返回 1；如果 key 不存在，則返回 0。

8.12.1 測試案例

先使用 Java 程式返回未來 50s 後的 UNIX 時間戳記，單位為 ms。

```java
public class Test25 {
    public static void main(String[] args) {
        Calendar calendarRef = Calendar.getInstance();
        calendarRef.add(Calendar.SECOND, 50);
        System.out.println(calendarRef.getTime().getTime());
    }
}
```

主控台輸出結果如下。

```
1541575171298
```

輸出的值代表自 1970 年 1 月 1 日造成當前時間延後 50s 的毫秒數。

測試案例如下。

```
127.0.0.1:7777> del key1
0
127.0.0.1:7777> set key1 key1value
OK
127.0.0.1:7777> pexpireat key1 1541575171298
1
127.0.0.1:7777> ttl key1
35
127.0.0.1:7777> ttl key1
34
```

```
127.0.0.1:7777> ttl key1
33
127.0.0.1:7777> pttl key1
28860
127.0.0.1:7777> ttl key1
24
127.0.0.1:7777> ttl key1
22
127.0.0.1:7777> ttl key1
-2
127.0.0.1:7777> ttl key1
-2
127.0.0.1:7777> get key1

127.0.0.1:7777>
```

8.12.2 程式演示

```java
public class Test26 {
    private static Pool pool = new Pool(new PoolConfig(), "192.168.31.45",
7777, 5000, "accp");

    public static void main(String[] args) {
        Calendar calendarRef = Calendar.getInstance();
        calendarRef.add(Calendar.SECOND, 10);
        long secondNum = calendarRef.getTime().getTime();
         = null;
        try {
             = pool.getResource();
            .flushDB();

            .set("a", "aa");
            .set("b", "bb");
            .pexpireAt("a", secondNum);
            .pexpireAt("b".getBytes(), secondNum);

            for (int i = 0; i < 12; i++) {
                System.out.println(.ttl("a".getBytes()) + "    " + .ttl("a") +
"    " + .get("a"));
                System.out.println(.ttl("b".getBytes()) + "    " + .ttl("b") +
"    " + .get("b"));
                System.out.println();
                Thread.sleep(1000);
            }
```

```
        } catch (Exception e) {
            e.printStackTrace();
        } finally {
            if ( != null) {
                .close();
            }
        }
    }
}
```

程式執行結果如下。

```
10    10    aa
10    10    bb

9     9     aa
9     9     bb

8     8     aa
8     8     bb

7     7     aa
7     7     bb

6     6     aa
6     6     bb

5     5     aa
5     5     bb

4     4     aa
4     4     bb

3     3     aa
3     3     bb

2     2     aa
2     2     bb

1     1     aa
1     1     bb

-2    -2    null
-2    -2    null

-2    -2    null
-2    -2    null
```

8.13 persist 命令

使用格式如下。

```
persist key
```

該命令用於刪除 key 上的 TTL，將 key 轉換成沒有 TTL 的 key，永久保存 key，不會過期時刪除。

如果 TTL 已刪除，則返回 1；如果 key 不存在或沒有連結的 TTL，則返回 為 0。

8.13.1 測試案例

測試案例如下。

```
127.0.0.1:7777> del key1
0
127.0.0.1:7777> set key1 key1value
OK
127.0.0.1:7777> expire key1 50
1
127.0.0.1:7777> ttl key1
48
127.0.0.1:7777> ttl key1
48
127.0.0.1:7777> ttl key1
47
127.0.0.1:7777> persist key1
1
127.0.0.1:7777> ttl key1
-1
127.0.0.1:7777> ttl key1
-1
127.0.0.1:7777>
```

8.13.2 程式演示

```java
public class Test27 {
    private static Pool pool = new Pool(new PoolConfig(), "192.168.31.45",
7777, 5000, "accp");

    public static void main(String[] args) {
```

```
                = null;
            try {
                = pool.getResource();
                .flushDB();

                .set("a", "aa");
                .set("b", "bb");

                .expire("a", 40);
                .expire("b", 40);

                for (int i = 0; i < 5; i++) {
                    System.out.println(.ttl("a".getBytes()) + "     " + .ttl("a") +
"     " + .get("a"));
                    System.out.println(.ttl("b".getBytes()) + "     " + .ttl("b") +
"     " + .get("b"));
                    System.out.println();
                    Thread.sleep(1000);
                }

                .persist("a".getBytes());
                .persist("b");

                System.out.println(.ttl("a".getBytes()) + "     " + .ttl("a") + "
" + .get("a"));
                System.out.println(.ttl("b".getBytes()) + "     " + .ttl("b") + "
" + .get("b"));

            } catch (Exception e) {
                e.printStackTrace();
            } finally {
                if ( != null) {
                    .close();
                }
            }
        }
}
```

程式執行結果如下。

```
40      40      aa
40      40      bb

39      39      aa
39      39      bb

38      38      aa
38      38      bb
```

```
37      37      aa
37      37      bb

36      36      aa
36      36      bb

-1      -1      aa
-1      -1      bb
```

8.14 move 命令

使用格式如下。

```
move key db
```

該命令用於將 key 從當前選定的來源資料庫移動到指定的目標資料庫,來源資料庫中的 key 會被刪除。當 key 已存在於目標資料庫中,或當前選定的來源資料庫中不存在 key 時,不執行任何操作。

如果成功移動了 key,則返回 1;如果未移動 key,則返回 0。

8.14.1 測試案例

測試案例如下。

```
127.0.0.1:7777> select 0
OK
127.0.0.1:7777> flushdb
OK
127.0.0.1:7777> select 1
OK
127.0.0.1:7777[1]> flushdb
OK
127.0.0.1:7777[1]> select 0
OK
127.0.0.1:7777> set a aa
OK
127.0.0.1:7777> move a 1
1
127.0.0.1:7777> keys *
```

```
127.0.0.1:7777> select 1
OK
127.0.0.1:7777[1]> keys *
a
127.0.0.1:7777[1]> get a
aa
127.0.0.1:7777[1]>
```

8.14.2 程式演示

```java
public class Test28 {
    private static Pool pool = new Pool(new PoolConfig(), "192.168.31.45",
7777, 5000, "accp");

    public static void main(String[] args) {
         = null;
        try {
             = pool.getResource();
            .select(0);
            .flushDB();
            .select(1);
            .flushDB();

            .select(0);
            .set("a", "aa");
            .set("b", "bb");

            .move("a".getBytes(), 1);
            .move("b", 1);

            {
                System.out.println("0資料庫中的key開始");
                Set<String> set = .keys("*");
                Iterator<String> iterator = set.iterator();
                while (iterator.hasNext()) {
                    System.out.println(iterator.next());
                }
                System.out.println("0資料庫中的key結束");
            }

            .select(1);

            {
                System.out.println("1資料庫中的key開始");
                Set<String> set = .keys("*");
                Iterator<String> iterator = set.iterator();
                while (iterator.hasNext()) {
```

```
                    System.out.println(iterator.next());
            }
            System.out.println("1資料庫中的key結束");
        }

    } catch (Exception e) {
        e.printStackTrace();
    } finally {
        if ( != null) {
            .close();
        }
    }
    }
}
```

程式執行結果如下。

```
0資料庫中的key開始
0資料庫中的key結束
1資料庫中的key開始
b
a
1資料庫中的key結束
```

8.15 object 命令

使用格式如下。

```
object subcommand [arguments [arguments ...]]
```

object 命令可以獲取 key 的中繼資料，檢查與 key 連結的 Redis Object 的內部資訊，內部資訊可以瞭解成中繼資料，它對偵錯 key 使用指定編碼以節省儲存空間非常有用。另外，當使用 Redis 作為快取時，應用程式還可以使用 object 命令得出的報告資訊來實現應用程式等級的 key 刪除策略，以釋放快取空間。

object 命令支持多個子命令，具體如下。

- object refcount key：返回指定 key 連結的 value 的引用數。此命令主要用於偵錯。Redis 新版本的 refcount 返回值並不是精確的數字。

- object encoding key：返回 key 連結的 value 的內部表示形式。type 命令取得 key 對應的儲存資料類型，而 object encoding 命令取得資料類型內部儲存的具體格式。

- object idletime key：返回未透過 read 或 write 操作的 key 的閒置時間。當記憶體淘汰策略設定為最近最少使用（Least Recently Used，LRU）策略或不淘汰時，此子命令可用。

- object freq key：返回指定 key 存取頻率的對數。當記憶體淘汰策略設定為最近最不常用（Least FrequentlyUsed，LFU）策略時，此子命令可用。此命令的返回值是給 Redis 內部參考使用的，作用是在記憶體不夠時決定將哪些資料清除。

- object help：返回輔助的説明文字。

使用 object encoding key 命令可以獲得編碼格式，也就是使用哪種資料類型儲存資料。

- String 可以被編碼為 RAW 字串或 int（為了節省記憶體，Redis 會將字串表示的 64bit 有號整數編碼為整數來進行儲存）。

- List 可以被編碼為 ziplist 或 linkedlist。

- Set 可以被編碼為 intset 或 hashtable。

- Hash 可以編碼為 ziplist 或 hashtable。

- Sorted Set 可以被編碼為 ziplist 或 skiplist。

資料最終使用哪種編碼格式儲存取決於 value 的大小。

Redis 會隨著 ralue 的大小來決定最終使用什麼類型的內部編碼格式，應用層程式設計師無法決定。

將 String 編碼成 int 資料類型可以節省記憶體，驗證程式如下。

```
public class Test29 {
    public static void main(String[] args) {
        String value = "123";
        byte[] byteArray = value.getBytes();
        for (int i = 0; i < byteArray.length; i++) {
            System.out.println(byteArray[i] + "  " + Integer.toBinaryString
(byteArray[i]));
```

```
            }
        System.out.println();
        // 需要使用24bit來儲存
        System.out.println("數字123的二進位值為" + Integer.toBinaryString(123));
        // 使用int資料類型儲存只需要8bit即可
    }

}
```

程式執行結果如下。

```
49   110001
50   110010
51   110011

數字123的二進位值為：1111011
```

如果儲存字母或中文字，則不會減少佔用空間，只有 String 儲存數字格式
的資料才會減少佔用空間。

8.15.1 object refcount key 命令的使用

1. 測試案例

測試案例如下。

```
127.0.0.1:7777> flushdb
OK
127.0.0.1:7777> set a 0
OK
127.0.0.1:7777> set b 9999
OK
127.0.0.1:7777> set c 10000
OK
127.0.0.1:7777> get a
0
127.0.0.1:7777> get b
9999
127.0.0.1:7777> get c
10000
127.0.0.1:7777> object refcount a
2147483647
127.0.0.1:7777> object refcount b
2147483647
127.0.0.1:7777> object refcount c
1
```

```
127.0.0.1:7777> del a b c
3
127.0.0.1:7777> object refcount a

127.0.0.1:7777> object refcount b

127.0.0.1:7777> object refcount c

127.0.0.1:7777>
```

2. 程式演示

```java
public class Test30 {
    private static Pool pool = new Pool(new PoolConfig(), "192.168.61.84",
7777, 5000, "accp");

    public static void main(String[] args) {
         = null;
        try {
             = pool.getResource();
            .select(0);
            .flushDB();

            .set("a", "0");
            .set("b", "9999");
            .set("c", "10000");

            System.out.println(.get("a"));
            System.out.println(.get("b"));
            System.out.println(.get("c"));

            System.out.println();

            System.out.println(.objectRefcount("a"));
            System.out.println(.objectRefcount("b"));
            System.out.println(.objectRefcount("c"));

            .del("a");
            .del("b");
            .del("c");

            System.out.println();

            System.out.println(.objectRefcount("a"));
            System.out.println(.objectRefcount("b"));
            System.out.println(.objectRefcount("c"));

        } catch (Exception e) {
```

```
              e.printStackTrace();
        } finally {
            if ( != null) {
                .close();
            }
        }
    }
}
```

程式執行結果如下。

```
0
9999
10000

2147483647
2147483647
1

null
null
null
```

Redis 提供了資料快取，將 0 ～ 9999（包括 0 和 9999）這些資料放入快取
中，如果設定的值在此範圍內，則返回值是 2147483647；不然返回值是
1。當前的 Redis 版本只能返回 2147483647 或 1。該命令在 Redis 開發人
員偵錯時被使用，應用層程式設計師基本不涉及。

8.15.2 object encoding key 命令的使用

Redis 中的 String 內部編碼有以下 3 種。

- 8B 的長整數。
- embstr：小於等於 39B 的字串。
- raw：大於 39B 的字串。

1. 測試案例

測試案例如下。

```
127.0.0.1:7777> del key1
(integer) 1
127.0.0.1:7777> set key1 123
OK
```

```
127.0.0.1:7777> object encoding key1
"int"
127.0.0.1:7777> set key1 "123"
OK
127.0.0.1:7777> object encoding key1
"int"
127.0.0.1:7777> set key1 "abc"
OK
127.0.0.1:7777> object encoding key1
"embstr"
127.0.0.1:7777> set key1 "abc12312asdfasdfsdagsdfgdfhdfghfgdhsdfgsdfgSRFQ234RQ3
WERFASD FASDFASDFasdfsdghdfhjfgjfghfghkjghjkghjkrteyuertyawrefasdfwasfasdfasdf"
OK
127.0.0.1:7777> object encoding key1
"raw"
127.0.0.1:7777>
```

2. 程式演示

```java
public class Test31 {
    private static Pool pool = new Pool(new PoolConfig(), "192.168.31.45",
7777, 5000, "accp");

    public static void main(String[] args) {
         = null;
        try {
             = pool.getResource();
            .select(0);
            .flushDB();

            .set("a", "123");
            .set("b", "abc");
            .set("c",
                    "asdfasdfafdsgasdfwrelhywrlieyuosirduygfhalksdhalskdfhalsd
kfhjalskdfhaskdfhjastrhqwp4iteheslkrdghaskldfjhaslkdfhaslkdfhasldkfhasdlfkjh");

            System.out.println(new String(.objectEncoding("a".getBytes())));
            System.out.println(new String(.objectEncoding("b".getBytes())));
            System.out.println(.objectEncoding("c"));
        } catch (Exception e) {
            e.printStackTrace();
        } finally {
            if ( != null) {
                .close();
            }
        }
    }
}
```

程式執行結果如下。

```
int
embstr
raw
```

8.15.3 object idletime key 命令的使用

1. 測試案例

測試案例如下。

```
127.0.0.1:7777> flushall
OK
127.0.0.1:7777> set a aa
OK
127.0.0.1:7777> object idletime a
5
127.0.0.1:7777> object idletime a
6
127.0.0.1:7777> object idletime a
7
127.0.0.1:7777> object idletime a
7
127.0.0.1:7777> object idletime a
8
127.0.0.1:7777> object idletime a
9
127.0.0.1:7777> object idletime a
9
127.0.0.1:7777> get a
aa
127.0.0.1:7777> object idletime a
2
127.0.0.1:7777> object idletime a
5
127.0.0.1:7777>
```

2. 程式演示

```
public class Test32 {
    private static Pool pool = new Pool(new PoolConfig(), "192.168.31.45",
7777, 5000, "accp");

    public static void main(String[] args) {
         = null;
```

```
        try {
            = pool.getResource();
            .select(0);
            .flushDB();

            .set("a", "avalue");

            for (int i = 0; i < 5; i++) {
                Thread.sleep(1000);
                System.out.println(.objectIdletime("a".getBytes()) + " " +
.objectIdletime("a"));
            }

            System.out.println(.get("a"));

            for (int i = 0; i < 3; i++) {
                Thread.sleep(1000);
                System.out.println(.objectIdletime("a".getBytes()) + " " +
.objectIdletime("a"));
            }
        } catch (Exception e) {
            e.printStackTrace();
        } finally {
            if ( != null) {
                .close();
            }
        }
    }
}
```

程式執行結果如下。

```
1 1
2 2
3 3
4 4
5 5
avalue
1 1
2 2
3 3
```

8.15.4 object freq key 命令的使用

object freq key 命令與記憶體淘汰策略有關，Redis 對記憶體的淘汰策略主
要有兩種。

- LFU：刪除存取頻率最低的資料。
- LRU：刪除很久沒有被存取的資料。

假設記憶體最大容量為 3，資料存取順序如下。

```
set(2,2)
set(1,1)
get(2)
get(1)
get(2)
set(3,3)
set(4,4)
```

則在執行 set(4,4) 時 LFU 策略應該淘汰 (3,3)，因為 (3,3) 中資料的存取頻率是最低的；而使用 LRU 策略應該淘汰 (1,1)，因為 (1,1) 中的資料是很久沒有被存取的。

執行以下命令。

```
127.0.0.1:7777> object freq key1
(error) ERR An LFU maxmemory policy is not selected, access frequency not
tracked. Please note that when switching between policies at runtime LRU and
LFU data will take some time to adjust.
127.0.0.1:7777>
```

此時出現了異常，提示並沒有開啟 LFU 策略，更改 redis.conf 設定檔如下。

```
maxmemory-policy allkeys-lfu
```

並沒有提供針對 object freq 命令的 Java API。

☑ 測試案例

測試案例如下。

```
127.0.0.1:7777> flushdb
OK
127.0.0.1:7777> set 1 1
OK
127.0.0.1:7777> set 2 2
OK
127.0.0.1:7777> set 3 3
OK
```

```
127.0.0.1:7777> set 4 4
OK
127.0.0.1:7777> object freq 1
3
127.0.0.1:7777> object freq 2
5
127.0.0.1:7777> object freq 3
4
127.0.0.1:7777> object freq 4
5
127.0.0.1:7777> set 2 22
OK
127.0.0.1:7777> set 3 33
OK
127.0.0.1:7777> set 4 44
OK
127.0.0.1:7777> set 2 222
OK
127.0.0.1:7777> set 3 333
OK
127.0.0.1:7777> set 4 444
OK
127.0.0.1:7777> object freq 1
2
127.0.0.1:7777> object freq 2
6
127.0.0.1:7777> object freq 3
5
127.0.0.1:7777> object freq 4
6
127.0.0.1:7777>
```

命令返回值越小，被 LFU 策略淘汰的機率越大。

8.15.5 object help 命令的使用

查看 object help 命令的說明文件。

並沒有提供針對 object help 命令的 Java API。

☑ 測試案例

測試案例如下。

```
127.0.0.1:7777> object help
1) OBJECT <subcommand> arg arg ... arg. Subcommands are:
```

```
2) ENCODING <key> -- Return the kind of internal representation used in order
to store the value associated with a key.
3) FREQ <key> -- Return the access frequency index of the key. The returned
integer is proportional to the logarithm of the recent access frequency of the
key.
4) IDLETIME <key> -- Return the idle time of the key, that is the approximated
number of seconds elapsed since the last access to the key.
5) REFCOUNT <key> -- Return the number of references of the value associated
with the specified key.
127.0.0.1:7777>
```

8.16 migrate 命令

使用格式如下。

```
migrate host port key|"" destination-db timeout [COPY] [REPLACE] [KEYS key
[key ...]]
```

該命令用於原子性地將 key 從來源 Redis 實例傳輸到目標 Redis 實例中。成功時，key 將從來源 Redis 實例中被刪除，並保證存於目標 Redis 實例中。

move 命令在當前 Redis 實例中對資料進行移動，而 migrate 命令可以跨不同的 Redis 實例。

該命令的內部實現是這樣的：它在來源 Redis 實例中對指定 key 執行 dump 命令，將它進行序列化，然後傳送到目標 Redis 實例中；目標 Redis 實例再執行 restore 命令對 key 進行反序列化，並將反序列化所得的 key 增加到資料庫中。來源 Redis 實例就像目標 Redis 實例的用戶端，只要看到 restore 命令返回 OK，來源 Redis 實例就會呼叫 del 命令刪除其中的 key。

參數 timeout 以 ms 為單位，指定來源 Redis 實例和目標 Redis 實例進行資料轉移時的最大時間。操作耗時如果大於 timeout 就會出現異常。

migrate 命令需要在指定的 timeout 內完成資料轉移操作。如果在轉移資料時發生 IO 錯誤，或到達了 timeout，那麼命令會停止執行，並返回一個 − IOERR 錯誤。當該錯誤出現時，有以下兩種可能。

- key 可能存在於兩個 Redis 實例中，來源 Redis 實例中的 key 並沒有被刪除。如目的 Redis 實例成功增加了資料，返回給來源 Redis 實例 OK，但由於網路出現異常，來源 Redis 實例並沒有接收到 OK，因此不會刪除來源 Redis 實例中的資料。
- key 可能只存在於來源 Redis 實例中，目標 Redis 實例中並沒有 key，也就是並沒有轉移成功。如在轉移時網路出現異常。

當返回任何以 ERR 開頭的其他錯誤時，migrate 命令保證 key 仍然存在於來源 Redis 實例中，除非目標 Redis 實例中已存在名稱相同的 key。

如果來源 Redis 實例中沒有要轉移的 key，則返回 NOKEY。因為缺少 key 在正常情況下是可能的，如 key 逾時了，所以 NOKEY 不是一個錯誤。

可以在執行一次 migrate 命令時實現批次轉移 key。從 Redis 3.0.6 開始，migrate 命令支援一種新的大容量轉移模式，該模式使用管線，以便在 Redis 實例之間一起遷移 key，減少了網路負擔。想使用此模式，就要使用 keys 參數，並將正常 key 參數設定為空字串 " "，實際的 key 名稱將在 keys 參數之後提供，命令範例如下。

```
migrate 192.168.31.45 8888 "" 0 5000 REPLACE auth accp KEYS a b c
```

如果目標 Redis 實例有密碼，則需要增加 auth 參數和密碼值 accp。

參數的解釋如下。

- REPLACE：替換目標 Redis 實例中的現有 key。
- KEYS：如果 key 參數是空字串，該命令將改為轉移 KEYS 參數後面的所有 key。

Redis 中的資料轉移可以使用 move、dump+restore 和 migrate 命令，其中 migrate 命令功能最為完整和強大。

8.16.1 測試案例

本案例需要使用兩個 Redis 實例。

在來源 Redis 實例中測試案例如下。

```
127.0.0.1:7777> del key1
(integer) 1
127.0.0.1:7777> del key2
(integer) 0
127.0.0.1:7777> del key3
(integer) 0
127.0.0.1:7777> set key1 a
OK
127.0.0.1:7777> set key2 b
OK
127.0.0.1:7777> set key3 c
127.0.0.1:7777> migrate 192.168.31.45 6379 "" 0 5000 REPLACE auth accp KEYS
key1 key2 key3
OK
127.0.0.1:7777>
```

在目標 Redis 實例中測試案例如下。

```
127.0.0.1:6379> get key1
"a"
127.0.0.1:6379> get key2
"b"
127.0.0.1:6379> get key3
"c"
127.0.0.1:6379>
```

8.16.2 程式演示

```java
public class Test33 {
    private static Pool pool = new Pool(new PoolConfig(), "192.168.56.11",
6379, 5000, "accp");

    public static void main(String[] args) {
         = null;
        try {
             = pool.getResource();
            .select(0);
            .flushDB();

            .set("a", "aaJava");
            .set("b", "bbJava");
            .set("c", "ccJava");

            MigrateParams param = new MigrateParams();
            param.auth("123456");
```

```
        .migrate("192.144.231.254", 6379, 0, 5000, param, "a", "b", "c");

    } catch (Exception e) {
        e.printStackTrace();
    } finally {
        if ( != null) {
            .close();
        }
    }
}
}
```

執行上面的程式完成資料的轉移，再執行下面的程式輸出目標 Redis 實例
中的資料。

```
public class Test34 {
    private static Pool pool = new Pool(new PoolConfig(), "192.144.231.254",
6379, 5000, "123456");

    public static void main(String[] args) {
        = null;
        try {
            = pool.getResource();
            .select(0);

            System.out.println(.get("a"));
            System.out.println(.get("b"));
            System.out.println(.get("c"));

        } catch (Exception e) {
            e.printStackTrace();
        } finally {
            if ( != null) {
                .close();
            }
        }
    }
}
```

程式執行結果如下。

```
aaJava
bbJava
ccJava
```

8.17 scan 命令

使用格式如下。

```
scan cursor [MATCH pattern] [COUNT count]
```

scan、sscan、hscan 及 zscan 命令密切相關，它們都以增量的方式疊代元素集合。

這 4 個命令解釋如下。

- scan：疊代當前選定資料庫中的 key。
- sscan：疊代 Set 中的元素。
- hscan：疊代 Hash 中的 field 和 value。
- zscan：疊代 Sorted Set 中的元素和 score。

由於上面這些命令允許以增量的方式進行疊代，每次呼叫只返回少量元素，因此它們可以在生產環境中使用，而不會有使用 keys * 或 smembers 等命令長時間阻塞伺服器的缺點（阻塞的時間可能是幾秒，這對執行效率來講是非常低效的）。

以增量疊代 scan 命令來説，可能在增量疊代過程中，集合中的元素被修改，而對返回值無法提供完全準確的保證，也就是可能看不到最新版本的資料。

這 4 個命令最明顯的區別是 sscan、hscan 和 zscan 命令的第一個參數分別是 Set、Hash 和 Sorted Set 中 key 的名稱。而 scan 命令不需要任何 key 名參數，因為它疊代當前資料庫中的所有 key，因此疊代物件是資料庫本身。

scan 命令是一個基於游標的疊代器，代表在每次呼叫此命令時伺服器都會返回一個最新的游標值，使用者需要使用該游標值作為游標參數才可以執行下一次疊代。當游標值設定為 0 時開始疊代，當伺服器返回的游標值為 0 時停止疊代。

8.17.1 測試案例

測試案例如下。

```
127.0.0.1:7777> mset a aa b bb c cc d dd e ee f ff g gg h hh i ii j jj k kk l
ll m mm n nn o oo p pp q qq r rr s ss p pp u uu v vv w ww x xx y yy z zz 1 11
2 22 3 33 4 44 5 55
OK
127.0.0.1:7777> keys *
 1) "p"
 2) "v"
 3) "z"
 4) "x"
 5) "w"
 6) "c"
 7) "a"
 8) "q"
 9) "u"
10) "o"
11) "3"
12) "g"
13) "m"
14) "y"
15) "n"
16) "j"
17) "h"
18) "s"
19) "d"
20) "l"
21) "1"
22) "b"
23) "i".
24) "r"
25) "f"
26) "k"
27) "2"
28) "e"
29) "4"
30) "5"
127.0.0.1:7777> scan 0
1) "18"
2)  1) "p"
    2) "3"
    3) "f"
    4) "k"
    5) "a"
    6) "1"
    7) "b"
    8) "y"
    9) "e"
   10) "z"
127.0.0.1:7777> scan 18
1) "21"
```

```
  2)  1) "d"
      2) "1"
      3) "g"
      4) "2"
      5) "u"
      6) "o"
      7) "j"
      8) "4"
      9) "v"
     10) "q"
127.0.0.1:7777> scan 21
1) "0"
2)  1) "i"
    2) "r"
    3) "n"
    4) "x"
    5) "w"
    6) "c"
    7) "m"
    8) "h"
    9) "s"
   10) "5"
127.0.0.1:7777>
```

結合 match 和 count 參數的範例如下。

```
127.0.0.1:6379> flushdb
OK
127.0.0.1:6379> mset a1 a1 a2 a2 a3 a3 a4 a4 x x y y z z
OK
127.0.0.1:6379> scan 0 match a* count 2
1) "6"
2) 1) "a1"
   2) "a3"
   3) "a4"
127.0.0.1:6379> scan 6 match a* count 2
1) "1"
2) 1) "a2"
127.0.0.1:6379> scan 1 match a* count 2
1) "0"
2) (empty list or set)
127.0.0.1:6379>
```

8.17.2 程式演示

```java
public class Test35 {
    private static Pool pool = new Pool(new PoolConfig(), "192.168.31.45",
8888, 5000, "accp");
```

```
public static void main(String[] args) {
      = null;
    try {
        = pool.getResource();
       .flushDB();
       .select(0);

       for (int i = 0; i < 50; i++) {
           .set("" + (i + 1), "" + (i + 1));
       }

       ScanResult<byte[]> scanResult1 = .scan("0".getBytes());
       byte[] cursors1 = null;
       do {
           List<byte[]> list = scanResult1.getResult();
           for (int i = 0; i < list.size(); i++) {
               System.out.println(new String(list.get(i)));
           }
           cursors1 = scanResult1.getCursorAsBytes();
           scanResult1 = .scan(new String(cursors1).getBytes());

       } while (!new String(cursors1).equals("0"));

       System.out.println("-----------------");
       System.out.println("-----------------");

       ScanResult<String> scanResult2 = .scan("0");
       String cursors2 = null;
       do {
           List<String> list = scanResult2.getResult();
           for (int i = 0; i < list.size(); i++) {
               System.out.println(list.get(i));
           }
           cursors2 = scanResult2.getCursor();
           scanResult2 = .scan(cursors2);
       } while (!new String(cursors2).equals("0"));

    } catch (Exception e) {
       e.printStackTrace();
    } finally {
       if ( != null) {
           .close();
       }
    }
  }
}
```

程式執行後輸出資訊，成功使用 scan 命令取出全部的 key。

8.18 touch 命令

使用格式如下。

```
touch key [key ...]
```

該命令用於修改指定 key 的最後存取時間。若 key 不存在，則不執行任何操作。此命令的作用是增加 key 的活躍度，避免其被記憶體淘汰策略所刪除。

8.18.1 測試案例

測試案例如下。

```
127.0.0.1:7777> flushdb
OK
127.0.0.1:7777> set a aa
OK
127.0.0.1:7777> object idletime a
4
127.0.0.1:7777> object idletime a
5
127.0.0.1:7777> object idletime a
6
127.0.0.1:7777> object idletime a
6
127.0.0.1:7777> object idletime a
7
127.0.0.1:7777> object idletime a
7
127.0.0.1:7777> object idletime a
8
127.0.0.1:7777> object idletime a
8
127.0.0.1:7777> object idletime a
9
127.0.0.1:7777> touch a
1
127.0.0.1:7777> object idletime a
2
127.0.0.1:7777> object idletime a
3
127.0.0.1:7777> object idletime a
3
127.0.0.1:7777>
```

8.18.2 程式演示

```
public class Test36 {
    private static Pool pool = new Pool(new PoolConfig(), "192.168.31.45",
7777, 5000, "accp");

    public static void main(String[] args) {
         = null;
        try {
             = pool.getResource();
            .flushDB();
            .select(0);

            .set("a", "a");
            for (int i = 0; i < 5; i++) {
                Thread.sleep(1000);
                System.out.println(.objectIdletime("a"));
            }
            .touch("a");

            System.out.println();

            for (int i = 0; i < 5; i++) {
                Thread.sleep(1000);
                System.out.println(.objectIdletime("a"));
            }
        } catch (Exception e) {
            e.printStackTrace();
        } finally {
            if ( != null) {
                .close();
            }
        }
    }
}
```

程式執行結果如下。

```
1
2
3
4
5

1
2
3
4
5
```

HyperLogLog、 Bloom Filter 類型命令 及 Redis-Cell 模組

本章將介紹 HyperLogLog 和 Bloom Filter 類型命令，以及 Redis-Cell 模組。其中 HyperLogLog 是 Redis 附帶的資料類型；RedisBloom 是 Redis 第三方擴充功能的機率資料類型模組，包括 4 個資料類型：Bloom Filter、Cuckoo Filter、Count-Mins-Sketch 及 TopK。

9.1 HyperLogLog 類型命令

如果想統計一個頁面被造訪的次數可以使用 incr 命令，但如果想統計有多少個 IP 位址存取了它呢？借用 Set 資料類型的唯一特性，可以使用 Set 儲存 IP 位址，再使用 scard 命令就能統計有多少個 IP 位址存取了這個頁面，但這樣做會佔用大量記憶體空間。Set 資料類型中以字串儲存 IPv4 格式的位址 255.255.255.255，字串長度為 15B。如果有 200000 個 IP 位址存取，那麼儲存容量的大小為 200000×15=3000000B，3000000/1024=2929.6875MB，相當於要佔用 3GB 的記憶體空間。如果網站有 10000 個頁面呢？並且還想統計每天每個頁面被多少個 IP 位址存取了呢？這樣資料儲存容量的規模不可想像，購買記憶體的成本會非常高，這時可以考慮使用 HyperLogLog 資料類型。

HyperLogLog 資料類型是一種機率資料類型，用於計算唯一事物的「近似數量」。由於是近似數量，因此其值並不精確，存在最大 0.81% 的誤差，但 HyperLogLog 資料類型的優點是最多只佔用 12KB 記憶體空間，以更低的精度換取更小的空間。

Redis 在操作 HyperLogLog 資料類型時提供了以下 3 個命令。

- pfadd：在 key 增加元素。
- pfcount：返回 key 中儲存元素的個數。
- pfmerge：合併兩個 HyperLogLog 資料類型中的元素。

9.1.1 pfadd 和 pfcount 命令

pfadd 命令的使用格式如下。

```
pfadd key element [element ...]
```

該命令用於在 key 中增加元素。

如果 HyperLogLog 資料類型的近似數量（元素個數）在執行該命令時發生變化，則返回 1，否則返回 0。

pfcount 命令的使用格式如下。

```
pfcount key [key ...]
```

當參數為一個 key 時，該命令返回儲存在 HyperLogLog 資料類型的元素個數近似值。

當參數為多個 key 時，該命令返回這些 key 聯集的近似數量，近似數量是將指定多個 key 的 HyperLoglog 資料類型合併到一個臨時的 HyperLogLog 資料類型中計算而得到的。

1. 測試案例

```
127.0.0.1:7777> flushdb
OK
127.0.0.1:7777> pfadd key1 1 2 3 4 5 6 7 8 9 10 1 2 3 4 5 6 7 8 9 10
1
127.0.0.1:7777> pfcount key1
```

```
10
127.0.0.1:7777> pfadd key2 a b c d e
1
127.0.0.1:7777> pfcount key2
5
127.0.0.1:7777> pfcount key1 key2
15
127.0.0.1:7777> pfadd key3 a b c d e x y z
1
127.0.0.1:7777> pfcount key3
8
127.0.0.1:7777> pfcount key1 key3
18
127.0.0.1:7777> pfcount key2 key3
8
127.0.0.1:7777>
```

在使用 pfcount 命令指定多個 key 時，統計出來的近似數量是去重之後的。

2. 程式演示

```
public class Test1 {
    private static Pool pool = new Pool(new PoolConfig(), "192.168.61.84",
7777, 5000, "accp");

    public static void main(String[] args) {
          = null;
        try {
             = pool.getResource();
            .flushDB();

            .pfadd("key1", "1", "2", "3", "4", "5", "6", "7", "8", "9", "10",
"1", "2", "3", "4", "5", "6", "7",
                     "8", "9", "10");
            System.out.println(.pfcount("key1"));

            .pfadd("key2", "a", "b", "c", "d", "e");
            System.out.println(.pfcount("key2"));

            .pfadd("key3", "a", "b", "c", "d", "e", "x", "y", "z");
            System.out.println(.pfcount("key3"));

            System.out.println(.pfcount("key1", "key3"));
            System.out.println(.pfcount("key2", "key3"));

        } catch (Exception e) {
            e.printStackTrace();
        } finally {
```

```
        if ( != null) {
            .close();
        }
    }
  }
}
```

程式執行結果如下。

```
10
5
8
18
8
```

9.1.2 pfmerge 命令

pfmerge 命令的使用格式如下。

```
pfmerge destkey sourcekey [sourcekey ...]
```

該命令用於合併 HyperLogLog。

該命令將多個 sourcekey 合併為一個 destkey，合併後的 destkey 接近於所有合併 sourcekey 的可見集合的聯集。

1. 測試案例

```
127.0.0.1:7777> flushdb
OK
127.0.0.1:7777> pfadd key1 1 2 3 4 5 6 7 8 9 10 1 2 3 4 5 6 7 8 9 10
1
127.0.0.1:7777> pfadd key2 a b c d e
1
127.0.0.1:7777> pfadd key3 a b c d e x y z
1
127.0.0.1:7777> pfmerge key4 key1 key2
OK
127.0.0.1:7777> pfcount key4
15
127.0.0.1:7777> pfmerge key5 key2 key3
OK
127.0.0.1:7777> pfcount key5
8
127.0.0.1:7777>
```

2. 程式演示

```
public class Test2 {
    private static Pool pool = new Pool(new PoolConfig(), "192.168.61.84",
7777, 5000, "accp");

    public static void main(String[] args) {
        = null;
        try {
            = pool.getResource();
            .flushDB();

            .pfadd("key1", "1", "2", "3", "4", "5", "6", "7", "8", "9", "10",
"1", "2", "3", "4", "5", "6", "7",
                    "8", "9", "10");
            System.out.println(.pfcount("key1"));

            .pfadd("key2", "a", "b", "c", "d", "e");
            System.out.println(.pfcount("key2"));

            .pfadd("key3", "a", "b", "c", "d", "e", "x", "y", "z");
            System.out.println(.pfcount("key3"));

            System.out.println();

            System.out.println(.pfmerge("key4", "key1", "key2"));
            System.out.println(.pfmerge("key5", "key2", "key3"));

            System.out.println();

            System.out.println(.pfcount("key4"));
            System.out.println(.pfcount("key5"));
        } catch (Exception e) {
            e.printStackTrace();
        } finally {
            if ( != null) {
                .close();
            }
        }
    }
}
```

程式執行結果如下。

```
10
5
8
```

```
OK
OK

15
8
```

9.1.3 測試誤差

```java
public class Test3 {
    private static Pool pool = new Pool(new PoolConfig(), "192.168.61.84",
7777, 5000, "accp");

    public static void main(String[] args) {
         = null;
        try {
             = pool.getResource();
            .flushDB();

            int runTime = 100000;
            for (int i = 0; i < runTime; i++) {
                .pfadd("myhyperloglog", "" + (i + 1));
            }
            System.out.println(runTime);
            long getValue = .pfcount("myhyperloglog");
            System.out.println(getValue);
            System.out.println("誤差率為：" + ((double) (runTime - getValue) /
runTime * 100) + "%");
        } catch (Exception e) {
            e.printStackTrace();
        } finally {
            if ( != null) {
                .close();
            }
        }
    }
}
```

程式執行結果如下。

```
100000
99562
誤差率為：0.438%
```

誤差並沒有超過 0.81%。

9.2 Bloom Filter 類型命令

HyperLogLog 資料類型以近似數量的形式統計出巨量元素的個數，但卻不能確定某一個元素是否被增加過，因為 HyperLogLog 資料類型並沒有提供 PFCONTAINS 方法，這時可以使用 Bloom Filter 資料類型來實現這樣的需求。

舉一個例子，某些 App 要求每次給客戶推送的內容都是不重複的，如果用傳統的 RDBMS 儲存統計資訊，那麼無論如何最佳化也達不到理想中的效果。RDBMS 不管在硬碟還是記憶體佔用等方面，都是極度浪費資源的，這種場景正是使用 Bloom Filter 資料類型的好時機。

Bloom Filter 資料類型就像一個「不太精確的 Set 資料類型」，它使用 contains() 方法判斷是否會誤判一個元素存在。Bloom Filter 資料類型判斷某個元素存在時，這個元素可能不存在，而判斷某個元素不存在時，此元素肯定不存在。根據這個特性，使用 Bloom Filter 資料類型實現推送系統時，可以絕對精確地向客戶推送沒有看過的內容。

9.2.1 在 Redis 中安裝 RedisBloom 模組

在 Redis 中需要以模組的方式安裝 RedisBloom。下載 Redis 的 RedisBloom 的壓縮檔，如圖 9-1 所示。

下載成功如圖 9-2 所示。

圖 9-1 下載壓縮檔

圖 9-2 下載成功

解壓後如圖 9-3 所示。

圖 9-3 解壓後

在解壓後的資料夾中執行 make 命令開始編譯,如圖 9-4 所示。

圖 9-4 開始編譯

編譯成功後創建了 redisbloom.so 檔案,如圖 9-5 所示。

圖 9-5 創建了 redisbloom.so 檔案

將創建的 redisbloom.so 檔案複製到 redis 資料夾中,如圖 9-6 所示。

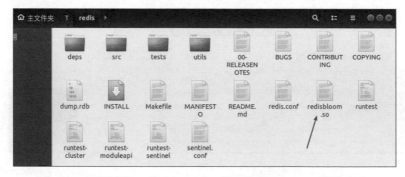

圖 9-6 將創建的 redisbloom.so 檔案複製到 redis 資料夾中

並且在 redis.conf 設定檔中設定 redisbloom.so 檔案，如圖 9-7 所示。

```
################################ MODULES ################################

# Load modules at startup. If the server is not able to load modules
# it will abort. It is possible to use multiple loadmodule directives.
#
# loadmodule /path/to/my_module.so
# loadmodule /path/to/other_module.so

loadmodule /home/ghy/T/redis/redisbloom.so
```

圖 9-7 設定 redisbloom.so 檔案

增加以下設定。

```
loadmodule /home/ghy/T/redis/redisbloom.so
```

使用以下命令。

```
redis-server redis.conf
```

啟動 Redis 服務後可以看到成功載入 RedisBloom 模組，如圖 9-8 所示。

```
Module 'bf' loaded from /home/ghy/T/redis/redisbloom.so
```

圖 9-8 成功載入 RedisBloom 模組

在 Docker 環境下使用以下命令啟動容器。

```
docker run -p 6379:6379 --name redis-redisbloom redislabs/rebloom:latest
```

9.2.2 bf.reserve、bf.add 和 bf.info 命令

bf.reserve 命令的使用格式如下。

```
bf.reserve {key} {error_rate} {capacity} [EXPANSION expansion] [NONSCALING]
```

根據指定的誤判率和初始容量創建一個空的布隆篩檢程式。命令執行成功返回 OK，否則返回異常。

可以透過創建子判篩檢程式的方式來擴充布隆篩檢程式容量（擴充），但與創建布隆篩檢程式時指定合適的容量相比，子布隆篩檢程式將消耗更多的記憶體和 CPU 資源。

參數解釋如下。

■ key：key 的名稱。

- error_rate：期望的誤判率，取 0 ～ 1 的十進位數字。如期望的誤判率為 0.1%（1000 個中有 1 個），error_rate 應該設定為 0.001。其值越接近於 0，則記憶體消耗越大，CPU 使用率越高。
- capacity：計畫增加到布隆篩檢程式中的元素個數，增加超過此數量的元素後，布隆過濾器的性能開始下降。
- EXPANSION expansion：如果創建了一個新的子布隆篩檢程式，則其容量將是當前布隆篩檢程式的容量 xexpansion，expansion 預設值為 2，這表示新的子布隆篩檢程式的布隆過濾器的將是前一個子布隆篩檢程式容量的兩倍。
- NONSCALING：如果達到初始的容量，則阻止布隆篩檢程式創建其他子布隆篩檢程式。不可擴充的布隆篩檢程式所需的記憶體容量比可擴充的布隆篩檢程式要少。

在使用布隆過濾器時，需要著重考慮兩點。

- 預估資料量 n，也就是 capacity。
- 期望的誤判率 p，也就是 error_rate。

這兩點關乎布隆過濾器的記憶體佔用量，記憶體佔用量的計算比較複雜，使用以下公式。

$$m = -\frac{n \times \ln p}{(\ln k)^2}$$

公式比較複雜，可以進行線上計算，如圖 9-9 所示。

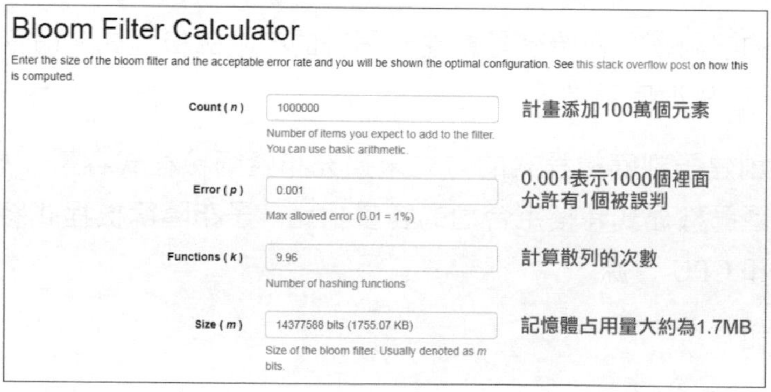

圖 9-9 計算記憶體佔用量

bf.add 命令的使用格式如下。

```
bf.add {key} {item}
```

該命令用於將元素增加到布隆篩檢程式中，如果該布隆篩檢程式不存在，則創建布隆篩檢程式。

如果增加了新的元素，則返回 1；返回 0 則代表增加的元素有可能已經存在。

bf.info 命令的使用格式如下。

```
bf.info {key}
```

該命令用於返回 key 的相關資訊。

1. 測試案例

測試案例如下。

```
127.0.0.1:6379> flushdb
OK
127.0.0.1:6379> bf.reserve mykey 0.001 1000000
OK
127.0.0.1:6379> type mykey
MBbloom--
127.0.0.1:6379> keys *
1) "mykey"
127.0.0.1:6379>
```

繼續測試自動擴充的效果，測試案例如下。

```
127.0.0.1:6379> flushdb
OK
127.0.0.1:6379> bf.reserve mykey 0.001 3
OK
127.0.0.1:6379> bf.add mykey a
(integer) 1
127.0.0.1:6379> bf.add mykey b
(integer) 1
127.0.0.1:6379> bf.add mykey c
(integer) 1
127.0.0.1:6379> bf.info mykey
 1) Capacity
 2) (integer) 3
 3) Size
```

```
 4) (integer) 158
 5) Number of filters
 6) (integer) 1
 7) Number of items inserted
 8) (integer) 3
 9) Expansion rate
10) (integer) 2
127.0.0.1:6379> bf.add mykey d
(integer) 1
127.0.0.1:6379> bf.info mykey
 1) Capacity
 2) (integer) 9
 3) Size
 4) (integer) 291
 5) Number of filters
 6) (integer) 2
 7) Number of items inserted
 8) (integer) 4
 9) Expansion rate
10) (integer) 2
127.0.0.1:6379>
```

如果使用 NONSCALING 參數，則容量不夠時出現異常，不再擴充，測試
案例如下。

```
127.0.0.1:6379> flushdb
OK
127.0.0.1:6379> bf.reserve mykey 0.001 3 NONSCALING
OK
127.0.0.1:6379> bf.add mykey a
(integer) 1
127.0.0.1:6379> bf.add mykey b
(integer) 1
127.0.0.1:6379> bf.add mykey c
(integer) 1
127.0.0.1:6379> bf.info mykey
 1) Capacity
 2) (integer) 3
 3) Size
 4) (integer) 158
 5) Number of filters
 6) (integer) 1
 7) Number of items inserted
 8) (integer) 3
 9) Expansion rate
10) (integer) 2
127.0.0.1:6379> bf.add mykey d
```

```
(error) Non scaling filter is full
127.0.0.1:6379> bf.info mykey
 1) Capacity
 2) (integer) 3
 3) Size
 4) (integer) 158
 5) Number of filters
 6) (integer) 1
 7) Number of items inserted
 8) (integer) 3
 9) Expansion rate
10) (integer) 2
127.0.0.1:6379>
```

使用 EXPANSION 參數可以定義擴充的容量的大小，預設值是 2，測試案例如下。

```
127.0.0.1:6379> flushdb
OK
127.0.0.1:6379> bf.reserve mykey 0.001 3 EXPANSION 4
OK
127.0.0.1:6379> bf.info mykey
 1) Capacity
 2) (integer) 3
 3) Size
 4) (integer) 158
 5) Number of filters
 6) (integer) 1
 7) Number of items inserted
 8) (integer) 0
 9) Expansion rate
10) (integer) 4
127.0.0.1:6379> bf.add mykey a
(integer) 1
127.0.0.1:6379> bf.add mykey b
(integer) 1
127.0.0.1:6379> bf.add mykey c
(integer) 1
127.0.0.1:6379> bf.add mykey d
(integer) 1
127.0.0.1:6379> bf.info mykey
 1) Capacity
 2) (integer) 15
 3) Size
 4) (integer) 304
 5) Number of filters
 6) (integer) 2
```

```
 7) Number of items inserted
 8) (integer) 4
 9) Expansion rate
10) (integer) 4
127.0.0.1:6379>
```

2. 程式演示

下載最新版本的原始程式碼，使用以下命令自行編譯 JAR 套件。

```
mvn package -Dmaven.test.skip=true
```

創建執行類別程式如下。

```java
public class Test4 {
    private static Pool pool = new Pool(new PoolConfig(), "192.168.56.11",
6379, 5000, "accp");

    public static void main(String[] args) {

         = null;
        Client client = null;
        try {
             = pool.getResource();
            .flushDB();

            client = new Client(pool);
            client.createFilter("mykey", 3, 0.001);
            client.add("mykey", "a");
            client.add("mykey", "b");
            client.add("mykey", "c");
            System.out.println(.dbSize());
            System.out.println(.type("mykey"));
            // jrebloom-2.0.0-SNAPSHOT.jar沒有實現BF.INFO命令對應的方法
        } catch (Exception e) {
            e.printStackTrace();
        } finally {
            if ( != null) {
                .close();
            }
            if (client != null) {
                client.close();
            }
        }
    }

}
```

程式執行結果如下。

```
1
MBbloom--
```

9.2.3 bf.madd 命令

使用格式如下。

```
bf.madd {key} {item} [item...]
```

該命令用於在布隆篩檢程式中增加多個元素，返回值是 boolean[] 類型即爾陣列。如果成功增加新的元素，則返回 true；如果元素已經存在，則返回 false。

1. 測試案例

測試案例如下。

```
127.0.0.1:6379> flushdb
OK
127.0.0.1:6379> clear
127.0.0.1:6379> bf.madd mykey a b c d
1) (integer) 1
2) (integer) 1
3) (integer) 1
4) (integer) 1
127.0.0.1:6379> bf.info mykey
 1) Capacity
 2) (integer) 100
 3) Size
 4) (integer) 290
 5) Number of filters
 6) (integer) 1
 7) Number of items inserted
 8) (integer) 4
 9) Expansion rate
10) (integer) 2
127.0.0.1:6379> bf.madd mykey a b c d e
1) (integer) 0
2) (integer) 0
3) (integer) 0
4) (integer) 0
5) (integer) 1
127.0.0.1:6379> bf.info mykey
```

```
 1) Capacity
 2) (integer) 100
 3) Size
 4) (integer) 290
 5) Number of filters
 6) (integer) 1
 7) Number of items inserted
 8) (integer) 5
 9) Expansion rate
10) (integer) 2
127.0.0.1:6379>
```

2. 程式演示

```java
public class Test5 {
    private static Pool pool = new Pool(new PoolConfig(), "192.168.56.11",
6379, 5000, "accp");

    public static void main(String[] args) {

         = null;
        Client client = null;
        try {
             = pool.getResource();
            .flushDB();

            client = new Client(pool);
            {
                boolean[] resultArray = client.addMulti("a", "b", "c", "d");
                for (int i = 0; i < resultArray.length; i++) {
                    System.out.println(resultArray[i]);
                }
            }
            System.out.println();
            {
                boolean[] resultArray = client.addMulti("a", "b", "c", "d", "e");
                for (int i = 0; i < resultArray.length; i++) {
                    System.out.println(resultArray[i]);
                }
            }
            System.out.println(.dbSize());
        } catch (Exception e) {
            e.printStackTrace();
        } finally {
            if ( != null) {
                .close();
            }
            if (client != null) {
```

```
                client.close();
            }
        }
    }

}
```

程式執行結果如下。

```
true
true
true

false
false
false
true
1
```

9.2.4　bf.insert 命令

使用格式如下。

```
bf.insert {key} [CAPACITY {cap}] [ERROR {error}] [EXPANSION expansion]
[NOCREATE] [NONSCALING] ITEMS {item...}
```

該命令用於創建布隆篩檢程式的同時在布隆篩檢程式中增加一個或多個元素。返回值是 boolean[] 類型，如果成功增加新的元素，返回 true；如果元素已經存在，返回 false。

參數解釋如下。

- key：key 的名稱。
- CAPACITY：如果指定此參數，則對創建的布隆篩檢程式設定 cap。如果布隆篩檢程式已存在，則忽略此參數。如果創建布隆篩檢程式時並未指定此參數，則使用預設 cap。
- ERROR：如果指定此參數，則對創建的布隆篩檢程式設定 error。如果布隆篩檢程式已存在，則忽略此參數。如果創建布隆篩檢程式時並未指定此參數，則使用預設 error。
- EXPANSION：如果創建了一個新的子布隆篩檢程式，則其容量將是當前布隆篩檢程式的容量 *expansion，expansion 預設值為 2，這表示新的子布隆篩檢程式的容量將是當前布隆篩檢程式容量的兩倍。

- NOCREATE：指定此參數，代表如果布隆篩檢程式不存在，則不創建布隆篩檢程式，並且會返回錯誤訊息。參數 NOCREATE 與 CAPACITY 或 ERROR 一起使用會發生錯誤。
- NONSCALING：如果達到初始的容量，則阻止布隆篩檢程式創建其他子布隆篩檢程式。不可擴充的篩檢程式所需的記憶體容量比可擴充的篩檢程式要少。
- ITEMS：增加一個或多個元素。

☑ 測試案例

1）測試布隆篩檢程式不存在的情況下成功增加 3 個元素，其他參數使用預設值，測試案例如下。

```
127.0.0.1:6379> flushdb
OK
127.0.0.1:6379> clear
127.0.0.1:6379> bf.insert mykey items a b c
1) (integer) 1
2) (integer) 1
3) (integer) 1
127.0.0.1:6379> bf.info mykey
 1) Capacity
 2) (integer) 100
 3) Size
 4) (integer) 290
 5) Number of filters
 6) (integer) 1
 7) Number of items inserted
 8) (integer) 3
 9) Expansion rate
10) (integer) 2
```

2）測試布隆篩檢程式存在的情況下，增加新的元素，測試案例如下。

```
127.0.0.1:6379> bf.insert mykey items x y z
1) (integer) 1
2) (integer) 1
3) (integer) 1
127.0.0.1:6379> bf.info mykey
 1) Capacity
 2) (integer) 100
 3) Size
```

```
 4) (integer) 290
 5) Number of filters
 6) (integer) 1
 7) Number of items inserted
 8) (integer) 6
 9) Expansion rate
10) (integer) 2
127.0.0.1:6379>
```

3）測試布隆篩檢程式不存在的情況下，使用 NOCREATE 參數返回異常的效果，測試案例如下。

```
127.0.0.1:6379> bf.insert nokey nocreate items 1 2 3
(error) ERR not found
127.0.0.1:6379>
```

9.2.5 bf.exists 命令

使用格式如下。

```
bf.exists {key} {item}
```

該命令用於判斷元素是否在集合中。

如果元素肯定不存在，返回 0；如果元素可能存在，返回 1。

1. 測試案例

測試案例如下。

```
127.0.0.1:6379> flushdb
OK
127.0.0.1:6379> bf.insert mykey items a b c d
1) (integer) 1
2) (integer) 1
3) (integer) 1
4) (integer) 1
127.0.0.1:6379> bf.exists mykey a
(integer) 1
127.0.0.1:6379> bf.exists mykey b
(integer) 1
127.0.0.1:6379> bf.exists mykey c
(integer) 1
127.0.0.1:6379> bf.exists mykey d
(integer) 1
127.0.0.1:6379>
```

2. 程式演示

```
public class Test6 {
    private static Pool pool = new Pool(new PoolConfig(), "192.168.56.11",
6379, 5000, "accp");

    public static void main(String[] args) {

         = null;
        Client client = null;
        try {
             = pool.getResource();
            .flushDB();

            client = new Client(pool);
            client.add("mykey", "myvalue");
            System.out.println(client.exists("mykey", "myvalue"));
        } catch (Exception e) {
            e.printStackTrace();
        } finally {
            if ( != null) {
                .close();
            }
            if (client != null) {
                client.close();
            }
        }
    }

}
```

程式執行結果如下。

```
true
```

9.2.6 bf.mexists 命令

使用格式如下。

```
bf.mexists {key} {item} [item...]
```

該命令用於判斷多個元素是否在集合中。

1. 測試案例

測試案例如下。

```
127.0.0.1:6379> flushdb
```

```
OK
127.0.0.1:6379> bf.insert mykey items a b c
1) (integer) 1
2) (integer) 1
3) (integer) 1
127.0.0.1:6379> bf.mexists mykey a b c d
1) (integer) 1
2) (integer) 1
3) (integer) 1
4) (integer) 0
127.0.0.1:6379>
```

2. 程式演示

```java
public class Test7 {
    private static Pool pool = new Pool(new PoolConfig(), "192.168.56.11",
6379, 5000, "accp");

    public static void main(String[] args) {

         = null;
        Client client = null;
        try {
             = pool.getResource();
            .flushDB();

            client = new Client(pool);
            client.add("mykey", "a");
            client.add("mykey", "b");
            client.add("mykey", "c");

            boolean[] booleanArray = client.existsMulti("mykey", "a", "b",
"c", "d");
            for (int i = 0; i < booleanArray.length; i++) {
                System.out.println(booleanArray[i]);
            }
        } catch (Exception e) {
            e.printStackTrace();
        } finally {
            if ( != null) {
                .close();
            }
            if (client != null) {
                client.close();
            }
        }
    }

}
```

程式執行結果如下。

```
true
true
true
false
```

9.2.7 驗證布隆篩檢程式有誤判

```java
public class Test8 {
    private static Pool pool = new Pool(new PoolConfig(), "192.168.56.11",
6379, 5000, "accp");

    public static void main(String[] args) {

         = null;
        Client client = null;
        try {
             = pool.getResource();
            .flushDB();

            client = new Client(pool);
            client.createFilter("mykey", 500000, 0.001);
            for (int i = 0; i < 500000; i++) {
                client.add("mykey", "username" + (i + 1));
                System.out.println("add " + (i + 1));
            }
            int existsCount = 0;
            for (int i = 500000; i < 1000000; i++) {
                if (client.exists("mykey", "username" + (i + 1))) {
                    existsCount++;
                }
            }
            java.text.NumberFormat format = java.text.NumberFormat.
getInstance();
            format.setGroupingUsed(false);// 不以科學記數法顯示
            BigDecimal bd = new BigDecimal("" + ((double) existsCount) /
500000);
            String numberString = bd.toPlainString();
            System.out.println(existsCount + "/500000" + "=" + numberString);
        } catch (Exception e) {
            e.printStackTrace();
        } finally {
            if ( != null) {
                .close();
            }
            if (client != null) {
```

```
                client.close();
            }
        }
    }

}
```

程式執行結果如下。

```
add 499999
add 500000
236/500000=0.000472
```

誤判率 0.000472 小於 0.001。

9.3 使用 Redis-Cell 模組實現限流

限流是網際網路產業中應用得比較多的功能之一,指在有限的時間內允許多少次操作,如 60s 之內允許最多有 5 次回帖,使用 Redis-Cell 模組能非常容易地實現這類功能。

9.3.1 在 Redis 中安裝 Redis-Cell 模組

進入 Redis-Cell 模網路拓樸站,下載二進位檔案,如圖 9-10 所示。

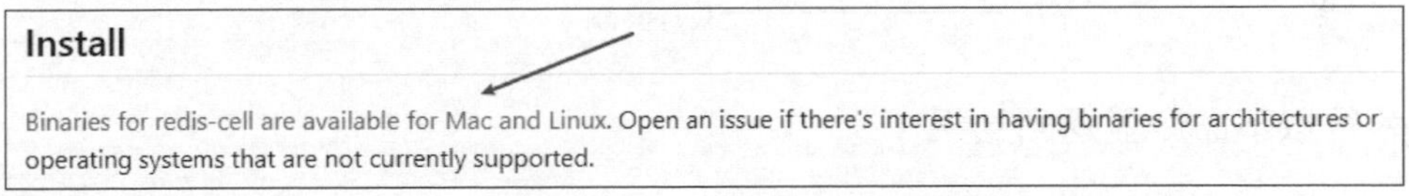

Install

Binaries for redis-cell are available for Mac and Linux. Open an issue if there's interest in having binaries for architectures or operating systems that are not currently supported.

圖 9-10 下載二進位檔案

下載 Linux 版本如圖 9-11 所示。

解壓後獲得 libredis_cell.so 檔案,在 redis.conf 設定檔中進行設定。

```
loadmodule /home/ghy/T/redis/libredis_cell.so
```

啟動 Redis 服務後可以看到圖 9-12 所示的記錄檔,成功載入 Redis-Cell 模組。

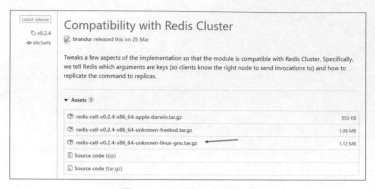

圖 9-11 下載 Linux 版本

```
* Module 'redis-cell' loaded from /home/ghy/T/redis/libredis_cell.so
* Ready to accept connections
```

圖 9-12 成功載入 Redis-Cell 模組

9.3.2 測試案例

在 redis-cli 中使用 cl.throttle 命令操作 Redis-Cell 模組，cl.throttle 命令的
使用格式如下。

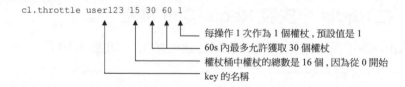

執行以下命令並返回結果。

```
127.0.0.1:6379> flushdb
OK
127.0.0.1:6379> cl.throttle mykey 5 10 60 1
1) (integer) 0//0次請求成功，1次請求被拒絕
2) (integer) 6//權杖桶中權杖的總數
3) (integer) 5//權杖桶中當前可用的權杖，已經用了1個權杖
4) (integer) -1//若請求被拒絕，該值表示多久後權杖桶中會重新增加1個新的權杖，
           單位為s，可以作為重試時間
5) (integer) 6//表示多久後權杖桶中的權杖會添滿
127.0.0.1:6379>
```

測試案例如下。

```
127.0.0.1:6379> cl.throttle mykey 3 5 60 1
1) (integer) 0//0次請求成功
2) (integer) 4//權杖桶中權杖的總數
3) (integer) 3//權杖桶中當前可用的權杖,因為已經用了1個權杖,所以剩3個權杖
4) (integer) -1//沒有被拒絕
5) (integer) 12//需要12s將權杖桶添滿,每個權杖需要12s
127.0.0.1:6379> cl.throttle mykey 3 5 60 1
1) (integer) 0//0次請求成功
2) (integer) 4//權杖桶中權杖的總數
3) (integer) 2//權杖桶中當前可用的權杖,因為已經用了2個權杖,所以剩2個權杖
4) (integer) -1//沒有被拒絕
5) (integer) 23//需要23s將權杖桶添滿,每個權杖需要12s
127.0.0.1:6379> cl.throttle mykey 3 5 60 1
1) (integer) 0//0次請求成功
2) (integer) 4//權杖桶中權杖的總數
3) (integer) 1//權杖桶中當前可用的權杖,因為已經用了3個權杖,所以剩1個權杖
4) (integer) -1//沒有被拒絕
5) (integer) 35//需要35s將權杖桶添滿,每個權杖需要12s
127.0.0.1:6379> cl.throttle mykey 3 5 60 1
1) (integer) 0//0次請求成功
2) (integer) 4//權杖桶中權杖的總數
3) (integer) 0//權杖桶中當前可用的權杖,因為已經用了4個權杖,所以剩0個權杖
4) (integer) -1//沒有被拒絕
5) (integer) 47//需要47s將權杖桶添滿,每個權杖需要12s
127.0.0.1:6379> cl.throttle mykey 3 5 60 1
1) (integer) 1//1請求被拒絕
2) (integer) 4//權杖桶中權杖的總數
3) (integer) 0//權杖桶中當前可用的權杖,因為已經用了4個權杖,所以剩0個權杖
4) (integer) 10//需要10s增加1個新的權杖
5) (integer) 46//需要46s將權杖桶添滿,每個權杖需要12s
```

下面實現限制討論區回帖頻率的案例,要求一個人對同一個發文可以無時間、頻率限制回覆 3 次,超過 3 次後,每 60s 後才能回覆一次,測試案例如下。

```
127.0.0.1:6379> flushdb
OK
127.0.0.1:6379> cl.throttle mykey 2 1 60 1
1) (integer) 0
2) (integer) 3
3) (integer) 2
```

```
4) (integer) -1
5) (integer) 60
127.0.0.1:6379> cl.throttle mykey 2 1 60 1
1) (integer) 0
2) (integer) 3
3) (integer) 1
4) (integer) -1
5) (integer) 119
127.0.0.1:6379> cl.throttle mykey 2 1 60 1
1) (integer) 0
2) (integer) 3
3) (integer) 0
4) (integer) -1
5) (integer) 178
127.0.0.1:6379> cl.throttle mykey 2 1 60 1
1) (integer) 1
2) (integer) 3
3) (integer) 0
4) (integer) 57
5) (integer) 177
127.0.0.1:6379> cl.throttle mykey 2 1 60 1
1) (integer) 1
2) (integer) 3
3) (integer) 0
4) (integer) 57
5) (integer) 177
127.0.0.1:6379> cl.throttle mykey 2 1 60 1
1) (integer) 1
2) (integer) 3
3) (integer) 0
4) (integer) 56
5) (integer) 176
127.0.0.1:6379>
```

第 4 ～ 6 次執行命令時，返回結果是拒絕的，必須等 60s 後才可以進行下一次的發文回覆，60s 過後再執行以下命令。

```
127.0.0.1:6379> cl.throttle mykey 2 1 60 1
1) (integer) 0
2) (integer) 3
3) (integer) 0
4) (integer) -1
5) (integer) 135
127.0.0.1:6379>
```

使用剛剛生成的 1 個權杖，剩餘 0 個權杖。

9.3.3 程式演示

擴充自訂命令列舉類別程式如下。

```java
package extcommand;

import redis.clients..commands.ProtocolCommand;
import redis.clients..util.SafeEncoder;

public enum RedisCellCommand implements ProtocolCommand {

    CLTHROTTLE("CL.THROTTLE");

    private final byte[] raw;

    RedisCellCommand(String alt) {
        raw = SafeEncoder.encode(alt);
    }

    public byte[] getRaw() {
        return raw;
    }
}
```

執行類別程式如下。

```java
public class Test9 {
    private static Pool pool = new Pool(new PoolConfig(), "192.168.116.21",
6379, 5000, "accp");

    public static void main(String[] args) {
         = null;
        try {
             = pool.getResource();
            .flushDB();

            Connection client = .getClient();
            for (int i = 0; i < 6; i++) {
                client.sendCommand(RedisCellCommand.CLTHROTTLE, "mykey", "2",
"1", "60", "1");
                List<Long> replay = client.getIntegerMultiBulkReply();
                System.out.println("執行結果:" + replay.get(0));
                System.out.println("權杖桶中權杖的總數:" + replay.get(1));
                System.out.println("權杖桶中當前可用的權杖:" + replay.get(2));
                System.out.println("需要" + replay.get(3) + "秒增加1個新的權杖");
                System.out.println("需要" + replay.get(4) + "秒將權杖桶添滿");
                System.out.println();
            }
        } catch (Exception e) {
            e.printStackTrace();
```

```
        } finally {
            if ( != null) {
                .close();
            }
        }
    }

}
```

程式執行結果如下。

```
執行結果：0
權杖桶中權杖的總數：3
權杖桶中當前可用的權杖：2
需要-1s增加1個新的權杖
需要60s將權杖桶添滿

執行結果：0
權杖桶中權杖的總數：3
權杖桶中當前可用的權杖：1
需要-1s增加1個新的權杖
需要119s將權杖桶添滿

執行結果：0
權杖桶中權杖的總數：3
權杖桶中當前可用的權杖：0
需要-1s增加1個新的權杖
需要179s將權杖桶添滿

執行結果：1
權杖桶中權杖的總數：3
權杖桶中當前可用的權杖：0
需要59s增加1個新的權杖
需要179s將權杖桶添滿

執行結果：1
權杖桶中權杖的總數：3
權杖桶中當前可用的權杖：0
需要59s增加1個新的權杖
需要179s將權杖桶添滿

執行結果：1
權杖桶中權杖的總數：3
權杖桶中當前可用的權杖：0
需要59s增加1個新的權杖
需要179s將權杖桶添滿
```

GEO 類型命令

Redis 提供了 GEO 地理位置資料類型的支援。使用 GEO 類型命令可以實現「附近的人」、「附近叫車」、「就近派車」等與地理位置和距離有關的業務功能。

10.1 geoadd 和 geopos 命令

geoadd 命令的使用格式如下。

```
geoadd key longitude latitude member [longitude latitude member ...]
```

該命令用於將指定的地理空間項（包括經度、緯度、名稱）增加到指定的 key 中。資料以有序集合的方式儲存在 key 中。

geoadd 命令對可使用的座標值有限制：非常接近兩極區域的座標值不可使用。經、緯度的有效值在 EPSG:900913、EPSG:3785 的範圍內。OSGEO:41001 標準中有以下兩個限制。

- 有效經度為 $-180°\sim 180°$。
- 有效緯度為 $-85.05112878°\sim 85.05112878°$。

如果使用非指定範圍內的座標值，會出現異常。

geopos 命令的使用格式如下。

```
geopos key member [member ...]
```

該命令用於獲得指定 key 中 member 的地理位置，值是近似值。

10.1.1 測試案例

測試案例如下。

```
127.0.0.1:7777> flushdb
OK
127.0.0.1:7777> geoadd key 50 50 A
1
127.0.0.1:7777> geoadd key 51 51 B 52 52 C
2
127.0.0.1:7777> keys *
key
127.0.0.1:7777> geopos key A
49.99999970197677612
49.99999957172130394
127.0.0.1:7777> geopos key B
51.00000232458114624
51.00000029822487591
127.0.0.1:7777> geopos key C
51.99999958276748657
52.00000102472843366
127.0.0.1:7777> geopos key A B C
49.99999970197677612
49.99999957172130394
51.00000232458114624
51.00000029822487591
51.99999958276748657
52.00000102472843366
127.0.0.1:7777>
```

10.1.2 程式演示

```
public class Test1 {
    private static Pool pool = new Pool(new PoolConfig(), "192.168.61.84",
7777, 5000, "accp");

    public static void main(String[] args) {
        = null;
        try {
            = pool.getResource();

            .geoadd("key", 51, 51, "A");
            .geoadd("key".getBytes(), 52, 52, "B".getBytes());
```

```
            Map<String, GeoCoordinate> map1 = new HashMap();
            map1.put("C", new GeoCoordinate(53, 53));
            map1.put("D", new GeoCoordinate(54, 54));

            Map<byte[], GeoCoordinate> map2 = new HashMap();
            map2.put("E".getBytes(), new GeoCoordinate(55, 55));
            map2.put("F".getBytes(), new GeoCoordinate(56, 56));

            .geoadd("key", map1);
            .geoadd("key".getBytes(), map2);

            List<GeoCoordinate> listGeoCoordinate1 = .geopos("key", "A", "B",
"C", "D", "E", "F");
            for (int i = 0; i < listGeoCoordinate1.size(); i++) {
                GeoCoordinate geo = listGeoCoordinate1.get(i);
                System.out.println(geo.getLongitude() + " " + geo.getLatitude());
            }

            System.out.println();

            List<GeoCoordinate> listGeoCoordinate2 = .geopos("key".getBytes(),
"A".getBytes(), "B".getBytes(),
                    "C".getBytes(), "D".getBytes(), "E".getBytes(), "F".
getBytes());
            for (int i = 0; i < listGeoCoordinate2.size(); i++) {
                GeoCoordinate geo = listGeoCoordinate2.get(i);
                System.out.println(geo.getLongitude() + " " + geo.getLatitude());
            }
        } catch (Exception e) {
            e.printStackTrace();
        } finally {
            if ( != null) {
                .close();
            }
        }
    }
}
```

程式執行結果如下。

```
51.000002324581146 51.000000298224876
51.99999958276749 52.000001024728434
53.00000220537186 52.99999921651083
53.9999994635582 53.99999994301439
55.00000208616257 55.00000066951796
55.99999934434891 55.999998861300355

51.000002324581146 51.000000298224876
```

```
51.99999958276749 52.000001024728434
53.00000220537186 52.99999921651083
53.9999994635582 53.99999994301439
55.00000208616257 55.00000066951796
55.99999934434891 55.999998861300355
```

10.2 geodist 命令

使用格式如下。

```
geodist key member1 member2 [unit]
```

該命令用於返回兩個元素之間的距離。

距離單位可以選擇以下單位,預設是 m。

- m:米。
- km:公里。
- mi:英哩。
- ft:英尺。

10.2.1 測試案例

測試案例如下。

```
127.0.0.1:7777> geoadd key 50 50 A
0
127.0.0.1:7777> geoadd key 60 60 B
0
127.0.0.1:7777> geodist key A B
1279091.0775
127.0.0.1:7777> geodist key A B m
1279091.0775
127.0.0.1:7777> geodist key A B km
1279.0911
127.0.0.1:7777> geodist key A B mi
794.7923
127.0.0.1:7777> geodist key A B ft
4196493.0363
127.0.0.1:7777>
```

10.2.2 程式演示

```
public class Test2 {
    private static Pool pool = new Pool(new PoolConfig(), "192.168.1.109",
7777, 5000, "accp");

    public static void main(String[] args) {
         = null;
        try {
             = pool.getResource();

            .geoadd("key", 50, 50, "A");
            .geoadd("key", 60, 60, "B");

            System.out.println(.geodist("key", "A", "B"));
            System.out.println(.geodist("key", "A", "B", GeoUnit.M));
            System.out.println(.geodist("key", "A", "B", GeoUnit.KM));
            System.out.println(.geodist("key", "A", "B", GeoUnit.MI));
            System.out.println(.geodist("key", "A", "B", GeoUnit.FT));

        } catch (Exception e) {
            e.printStackTrace();
        } finally {
            if ( != null) {
                .close();
            }
        }
    }
}
```

程式執行結果如下。

```
1279091.0775
1279091.0775
1279.0911
794.7923
4196493.0363
```

10.3 geohash 命令

使用格式如下。

```
geohash key member [member ...]
```

該命令用於返回地理位置的雜湊字串，字串長度為 11 個字元。

10.3.1 測試案例

測試案例如下。

```
127.0.0.1:7777> flushdb
OK
127.0.0.1:7777> geoadd key 40 60 A
1
127.0.0.1:7777> geoadd key 70 80 B
1
127.0.0.1:7777> geohash key A
ufsmq4xj7d0
127.0.0.1:7777> geohash key B
vw1z0gs3y10
127.0.0.1:7777> geohash key A B
ufsmq4xj7d0
vw1z0gs3y10
127.0.0.1:7777>
```

10.3.2 程式演示

```
public class Test3 {
    private static Pool pool = new Pool(new PoolConfig(), "192.168.61.84",
7777, 5000, "accp");

    public static void main(String[] args) {
         = null;
        try {
            = pool.getResource();

            .geoadd("key", 40, 60, "A");
            .geoadd("key", 70, 80, "B");

            List<String> list1 = .geohash("key", "A");
            for (int i = 0; i < list1.size(); i++) {
                System.out.println(list1.get(i));
            }
            System.out.println();
            List<String> list2 = .geohash("key", "B");
            for (int i = 0; i < list2.size(); i++) {
                System.out.println(list2.get(i));
            }
            System.out.println();
            List<String> list3 = .geohash("key", "A", "B");
            for (int i = 0; i < list3.size(); i++) {
                System.out.println(list3.get(i));
            }
```

```
        } catch (Exception e) {
            e.printStackTrace();
        } finally {
            if ( != null) {
                .close();
            }
        }
    }
}
```

程式執行結果如下。

```
ufsmq4xj7d0

vw1z0gs3y10

ufsmq4xj7d0
vw1z0gs3y10
```

10.4 georadius 命令

使用格式如下。

```
georadius key longitude latitude radius m|km|ft|mi [withcoord] [withdist]
[withhash] [count count] [asc|desc] [store key] [storedist key]
```

該命令用於根據指定座標（中心點），返回圍繞座標在指定半徑之內的地理位置。

結合以下 3 個參數可以返回其他附加的結果。

- withdist：返回尋找的結果與中心點的距離。
- withcoord：返回經、緯座標。
- withhash：返回雜湊字串。

預設情況下，georadius 命令返回的結果是未排序的，可以使用以下兩個參數進行排序。

- asc：相對中心點，將返回的結果從近到遠進行排序。
- desc：相對中心點，將返回的結果從遠到近進行排序。

結合參數 count 可以對返回結果的數量進行限制。

參數 store 和 storedist 可以實現將返回的結果或距離另存到其他 key 中。

執行以下命令初始化測試環境。

```
127.0.0.1:7777> flushdb
OK
127.0.0.1:7777> geoadd key 30 31 A 30 32 B 30 33 C 30 34 D 30 35 E
5
127.0.0.1:7777> geodist key A B m
111226.0989
127.0.0.1:7777> geodist key A C m
222452.4797
127.0.0.1:7777> geodist key A D m
333678.8605
127.0.0.1:7777> geodist key A E m
444904.9594
127.0.0.1:7777>
```

10.4.1 測試距離單位 m、km、ft 和 mi

1. 測試案例

測試案例如下。

```
127.0.0.1:7777> georadius key 30 31 300000 m
A
B
C
127.0.0.1:7777>
```

本測試以 m 為單位，其他單位依此類推，不再重複演示。

2. 程式演示

```
public class Test4 {
    private static Pool pool = new Pool(new PoolConfig(), "192.168.30.181",
7777, 5000, "accp");

    public static void main(String[] args) {
        = null;
        try {
            = pool.getResource();

            .flushDB();
```

```
            .geoadd("key", 30, 31, "A");
            .geoadd("key", 30, 32, "B");
            .geoadd("key", 30, 33, "C");
            .geoadd("key", 30, 34, "D");
            .geoadd("key", 30, 35, "E");

            List<GeoRadiusResponse> list = .georadius("key", 30, 31, 300000,
GeoUnit.M);
            for (int i = 0; i < list.size(); i++) {
                GeoRadiusResponse r = list.get(i);
                System.out.println("getCoordinate=" + r.getCoordinate() + " "
+ "getDistance=" + r.getDistance() + " "
                    + "getMember=" + new String(r.getMember()) + " " +
"getMemberByString="
                    + r.getMemberByString());
            }
        } catch (Exception e) {
            e.printStackTrace();
        } finally {
            if ( != null) {
                .close();
            }
        }
    }
}
```

程式執行結果如下。

```
getCoordinate=null getDistance=0.0 getMember=A getMemberByString=A
getCoordinate=null getDistance=0.0 getMember=B getMemberByString=B
getCoordinate=null getDistance=0.0 getMember=C getMemberByString=C
```

10.4.2 測試 withcoord、withdist 和 withhash

1. 測試案例

測試案例如下。

```
127.0.0.1:7777> georadius key 30 31 300000 m withcoord withdist withhash
A
0.1381
3491389173364598
30.00000089406967163
31.00000097648057817
B
111226.2075
```

```
3503191788823350
30.00000089406967163
31.99999916826298119
C
222452.5883
3503277692036727
30.00000089406967163
32.99999989476653894
127.0.0.1:7777>
```

2. 程式演示

```
public class Test5 {
    private static Pool pool = new Pool(new PoolConfig(), "192.168.30.181",
7777, 5000, "accp");

    public static void main(String[] args) {
         = null;
        try {
             = pool.getResource();

            .flushDB();

            .geoadd("key", 30, 31, "A");
            .geoadd("key", 30, 32, "B");
            .geoadd("key", 30, 33, "C");
            .geoadd("key", 30, 34, "D");
            .geoadd("key", 30, 35, "E");

            GeoRadiusParam param = new GeoRadiusParam();
            param.withCoord();
            param.withDist();

            List<GeoRadiusResponse> list = .georadius("key", 30, 31, 300000,
GeoUnit.M, param);
            for (int i = 0; i < list.size(); i++) {
                GeoRadiusResponse r = list.get(i);
                System.out.println("getCoordinate=" + r.getCoordinate() + " "
+ "getDistance=" + r.getDistance() + " "
                        + "getMember=" + new String(r.getMember()) + " " +
"getMemberByString="
                        + r.getMemberByString());
            }
        } catch (Exception e) {
            e.printStackTrace();
        } finally {
            if ( != null) {
                .close();
```

```
                }
            }
        }
}
```

程式執行結果如下。

```
getCoordinate=(30.00000089406967,31.000000976480578) getDistance=0.1381
getMember=A getMemberByString=A
getCoordinate=(30.00000089406967,31.99999916826298) getDistance=111226.2075
getMember=B getMemberByString=B
getCoordinate=(30.00000089406967,32.99999989476654) getDistance=222452.5883
getMember=C getMemberByString=C
```

10.4.3 測試 asc 和 desc

1. 測試案例

測試案例如下。

```
127.0.0.1:7777> georadius key 30 31 300000 m
A
B
C
127.0.0.1:7777> georadius key 30 31 300000 m asc
A
B
C
127.0.0.1:7777> georadius key 30 31 300000 m desc
C
B
A
127.0.0.1:7777>
```

2. 程式演示

```java
public class Test6 {
    private static Pool pool = new Pool(new PoolConfig(), "192.168.30.181",
7777, 5000, "accp");

    public static void main(String[] args) {
            = null;
        try {
            = pool.getResource();

            .flushDB();
```

```
            .geoadd("key", 30, 31, "A");
            .geoadd("key", 30, 32, "B");
            .geoadd("key", 30, 33, "C");
            .geoadd("key", 30, 34, "D");
            .geoadd("key", 30, 35, "E");


            {
                GeoRadiusParam param = new GeoRadiusParam();
                param.sortAscending();

                List<GeoRadiusResponse> list = .georadius("key", 30, 31,
300000, GeoUnit.M, param);
                for (int i = 0; i < list.size(); i++) {
                    GeoRadiusResponse r = list.get(i);
                    System.out.println("getCoordinate=" + r.getCoordinate() +
" " + "getDistance=" + r.getDistance()
                            + " " + "getMember=" + new String(r.getMember()) +
" " + "getMemberByString="
                            + r.getMemberByString());
                }
            }

            System.out.println();

            {
                GeoRadiusParam param = new GeoRadiusParam();
                param.sortDescending();

                List<GeoRadiusResponse> list = .georadius("key", 30, 31,
300000, GeoUnit.M, param);
                for (int i = 0; i < list.size(); i++) {
                    GeoRadiusResponse r = list.get(i);
                    System.out.println("getCoordinate=" + r.getCoordinate() +
" " + "getDistance=" + r.getDistance()
                            + " " + "getMember=" + new String(r.getMember()) +
" " + "getMemberByString="
                            + r.getMemberByString());
                }
            }
        } catch (Exception e) {
            e.printStackTrace();
        } finally {
            if ( != null) {
                .close();
            }
        }
    }
}
```

程式執行結果如下。

```
getCoordinate=null getDistance=0.0 getMember=A getMemberByString=A
getCoordinate=null getDistance=0.0 getMember=B getMemberByString=B
getCoordinate=null getDistance=0.0 getMember=C getMemberByString=C

getCoordinate=null getDistance=0.0 getMember=C getMemberByString=C
getCoordinate=null getDistance=0.0 getMember=B getMemberByString=B
getCoordinate=null getDistance=0.0 getMember=A getMemberByString=A
```

10.4.4 測試 count

1. 測試案例

測試案例如下。

```
127.0.0.1:7777> georadius key 30 31 300000 m asc
A
B
C
127.0.0.1:7777> georadius key 30 31 300000 m asc count 2
A
B
127.0.0.1:7777>
```

2. 程式演示

```java
public class Test7 {
    private static Pool pool = new Pool(new PoolConfig(), "192.168.30.181",
7777, 5000, "accp");

    public static void main(String[] args) {
         = null;
        try {
             = pool.getResource();

            .flushDB();

            .geoadd("key", 30, 31, "A");
            .geoadd("key", 30, 32, "B");
            .geoadd("key", 30, 33, "C");
            .geoadd("key", 30, 34, "D");
            .geoadd("key", 30, 35, "E");

            GeoRadiusParam param = new GeoRadiusParam();
            param.sortAscending();
            param.count(2);
```

```
        List<GeoRadiusResponse> list = .georadius("key", 30, 31, 300000,
GeoUnit.M, param);
        for (int i = 0; i < list.size(); i++) {
            GeoRadiusResponse r = list.get(i);
            System.out.println("getCoordinate=" + r.getCoordinate() + " "
+ "getDistance=" + r.getDistance() + " "
                    + "getMember=" + new String(r.getMember()) + " " +
"getMemberByString="
                    + r.getMemberByString());
        }
    } catch (Exception e) {
        e.printStackTrace();
    } finally {
        if ( != null) {
            .close();
        }
    }
}
}
```

程式執行結果如下。

```
getCoordinate=null getDistance=0.0 getMember=A getMemberByString=A
getCoordinate=null getDistance=0.0 getMember=B getMemberByString=B
```

10.4.5 測試 store 和 storedist

1. 測試案例

測試案例如下。

```
127.0.0.1:7777> georadius key 30 31 300000 m asc store a
3
127.0.0.1:7777> georadius key 30 31 300000 m asc storedist b
3
127.0.0.1:7777> type a
zset
127.0.0.1:7777> type b
zset
127.0.0.1:7777> zrange a 0 -1 withscores
A
3491389173364598
B
3503191788823350
C
3503277692036727
```

```
127.0.0.1:7777> zrange b 0 -1 withscores
A
0.13806553995715179
B
111226.20748900202
C
222452.58829528961
127.0.0.1:7777>
```

2. 程式演示

當前版本不支援這兩個參數的使用。

10.5 georadiusbymember 命令

使用格式如下。

```
georadiusbymember key member radius m|km|ft|mi [withcoord] [withdist]
[withhash] [count count] [asc|desc] [store key] [storedist key]
```

該命令用於根據元素返回附近地理位置。

10.5.1 測試距離單位 m、km、ft 和 mi

1. 測試案例

測試案例如下。

```
127.0.0.1:7777> georadiusbymember key A 300000 m
A
B
C
127.0.0.1:7777>
```

2. 程式演示

```java
public class Test8 {
    private static Pool pool = new Pool(new PoolConfig(), "192.168.30.181",
7777, 5000, "accp");

    public static void main(String[] args) {
         = null;
        try {
             = pool.getResource();
```

```
            .flushDB();

            .geoadd("key", 30, 31, "A");
            .geoadd("key", 30, 32, "B");
            .geoadd("key", 30, 33, "C");
            .geoadd("key", 30, 34, "D");
            .geoadd("key", 30, 35, "E");

            List<GeoRadiusResponse> list = .georadiusByMember("key", "A",
300000, GeoUnit.M);
            for (int i = 0; i < list.size(); i++) {
                GeoRadiusResponse r = list.get(i);
                System.out.println("getCoordinate=" + r.getCoordinate() + " "
+ "getDistance=" + r.getDistance() + " "
                        + "getMember=" + new String(r.getMember()) + " " +
"getMemberByString="
                        + r.getMemberByString());
            }
        } catch (Exception e) {
            e.printStackTrace();
        } finally {
            if ( != null) {
                .close();
            }
        }
    }
}
```

程式執行結果如下。

```
getCoordinate=null getDistance=0.0 getMember=A getMemberByString=A
getCoordinate=null getDistance=0.0 getMember=B getMemberByString=B
getCoordinate=null getDistance=0.0 getMember=C getMemberByString=C
```

10.5.2 測試 withcoord、withdist 和 withhash

1. 測試案例

測試案例如下。

```
127.0.0.1:7777> georadiusbymember key A 300000 m withcoord withdist withhash
A
0.0000
3491389173364598
30.00000089406967163
31.00000097648057817
```

```
B
111226.0989
3503191788823350
30.00000089406967163
31.99999916826298119
C
222452.4797
3503277692036727
30.00000089406967163
32.99999989476653894
127.0.0.1:7777>
```

2. 程式演示

```java
public class Test9 {
    private static Pool pool = new Pool(new PoolConfig(), "192.168.1.108",
6379, 5000, "default",
            "accp");

    public static void main(String[] args) {
         = null;
        try {
             = pool.getResource();

            .flushDB();

            .geoadd("key", 30, 31, "A");
            .geoadd("key", 30, 32, "B");
            .geoadd("key", 30, 33, "C");
            .geoadd("key", 30, 34, "D");
            .geoadd("key", 30, 35, "E");

            GeoRadiusParam param = new GeoRadiusParam();
            param.withCoord();
            param.withDist();
            param.withHash();

            List<GeoRadiusResponse> list = .georadiusByMember("key", "A",
300000, GeoUnit.M, param);
            for (int i = 0; i < list.size(); i++) {
                GeoRadiusResponse r = list.get(i);
                System.out.println("getCoordinate=" + r.getCoordinate() + " "
+ "getDistance=" + r.getDistance() + " "
                        + "getMember=" + new String(r.getMember()) + " " +
"getMemberByString=" + r.getMemberByString()
                        + " getRawScore=" + r.getRawScore());
            }
        } catch (Exception e) {
```

```
                e.printStackTrace();
        } finally {
            if ( != null) {
                .close();
            }
        }
    }

}
```

程式執行結果如下。

```
getCoordinate=(30.00000089406967,31.000000976480578) getDistance=0.0
getMember=A getMemberByString=A getRawScore=3491389173364598
getCoordinate=(30.00000089406967,31.99999916826298) getDistance=111226.0989
getMember=B getMemberByString=B getRawScore=3503191788823350
getCoordinate=(30.00000089406967,32.99999989476654) getDistance=222452.4797
getMember=C getMemberByString=C getRawScore=3503277692036727
```

10.5.3 測試 asc 和 desc

1. 測試案例

測試案例如下。

```
127.0.0.1:7777> georadiusbymember key A 300000 m
A
B
C
127.0.0.1:7777> georadiusbymember key A 300000 m asc
A
B
C
127.0.0.1:7777> georadiusbymember key A 300000 m desc
C
B
A
127.0.0.1:7777>
```

2. 程式演示

```
public class Test10 {
    private static Pool pool = new Pool(new PoolConfig(), "192.168.30.181",
7777, 5000, "accp");

    public static void main(String[] args) {
        = null;
```

```
        try {
             = pool.getResource();

            .flushDB();

            .geoadd("key", 30, 31, "A");
            .geoadd("key", 30, 32, "B");
            .geoadd("key", 30, 33, "C");
            .geoadd("key", 30, 34, "D");
            .geoadd("key", 30, 35, "E");

            {
                GeoRadiusParam param = new GeoRadiusParam();
                param.sortAscending();

                List<GeoRadiusResponse> list = .georadiusByMember("key", "A",
300000, GeoUnit.M, param);
                for (int i = 0; i < list.size(); i++) {
                    GeoRadiusResponse r = list.get(i);
                    System.out.println("getCoordinate=" + r.getCoordinate() +
" " + "getDistance=" + r.getDistance()
                            + " " + "getMember=" + new String(r.getMember()) +
" " + "getMemberByString="
                            + r.getMemberByString());
                }
            }

            System.out.println();

            {
                GeoRadiusParam param = new GeoRadiusParam();
                param.sortDescending();

                List<GeoRadiusResponse> list = .georadiusByMember("key", "A",
300000, GeoUnit.M, param);
                for (int i = 0; i < list.size(); i++) {
                    GeoRadiusResponse r = list.get(i);
                    System.out.println("getCoordinate=" + r.getCoordinate() +
" " + "getDistance=" + r.getDistance()
                            + " " + "getMember=" + new String(r.getMember()) +
" " + "getMemberByString="
                            + r.getMemberByString());
                }
            }
        } catch (Exception e) {
            e.printStackTrace();
        } finally {
            if ( != null) {
```

```
                    .close();
            }
        }
    }
}
```

程式執行結果如下。

```
getCoordinate=null getDistance=0.0 getMember=A getMemberByString=A
getCoordinate=null getDistance=0.0 getMember=B getMemberByString=B
getCoordinate=null getDistance=0.0 getMember=C getMemberByString=C

getCoordinate=null getDistance=0.0 getMember=C getMemberByString=C
getCoordinate=null getDistance=0.0 getMember=B getMemberByString=B
getCoordinate=null getDistance=0.0 getMember=A getMemberByString=A
```

10.5.4 測試 count

1. 測試案例

測試案例如下。

```
127.0.0.1:7777> georadiusbymember key A 300000 m ASC
A
B
C
127.0.0.1:7777> georadiusbymember key A 300000 m ASC count 2
A
B
127.0.0.1:7777>
```

2. 程式演示

```
public class Test11 {
    private static Pool pool = new Pool(new PoolConfig(), "192.168.30.181",
7777, 5000, "accp");

    public static void main(String[] args) {
         = null;
        try {
             = pool.getResource();

            .flushDB();

            .geoadd("key", 30, 31, "A");
            .geoadd("key", 30, 32, "B");
            .geoadd("key", 30, 33, "C");
```

```
            .geoadd("key", 30, 34, "D");
            .geoadd("key", 30, 35, "E");

            GeoRadiusParam param = new GeoRadiusParam();
            param.sortAscending();
            param.count(2);

            List<GeoRadiusResponse> list = .georadiusByMember("key", "A",
300000, GeoUnit.M, param);
            for (int i = 0; i < list.size(); i++) {
                GeoRadiusResponse r = list.get(i);
                System.out.println("getCoordinate=" + r.getCoordinate() + " "
+ "getDistance=" + r.getDistance() + " "
                        + "getMember=" + new String(r.getMember()) + " " +
"getMemberByString="
                        + r.getMemberByString());
            }
        } catch (Exception e) {
            e.printStackTrace();
        } finally {
            if ( != null) {
                .close();
            }
        }
    }
}
```

程式執行結果如下。

```
getCoordinate=null getDistance=0.0 getMember=A getMemberByString=A
getCoordinate=null getDistance=0.0 getMember=B getMemberByString=B
```

10.5.5 測試 store 和 storedist

1. 測試案例

測試案例如下。

```
127.0.0.1:7777> georadiusbymember key A 300000 m asc store a
3
127.0.0.1:7777> georadiusbymember key A 300000 m asc storedist b
3
127.0.0.1:7777> type a
zset
127.0.0.1:7777> type b
zset
127.0.0.1:7777> zrange a 0 -1 withscores
```

```
A
3491389173364598
B
3503191788823350
C
3503277692036727
127.0.0.1:7777> zrange b 0 -1 withscores
A
0
B
111226.09887864796
C
222452.47968495192
127.0.0.1:7777>
```

2. 程式演示

當前版本不支援這兩個參數的使用。

10.6　刪除 GEO 資料類型中的元素

GEO 資料類型內部使用 Sorted Set 資料類型，刪除元素可以使用 zrem 命令。

10.6.1　測試案例

測試案例如下。

```
127.0.0.1:6379> flushdb
OK
127.0.0.1:6379> geoadd key1 50 50 a 60 60 b 70 70 c 80 80 d
(integer) 4
127.0.0.1:6379> type key1
zset
127.0.0.1:6379> zcard key1
(integer) 4
127.0.0.1:6379> zrem key1 a b
(integer) 2
127.0.0.1:6379> zcard key1
(integer) 2
127.0.0.1:6379> zrange key1 0 -1
1) "c"
```

```
2) "d"
127.0.0.1:6379>
```

10.6.2 程式演示

```java
public class Test12 {
    private static Pool pool = new Pool(new PoolConfig(), "192.168.56.11",
6379, 5000, "accp");

    public static void main(String[] args) {
         = null;
        try {
             = pool.getResource();

            .flushDB();

            .geoadd("key", 50, 50, "a");
            .geoadd("key", 60, 60, "b");
            .geoadd("key", 70, 70, "c");
            .geoadd("key", 80, 80, "d");

            System.out.println(.type("key"));
            System.out.println(.zcard("key"));
            .zrem("key", "a", "b");
            System.out.println(.zcard("key"));
            Set<String> set = .zrange("key", 0, -1);
            Iterator<String> iterator = set.iterator();
            while (iterator.hasNext()) {
                System.out.println(iterator.next());
            }
        } catch (Exception e) {
            e.printStackTrace();
        } finally {
            if ( != null) {
                .close();
            }
        }
    }
}
```

程式執行結果如下。

```
zset
4
2
c
d
```

Pub/Sub 類型命令

Pub/Sub（發佈 / 訂閱）模式在生活中隨處可見，如某些網站的「話題廣場」就是典型的 Pub/Sub 模式，如圖 11-1 所示。

圖 11-1 話題廣場

在話題廣場中，使用者選擇自己感興趣的話題進行訂閱，當發佈了與所訂閱話題有關的發文時，網站會自動把發文傳送給訂閱的使用者。

Pub/Sub 模式有 3 個角色。

- 主題（Topic）：發行者與訂閱者溝通的橋樑。
- 訂閱者（Subscriber）：訂閱主題，並從主題獲取訊息。
- 發行者（Publisher）：向主題發佈訊息。

3 個角色的結構如圖 11-2 所示。

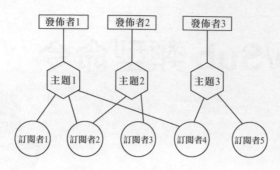

圖 11-2 3 個角色的結構

訂閱者首先訂閱指定的主題，發行者把訊息傳送給主題，主題會把訊息傳送給訂閱該主題的訂閱者。

在 Redis 中，主題換了一個新的名稱，即「頻道」，頻道其實和原來主題的功能和作用是一樣的。Redis 中的 Pub/Sub 模式的結構如圖 11-3 所示。

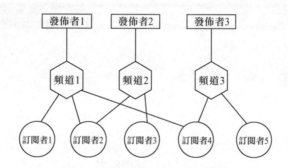

圖 11-3 Pub/Sub 模式的結構

訂閱者首先訂閱指定的頻道，發行者把訊息傳送給頻道，頻道會把訊息傳送給訂閱該頻道的訂閱者。

Redis 中的 Pub/Sub 模式可以複習出以下 3 個特性。

■ 以頻道為仲介，實現了發行者與訂閱者之間的解耦，發行者不知道訂閱者在哪裡，而訂閱者也不知道發行者在哪裡。

■ 訂閱者要先訂閱頻道，然後頻道會將發行者發佈的訊息傳送給訂閱者。如果發行者在訂閱頻道前發佈訊息，則訂閱者接收不到訊息。

■ Pub/Sub 模式就是 Java 中的觀察者模式。

11.1 publish 和 subscribe 命令

publish 和 subscribe 命令的作用是發佈與訂閱。

使用格式如下。

```
publish channel message
```

該命令用於向指定的頻道發佈訊息。

使用格式如下。

```
subscribe channel [channel ...]
```

該命令用於訂閱指定的頻道。

一旦用戶端（訂閱者）進入訂閱狀態，就不能執行除 subscribe、psubscribe、unsubscribe 和 punsubscribe 以外的命令。

11.1.1 測試案例

訂閱者 A 執行以下命令。

```
127.0.0.1:7777> subscribe channelA channelB
subscribe
channelA
1
subscribe
channelB
2
```

訂閱者 B 執行以下命令。

```
127.0.0.1:7777> subscribe channelB channelC
subscribe
channelB
1
subscribe
channelC
2
```

發行者發佈 3 筆訊息，命令如下。

```
127.0.0.1:7777> publish channelA amessage
```

```
1
127.0.0.1:7777> publish channelB bmessage
2
127.0.0.1:7777> publish channelC cmessage
1
127.0.0.1:7777>
```

訂閱者 A 接收的訊息如下。

```
message
channelA
amessage
message
channelB
bmessage
```

訂閱者 B 接收的訊息如下。

```
message
channelB
bmessage
message
channelC
cmessage
```

11.1.2 程式演示

```java
public class MyPubSub extends PubSub {
    // 接收的訊息
    public void onMessage(String channel, String message) {
        System.out.println("onMessage channel=" + channel + " message=" +
message);
    }

    // 發佈的訊息
    public void onPMessage(String pattern, String channel, String message) {
        System.out.println("onPMessage pattern=" + pattern + " channel=" +
channel + " message=" + message);
    }

    // 訂閱的訊息
    public void onSubscribe(String channel, int subscribedChannels) {
        System.out.println("onSubscribe channel=" + channel + "
subscribedChannels=" + subscribedChannels);
    }

    // 取消訂閱
```

```java
    public void onUnsubscribe(String channel, int subscribedChannels) {
        System.out.println("onUnsubscribe channel=" + channel + "
subscribedChannels=" + subscribedChannels);
    }

    // 批次取消訂閱
    public void onPUnsubscribe(String pattern, int subscribedChannels) {
        System.out.println("onPUnsubscribe pattern=" + pattern + "
subscribedChannels=" + subscribedChannels);
    }

    // 批次訂閱
    public void onPSubscribe(String pattern, int subscribedChannels) {
        System.out.println("onPSubscribe pattern=" + pattern + "
subscribedChannels=" + subscribedChannels);
    }

    // 測試頻道是否正常
    public void onPong(String pattern) {
        System.out.println("onPong channel=" + pattern);
    }
}

public class Test1_pub {
    private static Pool pool = new Pool(new PoolConfig(), "192.168.1.109",
7777, 5000, "accp");

    public static void main(String[] args) {
        = null;
        try {
            = pool.getResource();
            .flushDB();

            .publish("channelAA", "AAMessage");
            .publish("channelBB", "BBMessage");
            .publish("channelCC", "CCMessage");

            System.out.println("Test1_pub執行結束！");
        } catch (Exception e) {
            e.printStackTrace();
        } finally {
            if ( != null) {
                .close();
            }
        }
    }
}
```

```java
public class Test1_sub1 {
    private static Pool pool = new Pool(new PoolConfig(), "192.168.1.109",
7777, 5000, "accp");

    public static void main(String[] args) {
        = null;
        try {
            = pool.getResource();
            .flushDB();

            .subscribe(new MyPubSub(), "channelAA", "channelBB");

            System.out.println("Test1_sub1執行結束！");

        } catch (Exception e) {
            e.printStackTrace();
        } finally {
            if ( != null) {
                .close();
            }
        }
    }
}

public class Test1_sub2 {
    private static Pool pool = new Pool(new PoolConfig(), "192.168.1.109",
7777, 5000, "accp");

    public static void main(String[] args) {
        = null;
        try {
            = pool.getResource();
            .flushDB();

            .subscribe(new MyPubSub(), "channelBB", "channelCC");

            System.out.println("Test1_sub2執行結束！");

        } catch (Exception e) {
            e.printStackTrace();
        } finally {
            if ( != null) {
                .close();
            }
        }
    }
}
```

執行 Test1_sub1.java 類別，主控台輸出結果如下。

```
onSubscribe channel=channelAA subscribedChannels=1
onSubscribe channel=channelBB subscribedChannels=2
```

執行 Test1_sub2.java 類別，主控台輸出結果如下。

```
onSubscribe channel=channelBB subscribedChannels=1
onSubscribe channel=channelCC subscribedChannels=2
```

執行 Test1_pub.java 類別，主控台輸出結果如下。

```
Test1_pub執行結束！
```

Test1_sub1.java 類別的主控台輸出結果如下。

```
onSubscribe channel=channelAA subscribedChannels=1
onSubscribe channel=channelBB subscribedChannels=2
onMessage channel=channelAA message=AAMessage
onMessage channel=channelBB message=BBMessage
```

Test1_sub2.java 類別的主控台輸出結果如下。

```
onSubscribe channel=channelBB subscribedChannels=1
onSubscribe channel=channelCC subscribedChannels=2
onMessage channel=channelBB message=BBMessage
onMessage channel=channelCC message=CCMessage
```

測試完成後發現，Test1_sub1.java 類別和 Test1_sub2.java 類別的處理程序並未被銷毀，而是呈阻塞的狀態，一直在等待新的訊息到達。

11.2 unsubscribe 命令

使用格式如下。

```
unsubscribe [channel [channel ...]]
```

該命令用於取消訂閱指定頻道，如果頻道未指定，則取消訂閱所有頻道。

11.2.1 測試案例

由於在 redis-cli 中一旦進入訂閱狀態，就無法執行 unsubscribe 命令實現取消訂閱的效果，因此需要在 Redis 環境中進行。

11.2.2 程式演示

```java
class TestUnsubscribeThread2 extends Thread {
    private PubSub pubsub;

    public TestUnsubscribeThread5(PubSub pubsub) {
        super();
        this.pubsub = pubsub;
    }

    public void run() {
        try {
            Thread.sleep(3000);
            pubsub.unsubscribe("a", "b", "c");
            // pubsub.unsubscribe()：沒有參數則取消訂閱所有頻道
        } catch (InterruptedException e) {
            e.printStackTrace();
        }
    }
}

class TestPublishThread2 extends Thread {
    private  ;

    public TestPublishThread2( ) {
        super();
        this. = ;
    }

    public void run() {
        try {
            Thread.sleep(1000);
            .publish("a", "avalue");
            .publish("b", "bvalue");
            .publish("c", "cvalue");
        } catch (InterruptedException e) {
            e.printStackTrace();
        }
    }
}

public class Test2_sub {
    private static Pool pool = new Pool(new PoolConfig(), "192.168.1.109",
7777, 5000, "accp");

    public static void main(String[] args) {
        1 = null;
```

```
        2 = null;
      try {
          1 = pool.getResource();
          2 = pool.getResource();

          1.flushDB();

          MyPubSub pubsub = new MyPubSub();

          TestPublishThread5 publishThread = new TestPublishThread5(2);
          publishThread.start();

          TestUnsubscribeThread5 unsubscribeThread = new
TestUnsubscribeThread5(pubsub);
          unsubscribeThread.start();

          1.subscribe(pubsub, "a", "b", "c");

          System.out.println("Test2_sub.java執行結束!");

      } catch (Exception e) {
          e.printStackTrace();
      } finally {
          if (1 != null) {
              1.close();
          }
      }
   }
}
```

程式執行結果如下。

```
onSubscribe channel=a subscribedChannels=1
onSubscribe channel=b subscribedChannels=2
onSubscribe channel=c subscribedChannels=3
onMessage channel=a message=avalue
onMessage channel=b message=bvalue
onMessage channel=c message=cvalue
onUnsubscribe channel=a subscribedChannels=2
onUnsubscribe channel=b subscribedChannels=1
onUnsubscribe channel=c subscribedChannels=0
Test2_sub.java執行結束!
```

11.3 psubscribe 命令

使用格式如下。

```
psubscribe pattern [pattern ...]
```

該命令用於訂閱與指定模式 pattern 匹配的頻道,支援 glob 風格的模式匹配。

- h?llo:可以訂閱 hello、hallo 和 hxllo 頻道。
- h*llo:可以訂閱 hllo 和 heeeello 頻道。
- h[ae]llo:可以訂閱 hello 和 hallo 頻道,但不訂閱 hillo 頻道。

執行以下命令創建訂閱環境。

```
127.0.0.1:7777> SUBSCRIBE hallo hbllo hcllo hdllo hello haallo hbbllo hccllo
hddllo heello
subscribe
hallo
1
subscribe
hbllo
2
subscribe
hcllo
3
subscribe
hdllo
4
subscribe
hello
5
subscribe
haallo
6
subscribe
hbbllo
7
subscribe
hccllo
8
subscribe
hddllo
9
```

```
subscribe
heello
10
```

11.3.1 模式？的使用

h?llo 可以訂閱 hello、hallo 和 hxllo 頻道。

1. 測試案例

訂閱者執行以下命令。

```
127.0.0.1:7777> psubscribe h?llo
psubscribe
h?llo
1
```

發行者發佈訊息，命令如下。

```
127.0.0.1:7777> publish hallo message_a
1
127.0.0.1:7777> publish hbllo message_b
1
127.0.0.1:7777> publish hcllo message_c
1
127.0.0.1:7777> publish hdllo message_d
1
127.0.0.1:7777> publish hello message_e
1
127.0.0.1:7777> publish haallo message_aa
0
127.0.0.1:7777> publish hbbllo message_bb
0
127.0.0.1:7777> publish hccllo message_cc
0
127.0.0.1:7777> publish hddllo message_dd
0
127.0.0.1:7777> publish heello message_ee
0
127.0.0.1:7777>
```

訂閱者接收的訊息如下。

```
127.0.0.1:7777> psubscribe h?llo
psubscribe
h?llo
1
```

```
pmessage
h?llo
hallo
message_a
pmessage
h?llo
hbllo
message_b
pmessage
h?llo
hcllo
message_c
pmessage
h?llo
hdllo
message_d
pmessage
h?llo
hello
message_e
```

2. 程式演示

```
public class Test3_pub {
    private static Pool pool = new Pool(new PoolConfig(), "192.168.1.109",
7777, 5000, "accp");

    public static void main(String[] args) {
         = null;
        try {
             = pool.getResource();
            .flushDB();

            .publish("hallo", "message_a");
            .publish("hbllo", "message_b");
            .publish("hcllo", "message_c");
            .publish("hdllo", "message_d");
            .publish("hello", "message_e");

            .publish("haallo", "message_aa");
            .publish("hbbllo", "message_bb");
            .publish("hccllo", "message_cc");
            .publish("hddllo", "message_dd");
            .publish("heello", "message_ee");

            System.out.println("Test3_pub執行結束！");
        } catch (Exception e) {
            e.printStackTrace();
```

```
        } finally {
            if ( != null) {
                .close();
            }
        }
    }
}

public class Test3_sub {
    private static Pool pool = new Pool(new PoolConfig(), "192.168.1.109",
7777, 5000, "accp");

    public static void main(String[] args) {
         = null;
        try {
             = pool.getResource();
            .flushDB();

            .psubscribe(new MyPubSub(), "h?llo");

            System.out.println("Test3_sub執行結束！");

        } catch (Exception e) {
            e.printStackTrace();
        } finally {
            if ( != null) {
                .close();
            }
        }
    }
}
```

執行 Test3_sub.java 類別，主控台輸出結果如下。

```
onPSubscribe pattern=h?llo subscribedChannels=1
```

執行 Test3_pub.java 類別，主控台輸出結果如下。

```
Test3_pub執行結束！
```

執行 Test3_sub.java 類別，主控台輸出結果如下。

```
onPSubscribe pattern=h?llo subscribedChannels=1
onPMessage pattern=h?llo channel=hallo message=message_a
onPMessage pattern=h?llo channel=hbllo message=message_b
onPMessage pattern=h?llo channel=hcllo message=message_c
onPMessage pattern=h?llo channel=hdllo message=message_d
onPMessage pattern=h?llo channel=hello message=message_e
```

11.3.2 模式 * 的使用

h*llo 可以訂閱 hllo 和 heeeello 頻道。

1. 測試案例

訂閱者執行以下命令。

```
127.0.0.1:7777> psubscribe h*llo
psubscribe
h*llo
1
```

發行者發佈訊息,命令如下。

```
127.0.0.1:7777> publish hllo message_
1
127.0.0.1:7777> publish hallo message_a
2
127.0.0.1:7777> publish hbllo message_b
2
127.0.0.1:7777> publish hcllo message_c
2
127.0.0.1:7777> publish hdllo message_d
2
127.0.0.1:7777> publish hello message_e
2
127.0.0.1:7777> publish haallo message_aa
1
127.0.0.1:7777> publish hbbllo message_bb
1
127.0.0.1:7777> publish hccllo message_cc
1
127.0.0.1:7777> publish hddllo message_dd
1
127.0.0.1:7777> publish heello message_ee
1
127.0.0.1:7777>
```

訂閱者獲得的訊息如下。

```
127.0.0.1:7777> psubscribe h*llo
psubscribe
h*llo
1
pmessage
h*llo
```

```
hllo
message_
pmessage
h*llo
hallo
message_a
pmessage
h*llo
hbllo
message_b
pmessage
h*llo
hcllo
message_c
pmessage
h*llo
hdllo
message_d
pmessage
h*llo
hello
message_e
pmessage
h*llo
haallo
message_aa
pmessage
h*llo
hbbllo
message_bb
pmessage
h*llo
hccllo
message_cc
pmessage
h*llo
hddllo
message_dd
pmessage
h*llo
heello
message_ee
```

2. 程式演示

```java
public class Test4_pub {
    private static Pool pool = new Pool(new PoolConfig(), "192.168.1.109",
7777, 5000, "accp");
```

```java
    public static void main(String[] args) {
        = null;
    try {
        = pool.getResource();
        .flushDB();

        .publish("hllo", "message_");

        .publish("hallo", "message_a");
        .publish("hbllo", "message_b");
        .publish("hcllo", "message_c");
        .publish("hdllo", "message_d");
        .publish("hello", "message_e");

        .publish("haallo", "message_aa");
        .publish("hbbllo", "message_bb");
        .publish("hccllo", "message_cc");
        .publish("hddllo", "message_dd");
        .publish("heello", "message_ee");

        System.out.println("Test4_pub執行結束！");
    } catch (Exception e) {
        e.printStackTrace();
    } finally {
        if ( != null) {
            .close();
        }
    }
    }
}

public class Test4_sub {
    private static Pool pool = new Pool(new PoolConfig(), "192.168.1.109",
7777, 5000, "accp");

    public static void main(String[] args) {
        = null;
    try {
        = pool.getResource();
        .flushDB();

        .psubscribe(new MyPubSub(), "h*llo");

        System.out.println("Test4_sub執行結束！");

    } catch (Exception e) {
        e.printStackTrace();
```

```
        } finally {
            if ( != null) {
                .close();
            }
        }
    }
}
```

執行 Test4_sub.java 類別，主控台輸出結果如下。

```
onPSubscribe pattern=h*llo subscribedChannels=1
```

執行 Test4_pub.java 類別，主控台輸出結果如下。

```
Test4_pub執行結束！
```

執行 Test4_sub.java 類別，主控台輸出結果如下。

```
onPSubscribe pattern=h*llo subscribedChannels=1
onPMessage pattern=h*llo channel=hllo message=message_
onPMessage pattern=h*llo channel=hallo message=message_a
onPMessage pattern=h*llo channel=hbllo message=message_b
onPMessage pattern=h*llo channel=hcllo message=message_c
onPMessage pattern=h*llo channel=hdllo message=message_d
onPMessage pattern=h*llo channel=hello message=message_e
onPMessage pattern=h*llo channel=haallo message=message_aa
onPMessage pattern=h*llo channel=hbbllo message=message_bb
onPMessage pattern=h*llo channel=hccllo message=message_cc
onPMessage pattern=h*llo channel=hddllo message=message_dd
onPMessage pattern=h*llo channel=heello message=message_ee
```

11.3.3 模式 [xy] 的使用

h[ae]llo 可以訂閱 hallo 或 hello 頻道，但不訂閱 hillo 頻道。

1. 測試案例

訂閱者執行以下命令。

```
127.0.0.1:7777> psubscribe h[abcde]llo
psubscribe
h[abcde]llo
1
```

發行者發佈訊息，命令如下。

```
127.0.0.1:7777> publish hallo message_a
2
127.0.0.1:7777> publish hbllo message_b
2
127.0.0.1:7777> publish hcllo message_c
2
127.0.0.1:7777> publish hdllo message_d
2
127.0.0.1:7777> publish hello message_e
2
127.0.0.1:7777> publish haallo message_aa
1
127.0.0.1:7777> publish hbbllo message_bb
1
127.0.0.1:7777> publish hccllo message_cc
1
127.0.0.1:7777> publish hddllo message_dd
1
127.0.0.1:7777> publish heello message_ee
1
127.0.0.1:7777>
```

訂閱者獲得的訊息如下。

```
127.0.0.1:7777> PSUBSCRIBE h[abcde]llo
psubscribe
h[abcde]llo
1
pmessage
h[abcde]llo
hallo
message_a
pmessage
h[abcde]llo
hbllo
message_b
pmessage
h[abcde]llo
hcllo
message_c
pmessage
h[abcde]llo
hdllo
message_d
pmessage
h[abcde]llo
hello
message_e
```

2. 程式演示

```
public class Test5_pub {
    private static Pool pool = new Pool(new PoolConfig(), "192.168.1.109",
7777, 5000, "accp");

    public static void main(String[] args) {
         = null;
        try {
             = pool.getResource();
            .flushDB();

            .publish("hallo", "message_a");
            .publish("hbllo", "message_b");
            .publish("hcllo", "message_c");
            .publish("hdllo", "message_d");
            .publish("hello", "message_e");

            .publish("haallo", "message_aa");
            .publish("hbbllo", "message_bb");
            .publish("hccllo", "message_cc");
            .publish("hddllo", "message_dd");
            .publish("heello", "message_ee");

            System.out.println("Test5_pub執行結束！");
        } catch (Exception e) {
            e.printStackTrace();
        } finally {
            if ( != null) {
                .close();
            }
        }
    }
}

public class Test5_sub {
    private static Pool pool = new Pool(new PoolConfig(), "192.168.1.109",
7777, 5000, "accp");

    public static void main(String[] args) {
         = null;
        try {
             = pool.getResource();
            .flushDB();

            .psubscribe(new MyPubSub(), "h[abcde]llo");

            System.out.println("Test5_sub執行結束！");
```

```
      } catch (Exception e) {
         e.printStackTrace();
      } finally {
         if ( != null) {
            .close();
         }
      }
   }
}
```

執行 Test5_sub.java 類別，主控台輸出結果如下。

```
onPSubscribe pattern=h[abcde]llo subscribedChannels=1
```

執行 Test5_pub.java 類別，主控台輸出結果如下。

```
Test5_pub執行結束！
```

執行 Test5_sub.java 類別，主控台輸出結果如下。

```
onPSubscribe pattern=h[abcde]llo subscribedChannels=1
onPMessage pattern=h[abcde]llo channel=hallo message=message_a
onPMessage pattern=h[abcde]llo channel=hbllo message=message_b
onPMessage pattern=h[abcde]llo channel=hcllo message=message_c
onPMessage pattern=h[abcde]llo channel=hdllo message=message_d
onPMessage pattern=h[abcde]llo channel=hello message=message_e
```

11.4 punsubscribe 命令

使用格式如下。

```
punsubscribe [pattern [pattern ...]]
```

該命令用於按模式 pattern 批次取消訂閱，如果 pattern 未指定，則取消訂閱所有頻道。

11.4.1 測試案例

由於一旦在 redis-cli 中進入訂閱狀態，就無法執行 punsubscribe 命令實現批次取消訂閱的效果，因此需要在 Redis 環境中進行。

11.4.2 程式演示

```
class TestUnsubscribeThread6 extends Thread {
    private PubSub pubsub;

    public TestUnsubscribeThread6(PubSub pubsub) {
        super();
        this.pubsub = pubsub;
    }

    public void run() {
        try {
            Thread.sleep(3000);
            pubsub.punsubscribe("h?llo");
            // pubsub.punsubscribe()：沒有參數則取消的訂閱所有頻道
        } catch (InterruptedException e) {
            e.printStackTrace();
        }
    }
}

class TestPublishThread6 extends Thread {
    private  ;

    public TestPublishThread6( ) {
        super();
        this. = ;
    }

    public void run() {
        try {
            Thread.sleep(1000);
            .publish("hallo", "hallo_value");
            .publish("hbllo", "hbllo_value");
            .publish("hcllo", "hcllo_value");
        } catch (InterruptedException e) {
            e.printStackTrace();
        }
    }
}

public class Test6_sub {
    private static Pool pool = new Pool(new PoolConfig(), "192.168.1.109",
7777, 5000, "accp");

    public static void main(String[] args) {
        1 = null;
        2 = null;
```

```
        try {
            1 = pool.getResource();
            2 = pool.getResource();

            1.flushDB();

            MyPubSub pubsub = new MyPubSub();

            TestPublishThread6 publishThread = new TestPublishThread6(2);
            publishThread.start();

            TestUnsubscribeThread6 unsubscribeThread = new
TestUnsubscribeThread6(pubsub);
            unsubscribeThread.start();

            1.psubscribe(pubsub, "h?llo");

            System.out.println("Test6_sub.java執行結束！");

        } catch (Exception e) {
            e.printStackTrace();
        } finally {
            if (1 != null) {
                1.close();
            }
        }
    }
}
```

程式執行結果如下。

```
onPSubscribe pattern=h?llo subscribedChannels=1
onPMessage pattern=h?llo channel=hallo message=hallo_value
onPMessage pattern=h?llo channel=hbllo message=hbllo_value
onPMessage pattern=h?llo channel=hcllo message=hcllo_value
onPUnsubscribe pattern=h?llo subscribedChannels=0
Test6_sub.java執行結束！
```

11.5 pubsub 命令

使用格式如下。

```
pubsub subcommand [argument [argument ...]]
```

該命令用於獲得訂閱發佈的狀態，使用形式如下。

```
pubsub <subcommand> ... args ...
```

11.5.1 pubsub channels [pattern] 子命令

pubsub channels [pattern] 子命令可以列出所有被模式匹配的活動頻道。活動頻道是指至少有一個訂閱者訂閱的頻道。如果不加 pattern 參數，則列出所有活動頻道。

1. 測試案例

訂閱者執行以下命令。

```
127.0.0.1:7777> subscribe channelA channelB channelC
subscribe
channelA
1
subscribe
channelB
2
subscribe
channelC
3
```

在其他終端輸入以下命令。

```
127.0.0.1:7777> pubsub channels
channelB
channelC
channelA
127.0.0.1:7777> PUBSUB channels channelA
channelA
127.0.0.1:7777> PUBSUB channels channelB
channelB
127.0.0.1:7777> PUBSUB channels channelC
channelC
127.0.0.1:7777> PUBSUB channels c*A
channelA
127.0.0.1:7777>
```

2. 程式演示

```
class TestPubSubThread extends Thread {
    private  ;

    public TestPubSubThread( ) {
```

```
        super();
        this. = ;
    }

    public void run() {
        try {
            Thread.sleep(1000);
            List list1 = .pubsubChannels("*");
            for (int i = 0; i < list1.size(); i++) {
                System.out.println(list1.get(i));
            }
            System.out.println();
            List list2_1 = .pubsubChannels("channelA");
            for (int i = 0; i < list2_1.size(); i++) {
                System.out.println(list2_1.get(i));
            }
            List list2_2 = .pubsubChannels("channelB");
            for (int i = 0; i < list2_2.size(); i++) {
                System.out.println(list2_2.get(i));
            }
            List list2_3 = .pubsubChannels("channelC");
            for (int i = 0; i < list2_3.size(); i++) {
                System.out.println(list2_3.get(i));
            }
            System.out.println();
            List list3 = .pubsubChannels("c*A");
            for (int i = 0; i < list3.size(); i++) {
                System.out.println(list3.get(i));
            }
        } catch (InterruptedException e) {
            e.printStackTrace();
        }
    }
}

public class Test7_pub {
    private static Pool pool = new Pool(new PoolConfig(), "192.168.1.109",
7777, 5000, "accp");

    public static void main(String[] args) {
        1 = null;
        2 = null;
        try {
            1 = pool.getResource();
            2 = pool.getResource();

            1.flushDB();
```

```
                MyPubSub pubsub = new MyPubSub();

                TestPubSubThread publishThread = new TestPubSubThread(2);
                publishThread.start();

                1.subscribe(pubsub, "channelA", "channelB", "channelC");

                System.out.println("Test7_pub.java執行結束！");

        } catch (Exception e) {
            e.printStackTrace();
        } finally {
            if (1 != null) {
                1.close();
            }
        }
    }
}
```

程式執行結果如下。

```
onSubscribe channel=channelA subscribedChannels=1
onSubscribe channel=channelB subscribedChannels=2
onSubscribe channel=channelC subscribedChannels=3
Z
Y
X
channelB
channelC
channelA

channelA
channelB
channelC

channelA
```

11.5.2 pubsub numsub [channel-1⋯channel-N] 子命令

pubsub numsub [channel-1⋯channel-N] 子命令可以返回指定頻道的訂閱數。

1. 測試案例

訂閱者 A 執行以下命令。

```
127.0.0.1:7777> subscribe A B
subscribe
A
1
subscribe
B
2
```

訂閱者 B 執行以下命令。

```
127.0.0.1:7777> subscribe B C
subscribe
B
1
subscribe
C
2
```

在其他終端輸入以下命令。

```
127.0.0.1:7777> pubsub numsub A B C
A
1
B
2
C
1
127.0.0.1:7777>
```

2. 程式演示

```java
public class Test8_pub {
    private static Pool pool = new Pool(new PoolConfig(), "192.168.1.109",
7777, 5000, "accp");

    public static void main(String[] args) {
         = null;
        try {
             = pool.getResource();
            .flushDB();
            Map<String, String> map = .pubsubNumSub("X", "Y", "Z");
            Iterator<String> iterator = map.keySet().iterator();
            while (iterator.hasNext()) {
                String key = iterator.next();
                System.out.println(key + " " + map.get(key));
            }
            System.out.println("Test8_pub執行結束！");
        } catch (Exception e) {
```

```
                    e.printStackTrace();
            } finally {
                if ( != null) {
                    .close();
                }
            }
        }
    }
}

public class Test8_sub1 {
    private static Pool pool = new Pool(new PoolConfig(), "192.168.1.109",
7777, 5000, "accp");

    public static void main(String[] args) {
         = null;
        try {
             = pool.getResource();
            .flushDB();

            .subscribe(new MyPubSub(), "X", "Y");

            System.out.println("Test8_sub1執行結束！");

        } catch (Exception e) {
            e.printStackTrace();
        } finally {
            if ( != null) {
                .close();
            }
        }
    }
}

public class Test8_sub2 {
    private static Pool pool = new Pool(new PoolConfig(), "192.168.1.109",
7777, 5000, "accp");

    public static void main(String[] args) {
         = null;
        try {
             = pool.getResource();
            .flushDB();

            .subscribe(new MyPubSub(), "Y", "Z");

            System.out.println("Test8_sub2執行結束！");

        } catch (Exception e) {
```

```
                    e.printStackTrace();
        } finally {
            if ( != null) {
                 .close();
            }
        }
    }
}
```

執行 Test8_sub1.java 類別，主控台輸出結果如下：

```
onSubscribe channel=X subscribedChannels=1
onSubscribe channel=Y subscribedChannels=2
```

執行 Test8_sub2.java 類別，主控台輸出結果如下：

```
onSubscribe channel=Y subscribedChannels=1
onSubscribe channel=Z subscribedChannels=2
```

執行 Test8_pubsub.java 類別，主控台輸出結果如下：

```
X 1
Y 2
Z 1
Test8_pub執行結束！
```

11.5.3 pubsub numpat 子命令

pubsub numpat 子命令可以返回使用 psubscribe 命令訂閱的頻道數量。

1. 測試案例

訂閱者 A 執行以下命令。

```
127.0.0.1:7777> psubscribe h?llo
psubscribe
h?llo
1
```

訂閱者 B 執行以下命令。

```
127.0.0.1:7777> psubscribe h*llo
psubscribe
h*llo
1
```

訂閱者 C 執行以下命令。

```
127.0.0.1:7777> psubscribe h[ab]llo
psubscribe
h[ab]llo
1
```

在其他終端輸入以下命令。

```
127.0.0.1:7777> pubsub numpat
3
127.0.0.1:7777>
```

2. 程式演示

```java
public class Test9_pub {
    private static Pool pool = new Pool(new PoolConfig(), "192.168.1.109",
7777, 5000, "accp");

    public static void main(String[] args) {
         = null;
        try {
             = pool.getResource();
            .flushDB();

            System.out.println(.pubsubNumPat());

            System.out.println("Test9_pub執行結束！");
        } catch (Exception e) {
            e.printStackTrace();
        } finally {
            if ( != null) {
                .close();
            }
        }
    }
}

public class Test9_sub1 {
    private static Pool pool = new Pool(new PoolConfig(), "192.168.1.109",
7777, 5000, "accp");

    public static void main(String[] args) {
         = null;
        try {
             = pool.getResource();
            .flushDB();

            .psubscribe(new MyPubSub(), "h?llo");
```

```
            System.out.println("Test9_sub1.java執行結束！");

        } catch (Exception e) {
            e.printStackTrace();
        } finally {
            if ( != null) {
                .close();
            }
        }
    }
}

public class Test9_sub2 {
    private static Pool pool = new Pool(new PoolConfig(), "192.168.1.109",
7777, 5000, "accp");

    public static void main(String[] args) {
         = null;
        try {
             = pool.getResource();
            .flushDB();

            .psubscribe(new MyPubSub(), "h*llo");

            System.out.println("Test9_sub2執行結束！");

        } catch (Exception e) {
            e.printStackTrace();
        } finally {
            if ( != null) {
                .close();
            }
        }
    }
}

public class Test9_sub3 {
    private static Pool pool = new Pool(new PoolConfig(), "192.168.1.109",
7777, 5000, "accp");

    public static void main(String[] args) {
         = null;
        try {
             = pool.getResource();
            .flushDB();

            .psubscribe(new MyPubSub(), "h[ab]llo");
```

```
            System.out.println("Test9_sub3執行結束！");

    } catch (Exception e) {
        e.printStackTrace();
    } finally {
        if ( != null) {
            .close();
        }
    }
  }
}
```

執行 Test9_sub1.java 類別，主控台輸出結果如下。

```
onPSubscribe pattern=h?llo subscribedChannels=1
```

執行 Test9_sub2.java 類別，主控台輸出結果如下。

```
onPSubscribe pattern=h*llo subscribedChannels=1
```

執行 Test9_sub3.java 類別，主控台輸出結果如下。

```
onPSubscribe pattern=h[ab]llo subscribedChannels=1
```

執行 Test9_pub.java 類別，主控台輸出結果如下。

```
3
Test9_pub執行結束！
```

Pub/Sub 模式可以實現解耦，但其還是有一些顯著的缺點。

■ 沒有任何訂閱者，發行者發佈的訊息將被捨棄，不支持訊息持久化。

■ 有一個發行者、3 個訂閱者，發行者持續發佈訊息，3 個訂閱者接收訊息。當其中一個訂閱者出現當機再重新啟動後，這個時間段內的訊息是不會恢復接收的，造成沒有接收到完整的訊息、資料遺失。

如果想解決上面兩個缺點，可以使用 Stream 資料類型。

Stream 類型命令

12

$\mathbb{S}$tream 資料類型是 Redis 5.0 新增加的資料類型，是 Redis 資料類型中最複雜的，儘管其資料結構本身非常簡單。其最大特點就是有序儲存 field-value。

先來看一看其他資料類型的缺點。

- String：想要儲存 field-value 對，必須儲存 JSON 格式，JSON 格式裡包括 field-value 對。另外需要在 JSON 格式的內容中自行處理元素的有序性，如使用陣列；缺點是不支援直接儲存 field-value 對。
- Hash：無序，支持儲存 field-value 對；缺點是無序。
- List：有序，想要儲存 field-value 對必須儲存 JSON 格式；缺點是不支援直接儲存 field-value 對。
- Set：無序，想要儲存 field-value 對必須儲存 JSON 格式；缺點是無序和不支援直接儲存 field-value 對。
- Sorted Set：有序，想要儲存 field-value 對必須儲存 JSON 格式；缺點是不支援直接儲存 field-value 對。

以上 5 巨量資料類型都或多或少有缺點，但 Stream 資料類型的出現卻改正了這些缺點。Stream 資料類型不僅支持有序性，還支持直接儲存 field-value 對。另外，Stream 資料類型也允許消費者以阻塞的方式等待生產者向 Stream 資料類型中發送新訊息，此外還有「消費者組」的實現，作用

是允許多個消費者相互配合來消費同一個 Stream 資料類型中不同部分的
訊息。上面介紹的這些基礎知識都在本章以案例的形式呈現。

Stream 資料類型的儲存形式如圖 12-1 所示。

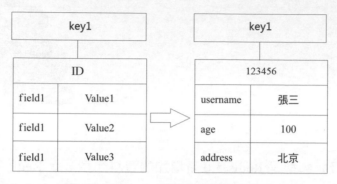

圖 12-1 Stream 資料類型的儲存形式

Stream 資料類型中的 key 對應的 value 由一個 ID 和許多 field-value 對
組成，和 Hash 資料類型非常相似。但 Hash 資料類型儲存的元素是無序
的，而 Stream 資料類型借助於 ID 的大小可以使儲存的元素是有序的，和
Sorted Set 資料類型借助於 score 儲存的元素是有序的效果一樣。和 Sorted
Set 資料類型相比，Stream 資料類型的優勢是可以直接儲存 field-value 對。

12.1 xadd 命令

使用格式如下。

```
xadd key ID field string [field string ...]
```

該命令用於增加元素。

參數 field string 整體代表串流項目（Streams Entry），一個串流項目由多
個 field-string 對組成。串流項目整體可以理解成一個普通的元素，為了方
便理解，本章將「串流項目」和「元素」作為同一件事物。

ID 由 time 和 sequence 兩部分組成，使用格式為 "time-sequence"。

生成元素 ID 可以有兩種方式。

- 自動生成：在自動生成 ID 的情況下，time 單位是 ms，是當前 Redis 實例的伺服器時間。當 time 一樣時，為了標識元素的唯一性，需要使用 sequence 進行自動增加。用 time 作為 ID 的優勢是可以根據時間範圍查詢元素。使用 "*" 自動生成 ID，由 Redis 根據當前時間自動生成一個唯一的 ID，每次自動生成的 ID 都會比上一個 ID 更大，因為時間一直在前進，就像資料庫的主鍵自動增加一樣。
- 自訂：在手動生成 ID 的情況下，time 和 sequence 的值是可以自訂的。一般使用自訂 ID 的情況較少。

12.1.1 自動生成 ID

1. 使用 "*" 自動生成 ID

（1）測試案例

測試案例如下。

```
127.0.0.1:7777> xadd key1 * a aa b bb c cc
"1570709620187-0"
127.0.0.1:7777> keys *
1) "key1"
127.0.0.1:7777>
```

（2）程式演示

```
public class Test1 {
    private static Pool pool = new Pool(new PoolConfig(), "192.168.1.109",
7777, 5000, "accp");

    public static void main(String[] args) {
         = null;
        try {
             = pool.getResource();
            .flushAll();

            Map map = new HashMap();
            map.put("a", "aa");
            map.put("b", "bb");
            map.put("c", "cc");

            StreamEntryID id = .xadd("key1", StreamEntryID.NEW_ENTRY, map);
            Date nowDate = new Date();
```

```
                    System.out.println("nowDate.getTime()=" + nowDate.getTime());
                    System.out.println("                    " + id.getTime() + " " +
        id.getSequence() + " " + id.toString());

                    Set<String> set = .keys("*");
                    Iterator<String> iterator = set.iterator();
                    while (iterator.hasNext()) {
                        System.out.println(iterator.next());
                    }

            } catch (Exception e) {
                e.printStackTrace();
            } finally {
                if ( != null) {
                    .close();
                }
            }
        }
}
```

程式執行結果如下。

```
nowDate.getTime()=1570711253653
                1570711255266 0 1570711255266-0
key1
```

從執行結果來看，id.getTime() 方法返回的值是從 1970 年 1 月 1 日到現在的毫秒數，兩個毫秒數不一樣，是宿主主機和虛擬機時間不同步造成的。

在上面的執行結果中，id.getSequence() 方法返回 0 的原因是在同一時間內只增加了一個元素，只生成一個 ID，如果在同一時間內增加了多個元素，則 id.getSequence() 方法按自動增加方式返回。測試程式如下。

```java
public class Test2 {
    private static Pool pool = new Pool(new PoolConfig(), "192.168.1.109",
7777, 5000, "accp");

    public static void main(String[] args) {
         = null;
        try {
             = pool.getResource();
            .flushAll();

            Map map = new HashMap();
            map.put("a", "aa");
            map.put("b", "bb");
```

```
        map.put("c", "cc");

        for (int i = 0; i < 10; i++) {
            StreamEntryID id = .xadd("key1", StreamEntryID.NEW_ENTRY, map);
            System.out.println(id.getTime() + " " + id.getSequence() + " "
+ id.toString());
        }

    } catch (Exception e) {
        e.printStackTrace();
    } finally {
        if ( != null) {
            .close();
        }
    }
}
}
```

程式執行結果如下。

```
1570711337218 0 1570711337218-0
1570711337219 0 1570711337219-0
1570711337220 0 1570711337220-0
1570711337220 1 1570711337220-1
1570711337221 0 1570711337221-0
1570711337221 1 1570711337221-1
1570711337221 2 1570711337221-2
1570711337221 3 1570711337221-3
1570711337221 4 1570711337221-4
1570711337222 0 1570711337222-0
```

2. 如果 Streams.maxIdTime>local.currentTime，則使用 maxIdTime 並且序列自動增加

（1）測試案例

先執行以下程式生成 ID。

```
package test;

public class Test3 {
    public static void main(String[] args) {
        long longValue = Long.MAX_VALUE;
        System.out.println(longValue);
        long useValue = longValue - 5807;
        System.out.println("未來的時間：" + useValue);
```

```
        System.out.println("現在的時間：" + System.currentTimeMillis());
    }
}
```

程式執行結果如下。

```
9223372036854775807
未來的時間：9223372036854770000
現在的時間：1573092272784
```

使用 9223372036854770000 作為 ID，9223372036854770000 比當前電腦現在的時間 1573092272784 要大。

測試案例如下。

```
127.0.0.1:7777> xadd key1 9223372036854770000 a aa
9223372036854770000-0
127.0.0.1:7777> xadd key1 123 a aa
ERR The ID specified in XADD is equal or smaller than the target stream top
item

127.0.0.1:7777> xadd key1 * a aa
9223372036854770000-1
127.0.0.1:7777> xadd key1 * a aa
9223372036854770000-2
127.0.0.1:7777> xadd key1 * a aa
9223372036854770000-3
127.0.0.1:7777> xadd key1 * a aa
9223372036854770000-4
127.0.0.1:7777>
```

序列自動增加了。

執行以下命令。

```
127.0.0.1:7777> xadd key1 123 a aa
ERR The ID specified in XADD is equal or smaller than the target stream top item
```

出現異常的原因是新的 ID 值 123 比串流中最大的 ID 值 9223372036854770000 小，Redis 不支持增加比串流中最大的 ID 小的元素。

（2）程式演示

```
public class Test4 {
```

```
    private static Pool pool = new Pool(new PoolConfig(), "192.168.1.109",
7777, 5000, "accp");

    public static void main(String[] args) {
         = null;
        try {
             = pool.getResource();
            .flushAll();

            Map map = new HashMap();
            map.put("a", "aa");

            long longValue = Long.MAX_VALUE;
            long useValue = longValue - 5807;

            StreamEntryID id = new StreamEntryID(useValue, 0);

            .xadd("key1", id, map);

            StreamEntryID getId1 = .xadd("key1", StreamEntryID.NEW_ENTRY, map);
            StreamEntryID getId2 = .xadd("key1", StreamEntryID.NEW_ENTRY, map);
            StreamEntryID getId3 = .xadd("key1", StreamEntryID.NEW_ENTRY, map);
            StreamEntryID getId4 = .xadd("key1", StreamEntryID.NEW_ENTRY, map);

            System.out.println(getId1.toString());
            System.out.println(getId2.toString());
            System.out.println(getId3.toString());
            System.out.println(getId4.toString());

        } catch (Exception e) {
            e.printStackTrace();
        } finally {
            if ( != null) {
                .close();
            }
        }
    }
}
```

程式執行結果如下。

```
9223372036854770000-1
9223372036854770000-2
9223372036854770000-3
9223372036854770000-4
```

12.1.2 自訂 ID

如果想實現按 ID 大小查詢，就需要使用自訂 ID 的功能了。

如果在主從複製模式下，則從節點的 ID 和主節點的 ID 是一樣的。

1. 使用自訂方式生成 ID

（1）測試案例

測試案例如下。

```
127.0.0.1:7777> xadd key1 123-321 a aa b cc
"123-321"
127.0.0.1:7777>
```

自訂 ID 的最小 ID 值是 0-1，測試案例如下。

```
127.0.0.1:7777> xadd key1 0-0 a aa
(error) ERR The ID specified in XADD must be greater than 0-0
127.0.0.1:7777> xadd key1 0-1 a aa
"0-1"
127.0.0.1:7777>
```

（2）程式演示

```
public class Test5 {
    private static Pool pool = new Pool(new PoolConfig(), "192.168.1.109",
7777, 5000, "accp");

    public static void main(String[] args) {
         = null;
        try {
             = pool.getResource();
            .flushAll();

            Map map = new HashMap();
            map.put("a", "aa");
            map.put("b", "bb");
            map.put("c", "cc");

            StreamEntryID id1 = new StreamEntryID("123-321");
            StreamEntryID id2 = new StreamEntryID(456, 654);

            StreamEntryID getId1 = .xadd("key1", id1, map);
            StreamEntryID getId2 = .xadd("key2", id2, map);
```

```
          System.out.println(getId1.getTime() + " " + getId1.getSequence() +
" " + getId1.toString());
          System.out.println(getId2.getTime() + " " + getId2.getSequence() +
" " + getId2.toString());

      } catch (Exception e) {
          e.printStackTrace();
      } finally {
          if ( != null) {
              .close();
          }
      }
   }
}
```

程式執行結果如下。

```
123 321 123-321
456 654 456-654
```

2. 只有增加的 ID 值大於現有的最大 ID 值才能增加成功

（1）測試案例

測試案例如下。

```
127.0.0.1:7777> xadd key1 123 a aa b bb c cc
123-0
127.0.0.1:7777> xadd key1 456 a aa b bb c cc
456-0
127.0.0.1:7777> xrange key1 - +
123-0
a
aa
b
bb
c
cc
456-0
a
aa
b
bb
c
cc
127.0.0.1:7777>
```

（2）程式演示

```
public class Test6 {
    private static Pool pool = new Pool(new PoolConfig(), "192.168.1.109",
7777, 5000, "accp");

    public static void main(String[] args) {
         = null;
        try {
             = pool.getResource();
            .flushAll();

            Map map = new HashMap();
            map.put("a", "aa");
            map.put("b", "bb");
            map.put("c", "cc");

            StreamEntryID id1 = new StreamEntryID(123, 888);
            StreamEntryID id2 = new StreamEntryID(456, 888);

            .xadd("key1", id1, map);
            .xadd("key1", id2, map);

        } catch (Exception e) {
            e.printStackTrace();
        } finally {
            if ( != null) {
                .close();
            }
        }
    }
}
```

程式執行後在終端輸入以下命令。

```
127.0.0.1:7777> xrange key1 - +
123-888
c
cc
a
aa
b
bb
456-888
c
cc
a
aa
```

```
b
bb
127.0.0.1:7777>
```

成功增加 ID。

3. 如果增加的 ID 值小於現有的最大 ID 值，則增加失敗

（1）測試案例

測試案例如下。

```
127.0.0.1:7777> xadd key1 100 a aa
100-0
127.0.0.1:7777> xadd key1 200 b bb
200-0
127.0.0.1:7777> xadd key1 150 c cc
ERR The ID specified in XADD is equal or smaller than the target stream top item

127.0.0.1:7777>
```

（2）程式演示

```java
public class Test7 {
    private static Pool pool = new Pool(new PoolConfig(), "192.168.1.109",
7777, 5000, "accp");

    public static void main(String[] args) {
         = null;
        try {
             = pool.getResource();
            .flushAll();

            Map map = new HashMap();
            map.put("a", "aa");

            StreamEntryID id1 = new StreamEntryID(100, 888);
            StreamEntryID id2 = new StreamEntryID(200, 888);
            StreamEntryID id3 = new StreamEntryID(150, 888);

            .xadd("key1", id1, map);
            .xadd("key1", id2, map);
            .xadd("key1", id3, map);

        } catch (Exception e) {
            e.printStackTrace();
        } finally {
            if ( != null) {
```

```
                    .close();
              }
          }
      }
}
```

程式執行結果如下。

```
redis.clients..exceptions.DataException: ERR The ID specified in XADD is equal
or smaller than the target stream top item
    at redis.clients..Protocol.processError(Protocol.java:132)
    at redis.clients..Protocol.process(Protocol.java:166)
    at redis.clients..Protocol.read(Protocol.java:220)
    at redis.clients..Connection.readProtocolWithCheckingBroken(Connection.
java:318)
    at redis.clients..Connection.getBinaryBulkReply(Connection.java:255)
    at redis.clients..Connection.getBulkReply(Connection.java:245)
    at redis.clients...xadd(.java:3675)
    at redis.clients...xadd(.java:3668)
    at streams.Test7.main(Test7.java:29)
```

將 ID 值是 100 和 200 的元素成功增加到 Redis 中。若 ID 值是 150，則增加失敗。

12.1.3 串流儲存的元素具有順序性

1. 測試案例

測試案例如下。

```
127.0.0.1:7777> xadd key1 123 a aa
123-0
127.0.0.1:7777> xadd key1 456 b bb
456-0
127.0.0.1:7777> xadd key1 789 c cc
789-0
127.0.0.1:7777> xrange key1 - +
123-0
a
aa
456-0
b
bb
789-0
c
cc
127.0.0.1:7777>
```

2. 程式演示

```java
public class Test8 {
    private static Pool pool = new Pool(new PoolConfig(), "192.168.1.109",
7777, 5000, "accp");

    public static void main(String[] args) {
         = null;
        try {
             = pool.getResource();
            .flushAll();

            Map map = new HashMap();
            map.put("a", "aa");

            StreamEntryID id1 = new StreamEntryID(123, 0);
            StreamEntryID id2 = new StreamEntryID(456, 0);
            StreamEntryID id3 = new StreamEntryID(789, 0);

            .xadd("key1", id1, map);
            .xadd("key1", id2, map);
            .xadd("key1", id3, map);

            List<StreamEntry> listEntry = .xrange("key1", null, null, Integer.
MAX_VALUE);
            for (int i = 0; i < listEntry.size(); i++) {
                StreamEntry entry = listEntry.get(i);
                System.out.println(entry.getID().toString() + " " + entry.
getFields().toString());
            }

        } catch (Exception e) {
            e.printStackTrace();
        } finally {
            if ( != null) {
                .close();
            }
        }
    }
}
```

程式執行結果如下。

```
123-0 {a=aa}
456-0 {a=aa}
789-0 {a=aa}
```

12.1.4 使用 maxlen 限制串流的絕對長度

驗證使用 maxlen 限制串流的絕對長度，這樣會保留最新的元素，也就是 ID 值小的元素會被刪除。

1. 測試案例

執行以下程式增加 5000 個元素。

```java
public class Test9 {
    private static Pool pool = new Pool(new PoolConfig(), "192.168.1.109",
7777, 5000, "accp");

    public static void main(String[] args) {
         = null;
        try {
             = pool.getResource();
            .flushAll();

            Map map = new HashMap();
            map.put("a", "aa");

            for (int i = 0; i < 5000; i++) {
                StreamEntryID id = new StreamEntryID(i + 1, 0);
                .xadd("key1", id, map);
            }
        } catch (Exception e) {
            e.printStackTrace();
        } finally {
            if ( != null) {
                .close();
            }
        }
    }
}
```

執行以下命令。

```
127.0.0.1:7777>xadd key1 maxlen 1000 5001 a aa
5001-0
127.0.0.1:7777>
```

執行以下程式獲取剩餘元素的個數和 ID 值的範圍。

```java
public class Test10 {
    private static Pool pool = new Pool(new PoolConfig(), "192.168.61.2",
```

```
6379, 5000, "accp");

    public static void main(String[] args) {
         = null;
        try {
             = pool.getResource();
            List<StreamEntry> listEntry = .xrange("key1", null, null,
Integer.MAX_VALUE);
            System.out.println("listEntry.size()=" + listEntry.size());
            for (int i = 0; i < listEntry.size(); i++) {
                StreamEntry entry = listEntry.get(i);
                System.out.println(entry.getID().toString() + " " + entry.
getFields().toString());
            }

        } catch (Exception e) {
            e.printStackTrace();
        } finally {
            if ( != null) {
                .close();
            }
        }
    }
}
```

程式執行結果如下。

```
listEntry.size()=1000
4002-0 {a=aa}
......
5001-0 {z=zz}
```

剩餘 1000 個元素的 ID 值範圍是 4002-0 ～ 5001-0。

2. 程式演示

```
public class Test11 {
    private static Pool pool = new Pool(new PoolConfig(), "192.168.61.2",
6379, 5000, "accp");

    public static void main(String[] args) {
         = null;
        try {
             = pool.getResource();
            .flushAll();

            Map map = new HashMap();
            map.put("a", "aa");
```

```
            for (int i = 0; i < 5000; i++) {
                StreamEntryID id = new StreamEntryID(i + 1, 0);
                .xadd("key1", id, map);
            }

            StreamEntryID maxId = new StreamEntryID(5001, 0);
            .xadd("key1", maxId, map, 1000, false);

            List<StreamEntry> listEntry = .xrange("key1", null, null,
Integer.MAX_VALUE);
            System.out.println("listEntry.size()=" + listEntry.size());
            for (int i = 0; i < listEntry.size(); i++) {
                StreamEntry entry = listEntry.get(i);
                System.out.println(entry.getID().toString() + " " + entry.
getFields().toString());
            }
        } catch (Exception e) {
            e.printStackTrace();
        } finally {
            if ( != null) {
                .close();
            }
        }
    }
}
```

程式執行結果如下。

```
listEntry.size()=1000
4002-0 {a=aa}
......
5001-0 {a=aa}
```

剩餘 1000 個元素的 ID 值範圍是 4002-0 ～ 5001-0。

12.1.5 使用 maxlen ～ 限制串流的近似長度

驗證使用 maxlen ～限制串流的近似長度，會保留最新的元素。

1. 測試案例

執行以下程式增加 5000 個元素。

```
public class Test12 {
    private static Pool pool = new Pool(new PoolConfig(), "192.168.1.109",
7777, 5000, "accp");
```

```
    public static void main(String[] args) {
        = null;
        try {
             = pool.getResource();
            .flushAll();

            Map map = new HashMap();
            map.put("a", "aa");

            for (int i = 0; i < 5000; i++) {
                StreamEntryID id = new StreamEntryID(i + 1, 0);
                .xadd("key1", id, map);
            }

        } catch (Exception e) {
            e.printStackTrace();
        } finally {
            if ( != null) {
                .close();
            }
        }
    }
}
```

執行以下命令。

```
127.0.0.1:7777> xadd key1 maxlen ~ 1000 5001 a aa
5001-0
127.0.0.1:7777>
```

參數 maxlen ～ 1000 代表「絕不能少於 1000 個」。

執行以下程式獲取剩餘元素的個數。

```
public class Test13 {
    private static Pool pool = new Pool(new PoolConfig(), "192.168.61.2",
6379, 5000, "accp");

    public static void main(String[] args) {
        = null;
        try {
             = pool.getResource();

            List<StreamEntry> listEntry = .xrange("key1", null, null,
Integer.MAX_VALUE);
            System.out.println("listEntry.size()=" + listEntry.size());
            for (int i = 0; i < listEntry.size(); i++) {
```

```
                       StreamEntry entry = listEntry.get(i);
                       System.out.println(entry.getID().toString() + " " + entry.
getFields().toString());
                   }
           } catch (Exception e) {
               e.printStackTrace();
           } finally {
               if ( != null) {
                   .close();
               }
           }
       }
}
```

程式執行結果如下。

```
listEntry.size()=1062
3940-0 {a=aa}
......
5001-0 {a=aa}
```

2. 程式演示

```
public class Test14 {
    private static Pool pool = new Pool(new PoolConfig(), "192.168.61.2",
6379, 5000, "accp");

    public static void main(String[] args) {
         = null;
        try {
             = pool.getResource();
            .flushAll();

            Map map = new HashMap();
            map.put("a", "aa");

            for (int i = 0; i < 5000; i++) {
                StreamEntryID id = new StreamEntryID(i + 1, 0);
                .xadd("key1", id, map);
            }

            StreamEntryID maxId = new StreamEntryID(5001, 0);
            .xadd("key1", maxId, map, 1000, true);

            List<StreamEntry> listEntry = .xrange("key1", null, null,
Integer.MAX_VALUE);
            System.out.println("listEntry.size()=" + listEntry.size());
            for (int i = 0; i < listEntry.size(); i++) {
```

```
                StreamEntry entry = listEntry.get(i);
                System.out.println(entry.getID().toString() + " " + entry.
getFields().toString());
            }
        } catch (Exception e) {
            e.printStackTrace();
        } finally {
            if ( != null) {
                .close();
            }
        }
    }
}
```

程式執行結果如下。

```
listEntry.size()=1062
3940-0 {a=aa}
......
5001-0 {a=aa}
```

12.2 xlen 命令

使用格式如下。

```
xlen key
```

該命令用於獲取 key 中儲存的元素個數。

12.2.1 測試案例

測試案例如下。

```
127.0.0.1:7777> xadd key1 123 a aa
123-0
127.0.0.1:7777> xadd key1 456 a aa
456-0
127.0.0.1:7777> xadd key1 789 a aa
789-0
127.0.0.1:7777> xadd key1 123456789 a aa
123456789-0
127.0.0.1:7777> xlen key1
4
127.0.0.1:7777>
```

12.2.2 程式演示

```
public class Test15 {
    private static Pool pool = new Pool(new PoolConfig(), "192.168.1.109",
7777, 5000, "accp");

    public static void main(String[] args) {
         = null;
        try {
             = pool.getResource();
            .flushAll();

            Map map = new HashMap();
            map.put("a", "aa");

            for (int i = 0; i < 5000; i++) {
                StreamEntryID id = new StreamEntryID(i + 1, 0);
                .xadd("key1", id, map);
            }

            System.out.println(.xlen("key1".getBytes()));
            System.out.println(.xlen("key1"));

        } catch (Exception e) {
            e.printStackTrace();
        } finally {
            if ( != null) {
                .close();
            }
        }
    }
}
```

程式執行結果如下。

```
5000
5000
```

12.3 xdel 命令

使用格式如下。

```
xdel key ID [ID ...]
```

該命令用於根據 ID 刪除對應的元素。

12.3.1 基本使用方法

本節將測試 xdel 命令的基本使用方法。

1. 測試案例

測試案例如下。

```
127.0.0.1:7777> xadd key1 123 a aa
123-0
127.0.0.1:7777> xadd key1 456 a aa
456-0
127.0.0.1:7777> xadd key1 789 a aa
789-0
127.0.0.1:7777> xdel key1 123 789
2
127.0.0.1:7777> xrange key1 - +
456-0
a
aa
127.0.0.1:7777>
```

2. 程式演示

```java
public class Test16 {
    private static Pool pool = new Pool(new PoolConfig(), "192.168.1.109",
7777, 5000, "accp");

    public static void main(String[] args) {
            = null;
        try {
            = pool.getResource();
            .flushAll();

            Map map = new HashMap();
            map.put("a", "aa");

            StreamEntryID id1 = new StreamEntryID(123, 0);
            StreamEntryID id2 = new StreamEntryID(456, 0);
            StreamEntryID id3 = new StreamEntryID(789, 0);

            .xadd("key1", id1, map);
            .xadd("key1", id2, map);
            .xadd("key1", id3, map);

            .xdel("key1", id1);
            .xdel("key1", id3);
```

```
            List<StreamEntry> listEntry = .xrange("key1", null, null,
Integer.MAX_VALUE);
            for (int i = 0; i < listEntry.size(); i++) {
                StreamEntry entry = listEntry.get(i);
                System.out.println(entry.getID());
            }

        } catch (Exception e) {
            e.printStackTrace();
        } finally {
            if ( != null) {
                .close();
            }
        }
    }
}
```

程式執行結果如下。

```
456-0
```

12.3.2 增加操作的成功條件

本節將測試只有增加的 ID 值比現有最大 ID 值大，增加操作才能成功。

1. 測試案例

測試案例如下。

```
127.0.0.1:7777> flushdb
OK
127.0.0.1:7777> xadd mykey 123 a aa
"123-0"
127.0.0.1:7777> xadd mykey 456 a aa
"456-0"
127.0.0.1:7777> xadd mykey 789 a aa
"789-0"
127.0.0.1:7777> xdel mykey 789
(integer) 1
127.0.0.1:7777> xadd mykey 789 a aa
(error) ERR The ID specified in XADD is equal or smaller than the target
stream top item
```

命令執行後出現異常，如何獲得現有最大 ID 值呢？使用 xinfo 命令即可，
測試案例如下。

```
127.0.0.1:7777> xinfo stream mykey
 1) "length"
 2) (integer) 2
 3) "radix-tree-keys"
 4) (integer) 1
 5) "radix-tree-nodes"
 6) (integer) 2
 7) "groups"
 8) (integer) 0
 9) "last-generated-id"
10) "789-0"
11) "first-entry"
12) 1) "123-0"
    2) 1) "a"
       2) "aa"
13) "last-entry"
14) 1) "456-0"
    2) 1) "a"
       2) "aa"
```

輸出了以下資訊。

```
 9) "last-generated-id"
10) "789-0"
```

說明現有最大 ID 值為 789-0，只要增加元素的 ID 值比這個 ID 值大，就可以成功進行增加操作，測試案例如下。

```
127.0.0.1:7777> xadd mykey 790 a aa
"790-0"
127.0.0.1:7777>
```

2. 程式演示

```java
public class BigMaxId {
    private static Pool pool = new Pool(new PoolConfig(), "192.168.1.103",
7777, 5000, "accp");

    public static void main(String[] args) {
         = null;
        try {
             = pool.getResource();
            .flushAll();

            Map map = new HashMap();
            map.put("a", "aa");
```

```
            StreamEntryID id1 = new StreamEntryID(123, 0);
            StreamEntryID id2 = new StreamEntryID(456, 0);
            StreamEntryID id3 = new StreamEntryID(789, 0);
            StreamEntryID id4 = new StreamEntryID(790, 0);

            .xadd("key1", id1, map);
            .xadd("key1", id2, map);
            .xadd("key1", id3, map);

            .xdel("key1", id3);

            try {
                .xadd("key1", id3, map);
            } catch (Exception e) {
                e.printStackTrace();
            }

            .xadd("key1", id4, map);

            List<StreamEntry> listEntry = .xrange("key1", null, null,
Integer.MAX_VALUE);
            for (int i = 0; i < listEntry.size(); i++) {
                StreamEntry entry = listEntry.get(i);
                System.out.println(entry.getID());
            }

        } catch (Exception e) {
            e.printStackTrace();
        } finally {
            if ( != null) {
                .close();
            }
        }
    }

}
```

程式執行結果如下。

```
redis.clients..exceptions.DataException: ERR The ID specified in XADD is equal
or smaller than the target stream top item
    at redis.clients..Protocol.processError(Protocol.java:132)
    at redis.clients..Protocol.process(Protocol.java:166)
    at redis.clients..Protocol.read(Protocol.java:220)
    at redis.clients..Connection.readProtocolWithCheckingBroken(Connection.
java:318)
    at redis.clients..Connection.getBinaryBulkReply(Connection.java:255)
    at redis.clients..Connection.getBulkReply(Connection.java:245)
```

```
     at redis.clients...xadd(.java:3713)
     at redis.clients...xadd(.java:3706)
     at test.BigMaxId.main(BigMaxId.java:37)
123-0
456-0
790-0
```

12.4 xrange 命令

使用格式如下。

```
xrange key start end [COUNT count]
```

該命令用於按ID範圍正序返回元素（包括start和end值，屬於 start ≤ ID ≤ end 的關係）。

xrange 命令可以在以下場景中使用。

- 按時間範圍返回元素，因為 ID 可以以時間為值並進行排序。
- 如果串流中儲存的元素數量比較多，可以採用 COUNT 參數實現增量疊代，類似於 SCAN 命令。
- 返回單一元素。

與 xrange 命令對應的有一個倒序命令 xrevrange，以相反的順序返回元素，除了返回順序相反以外，它們在功能上是完全相同的。xrevrange 命令將在 12.5 節介紹。

12.4.1 使用 - 和 + 取得全部元素

符號 "−" 相當於 0-0，而符號 "+" 相當於 18446744073709551615-18446744073709551615，代表取出範圍內的全部元素。

1. 測試案例

測試案例如下。

```
127.0.0.1:6379> xadd key1 1 a aa
"1-0"
```

```
127.0.0.1:6379> xadd key1 2 b bb
"2-0"
127.0.0.1:6379> xadd key1 3 c cc
"3-0"
127.0.0.1:6379> xadd key1 4 d dd
"4-0"
127.0.0.1:6379> xadd key1 5 e ee
"5-0"
127.0.0.1:6379> xrange key1 - +
1) 1) "1-0"
   2) 1) "a"
      2) "aa"
2) 1) "2-0"
   2) 1) "b"
      2) "bb"
3) 1) "3-0"
   2) 1) "c"
      2) "cc"
4) 1) "4-0"
   2) 1) "d"
      2) "dd"
5) 1) "5-0"
   2) 1) "e"
      2) "ee"
127.0.0.1:6379>
```

2. 程式演示

```java
public class Test17 {
    private static Pool pool = new Pool(new PoolConfig(), "192.168.1.109",
7777, 5000, "accp");

    public static void main(String[] args) {
         = null;
        try {
             = pool.getResource();
            .flushAll();

            Map map = new HashMap();
            map.put("a", "aa");

            for (int i = 0; i < 10; i++) {
                StreamEntryID id = new StreamEntryID(i + 1, 0);
                .xadd("key1", id, map);
            }

            List<StreamEntry> listEntry = .xrange("key1", null, null,
Integer.MAX_VALUE);
```

```
            for (int i = 0; i < listEntry.size(); i++) {
                StreamEntry entry = listEntry.get(i);
                System.out.println(entry.getID());
            }

        } catch (Exception e) {
            e.printStackTrace();
        } finally {
            if ( != null) {
                .close();
            }
        }
    }
}
```

程式執行結果如下。

```
1-0
2-0
3-0
4-0
5-0
6-0
7-0
8-0
9-0
10-0
```

12.4.2 自動補全特性

驗證按包括 sequence 值的範圍查詢元素和 sequence 值自動補全特性。

1. 測試案例

測試案例如下。

```
127.0.0.1:7777> xadd key1 123-1 a aa
123-1
127.0.0.1:7777> xadd key1 123-2 a aa
123-2
127.0.0.1:7777> xadd key1 123-3 a aa
123-3
127.0.0.1:7777> xadd key1 123-4 a aa
123-4
127.0.0.1:7777> xadd key1 123-5 a aa
123-5
127.0.0.1:7777> xrange key1 123-1 123-4
```

```
123-1
a
aa
123-2
a
aa
123-3
a
aa
123-4
a
aa
127.0.0.1:7777> xrange key1 123 123
123-1
a
aa
123-2
a
aa
123-3
a
aa
123-4
a
aa
123-5
a
aa
127.0.0.1:7777>
```

執行以下命令。

```
xrange key1 123 123
```

sequence 值自動補全成以下形式。

```
xrange key1 123-0 123-18446744073709551615
```

2. 程式演示

```java
public class Test18 {
    private static Pool pool = new Pool(new PoolConfig(), "192.168.1.109",
7777, 5000, "accp");

    public static void main(String[] args) {
          = null;
        try {
             = pool.getResource();
```

```
            .flushAll();

            Map map = new HashMap();
            map.put("a", "aa");

            StreamEntryID id1 = new StreamEntryID(123, 1);
            StreamEntryID id2 = new StreamEntryID(123, 2);
            StreamEntryID id3 = new StreamEntryID(123, 3);
            StreamEntryID id4 = new StreamEntryID(123, 4);
            StreamEntryID id5 = new StreamEntryID(123, 5);

            .xadd("key1", id1, map);
            .xadd("key1", id2, map);
            .xadd("key1", id3, map);
            .xadd("key1", id4, map);
            .xadd("key1", id5, map);

            {
                List<StreamEntry> listEntry = .xrange("key1", id1, id4,
Integer.MAX_VALUE);
                for (int i = 0; i < listEntry.size(); i++) {
                    StreamEntry entry = listEntry.get(i);
                    System.out.println(entry.getID().toString() + " " + entry.
getFields().toString());
                }
            }
            System.out.println();
            StreamEntryID beginId = new StreamEntryID(123, 0);
            StreamEntryID endId = new StreamEntryID(123, Long.MAX_VALUE);
            {
                List<StreamEntry> listEntry = .xrange("key1", beginId, endId,
Integer.MAX_VALUE);
                for (int i = 0; i < listEntry.size(); i++) {
                    StreamEntry entry = listEntry.get(i);
                    System.out.println(entry.getID().toString() + " " + entry.
getFields().toString());
                }
            }
        } catch (Exception e) {
            e.printStackTrace();
        } finally {
            if ( != null) {
                .close();
            }
        }
    }
}
```

程式執行結果如下。

```
123-1 {a=aa}
123-2 {a=aa}
123-3 {a=aa}
123-4 {a=aa}

123-1 {a=aa}
123-2 {a=aa}
123-3 {a=aa}
123-4 {a=aa}
123-5 {a=aa}
```

Redis 中不支援 sequence 自動補全特性，必須在 StreamEntryID() 構造方法中傳入 sequence 參數。

```
public StreamEntryID(long time, long sequence)
```

12.4.3 使用 count 限制返回元素的個數

1. 測試案例

測試案例如下。

```
127.0.0.1:7777> xadd key 123 a aa
123-0
127.0.0.1:7777> xadd key 456 b bb
456-0
127.0.0.1:7777> xadd key 789 c cc
789-0
127.0.0.1:7777> xrange key - + count 2
123-0
a
aa
456-0
b
bb
127.0.0.1:7777>
```

2. 程式演示

```
public class Test19 {
    private static Pool pool = new Pool(new PoolConfig(), "192.168.1.109",
7777, 5000, "accp");

    public static void main(String[] args) {
```

```
              = null;
        try {
                 = pool.getResource();
                 .flushAll();

                Map map = new HashMap();
                map.put("a", "aa");

                StreamEntryID id1 = new StreamEntryID(123, 1);
                StreamEntryID id2 = new StreamEntryID(123, 2);
                StreamEntryID id3 = new StreamEntryID(123, 3);
                StreamEntryID id4 = new StreamEntryID(123, 4);
                StreamEntryID id5 = new StreamEntryID(123, 5);

                 .xadd("key1", id1, map);
                 .xadd("key1", id2, map);
                 .xadd("key1", id3, map);
                 .xadd("key1", id4, map);
                 .xadd("key1", id5, map);

                List<StreamEntry> listEntry = .xrange("key1", null, null, 3);
                for (int i = 0; i < listEntry.size(); i++) {
                    StreamEntry entry = listEntry.get(i);
                    System.out.println(entry.getID().toString() + " " + entry.
getFields().toString());
                }
        } catch (Exception e) {
            e.printStackTrace();
        } finally {
            if ( != null) {
                 .close();
            }
        }
    }
}
```

程式執行結果如下。

```
123-1 {a=aa}
123-2 {a=aa}
123-3 {a=aa}
```

12.4.4 疊代 / 分頁串流

1. 測試案例

測試案例如下。

```
127.0.0.1:7777> xadd mykey 1-1 a aa1
1-1
127.0.0.1:7777> xadd mykey 1-2 a aa2
1-2
127.0.0.1:7777> xadd mykey 1-3 a aa3
1-3
127.0.0.1:7777> xadd mykey 2-1 a aa4
2-1
127.0.0.1:7777> xadd mykey 2-2 a aa5
2-2
127.0.0.1:7777> xadd mykey 2-3 a aa6
2-3
127.0.0.1:7777> xadd mykey 3-1 a aa7
3-1
127.0.0.1:7777> xadd mykey 4-1 a aa8
4-1
127.0.0.1:7777> xadd mykey 5-1 a aa9
5-1
127.0.0.1:7777> xadd mykey 6-1 a aa10
6-1
127.0.0.1:7777> xrange mykey - + count 2
1-1
a
aa1
1-2
a
aa2
127.0.0.1:7777> xrange mykey 1-3 + count 2
1-3
a
aa3
2-1
a
aa4
127.0.0.1:7777> xrange mykey 2-2 + count 2
2-2
a
aa5
2-3
a
aa6
127.0.0.1:7777> xrange mykey 2-4 + count 2
3-1
a
aa7
4-1
a
aa8
```

```
127.0.0.1:7777> xrange mykey 4-2 + count 2
5-1
a
aa9
6-1
a
aa10
127.0.0.1:7777> xrange mykey 6-2 + count 2

127.0.0.1:7777>
```

2. 程式演示

```java
public class Test20 {
    private static Pool pool = new Pool(new PoolConfig(), "192.168.1.109",
7777, 5000, "accp");

    public static void main(String[] args) {
         = null;
        try {
             = pool.getResource();
            .flushAll();

            Map map = new HashMap();
            map.put("a", "aa");

            StreamEntryID id1 = new StreamEntryID(1, 1);
            StreamEntryID id2 = new StreamEntryID(1, 2);
            StreamEntryID id3 = new StreamEntryID(1, 3);
            StreamEntryID id4 = new StreamEntryID(2, 1);
            StreamEntryID id5 = new StreamEntryID(2, 2);
            StreamEntryID id6 = new StreamEntryID(2, 3);
            StreamEntryID id7 = new StreamEntryID(3, 1);
            StreamEntryID id8 = new StreamEntryID(4, 1);
            StreamEntryID id9 = new StreamEntryID(5, 1);
            StreamEntryID id10 = new StreamEntryID(6, 1);

            .xadd("key1", id1, map);
            .xadd("key1", id2, map);
            .xadd("key1", id3, map);
            .xadd("key1", id4, map);
            .xadd("key1", id5, map);
            .xadd("key1", id6, map);
            .xadd("key1", id7, map);
            .xadd("key1", id8, map);
            .xadd("key1", id9, map);
```

```
            .xadd("key1", id10, map);

        List<StreamEntry> listEntry = .xrange("key1", null, null, 2);
        while (listEntry.size() != 0) {
            StreamEntryID lastId = null; // 當前查詢頁中最後元素的ID
            for (int i = 0; i < listEntry.size(); i++) {
                StreamEntry entry = listEntry.get(i);
                System.out.println(entry.getID().toString() + " " + entry.
getFields().toString());
                lastId = entry.getID();
            }
把當前查詢頁中最後元素的ID的sequence值加1
            lastId = new StreamEntryID(lastId.getTime(), lastId.
getSequence() + 1);
// 作為下一查詢頁的起始元素ID
            listEntry = .xrange("key1", lastId, null, 2);
            System.out.println();
        }

    } catch (Exception e) {
        e.printStackTrace();
    } finally {
        if ( != null) {
            .close();
        }
    }
  }
}
```

程式執行結果如下。

```
1-1 {a=aa}
1-2 {a=aa}

1-3 {a=aa}
2-1 {a=aa}

2-2 {a=aa}
2-3 {a=aa}

3-1 {a=aa}
4-1 {a=aa}

5-1 {a=aa}
6-1 {a=aa}
```

12.4.5 取得單一元素

1. 測試案例

測試案例如下。

```
127.0.0.1:7777> xadd key 123-1 a aa
123-1
127.0.0.1:7777> xadd key 123-2 a aa
123-2
127.0.0.1:7777> xadd key 123-3 a aa
123-3
127.0.0.1:7777> xrange key 123-2 123-2
123-2
a
aa
127.0.0.1:7777>
```

2. 程式演示

```java
public class Test21 {
    private static Pool pool = new Pool(new PoolConfig(), "192.168.1.109",
7777, 5000, "accp");

    public static void main(String[] args) {
         = null;
        try {
             = pool.getResource();
            .flushAll();

            Map map = new HashMap();
            map.put("a", "aa");

            StreamEntryID id1 = new StreamEntryID(11, 1);
            StreamEntryID id2 = new StreamEntryID(21, 2);
            StreamEntryID id3 = new StreamEntryID(31, 3);

            .xadd("key1", id1, map);
            .xadd("key1", id2, map);
            .xadd("key1", id3, map);

            List<StreamEntry> listEntry = .xrange("key1", id2, id2, Integer.
MAX_VALUE);
            for (int i = 0; i < listEntry.size(); i++) {
                StreamEntry entry = listEntry.get(i);
                System.out.println(entry.getID().toString() + " " + entry.
getFields().toString());
```

```
            }
        } catch (Exception e) {
            e.printStackTrace();
        } finally {
            if ( != null) {
                .close();
            }
        }
    }
}
```

程式執行結果如下。

```
21-2 {a=aa}
```

12.5 xrevrange 命令

使用格式如下。

```
xrevrange key end start [COUNT count]
```

該命令用於按 ID 範圍倒序返回元素（包括 end 和 start 值，屬於 end ≤ ID ≤ start 的關係）。

12.5.1 使用 + 和 - 取得全部元素

符號 "+" 相當於 18446744073709551615-18446744073709551615，而符號 "–" 相當於 0-0，代表取出範圍內的全部元素。

1. 測試案例

測試案例如下。

```
127.0.0.1:7777> xadd key 1 a aa
1-0
127.0.0.1:7777> xadd key 2 b bb
2-0
127.0.0.1:7777> xadd key 3 c cc
3-0
127.0.0.1:7777> xadd key 4 d dd
4-0
127.0.0.1:7777> xadd key 5 e ee
```

```
5-0
127.0.0.1:7777> xrevrange key + -
5-0
e
ee
4-0
d
dd
3-0
c
cc
2-0
b
bb
1-0
a
aa
127.0.0.1:7777>
```

2. 程式演示

```java
public class Test22 {
    private static Pool pool = new Pool(new PoolConfig(), "192.168.1.109",
7777, 5000, "accp");

    public static void main(String[] args) {
        = null;
        try {
            = pool.getResource();
            .flushAll();

            Map map = new HashMap();
            map.put("a", "aa");

            for (int i = 0; i < 10; i++) {
                StreamEntryID id = new StreamEntryID(i + 1, 0);
                .xadd("key1", id, map);
            }

            List<StreamEntry> listEntry = .xrevrange("key1", null, null,
Integer.MAX_VALUE);
            for (int i = 0; i < listEntry.size(); i++) {
                StreamEntry entry = listEntry.get(i);
                System.out.println(entry.getID());
            }

        } catch (Exception e) {
            e.printStackTrace();
```

```
        } finally {
            if ( != null) {
                .close();
            }
        }
    }
}
```

程式執行結果如下。

```
10-0
9-0
8-0
7-0
6-0
5-0
4-0
3-0
2-0
1-0
```

12.5.2 疊代 / 分頁串流

1. 測試案例

測試案例如下。

```
127.0.0.1:7777> flushdb
OK
127.0.0.1:7777> xadd mykey 1-1 a aa
"1-1"
127.0.0.1:7777> xadd mykey 1-2 a aa
"1-2"
127.0.0.1:7777> xadd mykey 3 a aa
"3-0"
127.0.0.1:7777> xadd mykey 4 a aa
"4-0"
127.0.0.1:7777> xadd mykey 5 a aa
"5-0"
127.0.0.1:7777> xadd mykey 6 a aa
"6-0"
127.0.0.1:7777> xadd mykey 7 a aa
"7-0"
127.0.0.1:7777> xrevrange mykey + - count 2
1) 1) "7-0"
   2) 1) "a"
      2) "aa"
```

```
2) 1) "6-0"
   2) 1) "a"
      2) "aa"
127.0.0.1:7777> xrevrange mykey 5-18446744073709551615 - count 2
1) 1) "5-0"
   2) 1) "a"
      2) "aa"
2) 1) "4-0"
   2) 1) "a"
      2) "aa"
127.0.0.1:7777> xrevrange mykey 3 - count 2
1) 1) "3-0"
   2) 1) "a"
      2) "aa"
2) 1) "1-2"
   2) 1) "a"
      2) "aa"
127.0.0.1:7777> xrevrange mykey 1-1 - count 2
1) 1) "1-1"
   2) 1) "a"
      2) "aa"
127.0.0.1:7777>
```

當使用 xrevrange 命令進行分頁處理時，需要注意，當執行查詢下一頁的命令時，會將前一頁最後一個 ID 的 sequence 值減 1，作為查詢下一頁的起始 ID 值。但是，如果 sequence 值已經是 0 了，則 ID 的 time 值應該減 1，而且 sequence 值應該使用 18446744073709551615，也可以將 18446744073709551615 省略。

2. 程式演示

```java
public class Test23 {
    private static Pool pool = new Pool(new PoolConfig(), "192.168.1.109",
7777, 5000, "accp");

    public static void main(String[] args) {
         = null;
        try {
             = pool.getResource();
            .flushAll();

            Map map = new HashMap();
            map.put("a", "aa");

            StreamEntryID id1 = new StreamEntryID(11, 1);
```

```
        StreamEntryID id2 = new StreamEntryID(21, 2);
        StreamEntryID id3 = new StreamEntryID(31, 3);
        StreamEntryID id4 = new StreamEntryID(41, 0);
        StreamEntryID id5 = new StreamEntryID(51, 0);
        StreamEntryID id6 = new StreamEntryID(61, 0);
        StreamEntryID id7 = new StreamEntryID(71, 0);
        StreamEntryID id8 = new StreamEntryID(81, 0);
        StreamEntryID id9 = new StreamEntryID(91, 0);
        StreamEntryID id10 = new StreamEntryID(100, 0);

        .xadd("key1", id1, map);
        .xadd("key1", id2, map);
        .xadd("key1", id3, map);
        .xadd("key1", id4, map);
        .xadd("key1", id5, map);
        .xadd("key1", id6, map);
        .xadd("key1", id7, map);
        .xadd("key1", id8, map);
        .xadd("key1", id9, map);
        .xadd("key1", id10, map);

        List<StreamEntry> listEntry = .xrevrange("key1", null, null, 3);
        while (listEntry.size() != 0) {
            StreamEntryID lastId = null;
            for (int i = 0; i < listEntry.size(); i++) {
                StreamEntry entry = listEntry.get(i);
                System.out.println(entry.getID().toString() + " " + entry.
getFields().toString());
                lastId = entry.getID();
            }
            long nextTime = lastId.getTime();
            long nextSequence = lastId.getSequence();
            if (nextSequence == 0) {
                nextTime = nextTime - 1;
                nextSequence = Long.MAX_VALUE;
            } else {
                nextSequence = nextSequence - 1;
            }
            lastId = new StreamEntryID(nextTime, nextSequence);
            listEntry = .xrevrange("key1", lastId, null, 3);
            System.out.println();
        }

    } catch (Exception e) {
        e.printStackTrace();
    } finally {
        if ( != null) {
            .close();
```

```
            }
        }
    }
}
```

程式執行結果如下。

```
100-0 {a=aa}
91-0 {a=aa}
81-0 {a=aa}

71-0 {a=aa}
61-0 {a=aa}
51-0 {a=aa}

41-0 {a=aa}
31-3 {a=aa}
21-2 {a=aa}

11-1 {a=aa}
```

12.6 xtrim 命令

使用格式如下。

```
xtrim key maxlen [~] count
```

該命令限制的長度為 count。

參數 maxlen [~] count 支援絕對 count 長度和近似 count 長度，與 xadd 命令的 maxlen 參數功能一模一樣，會保留最新的元素。

12.6.1 測試案例

xtrim 命令的範例如下。

```
xtrim mykey maxlen 1000
xtrim mykey maxlen ~ 1000
```

xtrim 命令在使用前需要在其中增加很多個元素，然後才能測出 maxlen 1000 和 maxlen ~ 1000 的區別和效果。

篇幅有限，具體的使用形式請參考 xadd key maxlen [~] x count x 命令。

12.6.2 程式演示

測試案例如下。

```java
public class XTrimTest {
    private static Pool pool = new Pool(new PoolConfig(), "192.168.1.103",
7777, 5000, "accp");

    public static void main(String[] args) {
         = null;
        try {
             = pool.getResource();
            .flushAll();

            {
                Map map = new HashMap();
                map.put("a", "aa");

                for (int i = 0; i < 5000; i++) {
                    StreamEntryID id = new StreamEntryID(i + 1, 0);
                    .xadd("key1", id, map);
                }
                long trimLen = .xtrim("key1", 10, false);
                System.out.println("trimLen=" + trimLen);
                System.out.println("xlen=" + .xlen("key1"));
            }

            System.out.println();
            .flushAll();
            System.out.println();

            {
                Map map = new HashMap();
                map.put("a", "aa");

                for (int i = 0; i < 5000; i++) {
                    StreamEntryID id = new StreamEntryID(i + 1, 0);
                    .xadd("key1", id, map);
                }
                long trimLen = .xtrim("key1", 10, true);
                System.out.println("trimLen=" + trimLen);
                System.out.println("xlen=" + .xlen("key1"));
            }
        } catch (Exception e) {
            e.printStackTrace();
        } finally {
            if ( != null) {
                .close();
```

```
                    }
              }
        }

}
```

程式執行結果如下。

```
trimLen=4990
xlen=10

trimLen=4900
xlen=100
```

12.7 xread 命令

使用格式如下。

```
xread [COUNT count] [BLOCK milliseconds] STREAMS key [key ...] id [id ...]
```

該命令用於讀取串流中比指定 ID 值大的元素（屬於大於關係）。

xrange 命令和 xrevrange 只能從一個串流中讀取元素，而 xread 命令支援從多個串流中讀取元素，還支援阻塞與非阻塞的操作。

xread 命令還具有阻塞功能，和 Pub/Sub 模式或阻塞佇列功能非常相似，但卻有本質上的不同。

- xread 可以有多個消費者以阻塞的方式一同監聽新的元素。如果有新的元素到達，xread 則把新的元素分發到不同的消費者，每個消費者接收的元素是相同的，和 Pub/Sub 模式的效果是一樣的；但和阻塞佇列不同，使用阻塞佇列的消費者接收的元素是不相同的。
- Pub/Sub 模式和阻塞佇列中的元素是暫態的，元素被消費完畢後立即刪除，並不保存，而串流中的元素會一直保存，除非手動刪除。不同的消費者透過接收的最後一個 ID 與伺服器進行比較，從而知道哪些元素是最新的。
- Stream 資料類型提供消費者組的概念，更細化地控制串流中元素的處理。關於此基礎知識將在後文進行更詳細的介紹。

12.7.1 實現元素讀取

測試實現非阻塞元素讀取。

1. 測試案例

執行以下程式提供測試元素。

```java
public class Test24 {
    private static Pool pool = new Pool(new PoolConfig(), "192.168.1.109",
7777, 5000, "accp");

    public static void main(String[] args) {
         = null;
        try {
             = pool.getResource();
            .flushAll();

            Map map = new HashMap();
            map.put("a", "aa");

            StreamEntryID id1 = new StreamEntryID(1, 1);
            StreamEntryID id2 = new StreamEntryID(1, 2);
            StreamEntryID id3 = new StreamEntryID(1, 3);
            StreamEntryID id4 = new StreamEntryID(2, 1);
            StreamEntryID id5 = new StreamEntryID(2, 2);
            StreamEntryID id6 = new StreamEntryID(2, 3);
            StreamEntryID id7 = new StreamEntryID(3, 1);
            StreamEntryID id8 = new StreamEntryID(4, 1);
            StreamEntryID id9 = new StreamEntryID(5, 1);
            StreamEntryID id10 = new StreamEntryID(6, 1);

            .xadd("key1", id1, map);
            .xadd("key1", id2, map);
            .xadd("key1", id3, map);
            .xadd("key1", id4, map);
            .xadd("key1", id5, map);
            .xadd("key1", id6, map);
            .xadd("key1", id7, map);
            .xadd("key1", id8, map);
            .xadd("key1", id9, map);
            .xadd("key1", id10, map);

        } catch (Exception e) {
            e.printStackTrace();
        } finally {
            if ( != null) {
```

```
                    .close();
            }
        }
    }
}
```

執行以下命令進行測試。

```
127.0.0.1:7777> xread STREAMS key1 0-0
1) 1) "key1"
   2) 1) 1) "1-1"
         2) 1) "a"
            2) "aa"
      2) 1) "1-2"
         2) 1) "a"
            2) "aa"
      3) 1) "1-3"
         2) 1) "a"
            2) "aa"
      4) 1) "2-1"
         2) 1) "a"
            2) "aa"
      5) 1) "2-2"
         2) 1) "a"
            2) "aa"
      6) 1) "2-3"
         2) 1) "a"
            2) "aa"
      7) 1) "3-1"
         2) 1) "a"
            2) "aa"
      8) 1) "4-1"
         2) 1) "a"
            2) "aa"
      9) 1) "5-1"
         2) 1) "a"
            2) "aa"
     10) 1) "6-1"
         2) 1) "a"
            2) "aa"
127.0.0.1:7777> xread STREAMS key1 4-1
1) 1) "key1"
   2) 1) 1) "5-1"
         2) 1) "a"
            2) "aa"
      2) 1) "6-1"
         2) 1) "a"
            2) "aa"
```

```
127.0.0.1:7777> xread STREAMS key1 4-0
1) 1) "key1"
   2) 1) 1) "4-1"
         2) 1) "a"
            2) "aa"
      2) 1) "5-1"
         2) 1) "a"
            2) "aa"
      3) 1) "6-1"
         2) 1) "a"
            2) "aa"
127.0.0.1:7777> xlen key1
(integer) 10
127.0.0.1:7777>
```

對 ID 的比較是大於關係，而非大於等於關係。

2. 程式演示

```java
public class Test25 {
    private static Pool pool = new Pool(new PoolConfig(), "192.168.1.103",
7777, 5000, "accp");

    public static void main(String[] args) {
         = null;
        try {
             = pool.getResource();
            .flushAll();

            {
                Map map = new HashMap();
                map.put("a", "aa");

                StreamEntryID id1 = new StreamEntryID(1, 1);
                StreamEntryID id2 = new StreamEntryID(1, 2);
                StreamEntryID id3 = new StreamEntryID(1, 3);
                StreamEntryID id4 = new StreamEntryID(2, 1);
                StreamEntryID id5 = new StreamEntryID(2, 2);
                StreamEntryID id6 = new StreamEntryID(2, 3);
                StreamEntryID id7 = new StreamEntryID(3, 1);
                StreamEntryID id8 = new StreamEntryID(4, 1);
                StreamEntryID id9 = new StreamEntryID(5, 1);
                StreamEntryID id10 = new StreamEntryID(6, 1);

                .xadd("key1", id1, map);
                .xadd("key1", id2, map);
                .xadd("key1", id3, map);
                .xadd("key1", id4, map);
```

```
                    .xadd("key1", id5, map);
                    .xadd("key1", id6, map);
                    .xadd("key1", id7, map);
                    .xadd("key1", id8, map);
                    .xadd("key1", id9, map);
                    .xadd("key1", id10, map);

            }

            StreamEntryID id = new StreamEntryID(1, 1);
            Entry<String, StreamEntryID> entry = new AbstractMap.SimpleEntry
("key1", id);

            List<Entry<String, List<StreamEntry>>> listEntry = .xread(-1, 0,
entry);
            for (int i = 0; i < listEntry.size(); i++) {
                Entry<String, List<StreamEntry>> eachEntry = listEntry.get(i);
                System.out.println(eachEntry.getKey());
                List<StreamEntry> listStreamEntry = eachEntry.getValue();
                for (int j = 0; j < listStreamEntry.size(); j++) {
                    StreamEntry eachStreamEntry = listStreamEntry.get(j);
                    StreamEntryID eachId = eachStreamEntry.getID();
                    System.out.println(eachId.getTime() + " " + eachId.
getSequence());
                    Map<String, String> fieldValueMap = eachStreamEntry.
getFields();
                    Iterator<String> iterator = fieldValueMap.keySet().iterator();
                    while (iterator.hasNext()) {
                        String field = iterator.next();
                        String value = fieldValueMap.get(field);
                        System.out.println("    " + field + " " + value);
                    }
                }
            }

        } catch (Exception e) {
            e.printStackTrace();
        } finally {
            if ( != null) {
                .close();
            }
        }
    }

}
```

程式執行結果如下。

```
key1
1 2
    a aa
1 3
    a aa
2 1
    a aa
2 2
    a aa
2 3
    a aa
3 1
    a aa
4 1
    a aa
5 1
    a aa
6 1
    a aa
```

查詢結果不包括 ID 值 1-1，相當於 SQL 敘述中的大於查詢，而非大於等於查詢。

12.7.2 從多個串流中讀取元素

1. 測試案例

執行以下程式提供測試元素。

```
public class Test26 {
    private static Pool pool = new Pool(new PoolConfig(), "192.168.1.103",
7777, 5000, "accp");

    public static void main(String[] args) {
         = null;
        try {
             = pool.getResource();
            .flushAll();

            {
                Map map = new HashMap();
                map.put("a", "aa");

                StreamEntryID id1 = new StreamEntryID(1, 1);
                StreamEntryID id2 = new StreamEntryID(1, 2);
                StreamEntryID id3 = new StreamEntryID(1, 3);
```

```
            StreamEntryID id4 = new StreamEntryID(2, 1);
            StreamEntryID id5 = new StreamEntryID(2, 2);
            StreamEntryID id6 = new StreamEntryID(2, 3);
            StreamEntryID id7 = new StreamEntryID(3, 1);
            StreamEntryID id8 = new StreamEntryID(4, 1);
            StreamEntryID id9 = new StreamEntryID(5, 1);
            StreamEntryID id10 = new StreamEntryID(6, 1);

            .xadd("key1", id1, map);
            .xadd("key1", id2, map);
            .xadd("key1", id3, map);
            .xadd("key1", id4, map);
            .xadd("key1", id5, map);
            .xadd("key1", id6, map);
            .xadd("key1", id7, map);
            .xadd("key1", id8, map);
            .xadd("key1", id9, map);
            .xadd("key1", id10, map);
        }
        {
            Map map = new HashMap();
            map.put("b", "bb");

            StreamEntryID id1 = new StreamEntryID(7, 1);
            StreamEntryID id2 = new StreamEntryID(7, 2);
            StreamEntryID id3 = new StreamEntryID(7, 3);
            StreamEntryID id4 = new StreamEntryID(8, 1);
            StreamEntryID id5 = new StreamEntryID(8, 2);
            StreamEntryID id6 = new StreamEntryID(8, 3);
            StreamEntryID id7 = new StreamEntryID(9, 1);
            StreamEntryID id8 = new StreamEntryID(10, 1);
            StreamEntryID id9 = new StreamEntryID(11, 1);
            StreamEntryID id10 = new StreamEntryID(12, 1);

            .xadd("key2", id1, map);
            .xadd("key2", id2, map);
            .xadd("key2", id3, map);
            .xadd("key2", id4, map);
            .xadd("key2", id5, map);
            .xadd("key2", id6, map);
            .xadd("key2", id7, map);
            .xadd("key2", id8, map);
            .xadd("key2", id9, map);
            .xadd("key2", id10, map);
        }

    } catch (Exception e) {
        e.printStackTrace();
```

```
        } finally {
            if ( != null) {
                .close();
            }
        }
    }

}
```

執行以下命令進行測試。

```
127.0.0.1:7777> xread STREAMS key1 key2 5-1 10-1
1) 1) "key1"
   2) 1) 1) "6-1"
         2) 1) "a"
            2) "aa"
2) 1) "key2"
   2) 1) 1) "11-1"
         2) 1) "b"
            2) "bb"
      2) 1) "12-1"
         2) 1) "b"
            2) "bb"
127.0.0.1:7777>
```

2. 程式演示

```
public class Test27 {
    private static Pool pool = new Pool(new PoolConfig(), "192.168.1.103",
7777, 5000, "accp");

    public static void main(String[] args) {
         = null;
        try {
             = pool.getResource();
            .flushAll();

            {
                Map map = new HashMap();
                map.put("a", "aa");

                StreamEntryID id1 = new StreamEntryID(1, 1);
                StreamEntryID id2 = new StreamEntryID(1, 2);
                StreamEntryID id3 = new StreamEntryID(1, 3);
                StreamEntryID id4 = new StreamEntryID(2, 1);
                StreamEntryID id5 = new StreamEntryID(2, 2);
                StreamEntryID id6 = new StreamEntryID(2, 3);
                StreamEntryID id7 = new StreamEntryID(3, 1);
```

```
            StreamEntryID id8 = new StreamEntryID(4, 1);
            StreamEntryID id9 = new StreamEntryID(5, 1);
            StreamEntryID id10 = new StreamEntryID(6, 1);

            .xadd("key1", id1, map);
            .xadd("key1", id2, map);
            .xadd("key1", id3, map);
            .xadd("key1", id4, map);
            .xadd("key1", id5, map);
            .xadd("key1", id6, map);
            .xadd("key1", id7, map);
            .xadd("key1", id8, map);
            .xadd("key1", id9, map);
            .xadd("key1", id10, map);
        }
        {
            Map map = new HashMap();
            map.put("b", "bb");

            StreamEntryID id1 = new StreamEntryID(7, 1);
            StreamEntryID id2 = new StreamEntryID(7, 2);
            StreamEntryID id3 = new StreamEntryID(7, 3);
            StreamEntryID id4 = new StreamEntryID(8, 1);
            StreamEntryID id5 = new StreamEntryID(8, 2);
            StreamEntryID id6 = new StreamEntryID(8, 3);
            StreamEntryID id7 = new StreamEntryID(9, 1);
            StreamEntryID id8 = new StreamEntryID(10, 1);
            StreamEntryID id9 = new StreamEntryID(11, 1);
            StreamEntryID id10 = new StreamEntryID(12, 1);

            .xadd("key2", id1, map);
            .xadd("key2", id2, map);
            .xadd("key2", id3, map);
            .xadd("key2", id4, map);
            .xadd("key2", id5, map);
            .xadd("key2", id6, map);
            .xadd("key2", id7, map);
            .xadd("key2", id8, map);
            .xadd("key2", id9, map);
            .xadd("key2", id10, map);
        }

        StreamEntryID id1 = new StreamEntryID(5, 1);
        StreamEntryID id2 = new StreamEntryID(10, 1);

        Entry<String, StreamEntryID> entry1 = new AbstractMap.SimpleEntry
("key1", id1);
        Entry<String, StreamEntryID> entry2 = new AbstractMap.SimpleEntry
```

```
("key2", id2);

            List<Entry<String, List<StreamEntry>>> listEntry = .xread(-1, 0,
entry1, entry2);
            for (int i = 0; i < listEntry.size(); i++) {
                Entry<String, List<StreamEntry>> eachEntry = listEntry.get(i);
                System.out.println(eachEntry.getKey());
                List<StreamEntry> listStreamEntry = eachEntry.getValue();
                for (int j = 0; j < listStreamEntry.size(); j++) {
                    StreamEntry eachStreamEntry = listStreamEntry.get(j);
                    StreamEntryID eachId = eachStreamEntry.getID();
                    System.out.println(eachId.getTime() + " " + eachId.
getSequence());

                    Map<String, String> fieldValueMap = eachStreamEntry.
getFields();

                    Iterator<String> iterator = fieldValueMap.keySet().iterator();
                    while (iterator.hasNext()) {
                        String field = iterator.next();
                        String value = fieldValueMap.get(field);
                        System.out.println("    " + field + " " + value);
                    }
                }
                System.out.println();
            }

        } catch (Exception e) {
            e.printStackTrace();
        } finally {
            if ( != null) {
                .close();
            }
        }
    }

}
```

程式執行結果如下。

```
key2
11 1
    b bb
12 1
    b bb

key1
6 1
    a aa
```

12.7.3 實現 count

1. 測試案例

執行以下程式提供測試元素。

```java
public class Test28 {
    private static Pool pool = new Pool(new PoolConfig(), "192.168.1.109",
7777, 5000, "accp");

    public static void main(String[] args) {
         = null;
        try {
             = pool.getResource();
            .flushAll();

            Map map = new HashMap();
            map.put("a", "aa");

            StreamEntryID id1 = new StreamEntryID(1, 1);
            StreamEntryID id2 = new StreamEntryID(1, 2);
            StreamEntryID id3 = new StreamEntryID(1, 3);
            StreamEntryID id4 = new StreamEntryID(2, 1);
            StreamEntryID id5 = new StreamEntryID(2, 2);
            StreamEntryID id6 = new StreamEntryID(2, 3);
            StreamEntryID id7 = new StreamEntryID(3, 1);
            StreamEntryID id8 = new StreamEntryID(4, 1);
            StreamEntryID id9 = new StreamEntryID(5, 1);
            StreamEntryID id10 = new StreamEntryID(6, 1);

            .xadd("key1", id1, map);
            .xadd("key1", id2, map);
            .xadd("key1", id3, map);
            .xadd("key1", id4, map);
            .xadd("key1", id5, map);
            .xadd("key1", id6, map);
            .xadd("key1", id7, map);
            .xadd("key1", id8, map);
            .xadd("key1", id9, map);
            .xadd("key1", id10, map);

        } catch (Exception e) {
            e.printStackTrace();
        } finally {
            if ( != null) {
                .close();
            }
        }
    }
```

```
        }
}
```

執行以下命令進行測試。

```
127.0.0.1:7777> xread COUNT 5 STREAMS key1 0-0
1) 1) "key1"
   2) 1) 1) "1-1"
         2) 1) "a"
            2) "aa"
      2) 1) "1-2"
         2) 1) "a"
            2) "aa"
      3) 1) "1-3"
         2) 1) "a"
            2) "aa"
      4) 1) "2-1"
         2) 1) "a"
            2) "aa"
      5) 1) "2-2"
         2) 1) "a"
            2) "aa"
127.0.0.1:7777>
```

2. 程式演示

```java
public class Test29 {
    private static Pool pool = new Pool(new PoolConfig(), "192.168.1.103",
7777, 5000, "accp");

    public static void main(String[] args) {
         = null;
        try {
             = pool.getResource();
            .flushAll();

            {
                Map map = new HashMap();
                map.put("a", "aa");

                StreamEntryID id1 = new StreamEntryID(1, 1);
                StreamEntryID id2 = new StreamEntryID(1, 2);
                StreamEntryID id3 = new StreamEntryID(1, 3);
                StreamEntryID id4 = new StreamEntryID(2, 1);
                StreamEntryID id5 = new StreamEntryID(2, 2);
                StreamEntryID id6 = new StreamEntryID(2, 3);
                StreamEntryID id7 = new StreamEntryID(3, 1);
                StreamEntryID id8 = new StreamEntryID(4, 1);
```

```
            StreamEntryID id9 = new StreamEntryID(5, 1);
            StreamEntryID id10 = new StreamEntryID(6, 1);

            .xadd("key1", id1, map);
            .xadd("key1", id2, map);
            .xadd("key1", id3, map);
            .xadd("key1", id4, map);
            .xadd("key1", id5, map);
            .xadd("key1", id6, map);
            .xadd("key1", id7, map);
            .xadd("key1", id8, map);
            .xadd("key1", id9, map);
            .xadd("key1", id10, map);

        }

        StreamEntryID id = new StreamEntryID(0, 0);
        Entry<String, StreamEntryID> entry = new AbstractMap.SimpleEntry
("key1", id);

        List<Entry<String, List<StreamEntry>>> listEntry = .xread(5, 0,
entry);
        for (int i = 0; i < listEntry.size(); i++) {
            Entry<String, List<StreamEntry>> eachEntry = listEntry.get(i);
            System.out.println(eachEntry.getKey());
            List<StreamEntry> listStreamEntry = eachEntry.getValue();
            for (int j = 0; j < listStreamEntry.size(); j++) {
                StreamEntry eachStreamEntry = listStreamEntry.get(j);
                StreamEntryID eachId = eachStreamEntry.getID();
                System.out.println(eachId.getTime() + " " + eachId.
getSequence());
                Map<String, String> fieldValueMap = eachStreamEntry.
getFields();
                Iterator<String> iterator = fieldValueMap.keySet().
iterator();
                while (iterator.hasNext()) {
                    String field = iterator.next();
                    String value = fieldValueMap.get(field);
                    System.out.println("    " + field + " " + value);
                }
            }
        }

    } catch (Exception e) {
        e.printStackTrace();
    } finally {
        if ( != null) {
            .close();
```

```
            }
        }
    }
}
```

程式執行結果如下。

```
key1
1 1
    a aa
1 2
    a aa
1 3
    a aa
2 1
    a aa
2 2
    a aa
```

12.7.4 測試 count

1. 測試案例

執行以下程式提供測試元素。

```
public class Test30 {
    private static Pool pool = new Pool(new PoolConfig(), "192.168.1.109",
7777, 5000, "accp");

    public static void main(String[] args) {
        = null;
        try {
            = pool.getResource();
            .flushAll();

            Map map = new HashMap();
            map.put("a", "aa");

            StreamEntryID id1 = new StreamEntryID(1, 1);
            StreamEntryID id2 = new StreamEntryID(1, 2);
            StreamEntryID id3 = new StreamEntryID(1, 3);
            StreamEntryID id4 = new StreamEntryID(2, 1);
            StreamEntryID id5 = new StreamEntryID(2, 2);
            StreamEntryID id6 = new StreamEntryID(2, 3);
            StreamEntryID id7 = new StreamEntryID(3, 1);
            StreamEntryID id8 = new StreamEntryID(4, 1);
            StreamEntryID id9 = new StreamEntryID(5, 1);
```

```
            StreamEntryID id10 = new StreamEntryID(6, 1);

            .xadd("key1", id1, map);
            .xadd("key1", id2, map);
            .xadd("key1", id3, map);
            .xadd("key1", id4, map);
            .xadd("key1", id5, map);
            .xadd("key1", id6, map);
            .xadd("key1", id7, map);
            .xadd("key1", id8, map);
            .xadd("key1", id9, map);
            .xadd("key1", id10, map);

        } catch (Exception e) {
            e.printStackTrace();
        } finally {
            if ( != null) {
                .close();
            }
        }
    }
}

127.0.0.1:7777> XREAD COUNT 3 STREAMS key1 0-0
1) 1) "key1"
   2) 1) 1) "1-1"
         2) 1) "a"
            2) "aa"
      2) 1) "1-2"
         2) 1) "a"
            2) "aa"
      3) 1) "1-3"
         2) 1) "a"
            2) "aa"
127.0.0.1:7777> XREAD COUNT 3 STREAMS key1 1-3
1) 1) "key1"
   2) 1) 1) "2-1"
         2) 1) "a"
            2) "aa"
      2) 1) "2-2"
         2) 1) "a"
            2) "aa"
      3) 1) "2-3"
         2) 1) "a"
            2) "aa"
127.0.0.1:7777> XREAD COUNT 3 STREAMS key1 2-3
1) 1) "key1"
   2) 1) 1) "3-1"
```

```
        2) 1) "a"
           2) "aa"
     2) 1) "4-1"
        2) 1) "a"
           2) "aa"
     3) 1) "5-1"
        2) 1) "a"
           2) "aa"
127.0.0.1:7777> XREAD COUNT 3 STREAMS key1 5-1
1) 1) "key1"
   2) 1) 1) "6-1"
         2) 1) "a"
            2) "aa"
127.0.0.1:7777>
```

2. 程式演示

```java
public class Test31 {
    private static Pool pool = new Pool(new PoolConfig(), "192.168.1.103",
7777, 5000, "accp");

    public static void main(String[] args) {
         = null;
        try {
             = pool.getResource();
            .flushAll();

            {
                Map map = new HashMap();
                map.put("a", "aa");

                StreamEntryID id1 = new StreamEntryID(1, 1);
                StreamEntryID id2 = new StreamEntryID(1, 2);
                StreamEntryID id3 = new StreamEntryID(1, 3);
                StreamEntryID id4 = new StreamEntryID(2, 1);
                StreamEntryID id5 = new StreamEntryID(2, 2);
                StreamEntryID id6 = new StreamEntryID(2, 3);
                StreamEntryID id7 = new StreamEntryID(3, 1);
                StreamEntryID id8 = new StreamEntryID(4, 1);
                StreamEntryID id9 = new StreamEntryID(5, 1);
                StreamEntryID id10 = new StreamEntryID(6, 1);

                .xadd("key1", id1, map);
                .xadd("key1", id2, map);
                .xadd("key1", id3, map);
                .xadd("key1", id4, map);
                .xadd("key1", id5, map);
                .xadd("key1", id6, map);
```

```
                    .xadd("key1", id7, map);
                    .xadd("key1", id8, map);
                    .xadd("key1", id9, map);
                    .xadd("key1", id10, map);

            }

            StreamEntryID id = new StreamEntryID(0, 0);
            Entry<String, StreamEntryID> entry = new AbstractMap.SimpleEntry
("key1", id);

            List<Entry<String, List<StreamEntry>>> listEntry = .xread(3, 0, entry);
            while (listEntry.size() != 0) {
                StreamEntryID lastId = null;
                for (int i = 0; i < listEntry.size(); i++) {
                    Entry<String, List<StreamEntry>> eachEntry = listEntry.get(i);
                    System.out.println(eachEntry.getKey());
                    List<StreamEntry> listStreamEntry = eachEntry.getValue();
                    for (int j = 0; j < listStreamEntry.size(); j++) {
                        StreamEntry eachStreamEntry = listStreamEntry.get(j);
                        StreamEntryID eachId = eachStreamEntry.getID();
                        lastId = eachStreamEntry.getID();
                        System.out.println(eachId.getTime() + " " + eachId.
getSequence());
                        Map<String, String> fieldValueMap = eachStreamEntry.
getFields();
                        Iterator<String> iterator = fieldValueMap.keySet().
iterator();
                        while (iterator.hasNext()) {
                            String field = iterator.next();
                            String value = fieldValueMap.get(field);
                            System.out.println("    " + field + " " + value);
                        }
                    }
                }

                Entry<String, StreamEntryID> nextEntry = new AbstractMap.
SimpleEntry("key1", lastId);
                listEntry = .xread(3, 0, nextEntry);
                System.out.println();
            }

        } catch (Exception e) {
            e.printStackTrace();
        } finally {
            if ( != null) {
                .close();
            }
```

```
        }
    }
}
```

程式執行結果如下。

```
key1
1 1
    a aa
1 2
    a aa
1 3
    a aa

key1
2 1
    a aa
2 2
    a aa
2 3
    a aa

key1
3 1
    a aa
4 1
    a aa
5 1
    a aa

key1
6 1
    a aa
```

12.7.5 實現阻塞訊息讀取並結合

串流允許消費者以阻塞的方式等待生產者向其發送新訊息，如果串流中有了新訊息，則消費者可以獲取新訊息。

1. 測試案例

在用戶端 1 中輸入以下命令。

```
127.0.0.1:7777> flushall
OK
127.0.0.1:7777> xread BLOCK 0 STREAMS key1 $
```

命令執行後呈阻塞狀態。

符號 "$" 表示使用串流中已經儲存的最大 ID 值作為最後一個 ID 值，讓消費者僅接收從開始監聽的那個時間以後的新訊息。使用 "$" 不是必須的，可以使用自訂的 ID 值，如果找到匹配的訊息，則直接返回訊息，否則呈阻塞狀態。由於使用 FIFO 演算法，因此最早呈阻塞狀態的消費者最早解除阻塞狀態。

在用戶端 2 中輸入以下命令。

```
127.0.0.1:7777> xread BLOCK 0 STREAMS key1 $
```

命令執行後呈阻塞狀態。

在用戶端 3 中輸入以下命令。

```
127.0.0.1:7777> xadd key1 1-1 a aa
1-1
127.0.0.1:7777>
```

用戶端 1 輸出結果如下。

```
key1
1-1
a
aa
127.0.0.1:7777>
```

用戶端 2 輸出結果如下。

```
key1
1-1
a
aa
127.0.0.1:7777>
```

2. 程式演示

```
public class Test32 {
    private static Pool pool = new Pool(new PoolConfig(), "192.168.1.109",
7777, 5000, "accp");

    public static void main(String[] args) {
         = null;
        try {
```

```
                = pool.getResource();

            .flushAll();
// LAST_ENTRY相當於$
            Entry<String, StreamEntryID> entry = new SimpleEntry("key1",
StreamEntryID.LAST_ENTRY);

            List<Entry<String, List<StreamEntry>>> listEntry = .xread(-1,
Integer.MAX_VALUE, entry);
            while (listEntry.size() != 0) {
                StreamEntryID lastId = null;
                for (int i = 0; i < listEntry.size(); i++) {
                    Entry<String, List<StreamEntry>> eachEntry = listEntry.get(i);
                    System.out.println(eachEntry.getKey());
                    List<StreamEntry> listStreamEntry = eachEntry.getValue();
                    for (int j = 0; j < listStreamEntry.size(); j++) {
                        StreamEntry eachStreamEntry = listStreamEntry.get(j);
                        StreamEntryID eachId = eachStreamEntry.getID();
                        lastId = eachStreamEntry.getID();
                        System.out.println(eachId.getTime() + " " + eachId.
getSequence());

                        Map<String, String> fieldValueMap = eachStreamEntry.
getFields();

                        Iterator<String> iterator = fieldValueMap.keySet().
iterator();

                        while (iterator.hasNext()) {
                            String field = iterator.next();
                            String value = fieldValueMap.get(field);
                            System.out.println("    " + field + " " + value);
                        }
                    }
                }
                StreamEntryID newId = new StreamEntryID(lastId.getTime(),
lastId.getSequence());
                entry = new SimpleEntry("key1", newId);
                listEntry = .xread(-1, Integer.MAX_VALUE, entry);
            }
        } catch (Exception e) {
            e.printStackTrace();
        } finally {
            if ( != null) {
                .close();
            }
        }
    }
}

public class Test33 {
```

```
    private static Pool pool = new Pool(new PoolConfig(), "192.168.1.109",
7777, 5000, "accp");

    public static void main(String[] args) {
         = null;
      try {
          = pool.getResource();

         Map map = new HashMap();
         map.put("a", "aa");

         StreamEntryID id1 = new StreamEntryID(1, 1);
         StreamEntryID id2 = new StreamEntryID(1, 2);
         StreamEntryID id3 = new StreamEntryID(1, 3);
         StreamEntryID id4 = new StreamEntryID(2, 1);
         StreamEntryID id5 = new StreamEntryID(2, 2);
         StreamEntryID id6 = new StreamEntryID(2, 3);
         StreamEntryID id7 = new StreamEntryID(3, 1);
         StreamEntryID id8 = new StreamEntryID(4, 1);
         StreamEntryID id9 = new StreamEntryID(5, 1);
         StreamEntryID id10 = new StreamEntryID(6, 1);

         .xadd("key1", id1, map);
         .xadd("key1", id2, map);
         .xadd("key1", id3, map);
         .xadd("key1", id4, map);
         .xadd("key1", id5, map);
         .xadd("key1", id6, map);
         .xadd("key1", id7, map);
         .xadd("key1", id8, map);
         .xadd("key1", id9, map);
         .xadd("key1", id10, map);

      } catch (Exception e) {
         e.printStackTrace();
      } finally {
         if ( != null) {
            .close();
         }
      }
   }
}
```

首先執行兩次 Test32.java 類別，創建兩個阻塞消費者。第一次執行的 Test32.java 類別稱為 A 處理程序，第二次執行的 Test32.java 類別稱為 B 處理程序。

然後執行生產者 Test33.java 類別。

A 處理程序的主控台輸出結果如下。

```
key1
1 1
    a aa
key1
1 2
    a aa
1 3
    a aa
2 1
    a aa
2 2
    a aa
2 3
    a aa
3 1
    a aa
4 1
    a aa
5 1
    a aa
6 1
    a aa
```

B 處理程序的主控台輸出結果如下。

```
key1
1 1
    a aa
key1
1 2
    a aa
1 3
    a aa
2 1
    a aa
2 2
    a aa
2 3
    a aa
3 1
    a aa
4 1
    a aa
5 1
```

```
      a aa
6 1
      a aa
```

12.8 消費者組的使用

前文使用 xread 命令實現了對串流中訊息的阻塞監聽功能，如圖 12-2 所示。

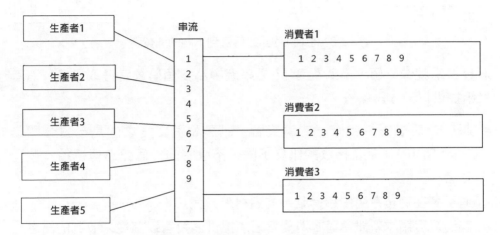

圖 12-2 使用 xread 命令實現了對串流中訊息的阻塞監聽功能

消費者 1 ～ 3 同時在監聽串流中是否有最新的訊息，當生產者 1 ～ 5 對串流中的訊息執行增加操作時，消費者 1 ～ 3 就會收到生產者 1 ～ 5 增加的訊息。

除串流中的訊息可以持久保存外，使用 xread 命令結合阻塞功能所實現的效果和 Pub/Sub 模式別無兩樣，大致相同。

xread 命令和 Pub/Sub 模式都有訊息的生產者 / 發行者（簡稱生產者）和消費者 / 訂閱者（簡稱消費者），同組消費者處理的是一樣的。但是在某些情況下，想要實現的不是向多個消費者提供相同的訊息，而是向不同的消費者傳遞不同的訊息，透過將不同的訊息傳遞到不同的消費者來模擬實現負載平衡的效果，將電腦資源更高效率地利用，如圖 12-3 所示。

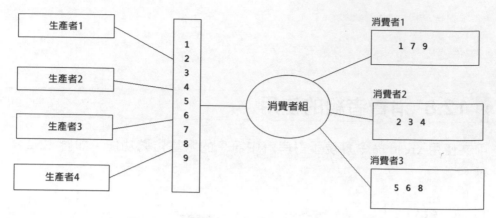

圖 12-3 將不同的訊息傳遞到不同的消費者

消費者組就像一個「偽消費者」，從串流中為多個消費者獲取訊息，消費者組提供以下 5 點保證。

- 將一筆訊息提供給唯一的消費者，訊息和消費者之間是一對一關聯性，不同的消費者接收的訊息不同，不會將同一個訊息傳遞給多個消費者。
- 消費者在消費者組中透過唯一的名稱來辨識。
- 當消費者請求新訊息時，消費者組能提供消費者以前從未收到的訊息。
- 消費訊息後需要使用 xack 命令進行顯性確認，表示這筆訊息已經被正確處理了，可以從消費者組中刪除。之所以要有 ACK 確認機制，是因為萬一在消費訊息時出現當機、停電等情況造成訊息遺失，只有訊息消費完畢才會確認，將其從消費者組中刪除。
- 消費者組監控當前所有「待確認」的訊息，也就是訊息已經被傳遞到消費者，但消費者還沒有對訊息進行消費確認，消費者組中這樣的訊息就是待確認訊息。每個消費者只能看到傳遞給它的訊息。

使用消費者組實現訊息消費需要 3 個命令。

- xgroup：用於創建、刪除或管理消費者組。
- xreadgroup：用於透過消費者組從一個串流中讀取訊息。
- xack：允許消費者將待確認訊息標記為已確認。

12.8.1 與消費者組有關的命令

xgroup 命令的使用格式如下。

```
xgroup [create key groupname id-or-$] [setid key groupname id-or-$] [destroy
key groupname] [delconsumer key groupname consumername]
```

xgroup 命令主要有以下 4 個參數。

- 參數 setid key groupname id-or-$：將消費者組中最後的 ID 值設定為其他值。
- 參數 create key groupname id-or-$：創建消費者組。
- 參數 destroy key groupname：刪除消費者組。
- 參數 delconsumer key groupname consumername：從消費者組中刪除指定的消費者。

xreadgroup 命令的使用格式如下。

```
xreadgroup group group consumer [count count] [block milliseconds] [noack]
streams key [key ...] ID [ID ...]
```

xreadgroup 命令的作用是從消費者組中讀取訊息，將訊息儲存在「待處理項目串列（Pending Entry List，PEL）」中，並且支援阻塞模式。

- 參數 group：監聽消費者組的名稱。
- 參數 consumer：設定消費者的唯一名稱。
- 參數 noack：不需要 ACK 機制。

xinfo 命令的使用格式如下。

```
xinfo [consumers key groupname] [groups key] [stream key] [help]
```

xinfo 命令主要有 4 個參數。

- 參數 consumers key groupname：查看消費者相關的資訊。
- 參數 groups key：查看 key 對應消費者組相關的資訊。
- 參數 stream key：查看串流相關的資訊。
- 參數 help：查看命令文件說明。

xack 命令的使用格式如下。

```
xack key group ID [ID ...]
```

xack 命令的作用是對消費者組中的待確認的訊息進行確認。待確認的訊息儲存在待處理項目串列中。

xpending 命令的使用格式如下。

```
xpending key group [start end count] [consumer]
```

xpending 命令的作用是查看待處理項目串列中的訊息。

xclaim 命令的使用格式如下。

```
xclaim key group consumer min-idle-time ID [ID ...] [idle ms] [time ms-unix-
time] [retrycount count] [force] [justid]
```

XCLAIM 命令的作用是改變處理訊息的消費者。

12.8.2 xgroup create 和 xinfo groups 命令

該命令用於創建消費者組和獲得消費者組資訊。

1. 測試案例

測試案例如下。

```
127.0.0.1:7777>xgroup create mykey1 mygroupA $
ERR The XGROUP subcommand requires the key to exist. Note that for CREATE you
may want to use the MKSTREAM option to create an empty stream automatically.
```

使用 xgroup create 命令指定時，串流必須要存在，不然會出現上面的異常。結合參數 MKSTREAM 在沒有串流時會自動創建一個串流，命令如下。

```
127.0.0.1:7777>xgroup create mykey1 mygroupA $ MKSTREAM
OK
127.0.0.1:7777>
```

參數 "$" 代表串流中的最後一個 ID，也是最大的 ID 值，從消費者組中獲取訊息的消費者只能獲取到達串流中的最新訊息，也就是消費者組會將大於 "$" 的 ID 對應的訊息傳遞給消費者。如果希望消費者組獲取整數個串流中的訊息，可以使用 0 作為消費者組的開始 ID 值，命令如下。

```
xgroup create mykey1 mygroupA 0 MKSTREAM
```

當然，也可以使用任何其他有效的 ID 值。

```
xgroup create mykey1 mygroupA 888 MKSTREAM
```

上面的命令代表消費者組從串流中獲取 ID 值大於 888 的訊息。

參數 mkstream 代表當 key 不存在時自動創建一個 key。

完整的測試案例如下。

```
127.0.0.1:7777> xgroup create mykey mygroup $
(error) ERR The XGROUP subcommand requires the key to exist. Note that for
CREATE you may want to use the MKSTREAM option to create an empty stream
automatically.
127.0.0.1:7777> xgroup create mykey1 mygroup1 $ mkstream
OK
127.0.0.1:7777> xgroup create mykey2 mygroup2 0 mkstream
OK
127.0.0.1:7777> xgroup create mykey3 mygroup3 999 mkstream
OK
127.0.0.1:7777> xinfo groups mykey1
1) 1) "name"
   2) "mygroup1"
   3) "consumers"
   4) (integer) 0
   5) "pending"
   6) (integer) 0
   7) "last-delivered-id"
   8) "0-0"
127.0.0.1:7777> xinfo groups mykey2
1) 1) "name"
   2) "mygroup2"
   3) "consumers"
   4) (integer) 0
   5) "pending"
   6) (integer) 0
   7) "last-delivered-id"
   8) "0-0"
127.0.0.1:7777> xinfo groups mykey3
1) 1) "name"
   2) "mygroup3"
   3) "consumers"
   4) (integer) 0
```

```
   5) "pending"
   6) (integer) 0
   7) "last-delivered-id"
   8) "999-0"
127.0.0.1:7777> xinfo groups mykey4
(error) ERR no such key
127.0.0.1:7777>
```

同一個消費者組可以監視多個不同的 key，測試案例如下。

```
127.0.0.1:7777> flushdb
OK
127.0.0.1:7777> xgroup create mykey1 group1 5 mkstream
OK
127.0.0.1:7777> xgroup create mykey2 group1 5 mkstream
OK
127.0.0.1:7777> xinfo groups mykey1
1) 1) "name"
   2) "group1"
   3) "consumers"
   4) (integer) 0
   5) "pending"
   6) (integer) 0
   7) "last-delivered-id"
   8) "5-0"
127.0.0.1:7777> xinfo groups mykey2
1) 1) "name"
   2) "group1"
   3) "consumers"
   4) (integer) 0
   5) "pending"
   6) (integer) 0
   7) "last-delivered-id"
   8) "5-0"
127.0.0.1:7777>
```

不同的消費者組可以監視同一個 key，測試案例如下。

```
127.0.0.1:7777> xgroup create mykey1 group1 $ mkstream
OK
127.0.0.1:7777> xgroup create mykey1 group2 $ mkstream
OK
127.0.0.1:7777> xgroup create mykey1 group3 $ mkstream
OK
127.0.0.1:7777>
```

當不同的消費者組監視同一個 key 時，消費者組之間不會互相影響，它們會產生隔離性，自己處理自己所屬範圍的訊息。

如果消費者組名相同，並且監視同一個 key，則會出現以下異常。

```
(error) BUSYGROUP Consumer Group name already exists
```

測試案例如下。

```
127.0.0.1:7777> xgroup create mykey1 group1 $ mkstream
OK
127.0.0.1:7777> xgroup create mykey1 group1 $ mkstream
(error) BUSYGROUP Consumer Group name already exists
127.0.0.1:7777> xgroup create mykey1 group1 5 mkstream
(error) BUSYGROUP Consumer Group name already exists
127.0.0.1:7777> xgroup create mykey2 group1 5 mkstream
OK
127.0.0.1:7777>
```

有關 xinfo 命令的具體使用方法請執行 xinfo help 命令進行查看，範例如
下。

```
127.0.0.1:7777> xinfo help
1) XINFO <subcommand> arg arg ... arg. Subcommands are:
2) CONSUMERS <key> <groupname>  -- Show consumer groups of group <groupname>.
3) GROUPS <key>                 -- Show the stream consumer groups.
4) STREAM <key>                 -- Show information about the stream.
5) HELP                         -- Print this help.
127.0.0.1:7777>
```

2. 程式演示

```java
public class Test34 {
    private static Pool pool = new Pool(new PoolConfig(), "192.168.1.103",
7777, 5000, "accp");
    private static   = null;

    // 輸出key對應消費者組的資訊
    private static void printGroupInfo(String keyName) {
        List<StreamGroupInfo> list1 = .xinfoGroup(keyName);
        for (int i = 0; i < list1.size(); i++) {
            StreamGroupInfo info = list1.get(i);
            System.out.println("getName=" + info.getName());
            System.out.println("getConsumers=" + info.getConsumers());
            System.out.println("getPending=" + info.getPending());
            System.out.println("getLastDeliveredId=" + info.getLastDeliveredId());
        }
        System.out.println();
    }
```

```java
    public static void main(String[] args) {

        try {
             = pool.getResource();
            .flushAll();

            try {
                .xgroupCreate("mykey1", "mygroup1", StreamEntryID.LAST_ENTRY,
false);
            } catch (Exception e) {
                e.printStackTrace();
            }

            .xgroupCreate("mykey1", "mygroup1", StreamEntryID.LAST_ENTRY, true);
            .xgroupCreate("mykey2", "mygroup2", new StreamEntryID(0, 0), true);
            // 不同的消費者組可以監視同一個key
            // 同一個消費者組可以監視不同的key
            .xgroupCreate("mykey3", "mygroup3", new StreamEntryID(888, 0), true);
            .xgroupCreate("mykey3", "mygroup4", new StreamEntryID(999, 0), true);
            .xgroupCreate("mykey4", "mygroup4", new StreamEntryID(999, 0), true);

            printGroupInfo("mykey1");
            printGroupInfo("mykey2");
            printGroupInfo("mykey3");
            printGroupInfo("mykey4");

        } catch (Exception e) {
            e.printStackTrace();
        } finally {
            if ( != null) {
                .close();
            }
        }
    }

}
```

程式執行結果如下。

```
redis.clients..exceptions.DataException: ERR The XGROUP subcommand requires
the key to exist. Note that for CREATE you may want to use the MKSTREAM option
to create an empty stream automatically.
    at redis.clients..Protocol.processError(Protocol.java:132)
    at redis.clients..Protocol.process(Protocol.java:166)
    at redis.clients..Protocol.read(Protocol.java:220)
    at redis.clients..Connection.readProtocolWithCheckingBroken(Connection.
```

```
java:318)
    at redis.clients..Connection.getStatusCodeReply(Connection.java:236)
    at redis.clients...xgroupCreate(.java:3788)
    at test.Test34.main(Test34.java:35)
getName=mygroup1
getConsumers=0
getPending=0
getLastDeliveredId=0-0

getName=mygroup2
getConsumers=0
getPending=0
getLastDeliveredId=0-0

getName=mygroup3
getConsumers=0
getPending=0
getLastDeliveredId=888-0
getName=mygroup4
getConsumers=0
getPending=0
getLastDeliveredId=999-0

getName=mygroup4
getConsumers=0
getPending=0
getLastDeliveredId=999-0
```

12.8.3 xgroup setid 命令

該命令用於更改消費者組監視的 ID 值。

1. 測試案例

測試案例如下。

```
127.0.0.1:7777> flushdb
OK
127.0.0.1:7777> xgroup create mykey1 mygroup1 111 mkstream
OK
127.0.0.1:7777> xinfo groups mykey1
1) 1) "name"
   2) "mygroup1"
   3) "consumers"
   4) (integer) 0
   5) "pending"
   6) (integer) 0
```

```
   7) "last-delivered-id"
   8) "111-0"
127.0.0.1:7777> xgroup setid mykey1 mygroup1 222
OK
127.0.0.1:7777> xinfo groups mykey1
1) 1) "name"
   2) "mygroup1"
   3) "consumers"
   4) (integer) 0
   5) "pending"
   6) (integer) 0
   7) "last-delivered-id"
   8) "222-0"
127.0.0.1:7777> xadd mykey1 123 a aa b bb c cc
"123-0"
127.0.0.1:7777> xgroup setid mykey1 mygroup1 $
OK
127.0.0.1:7777> xinfo groups mykey1
1) 1) "name"
   2) "mygroup1"
   3) "consumers"
   4) (integer) 0
   5) "pending"
   6) (integer) 0
   7) "last-delivered-id"
   8) "123-0"
127.0.0.1:7777>
```

在 xgroup setid 命令中使用 "$" 代表使用串流中最大的 ID 值作為最後傳遞訊息的 ID 值。

如果新 ID 值大於舊 ID 值,那麼消費者可能遺漏新 ID 值和舊 ID 值之間的一些訊息;如果新 ID 值小於舊 ID 值,那麼消費者可能重複消費以前曾經處理過的訊息。

除非在萬不得已的情況下,否則儘量不要使用 SETID 子命令重新設定 ID 值。

2. 程式演示

```
public class Test35 {
    private static Pool pool = new Pool(new PoolConfig(), "192.168.1.103",
7777, 5000, "accp");

    private static    = null;
```

```java
// 輸出key對應消費者組的資訊
private static void printGroupInfo(String keyName) {
    List<StreamGroupInfo> list1 = .xinfoGroup(keyName);
    for (int i = 0; i < list1.size(); i++) {
        StreamGroupInfo info = list1.get(i);
        System.out.println("getName=" + info.getName());
        System.out.println("getConsumers=" + info.getConsumers());
        System.out.println("getPending=" + info.getPending());
        System.out.println("getLastDeliveredId=" + info.getLastDeliveredId());
    }
    System.out.println();
}

public static void main(String[] args) {
    try {
        = pool.getResource();
        .flushAll();

        .xgroupCreate("mykey1", "mygroup1", new StreamEntryID(111, 0), true);

        printGroupInfo("mykey1");

        .xgroupSetID("mykey1", "mygroup1", new StreamEntryID(222, 0));

        printGroupInfo("mykey1");

        Map map = new HashMap();
        map.put("a", "aa");
        StreamEntryID id = new StreamEntryID(123, 0);
        .xadd("mykey1", id, map);

        .xgroupSetID("mykey1", "mygroup1", StreamEntryID.LAST_ENTRY);

        printGroupInfo("mykey1");
    } catch (Exception e) {
        e.printStackTrace();
    } finally {
        if ( != null) {
            .close();
        }
    }
}
```

程式執行結果如下。

```
getName=mygroup1
getConsumers=0
getPending=0
getLastDeliveredId=111-0

getName=mygroup1
getConsumers=0
getPending=0
getLastDeliveredId=222-0

getName=mygroup1
getConsumers=0
getPending=0
getLastDeliveredId=123-0
```

12.8.4　xgroup destroy 命令

該命令用於刪除消費者組。

1. 測試案例

測試案例如下。

```
127.0.0.1:7777> flushdb
OK
127.0.0.1:7777> xgroup create mykey1 mygroup1 $ mkstream
OK
127.0.0.1:7777> xgroup create mykey1 mygroup2 $ mkstream
OK
127.0.0.1:7777> xgroup create mykey1 mygroup3 $ mkstream
OK
127.0.0.1:7777> xinfo groups mykey1
1) 1) "name"
   2) "mygroup1"
   3) "consumers"
   4) (integer) 0
   5) "pending"
   6) (integer) 0
   7) "last-delivered-id"
   8) "0-0"
2) 1) "name"
   2) "mygroup2"
   3) "consumers"
   4) (integer) 0
   5) "pending"
   6) (integer) 0
   7) "last-delivered-id"
```

```
     8) "0-0"
3) 1) "name"
   2) "mygroup3"
   3) "consumers"
   4) (integer) 0
   5) "pending"
   6) (integer) 0
   7) "last-delivered-id"
   8) "0-0"
127.0.0.1:7777> xgroup destroy mykey1 mygroup1
(integer) 1
127.0.0.1:7777> xgroup destroy mykey1 mygroup3
(integer) 1
127.0.0.1:7777> xinfo groups mykey1
1) 1) "name"
   2) "mygroup2"
   3) "consumers"
   4) (integer) 0
   5) "pending"
   6) (integer) 0
   7) "last-delivered-id"
   8) "0-0"
127.0.0.1:7777>
```

2. 程式演示

```java
public class Test36 {
    private static Pool pool = new Pool(new PoolConfig(), "192.168.1.103",
7777, 5000, "accp");

    private static    = null;

    // 輸出key對應消費者組的資訊
    private static void printGroupInfo(String keyName) {
        List<StreamGroupInfo> list1 = .xinfoGroup(keyName);
        for (int i = 0; i < list1.size(); i++) {
            StreamGroupInfo info = list1.get(i);
            System.out.println("getName=" + info.getName());
            System.out.println("getConsumers=" + info.getConsumers());
            System.out.println("getPending=" + info.getPending());
            System.out.println("getLastDeliveredId=" + info.getLastDeliveredId());
        }
        System.out.println();
    }

    public static void main(String[] args) {
        try {
             = pool.getResource();
```

```
                .flushAll();

                .xgroupCreate("mykey1", "mygroup1", new StreamEntryID(1, 0), true);
                .xgroupCreate("mykey1", "mygroup2", new StreamEntryID(2, 0), true);
                .xgroupCreate("mykey1", "mygroup3", new StreamEntryID(3, 0), true);

                printGroupInfo("mykey1");

                .xgroupDestroy("mykey1", "mygroup1");
                .xgroupDestroy("mykey1", "mygroup3");

                printGroupInfo("mykey1");

            } catch (Exception e) {
                e.printStackTrace();
            } finally {
                if ( != null) {
                    .close();
                }
            }
        }

}
```

程式執行結果如下。

```
getName=mygroup1
getConsumers=0
getPending=0
getLastDeliveredId=1-0
getName=mygroup2
getConsumers=0
getPending=0
getLastDeliveredId=2-0
getName=mygroup3
getConsumers=0
getPending=0
getLastDeliveredId=3-0

getName=mygroup2
getConsumers=0
getPending=0
getLastDeliveredId=2-0
```

12.8.5 xinfo stream 命令

該命令用於查看串流相關的資訊。

1. 測試案例

測試案例如下。

```
127.0.0.1:7777> flushdb
OK
127.0.0.1:7777> xadd mykey 1 a aa
"1-0"
127.0.0.1:7777> xadd mykey 2 b bb
"2-0"
127.0.0.1:7777> xadd mykey 3 c cc
"3-0"
127.0.0.1:7777> xinfo stream mykey
 1) "length"
 2) (integer) 3
 3) "radix-tree-keys"
 4) (integer) 1
 5) "radix-tree-nodes"
 6) (integer) 2
 7) "groups"
 8) (integer) 0
 9) "last-generated-id"
10) "3-0"
11) "first-entry"
12) 1) "1-0"
    2) 1) "a"
       2) "aa"
13) "last-entry"
14) 1) "3-0"
    2) 1) "c"
       2) "cc"
127.0.0.1:7777>
```

2. 程式演示

```
public class Test37 {
    private static Pool pool = new Pool(new PoolConfig(), "192.168.1.103",
7777, 5000, "accp");

    public static void main(String[] args) {
         = null;
        try {
             = pool.getResource();
            .flushAll();

            Map map1 = new HashMap();
            map1.put("a", "aa");
            Map map2 = new HashMap();
```

```
            map2.put("b", "bb");
            Map map3 = new HashMap();
            map3.put("c", "cc");

            StreamEntryID id1 = new StreamEntryID(1, 1);
            StreamEntryID id2 = new StreamEntryID(1, 2);
            StreamEntryID id3 = new StreamEntryID(1, 3);

            .xadd("key1", id1, map1);
            .xadd("key1", id2, map2);
            .xadd("key1", id3, map3);

            StreamInfo info = .xinfoStream("key1");
            System.out.println("getLength=" + info.getLength());
            System.out.println("getRadixTreeKeys=" + info.getRadixTreeKeys());
            System.out.println("getRadixTreeNodes=" + info.getRadixTreeNodes());
            System.out.println("getGroups=" + info.getGroups());
            System.out.println("getLastGeneratedId=" + info.getLastGeneratedId()
.getTime() + " "
                    + info.getLastGeneratedId().getSequence());
            StreamEntry firstStreamEntry = info.getFirstEntry();
            System.out.println("getFirstEntry=" + firstStreamEntry.getID().
getTime() + " "
                    + firstStreamEntry.getID().getSequence());
            {
                Iterator iterator = firstStreamEntry.getFields().keySet().
iterator();
                while (iterator.hasNext()) {
                    String key = "" + iterator.next();
                    String value = "" + firstStreamEntry.getFields().get(key);
                    System.out.println(" " + key + " " + value);
                }
            }
            StreamEntry lastStreamEntry = info.getLastEntry();
            System.out.println("getLastEntry=" + info.getLastEntry().getID().
getTime() + " "
                    + info.getLastEntry().getID().getSequence());
            {
                Iterator iterator = lastStreamEntry.getFields().keySet().
iterator();
                while (iterator.hasNext()) {
                    String key = "" + iterator.next();
                    String value = "" + lastStreamEntry.getFields().get(key);
                    System.out.println(" " + key + " " + value);
                }
            }
        } catch (Exception e) {
            e.printStackTrace();
```

```
        } finally {
            if ( != null) {
                .close();
            }
        }
    }
}
```

程式執行結果如下。

```
getLength=3
getRadixTreeKeys=1
getRadixTreeNodes=2
getGroups=0
getLastGeneratedId=1 3
getFirstEntry=1 1
 a aa
getLastEntry=1 3
 c cc
```

12.8.6 xreadgroup 和 xinfo consumers 命令

該命令用於從消費者組中讀取訊息和查看消費者組中的消費者訊息。

1. 測試案例

在終端 1 中輸入以下命令。

```
127.0.0.1:7777> flushdb
OK
127.0.0.1:7777> xgroup create mykey1 mygroup1 $ mkstream
OK
127.0.0.1:7777> xinfo consumers mykey1 mygroup1
(empty list or set)
127.0.0.1:7777> xreadgroup group mygroup1 myconsumer1 block 0 streams mykey1 >
```

大於符號 ">" 是特殊符號，代表在消費者組 mygroup1 中讀取從未發送給其他消費者的訊息，相當於將消費者組中大於最後發送訊息 ID 值的訊息傳給消費者。

命令執行後消費者組呈阻塞狀態。

在終端 2 中輸入以下命令。

```
127.0.0.1:7777> xadd mykey1 1 a aa b bb c cc
```

```
"1-0"
127.0.0.1:7777>
```

在終端 1 中獲得新的訊息。

```
127.0.0.1:7777> xreadgroup group mygroup1 myconsumer1 block 0 streams mykey1 >
1) 1) "mykey1"
   2) 1) 1) "1-0"
         2) 1) "a"
            2) "aa"
            3) "b"
            4) "bb"
            5) "c"
            6) "cc"
(82.96s)
```

在終端 1 中輸入以下命令，查看消費者組中的消費者資訊。

```
127.0.0.1:7777> xinfo consumers mykey1 mygroup1
1) 1) "name"
   2) "myconsumer1"
   3) "pending"
   4) (integer) 1
   5) "idle"
   6) (integer) 49757
127.0.0.1:7777>
```

當使用 xgroup create 命令創建一個消費者組之後，消費者組會維護至少 3
個主要的資料。

- 該消費者組下有哪些消費者。
- 創建一個佇列，用於儲存處於待確認狀態的訊息。
- 當前消費者組最後發送訊息的 ID。

當使用 xreadgroup 命令成功讀取訊息時，會把當前消費者連結到消費者組
中；把讀取到的訊息儲存在待確認佇列中；將最後發送的訊息 ID 設定為
消費者組最後發送訊息的 ID。

2. 程式演示

創建測試類別程式如下。

```java
public class Test38 {
    private static Pool pool = new Pool(new PoolConfig(), "192.168.1.103",
```

```
7777, 5000, "accp");

    private static    = null;

    // 輸出key對應消費者組中的消費者資訊
    private static void printConsumerInfo(String keyName, String groupName) {
        List<StreamConsumersInfo> list = .xinfoConsumers(keyName, groupName);
        for (int i = 0; i < list.size(); i++) {
            StreamConsumersInfo info = list.get(i);
            System.out.println("getName=" + info.getName());
            System.out.println("getPending=" + info.getPending());
            System.out.println("getIdle=" + info.getIdle());
        }
        System.out.println();
    }

    public static void main(String[] args) {
        try {
             = pool.getResource();
            .flushAll();

            .xgroupCreate("mykey1", "mygroup1", StreamEntryID.LAST_ENTRY, true);
            printConsumerInfo("mykey1", "mygroup1");

            Entry<String, StreamEntryID> entry = new AbstractMap.SimpleEntry
("mykey1", StreamEntryID.UNRECEIVED_ENTRY);
            System.out.println("begin time " + System.currentTimeMillis());
            List<Entry<String, List<StreamEntry>>> listEntry = .xreadGroup
("mygroup1", "myconsumer1", -1,
                    Integer.MAX_VALUE, false, entry);
            System.out.println("  end time " + System.currentTimeMillis());
            for (int i = 0; i < listEntry.size(); i++) {
                Entry<String, List<StreamEntry>> eachEntry = listEntry.get(i);
                System.out.println(eachEntry.getKey());
                List<StreamEntry> listStreamEntry = eachEntry.getValue();
                for (int j = 0; j < listStreamEntry.size(); j++) {
                    StreamEntry eachStreamEntry = listStreamEntry.get(j);
                    StreamEntryID eachId = eachStreamEntry.getID();
                    System.out.println(eachId.getTime() + " " + eachId.
getSequence());
                    Map<String, String> fieldValueMap = eachStreamEntry.
getFields();
                    Iterator<String> iterator = fieldValueMap.keySet().iterator();
                    while (iterator.hasNext()) {
                        String field = iterator.next();
                        String value = fieldValueMap.get(field);
                        System.out.println("    " + field + " " + value);
                    }
```

```
            }
        }
        System.out.println();
        printConsumerInfo("mykey1", "mygroup1");

    } catch (Exception e) {
        e.printStackTrace();
    } finally {
        if ( != null) {
            .close();
        }
    }
}
}
```

創建測試類別程式如下。

```
public class Test39 {
    private static Pool pool = new Pool(new PoolConfig(), "192.168.1.103",
7777, 5000, "accp");

    public static void main(String[] args) {
        = null;
        try {
            = pool.getResource();

            Map map = new HashMap();
            map.put("a", "aa");
            map.put("b", "bb");
            map.put("c", "cc");
            map.put("d", "dd");
            StreamEntryID id1 = new StreamEntryID(1, 1);
            .xadd("mykey1", id1, map);
        } catch (Exception e) {
            e.printStackTrace();
        } finally {
            if ( != null) {
                .close();
            }
        }
    }
}
```

執行 Test38.java 類別，主控台輸出結果如下。

```
begin time 1582029227889
```

執行 Test39.java 類別，主控台輸出結果如下。

```
   end time 1582029276096
mykey1
1 1
    a aa
    b bb
    c cc
    d dd

getName=myconsumer1
getPending=1
getIdle=1
```

Test38.java 類別的主控台完整輸出結果如下。

```
begin time 1582029227889
   end time 1582029276096
mykey1
1 1
    a aa
    b bb
    c cc
    d dd

getName=myconsumer1
getPending=1
getIdle=1
```

12.8.7 在 xreadgroup 命令中使用 > 或指定 ID 值

測試在 xreadgroup 命令中使用 > 或指定 ID 值。

- >：代表從消費者組中讀取從未被其他消費者消費的訊息，會更新消費者組最後發送訊息的 ID 值。
- 指定 ID 值：從待處理訊息佇列中讀取訊息。

1. 測試案例

在終端 1 中輸入以下命令。

```
127.0.0.1:7777> xgroup create mykey1 mygroup1 $ mkstream
OK
127.0.0.1:7777> xreadgroup group mygroup1 myconsumer1 block 0 streams mykey1 >
```

消費者 myconsumer1 執行命令後呈阻塞狀態。

在終端 2 中輸入以下命令。

```
127.0.0.1:7777> xadd mykey1 1 a aa b bb c cc
"1-0"
127.0.0.1:7777>
```

終端 1 解除阻塞，消費者 myconsumer1 讀取訊息。

```
1) 1) "mykey1"
   2) 1) 1) "1-0"
         2) 1) "a"
            2) "aa"
            3) "b"
            4) "bb"
            5) "c"
            6) "cc"
(22.15s)
```

消費者組最後發送訊息的 ID 值是 1-0。

在終端 1 中輸入以下命令。

```
127.0.0.1:7777> xreadgroup group mygroup1 myconsumer2 block 0 streams mykey1 >
```

消費者 myconsumer2 執行命令後呈阻塞狀態。

在終端 2 中輸入以下命令。

```
127.0.0.1:7777> xadd mykey1 2 a aa b bb c cc
"2-0"
127.0.0.1:7777>
```

終端 1 解除阻塞，消費者 myconsumer2 讀取了訊息。

```
1) 1) "mykey1"
   2) 1) 1) "2-0"
         2) 1) "a"
            2) "aa"
            3) "b"
            4) "bb"
            5) "c"
            6) "cc"
(11.03s)
```

消費者組最後發送訊息的 ID 值是 2-0。

目前的情況如下。

- 消費者 1 的待處理訊息佇列中儲存了 ID 值為 1-0 的訊息。
- 消費者 2 的待處理訊息佇列中儲存了 ID 值為 2-0 的訊息。

執行以下命令，驗證上面兩個結論。

```
127.0.0.1:7777> xreadgroup group mygroup1 myconsumer1 block 0 streams mykey1 0
1) 1) "mykey1"
   2) 1) 1) "1-0"
         2) 1) "a"
            2) "aa"
            3) "b"
            4) "bb"
            5) "c"
            6) "cc"
127.0.0.1:7777> xreadgroup group mygroup1 myconsumer2 block 0 streams mykey1 0
1) 1) "mykey1"
   2) 1) 1) "2-0"
         2) 1) "a"
            2) "aa"
            3) "b"
            4) "bb"
            5) "c"
            6) "cc"
127.0.0.1:7777>
```

透過驗證，證明結論是正確的。

繼續執行下面的命令。

```
127.0.0.1:7777> xreadgroup group mygroup1 myconsumer1 block 0 streams mykey1 100
1) 1) "mykey1"
   2) (empty list or set)
127.0.0.1:7777> xreadgroup group mygroup1 myconsumer2 block 0 streams mykey1 100
1) 1) "mykey1"
   2) (empty list or set)
127.0.0.1:7777> xreadgroup group mygroup1 myconsumer3 block 0 streams mykey1 0
1) 1) "mykey1"
   2) (empty list or set)
127.0.0.1:7777>
```

由此說明，消費者 myconsumer1 和 myconsumer2 的待處理訊息佇列中並沒有 ID 值大於 100 的訊息，而消費者 myconsumer3 的待處理訊息佇列中並沒有 ID 值大於 0 的訊息，因此並沒有發生阻塞。

複習如下。

■ xgroup create mykey1 mygroup1 ID mkstream 命令中的 "ID" 代表消費者組從 Stream 中讀取訊息的起始 ID。

■ xreadgroup group mygroup1 myconsumer1 block 0 streams mykey1 > 命令中的 ">" 代表從消費者組中讀取從未被其他消費者消費的訊息,會更新消費者組最後發送訊息的 ID。

■ xreadgroup group mygroup1 myconsumer1 block 0 streams mykey1 ID 命令中的 "ID" 代表從待處理訊息佇列中讀取訊息。

2. 程式演示

創建輸出工具類別程式如下。

```
public class CommandTools {
    public static void printInfo(List<Entry<String, List<StreamEntry>>>
listEntry) {
        for (int i = 0; i < listEntry.size(); i++) {
            Entry<String, List<StreamEntry>> eachEntry = listEntry.get(i);
            System.out.println(eachEntry.getKey());
            List<StreamEntry> listStreamEntry = eachEntry.getValue();
            for (int j = 0; j < listStreamEntry.size(); j++) {
                StreamEntry eachStreamEntry = listStreamEntry.get(j);
                StreamEntryID eachId = eachStreamEntry.getID();
                System.out.println(eachId.getTime() + " " + eachId.getSequence());
                Map<String, String> fieldValueMap = eachStreamEntry.getFields();
                Iterator<String> iterator = fieldValueMap.keySet().iterator();
                while (iterator.hasNext()) {
                    String field = iterator.next();
                    String value = fieldValueMap.get(field);
                    System.out.println("    " + field + " " + value);
                }
            }
        }
    }
}
```

創建 Test40.java 類別程式如下。

```
public class Test40 {
    private static Pool pool = new Pool(new PoolConfig(), "192.168.1.103",
```

```
7777, 5000, "accp");

    public static void main(String[] args) {
        = null;
        try {
            = pool.getResource();
            .flushAll();
        } catch (Exception e) {
            e.printStackTrace();
        } finally {
            if ( != null) {
                .close();
            }
        }
    }
}
```

創建 Test41.java 類別程式如下。

```
public class Test41 {
    private static Pool pool = new Pool(new PoolConfig(), "192.168.1.103",
7777, 5000, "accp");

    public static void main(String[] args) {
        = null;
        try {
            = pool.getResource();
            .xgroupCreate("mykey1", "mygroup1", StreamEntryID.LAST_ENTRY, true);
        } catch (Exception e) {
            e.printStackTrace();
        } finally {
            if ( != null) {
                .close();
            }
        }
    }
}
```

創建 Test42.java 類別程式如下。

```
public class Test42 {
    private static Pool pool = new Pool(new PoolConfig(), "192.168.1.103",
7777, 5000, "accp");

    private static   = null;

    public static void main(String[] args) {
        try {
```

```
            = pool.getResource();

            Entry<String, StreamEntryID> entry = new AbstractMap.SimpleEntry
("mykey1", StreamEntryID.UNRECEIVED_ENTRY);
            List<Entry<String, List<StreamEntry>>> listEntry = .xreadGroup
("mygroup1", "myconsumer1", -1,
                    Integer.MAX_VALUE, false, entry);
            CommandTools.printInfo(listEntry);
        } catch (Exception e) {
            e.printStackTrace();
        } finally {
            if ( != null) {
                .close();
            }
        }
    }
}
```

創建 Test43.java 類別程式如下。

```
public class Test43 {
    private static Pool pool = new Pool(new PoolConfig(), "192.168.1.103",
7777, 5000, "accp");

    private static   = null;

    public static void main(String[] args) {
        try {
             = pool.getResource();

            Map map = new HashMap();
            map.put("a", "aa");
            StreamEntryID id1 = new StreamEntryID(1, 0);
            .xadd("mykey1", id1, map);

        } catch (Exception e) {
            e.printStackTrace();
        } finally {
            if ( != null) {
                .close();
            }
        }
    }
}
```

創建 Test44.java 類別程式如下。

```
public class Test44 {
    private static Pool pool = new Pool(new PoolConfig(), "192.168.1.103",
7777, 5000, "accp");

    private static    = null;

    public static void main(String[] args) {
        try {
             = pool.getResource();

            Entry<String, StreamEntryID> entry = new AbstractMap.SimpleEntry
("mykey1", StreamEntryID.UNRECEIVED_ENTRY);
            List<Entry<String, List<StreamEntry>>> listEntry = .xreadGroup
("mygroup1", "myconsumer2", -1,
                    Integer.MAX_VALUE, false, entry);
            CommandTools.printInfo(listEntry);
        } catch (Exception e) {
            e.printStackTrace();
        } finally {
            if ( != null) {
                .close();
            }
        }
    }
}
```

創建 Test45.java 類別程式如下。

```
public class Test45 {
    private static Pool pool = new Pool(new PoolConfig(), "192.168.1.103",
7777, 5000, "accp");

    private static    = null;

    public static void main(String[] args) {
        try {
             = pool.getResource();

            Map map = new HashMap();
            map.put("b", "bb");
            StreamEntryID id1 = new StreamEntryID(2, 0);
            .xadd("mykey1", id1, map);

        } catch (Exception e) {
            e.printStackTrace();
        } finally {
            if ( != null) {
                .close();
```

```
            }
        }
    }
}
```

創建 Test46.java 類別程式如下。

```java
public class Test46 {
    private static Pool pool = new Pool(new PoolConfig(), "192.168.1.103",
7777, 5000, "accp");

    private static       = null;

    public static void main(String[] args) {
        try {
              = pool.getResource();

            Entry<String, StreamEntryID> entry = new AbstractMap.SimpleEntry
("mykey1", new StreamEntryID(0, 0));
            List<Entry<String, List<StreamEntry>>> listEntry = .xreadGroup
("mygroup1", "myconsumer1", -1,
                    Integer.MAX_VALUE, false, entry);
            CommandTools.printInfo(listEntry);
        } catch (Exception e) {
            e.printStackTrace();
        } finally {
            if ( != null) {
                .close();
            }
        }
    }
}
```

創建 Test47.java 類別程式如下。

```java
public class Test47 {
    private static Pool pool = new Pool(new PoolConfig(), "192.168.1.103",
7777, 5000, "accp");

    private static       = null;

    public static void main(String[] args) {
        try {
              = pool.getResource();

            Entry<String, StreamEntryID> entry = new AbstractMap.SimpleEntry
("mykey1", new StreamEntryID(0, 0));
            List<Entry<String, List<StreamEntry>>> listEntry = .xreadGroup
```

```
("mygroup1", "myconsumer2", -1,
                Integer.MAX_VALUE, false, entry);
        CommandTools.printInfo(listEntry);
    } catch (Exception e) {
        e.printStackTrace();
    } finally {
        if ( != null) {
            .close();
        }
    }
}
}
```

創建 Test48.java 類別程式如下。

```
public class Test48 {
    private static Pool pool = new Pool(new PoolConfig(), "192.168.1.103",
7777, 5000, "accp");

    private static    = null;

    public static void main(String[] args) {
        try {
             = pool.getResource();

            Entry<String, StreamEntryID> entry = new AbstractMap.SimpleEntry
("mykey1", new StreamEntryID(100, 0));
            List<Entry<String, List<StreamEntry>>> listEntry = .xreadGroup
("mygroup1", "myconsumer1", -1,
                    Integer.MAX_VALUE, false, entry);
            CommandTools.printInfo(listEntry);
        } catch (Exception e) {
            e.printStackTrace();
        } finally {
            if ( != null) {
                .close();
            }
        }
    }
}
```

創建 Test49.java 類別程式如下。

```
public class Test49 {
    private static Pool pool = new Pool(new PoolConfig(), "192.168.1.103",
7777, 5000, "accp");

    private static    = null;
```

```
    public static void main(String[] args) {
        try {
             = pool.getResource();

            Entry<String, StreamEntryID> entry = new AbstractMap.SimpleEntry
("mykey1", new StreamEntryID(100, 0));
            List<Entry<String, List<StreamEntry>>> listEntry = .xreadGroup
("mygroup1", "myconsumer2", -1,
                    Integer.MAX_VALUE, false, entry);
            CommandTools.printInfo(listEntry);
        } catch (Exception e) {
            e.printStackTrace();
        } finally {
            if ( != null) {
                .close();
            }
        }
    }
}
```

創建 Test50.java 類別程式如下。

```
public class Test50 {
    private static Pool pool = new Pool(new PoolConfig(), "192.168.1.103",
7777, 5000, "accp");

    private static   = null;

    public static void main(String[] args) {
        try {
             = pool.getResource();

            Entry<String, StreamEntryID> entry = new AbstractMap.SimpleEntry
("mykey1", new StreamEntryID(0, 0));
            List<Entry<String, List<StreamEntry>>> listEntry = .xreadGroup
("mygroup1", "myconsumer3", -1,
                    Integer.MAX_VALUE, false, entry);
            CommandTools.printInfo(listEntry);
        } catch (Exception e) {
            e.printStackTrace();
        } finally {
            if ( != null) {
                .close();
            }
        }
    }
}
```

- 執行 Test40.java 類別，重置 Redis 環境。
- 執行 Test41.java 類別，創建消費者組。
- 執行 Test42.java 類別，消費者 myconsumer1 呈阻塞狀態。
- 執行 Test43.java 類別，在串流中增加訊息。
- 執行 Test42.java 類別，主控台輸出以下結果。

```
mykey1
1 0
    a aa
```

- 執行 Test44.java 類別，消費者 myconsumer2 呈阻塞狀態。
- 執行 Test45.java 類別，在串流中增加訊息。
- 執行 Test44.java 類別，主控台輸出以下結果。

```
mykey1
2 0
    b bb
```

- 執行 Test46.java 類別，主控台輸出以下結果。

```
mykey1
1 0
    a aa
```

- 執行 Test47.java 類別，主控台輸出以下結果。

```
mykey1
2 0
    b bb
```

- 執行 Test48.java 類別，主控台輸出以下結果。

```
mykey1
```

- 執行 Test49.java 類別，主控台輸出以下結果。

```
mykey1
```

- 執行 Test50.java 類別，主控台輸出以下結果。

```
mykey1
```

12.8.8 xack 和 xpending 命令

待處理訊息佇列中的訊息可以避免因為用戶端停電等原因導致用戶端原來持有的訊息遺失的情況發生，只有用戶端顯性地確認訊息，訊息才會從待處理訊息佇列中被刪除，以釋放記憶體空間。xack 命令就是被用來確認訊息的。

查看待處理訊息佇列中的訊息可以使用 xpending 命令。

1. 測試案例

在終端 1 中輸入以下命令。

```
127.0.0.1:7777> flushdb
OK
127.0.0.1:7777> xgroup create mykey1 mygroup1 $ mkstream
OK
127.0.0.1:7777> xreadgroup group mygroup1 myconsumer1 block 0 streams mykey1 >
```

消費者 myconsumer1 執行命令後呈阻塞狀態。

在終端 2 中輸入以下命令。

```
127.0.0.1:7777> xadd mykey1 1 a aa b bb c cc
"1-0"
127.0.0.1:7777>
```

終端 1 解除阻塞，消費者 myconsumer1 獲得了訊息。

```
1) 1) "mykey1"
   2) 1) 1) "1-0"
      2) 1) "a"
         2) "aa"
         3) "b"
         4) "bb"
         5) "c"
         6) "cc"
(22.15s)
```

在終端 1 中輸入以下命令。

```
127.0.0.1:7777> xreadgroup group mygroup1 myconsumer1 block 0 streams mykey1 >
```

消費者 myconsumer1 執行命令後呈阻塞狀態。

在終端 2 中輸入以下命令。

```
127.0.0.1:7777> xadd mykey1 2 a aa b bb c cc
"2-0"
127.0.0.1:7777>
```

終端 1 解除阻塞，消費者 myconsumer1 獲得了訊息。

```
1) 1) "mykey1"
   2) 1) 1) "2-0"
         2) 1) "a"
            2) "aa"
            3) "b"
            4) "bb"
            5) "c"
            6) "cc"
(11.03s)
```

使用 xinfo groups 命令查看消費者組的相關資訊。

```
127.0.0.1:7777> xinfo groups mykey1
1) 1) "name"
   2) "mygroup1"
   3) "consumers"
   4) (integer) 1
   5) "pending"
   6) (integer) 2
   7) "last-delivered-id"
   8) "2-0"
127.0.0.1:7777>
```

輸出屬性 pending 值是 2，代表在待處理訊息佇列中有 2 筆訊息，這 2 行訊息分別是什麼呢？使用 xpending 命令進行查看，xpending 命令有 3 種用法，測試案例如下。

```
127.0.0.1:7777> xpending mykey1 mygroup1
1) (integer) 2
2) "1-0"
3) "2-0"
4) 1) 1) "myconsumer1"    //消費者myconsumer1有2筆待處理的訊息
      2) "2"
127.0.0.1:7777> xpending mykey1 mygroup1 - + 100
1) 1) "1-0"
   2) "myconsumer1"
   3) (integer) 1151885
   4) (integer) 1
```

```
2) 1) "2-0"
   2) "myconsumer1"
   3) (integer) 1103645
   4) (integer) 1
127.0.0.1:7777> xpending mykey1 mygroup1 - + 100 myconsumer1
1) 1) "1-0"
   2) "myconsumer1"
   3) (integer) 1157241
   4) (integer) 1
2) 1) "2-0"
   2) "myconsumer1"
   3) (integer) 1109001
   4) (integer) 1
127.0.0.1:7777>
```

使用 xack 命令可以對待處理訊息佇列中的訊息進行確認,確認後的訊息
會從待處理訊息佇列中被刪除,以釋放記憶體資源。

測試案例如下。

```
127.0.0.1:7777> xack mykey1 mygroup1 1
(integer) 1
127.0.0.1:7777> xpending mykey1 mygroup1 - + 100 myconsumer1
1) 1) "2-0"
   2) "myconsumer1"
   3) (integer) 1270077
   4) (integer) 1
127.0.0.1:7777>
```

再次使用 xack 命令進行確認,測試案例如下。

```
127.0.0.1:7777> xack mykey1 mygroup1 2
(integer) 1
127.0.0.1:7777> xpending mykey1 mygroup1 - + 100 myconsumer1
(empty list or set)
127.0.0.1:7777>
```

使用 xack 命令確認訊息,代表該筆訊息被消費者成功處理,並在待處理
訊息佇列中被刪除。

2. 程式演示

創建 Test51.java 類別程式如下。

```java
public class Test51 {
    private static Pool pool = new Pool(new PoolConfig(), "192.168.1.103",
```

```
7777, 5000, "accp");

    public static void main(String[] args) {
        = null;
        try {
            = pool.getResource();
            .flushAll();
        } catch (Exception e) {
            e.printStackTrace();
        } finally {
            if ( != null) {
                .close();
            }
        }
    }
}
```

創建 Test52.java 類別程式如下。

```
public class Test52 {
    private static Pool pool = new Pool(new PoolConfig(), "192.168.1.103",
7777, 5000, "accp");

    public static void main(String[] args) {
        = null;
        try {
            = pool.getResource();
            .xgroupCreate("mykey1", "mygroup1", StreamEntryID.LAST_ENTRY, true);
        } catch (Exception e) {
            e.printStackTrace();
        } finally {
            if ( != null) {
                .close();
            }
        }
    }
}
```

創建 Test53.java 類別程式如下。

```
public class Test53 {
    private static Pool pool = new Pool(new PoolConfig(), "192.168.1.103",
7777, 5000, "accp");

    private static    = null;

    public static void main(String[] args) {
        try {
```

```
                = pool.getResource();

            Entry<String, StreamEntryID> entry = new AbstractMap.SimpleEntry
("mykey1", StreamEntryID.UNRECEIVED_ENTRY);
            List<Entry<String, List<StreamEntry>>> listEntry = .xreadGroup
("mygroup1", "myconsumer1", -1,
                    Integer.MAX_VALUE, false, entry);
            CommandTools.printInfo(listEntry);
        } catch (Exception e) {
            e.printStackTrace();
        } finally {
            if ( != null) {
                .close();
            }
        }
    }
}
```

創建 Test54.java 類別程式如下。

```
public class Test54 {
    private static Pool pool = new Pool(new PoolConfig(), "192.168.1.103",
7777, 5000, "accp");

    private static    = null;

    public static void main(String[] args) {
        try {
             = pool.getResource();

            Map map = new HashMap();
            map.put("a", "aa");
            StreamEntryID id1 = new StreamEntryID(1, 0);
            .xadd("mykey1", id1, map);

        } catch (Exception e) {
            e.printStackTrace();
        } finally {
            if ( != null) {
                .close();
            }
        }
    }
}
```

創建 Test55.java 類別程式如下。

```java
public class Test55 {
    private static Pool pool = new Pool(new PoolConfig(), "192.168.1.103",
7777, 5000, "accp");

    private static    = null;

    public static void main(String[] args) {
        try {
             = pool.getResource();

            Map map = new HashMap();
            map.put("b", "bb");
            StreamEntryID id1 = new StreamEntryID(2, 0);
            .xadd("mykey1", id1, map);

        } catch (Exception e) {
            e.printStackTrace();
        } finally {
            if ( != null) {
                .close();
            }
        }
    }
}
```

創建 Test56.java 類別程式如下。

```java
public class Test56 {
    private static Pool pool = new Pool(new PoolConfig(), "192.168.1.103",
7777, 5000, "accp");

    private static    = null;

    // 輸出key對應消費者組的資訊
    private static void printGroupInfo(String keyName) {
        List<StreamGroupInfo> list1 = .xinfoGroup(keyName);
        for (int i = 0; i < list1.size(); i++) {
            StreamGroupInfo info = list1.get(i);
            System.out.println("getName=" + info.getName());
            System.out.println("getConsumers=" + info.getConsumers());
            System.out.println("getPending=" + info.getPending());
            System.out.println("getLastDeliveredId=" + info.getLastDeliveredId());
        }
        System.out.println();
    }

    public static void main(String[] args) {
        try {
```

```
            = pool.getResource();
            printGroupInfo("mykey1");
    } catch (Exception e) {
        e.printStackTrace();
    } finally {
        if ( != null) {
            .close();
        }
    }
}

}
```

創建 Test57.java 類別程式如下。

```
public class Test57 {
    private static Pool pool = new Pool(new PoolConfig(), "192.168.1.103",
7777, 5000, "accp");

    private static    = null;

    public static void main(String[] args) {
        try {
             = pool.getResource();

            {
                List<StreamPendingEntry> list = .xpending("mykey1",
                    "mygroup1", null, null, Integer.MAX_VALUE, null);
                System.out.println("StreamPendingEntry count :" + list.size());
                for (int i = 0; i < list.size(); i++) {
                    StreamPendingEntry entry = list.get(i);
                    System.out.println("getID=" + entry.getID().getTime() +
" " + entry.getID().getSequence());
                    System.out.println("getConsumerName=" + entry.
getConsumerName());
                    System.out.println("getIdleTime=" + entry.getIdleTime());
                    System.out.println("getDeliveredTimes=" + entry.
getDeliveredTimes());
                }
            }

            System.out.println();

            {
                List<StreamPendingEntry> list = .xpending("mykey1",
"mygroup1", null, null, 100, null);
                System.out.println("StreamPendingEntry count :" + list.size());
                for (int i = 0; i < list.size(); i++) {
```

```
                StreamPendingEntry entry = list.get(i);
                System.out.println("getID=" + entry.getID().getTime() +
" " + entry.getID().getSequence());
                System.out.println("getConsumerName=" + entry.
getConsumerName());
                System.out.println("getIdleTime=" + entry.getIdleTime());
                System.out.println("getDeliveredTimes=" + entry.
getDeliveredTimes());
            }
        }

        System.out.println();

        {
            List<StreamPendingEntry> list = .xpending("mykey1",
"mygroup1", null, null, 100, "myconsumer1");
            System.out.println("StreamPendingEntry count :" + list.size());
            for (int i = 0; i < list.size(); i++) {
                StreamPendingEntry entry = list.get(i);
                System.out.println("getID=" + entry.getID().getTime() +
" " + entry.getID().getSequence());
                System.out.println("getConsumerName=" + entry.
getConsumerName());
                System.out.println("getIdleTime=" + entry.getIdleTime());
                System.out.println("getDeliveredTimes=" + entry.
getDeliveredTimes());
            }
        }
    } catch (Exception e) {
        e.printStackTrace();
    } finally {
        if ( != null) {
            .close();
        }
    }
  }
}
```

創建 Test58.java 類別程式如下。

```
public class Test58 {
    private static Pool pool = new Pool(new PoolConfig(), "192.168.1.103",
7777, 5000, "accp");

    private static  = null;

    public static void main(String[] args) {
```

```java
        try {
             = pool.getResource();

            {
                StreamEntryID id1 = new StreamEntryID(1, 0);
                .xack("mykey1", "mygroup1", id1);

                List<StreamPendingEntry> list = .xpending("mykey1",
                    "mygroup1", null, null, Integer.MAX_VALUE, null);
                System.out.println("StreamPendingEntry count :" + list.size());
                for (int i = 0; i < list.size(); i++) {
                    StreamPendingEntry entry = list.get(i);
                    System.out.println("getID=" + entry.getID().getTime() +
" " + entry.getID().getSequence());
                    System.out.println("getConsumerName=" + entry.
getConsumerName());
                    System.out.println("getIdleTime=" + entry.getIdleTime());
                    System.out.println("getDeliveredTimes=" + entry.
getDeliveredTimes());
                }
            }

            System.out.println();

            {
                StreamEntryID id1 = new StreamEntryID(2, 0);
                .xack("mykey1", "mygroup1", id1);

                List<StreamPendingEntry> list = .xpending("mykey1",
                    "mygroup1", null, null, Integer.MAX_VALUE, null);
                System.out.println("StreamPendingEntry count :" + list.size());
                for (int i = 0; i < list.size(); i++) {
                    StreamPendingEntry entry = list.get(i);
                    System.out.println("getID=" + entry.getID().getTime() +
" " + entry.getID().getSequence());
                    System.out.println("getConsumerName=" + entry.
getConsumerName());
                    System.out.println("getIdleTime=" + entry.getIdleTime());
                    System.out.println("getDeliveredTimes=" + entry.
getDeliveredTimes());
                }
            }
        } catch (Exception e) {
            e.printStackTrace();
        } finally {
            if ( != null) {
                .close();
            }
```

```
        }
    }
}
```

- 執行 Test51.java 類別，重置 Redis 環境。
- 執行 Test52.java 類別，創建消費者組。
- 執行 Test53.java 類別，消費者 myconsumer1 呈阻塞狀態。
- 執行 Test54.java 類別，在串流中增加資料。
- 執行 Test53.java 類別，主控台輸出以下結果。

```
mykey1
1 0
    a aa
```

- 執行 Test53.java 類別，消費者 myconsumer1 呈阻塞狀態。
- 執行 Test55.java 類別，在串流中增加資料。
- 執行 Test53.java 類別，主控台輸出以下結果。

```
mykey1
2 0
    b bb
```

- 執行 Test56.java 類別，主控台輸出消費者組相關的訊息。

```
getName=mygroup1
getConsumers=1
getPending=2
getLastDeliveredId=2-0
```

- 執行 Test57.java 類別，主控台輸出待處理訊息佇列中的訊息。

```
StreamPendingEntry count :2
getID=1 0
getConsumerName=myconsumer1
getIdleTime=57163
getDeliveredTimes=1
getID=2 0
getConsumerName=myconsumer1
getIdleTime=39509
getDeliveredTimes=1

StreamPendingEntry count :2
getID=1 0
```

```
getConsumerName=myconsumer1
getIdleTime=57166
getDeliveredTimes=1
getID=2 0
getConsumerName=myconsumer1
getIdleTime=39512
getDeliveredTimes=1

StreamPendingEntry count :2
getID=1 0
getConsumerName=myconsumer1
getIdleTime=57166
getDeliveredTimes=1
getID=2 0
getConsumerName=myconsumer1
getIdleTime=39512
getDeliveredTimes=1
```

- 執行 Test58.java 類別，主控台輸出以下結果。

```
StreamPendingEntry count :1
getID=2 0
getConsumerName=myconsumer1
getIdleTime=72732
getDeliveredTimes=1

StreamPendingEntry count :0
```

經過 xack 命令確認後的訊息從待處理訊息佇列中被刪除。

12.8.9 xgroup delconsumer 命令

該命令用於從消費者組中刪除消費者。

1. 測試案例

在終端 1 中執行以下命令。

```
127.0.0.1:7777> flushdb
OK
127.0.0.1:7777> xgroup create mykey1 mygroup1 $ mkstream
OK
127.0.0.1:7777> xreadgroup GROUP mygroup1 myconsumer1 block 0 streams mykey1 >
```

在終端 2 中執行以下命令。

```
127.0.0.1:7777> xreadgroup GROUP mygroup1 myconsumer2 block 0 streams mykey1 >
```

在終端 3 中執行以下命令。

```
127.0.0.1:7777> xreadgroup GROUP mygroup1 myconsumer3 block 0 streams mykey1 >
```

3 個終端都呈阻塞狀態。

消費者加入消費者組的時機是消費者接收了消費者組中的訊息。

在終端 4 中執行以下命令。

```
127.0.0.1:7777> xadd mykey1 1 a aa
"1-0"
127.0.0.1:7777> xadd mykey1 2 a aa
"2-0"
127.0.0.1:7777> xadd mykey1 3 a aa
"3-0"
127.0.0.1:7777> xinfo consumers mykey1 mygroup1
1) 1) "name"
   2) "myconsumer1"
   3) "pending"
   4) (integer) 1
   5) "idle"
   6) (integer) 11774
2) 1) "name"
   2) "myconsumer2"
   3) "pending"
   4) (integer) 1
   5) "idle"
   6) (integer) 7824
3) 1) "name"
   2) "myconsumer3"
   3) "pending"
   4) (integer) 1
   5) "idle"
   6) (integer) 5107
127.0.0.1:7777>
```

在消費者組 mygroup1 中有 3 個消費者。

下面開始刪除消費者組中的消費者，測試命令如下。

```
127.0.0.1:7777> xgroup DELCONSUMER mykey1 mygroup1 myconsumer1
(integer) 1
127.0.0.1:7777> xgroup DELCONSUMER mykey1 mygroup1 myconsumer3
(integer) 1
127.0.0.1:7777> xinfo consumers mykey1 mygroup1
1) 1) "name"
```

```
    2) "myconsumer2"
    3) "pending"
    4) (integer) 1
    5) "idle"
    6) (integer) 131810
127.0.0.1:7777>
```

2. 程式演示

創建 Test59.java 類別程式如下。

```
public class Test59 {
    private static Pool pool = new Pool(new PoolConfig(), "192.168.1.103",
7777, 5000, "accp");

    public static void main(String[] args) {
         = null;
        try {
             = pool.getResource();
            .flushAll();
        } catch (Exception e) {
            e.printStackTrace();
        } finally {
            if ( != null) {
                .close();
            }
        }
    }
}
```

創建 Test60.java 類別程式如下。

```
public class Test60 {
    private static Pool pool = new Pool(new PoolConfig(), "192.168.1.103",
7777, 5000, "accp");

    public static void main(String[] args) {
         = null;
        try {
             = pool.getResource();
            .xgroupCreate("mykey1", "mygroup1", StreamEntryID.LAST_ENTRY, true);
        } catch (Exception e) {
            e.printStackTrace();
        } finally {
            if ( != null) {
                .close();
            }
        }
```

```
        }
}
```

創建 Test61.java 類別程式如下。

```
public class Test61 {
    private static Pool pool = new Pool(new PoolConfig(), "192.168.1.103",
7777, 5000, "accp");

    private static    = null;

    public static void main(String[] args) {
        try {
             = pool.getResource();

            Entry<String, StreamEntryID> entry = new AbstractMap.SimpleEntry
("mykey1", StreamEntryID.UNRECEIVED_ENTRY);
             .xreadGroup("mygroup1", "myconsumer1", -1, Integer.MAX_VALUE,
false, entry);
        } catch (Exception e) {
            e.printStackTrace();
        } finally {
            if ( != null) {
                .close();
            }
        }
    }
}
```

創建 Test62.java 類別程式如下。

```
public class Test62 {
    private static Pool pool = new Pool(new PoolConfig(), "192.168.1.103",
7777, 5000, "accp");

    private static    = null;

    public static void main(String[] args) {
        try {
             = pool.getResource();

            Entry<String, StreamEntryID> entry = new AbstractMap.
SimpleEntry("mykey1", StreamEntryID.UNRECEIVED_ENTRY);
             .xreadGroup("mygroup1", "myconsumer2", -1, Integer.MAX_VALUE,
false, entry);
        } catch (Exception e) {
            e.printStackTrace();
        } finally {
```

```
            if ( != null) {
                .close();
            }
        }
    }
}
```

創建 Test63.java 類別程式如下。

```java
public class Test63 {
    private static Pool pool = new Pool(new PoolConfig(), "192.168.1.103",
7777, 5000, "accp");

    private static   = null;

    public static void main(String[] args) {
        try {
             = pool.getResource();

            Entry<String, StreamEntryID> entry = new AbstractMap.SimpleEntry
("mykey1", StreamEntryID.UNRECEIVED_ENTRY);
            .xreadGroup("mygroup1", "myconsumer3", -1, Integer.MAX_VALUE,
false, entry);
        } catch (Exception e) {
            e.printStackTrace();
        } finally {
            if ( != null) {
                .close();
            }
        }
    }
}
```

創建 Test64.java 類別程式如下。

```java
public class Test64 {
    private static Pool pool = new Pool(new PoolConfig(), "192.168.1.103",
7777, 5000, "accp");

    private static   = null;

    // 輸出key對應消費者組中的消費者資訊
    private static void printConsumerInfo(String keyName, String groupName) {
        List<StreamConsumersInfo> list = .xinfoConsumers(keyName, groupName);
        for (int i = 0; i < list.size(); i++) {
            StreamConsumersInfo info = list.get(i);
            System.out.println("getName=" + info.getName());
            System.out.println("getPending=" + info.getPending());
```

```
            System.out.println("getIdle=" + info.getIdle());
        }
        System.out.println();
    }

    public static void main(String[] args) {
        try {
             = pool.getResource();

            for (int i = 0; i < 3; i++) {
                Map map = new HashMap();
                map.put("a", "aa");
                StreamEntryID id1 = new StreamEntryID(i + 1, i + 1);
                .xadd("mykey1", id1, map);
            }
            printConsumerInfo("mykey1", "mygroup1");

            .xgroupDelConsumer("mykey1", "mygroup1", "myconsumer1");
            .xgroupDelConsumer("mykey1", "mygroup1", "myconsumer3");

            printConsumerInfo("mykey1", "mygroup1");
        } catch (Exception e) {
            e.printStackTrace();
        } finally {
            if ( != null) {
                .close();
            }
        }
    }
}
```

依次執行上面幾個測試類別後，Test64.java 類別的在主控台的執行結果如下。

```
getName=myconsumer1
getPending=1
getIdle=16
getName=myconsumer2
getPending=1
getIdle=15
getName=myconsumer3
getPending=1
getIdle=15

getName=myconsumer2
getPending=1
getIdle=17
```

12.8.10 xreadgroup noack 命令

該命令用於表明訊息無須確認。

1. 測試案例

在終端 1 中輸入以下命令。

```
127.0.0.1:7777> flushdb
OK
127.0.0.1:7777> xgroup create mykey1 mygroup1 $ mkstream
OK
127.0.0.1:7777> xreadgroup group mygroup1 myconsumer1 noack block 0 streams
mykey1 >
```

消費者 myconsumer1 執行命令後呈阻塞狀態。

在終端 2 中輸入以下命令。

```
127.0.0.1:7777> xadd mykey1 1 a aa b bb c cc
"1-0"
127.0.0.1:7777>
```

終端 1 解除阻塞，消費者 myconsumer1 獲得了訊息。

```
1) 1) "mykey1"
   2) 1) 1) "1-0"
         2) 1) "a"
            2) "aa"
            3) "b"
            4) "bb"
            5) "c"
            6) "cc"
(22.15s)
```

在終端 1 中輸入以下命令。

```
127.0.0.1:7777> xreadgroup group mygroup1 myconsumer1 noack block 0 streams
mykey1 >
```

消費者 myconsumer1 執行命令後呈阻塞狀態。

在終端 2 中輸入以下命令。

```
127.0.0.1:7777> xadd mykey1 2 a aa b bb c cc
"2-0"
127.0.0.1:7777>
```

終端 1 解除阻塞，消費者 myconsumer1 獲得了資訊。

```
1)  1)  "mykey1"
    2)  1)  1)  "2-0"
        2)  1)  "a"
            2)  "aa"
            3)  "b"
            4)  "bb"
            5)  "c"
            6)  "cc"
(11.03s)
```

使用 xinfo groups 命令查看消費者組的相關資訊。

```
127.0.0.1:7777> xinfo groups mykey1
1)  1)  "name"
    2)  "mygroup1"
    3)  "consumers"
    4)  (integer) 1
    5)  "pending"
    6)  (integer) 0
    7)  "last-delivered-id"
    8)  "2-0"
127.0.0.1:7777>
```

屬性 pending 值是 0，訊息無須確認，所以待處理佇列中的訊息數量為 0。

2. 程式演示

創建 Test65.java 類別程式如下。

```
public class Test65 {
    private static Pool pool = new Pool(new PoolConfig(), "192.168.1.103",
7777, 5000, "accp");

    public static void main(String[] args) {
        = null;
        try {
            = pool.getResource();
            .flushAll();
        } catch (Exception e) {
            e.printStackTrace();
        } finally {
            if ( != null) {
                .close();
            }
        }
    }
}
```

創建 Test66.java 類別程式如下。

```java
public class Test66 {
    private static Pool pool = new Pool(new PoolConfig(), "192.168.1.103",
7777, 5000, "accp");

    public static void main(String[] args) {
         = null;
        try {
             = pool.getResource();
            .xgroupCreate("mykey1", "mygroup1", StreamEntryID.LAST_ENTRY, true);
        } catch (Exception e) {
            e.printStackTrace();
        } finally {
            if ( != null) {
                .close();
            }
        }
    }
}
```

創建 Test67.java 類別程式如下。

```java
public class Test67 {
    private static Pool pool = new Pool(new PoolConfig(), "192.168.1.103",
7777, 5000, "accp");

    private static   = null;

    public static void main(String[] args) {
        try {
             = pool.getResource();

            Entry<String, StreamEntryID> entry = new AbstractMap.SimpleEntry
("mykey1", StreamEntryID.UNRECEIVED_ENTRY);
            List<Entry<String, List<StreamEntry>>> listEntry = .xreadGroup
("mygroup1", "myconsumer1", -1,
                    Integer.MAX_VALUE, true, entry);
            CommandTools.printInfo(listEntry);
        } catch (Exception e) {
            e.printStackTrace();
        } finally {
            if ( != null) {
                .close();
            }
        }
    }
}
```

創建 Test68.java 類別程式如下。

```java
public class Test68 {
    private static Pool pool = new Pool(new PoolConfig(), "192.168.1.103",
7777, 5000, "accp");

    private static   = null;

    public static void main(String[] args) {
        try {
             = pool.getResource();

            Map map = new HashMap();
            map.put("a", "aa");
            StreamEntryID id1 = new StreamEntryID(1, 0);
            .xadd("mykey1", id1, map);

        } catch (Exception e) {
            e.printStackTrace();
        } finally {
            if ( != null) {
                .close();
            }
        }
    }
}
```

創建 Test69.java 類別程式如下。

```java
public class Test69 {
    private static Pool pool = new Pool(new PoolConfig(), "192.168.1.103",
7777, 5000, "accp");

    private static   = null;

    public static void main(String[] args) {
        try {
             = pool.getResource();

            Entry<String, StreamEntryID> entry = new AbstractMap.SimpleEntry
("mykey1", StreamEntryID.UNRECEIVED_ENTRY);
            List<Entry<String, List<StreamEntry>>> listEntry = .xreadGroup
("mygroup1", "myconsumer1", -1,
                    Integer.MAX_VALUE, true, entry);
            CommandTools.printInfo(listEntry);
        } catch (Exception e) {
            e.printStackTrace();
        } finally {
```

```
            if ( != null) {
                .close();
            }
        }
    }
}
```

創建 Test70.java 類別程式如下。

```
public class Test70 {
    private static Pool pool = new Pool(new PoolConfig(), "192.168.1.103",
7777, 5000, "accp");

    private static   = null;

    public static void main(String[] args) {
        try {
             = pool.getResource();

            Map map = new HashMap();
            map.put("b", "bb");
            StreamEntryID id1 = new StreamEntryID(2, 0);
            .xadd("mykey1", id1, map);

        } catch (Exception e) {
            e.printStackTrace();
        } finally {
            if ( != null) {
                .close();
            }
        }
    }
}
```

創建 Test71.java 類別程式如下。

```
public class Test71 {
    private static Pool pool = new Pool(new PoolConfig(), "192.168.1.103",
7777, 5000, "accp");

    private static   = null;

    // 輸出key對應消費者組的資訊
    private static void printGroupInfo(String keyName) {
        List<StreamGroupInfo> list1 = .xinfoGroup(keyName);
        for (int i = 0; i < list1.size(); i++) {
            StreamGroupInfo info = list1.get(i);
            System.out.println("getName=" + info.getName());
```

```
            System.out.println("getConsumers=" + info.getConsumers());
            System.out.println("getPending=" + info.getPending());
            System.out.println("getLastDeliveredId=" + info.getLastDeliveredId());
        }
        System.out.println();
    }

    public static void main(String[] args) {
        try {
            = pool.getResource();
            printGroupInfo("mykey1");
        } catch (Exception e) {
            e.printStackTrace();
        } finally {
            if ( != null) {
                .close();
            }
        }
    }
}
```

上面幾個測試類別依次執行後，Test71.java 類別在主控台的執行結果如
下。

```
getName=mygroup1
getConsumers=1
getPending=0
getLastDeliveredId=2-0
```

12.8.11　xclaim 命令

該命令用於實現訊息認領。

訊息為什麼要被認領呢？假設有一個消費者組，其中有兩個消費者 A 和
B，當消費者 A 從消費者組中獲取訊息後進行處理時，由於意外斷電，導
致消費者 A 處理訊息的過程被中斷，並且消費者 A 的伺服器不能恢復，
因此在待確認佇列中會保存消費者 A 未被確認的訊息，這些訊息將佔用
伺服器記憶體資源。可以將待確認佇列中的訊息由消費者 B 進行處理，
xclaim 命令就是實現這個功能，也就是訊息認領。

1. 測試案例

在終端 1 中輸入以下命令。

```
127.0.0.1:7777> flushdb
OK
127.0.0.1:7777> xgroup create mykey1 mygroup1 $ mkstream
OK
127.0.0.1:7777> xreadgroup group mygroup1 myconsumer1 block 0 streams mykey1 >
```

消費者 myconsumer1 執行命令後呈阻塞狀態。

在終端 2 中輸入以下命令。

```
127.0.0.1:7777> xadd mykey1 1 a aa b bb c cc
"1-0"
127.0.0.1:7777>
```

終端 1 解除阻塞，消費者 myconsumer1 獲得了訊息。

```
1) 1) "mykey1"
   2) 1) 1) "1-0"
         2) 1) "a"
            2) "aa"
            3) "b"
            4) "bb"
            5) "c"
            6) "cc"
(22.15s)
```

在終端 1 中輸入以下命令。

```
127.0.0.1:7777> xreadgroup group mygroup1 myconsumer1 block 0 streams mykey1 >
```

消費者 myconsumer1 執行命令後呈阻塞狀態。

在終端 2 中輸入以下命令。

```
127.0.0.1:7777> xadd mykey1 2 a aa b bb c cc
"2-0"
127.0.0.1:7777>
```

終端 1 解除阻塞，消費者 myconsumer1 獲得了訊息。

```
1) 1) "mykey1"
   2) 1) 1) "2-0"
         2) 1) "a"
```

```
         2) "aa"
         3) "b"
         4) "bb"
         5) "c"
         6) "cc"
(11.03s)
```

使用 xinfo groups 命令查看消費者組的相關資訊。

```
127.0.0.1:7777> xinfo groups mykey1
1) 1) "name"
   2) "mygroup1"
   3) "consumers"
   4) (integer) 1
   5) "pending"
   6) (integer) 2
   7) "last-delivered-id"
   8) "2-0"
127.0.0.1:7777>
```

屬性 pending 值是 2，說明消費者 myconsumer1 有 2 個訊息等待被確認。

查看消費者 myconsumer1 中的待確認佇列中的訊息，在終端 1 中執行以下命令。

```
127.0.0.1:7777> xreadgroup group mygroup1 myconsumer1 block 0 streams mykey1 0
1) 1) "mykey1"
   2) 1) 1) "1-0"
         2) 1) "a"
            2) "aa"
            3) "b"
            4) "bb"
            5) "c"
            6) "cc"
      2) 1) "2-0"
         2) 1) "a"
            2) "aa"
            3) "b"
            4) "bb"
            5) "c"
            6) "cc"
127.0.0.1:7777>
```

顯示消費者 myconsumer1 的待確認佇列中的訊息，兩個訊息的 ID 值分別是 1-0 和 2-0。

這時，假設消費者 myconsumer1 的伺服器突然斷電，消費者 myconsumer1 不會確認訊息，待確認佇列中的訊息將被長期保存，佔用記憶體資源，這時可以使用 xclaim 命令進行訊息轉移，也可稱為訊息認領。

在終端 1 中執行以下命令。

```
127.0.0.1:7777> xclaim mykey1 mygroup1 myconsumer2 1000 1-0 2-0
1) 1) "1-0"
   2) 1) "a"
      2) "aa"
      3) "b"
      4) "bb"
      5) "c"
      6) "cc"
2) 1) "2-0"
   2) 1) "a"
      2) "aa"
      3) "b"
      4) "bb"
      5) "c"
      6) "cc"
127.0.0.1:7777>
```

命令 xclaim mykey1 mygroup1 myconsumer2 1000 1-0 2-0 中的 myconsumer2 代表新的消費者名稱，值 1000 代表只認領待確認佇列中閒置時間大於 1000ms 的訊息。

消費者 myconsumer2 領取了 ID 值為 1-0 和 2-0 的訊息，這時消費者 myconsumer2 的待確認佇列中存在這兩個未被確認的訊息，測試案例如下。

```
127.0.0.1:7777> xreadgroup group mygroup1 myconsumer2 block 0 streams mykey1 0
1) 1) "mykey1"
   2) 1) 1) "1-0"
         2) 1) "a"
            2) "aa"
            3) "b"
            4) "bb"
            5) "c"
            6) "cc"
      2) 1) "2-0"
         2) 1) "a"
            2) "aa"
```

```
        3)  "b"
        4)  "bb"
        5)  "c"
        6)  "cc"
127.0.0.1:7777>
```

也可以使用 xpending 命令進行查看,測試案例如下。

```
127.0.0.1:7777> xpending mykey1 mygroup1 - + 10000 myconsumer2
1) 1) "1-0"
   2) "myconsumer2"
   3) (integer) 70288
   4) (integer) 4
2) 1) "2-0"
   2) "myconsumer2"
   3) (integer) 70288
   4) (integer) 4
127.0.0.1:7777>
```

最後使用 XACK 命令對消費者 myconsumer2 的待確認佇列中的這兩個訊
息進行確認,測試案例如下。

```
127.0.0.1:7777> xack mykey1 mygroup1 1 2
(integer) 2
127.0.0.1:7777> xpending mykey1 mygroup1 - + 10000 myconsumer2
(empty list or set)
127.0.0.1:7777>
127.0.0.1:7777> xreadgroup group mygroup1 myconsumer2 block 0 streams mykey1 0
1) 1) "mykey1"
   2) (empty list or set)
127.0.0.1:7777>
```

2. 程式演示

創建 Test72.java 類別程式如下。

```java
public class Test72 {
    private static Pool pool = new Pool(new PoolConfig(), "192.168.1.103",
7777, 5000, "accp");

    public static void main(String[] args) {
          = null;
        try {
             = pool.getResource();
            .flushAll();
        } catch (Exception e) {
            e.printStackTrace();
```

```
        } finally {
            if ( != null) {
                .close();
            }
        }
    }
}
```

創建 Test73.java 類別程式如下。

```
public class Test73 {
    private static Pool pool = new Pool(new PoolConfig(), "192.168.1.103",
7777, 5000, "accp");

    public static void main(String[] args) {
         = null;
        try {
             = pool.getResource();
            .xgroupCreate("mykey1", "mygroup1", StreamEntryID.LAST_ENTRY, true);
        } catch (Exception e) {
            e.printStackTrace();
        } finally {
            if ( != null) {
                .close();
            }
        }
    }
}
```

創建 Test74.java 類別程式如下。

```
public class Test74 {
    private static Pool pool = new Pool(new PoolConfig(), "192.168.1.103",
7777, 5000, "accp");

    private static   = null;

    public static void main(String[] args) {
        try {
             = pool.getResource();

            Entry<String, StreamEntryID> entry = new AbstractMap.SimpleEntry
("mykey1", StreamEntryID.UNRECEIVED_ENTRY);
            List<Entry<String, List<StreamEntry>>> listEntry = .xreadGroup(
"mygroup1", "myconsumer1", -1,
                    Integer.MAX_VALUE, false, entry);
            CommandTools.printInfo(listEntry);
        } catch (Exception e) {
```

```
            e.printStackTrace();
        } finally {
            if (  != null) {
                .close();
            }
        }
    }
}
```

創建 Test75.java 類別程式如下。

```
public class Test75 {
    private static Pool pool = new Pool(new PoolConfig(), "192.168.1.103",
7777, 5000, "accp");

    private static   = null;

    public static void main(String[] args) {
        try {
             = pool.getResource();

            Map map = new HashMap();
            map.put("a", "aa");
            StreamEntryID id1 = new StreamEntryID(1, 0);
            .xadd("mykey1", id1, map);

        } catch (Exception e) {
            e.printStackTrace();
        } finally {
            if (  != null) {
                .close();
            }
        }
    }
}
```

創建 Test76.java 類別程式如下。

```
public class Test76 {
    private static Pool pool = new Pool(new PoolConfig(), "192.168.1.103",
7777, 5000, "accp");

    private static   = null;

    public static void main(String[] args) {
        try {
             = pool.getResource();
```

```
            Entry<String, StreamEntryID> entry = new AbstractMap.SimpleEntry
("mykey1", StreamEntryID.UNRECEIVED_ENTRY);
            List<Entry<String, List<StreamEntry>>> listEntry = .xreadGroup
("mygroup1", "myconsumer1", -1,
                Integer.MAX_VALUE, false, entry);
            CommandTools.printInfo(listEntry);
        } catch (Exception e) {
            e.printStackTrace();
        } finally {
            if ( != null) {
                .close();
            }
        }
    }
}
```

創建 Test77.java 類別程式如下。

```
public class Test77 {
    private static Pool pool = new Pool(new PoolConfig(), "192.168.1.103",
7777, 5000, "accp");

    private static    = null;

    public static void main(String[] args) {
        try {
             = pool.getResource();

            Map map = new HashMap();
            map.put("b", "bb");
            StreamEntryID id1 = new StreamEntryID(2, 0);
            .xadd("mykey1", id1, map);

        } catch (Exception e) {
            e.printStackTrace();
        } finally {
            if ( != null) {
                .close();
            }
        }
    }
}
```

創建 Test78.java 類別程式如下。

```
public class Test78 {
    private static Pool pool = new Pool(new PoolConfig(), "192.168.1.103",
7777, 5000, "accp");
```

```
    private static   = null;

    // 輸出key對應消費者組的資訊
    private static void printGroupInfo(String keyName) {
        List<StreamGroupInfo> list1 = .xinfoGroup(keyName);
        for (int i = 0; i < list1.size(); i++) {
            StreamGroupInfo info = list1.get(i);
            System.out.println("getName=" + info.getName());
            System.out.println("getConsumers=" + info.getConsumers());
            System.out.println("getPending=" + info.getPending());
            System.out.println("getLastDeliveredId=" + info.getLastDeliveredId());
        }
        System.out.println();
    }

    public static void main(String[] args) {
        try {
             = pool.getResource();
            printGroupInfo("mykey1");
        } catch (Exception e) {
            e.printStackTrace();
        } finally {
            if ( != null) {
                .close();
            }
        }
    }

}
```

創建 Test79.java 類別程式如下。

```
public class Test79 {
    private static Pool pool = new Pool(new PoolConfig(), "192.168.1.103",
7777, 5000, "accp");

    private static   = null;

    public static void main(String[] args) {
        try {
             = pool.getResource();

            Entry<String, StreamEntryID> entry = new AbstractMap.SimpleEntry
("mykey1", new StreamEntryID(0, 0));
            List<Entry<String, List<StreamEntry>>> listEntry = .xreadGroup
("mygroup1", "myconsumer1", -1,
                    Integer.MAX_VALUE, false, entry);
```

```
                    CommandTools.printInfo(listEntry);
            } catch (Exception e) {
                e.printStackTrace();
            } finally {
                if ( != null) {
                    .close();
                }
            }
        }
    }
}
```

創建 Test80.java 類別程式如下。

```
public class Test80 {
    private static Pool pool = new Pool(new PoolConfig(), "192.168.1.103",
7777, 5000, "accp");

    private static   = null;

    public static void main(String[] args) {
        try {
             = pool.getResource();

            {
                .xclaim("mykey1", "mygroup1", "myconsumer1", 1000, -1, -1,
false, new StreamEntryID(1, 0),
                        new StreamEntryID(2, 0));
            }

            {
                Entry<String, StreamEntryID> entry = new AbstractMap.
SimpleEntry("mykey1", new StreamEntryID(0, 0));
                List<Entry<String, List<StreamEntry>>> listEntry = .xreadGroup
("mygroup1", "myconsumer1", -1,
                        Integer.MAX_VALUE, false, entry);
                CommandTools.printInfo(listEntry);
            }

            System.out.println();
            {
                List<StreamPendingEntry> list = .xpending("mykey1", "mygroup1",
                    null, null, Integer.MAX_VALUE, null);
                System.out.println("StreamPendingEntry count :" + list.size());
                for (int i = 0; i < list.size(); i++) {
                    StreamPendingEntry entry = list.get(i);
                    System.out.println("getID=" + entry.getID().getTime() +
" " + entry.getID().getSequence());
                    System.out.println("getConsumerName=" + entry.
```

```
getConsumerName());
                    System.out.println("getIdleTime=" + entry.getIdleTime());
                    System.out.println("getDeliveredTimes=" + entry.
getDeliveredTimes());
                }
            }
        } catch (Exception e) {
            e.printStackTrace();
        } finally {
            if ( != null) {
                .close();
            }
        }
    }
}
```

創建 Test81.java 類別程式如下。

```
public class Test81 {
    private static Pool pool = new Pool(new PoolConfig(), "192.168.1.103",
7777, 5000, "accp");

    private static  = null;

    public static void main(String[] args) {
        try {
            - pool.getResource();

            {
                .xack("mykey1", "mygroup1", new StreamEntryID(1, 0), new
StreamEntryID(2, 0));
            }

            System.out.println();

            {
                List<StreamPendingEntry> list = .xpending("mykey1", "mygroup1",
                    null, null, Integer.MAX_VALUE, null);
                System.out.println("StreamPendingEntry count :" + list.size());
                for (int i = 0; i < list.size(); i++) {
                    StreamPendingEntry entry = list.get(i);
                    System.out.println("getID=" + entry.getID().getTime() +
" " + entry.getID().getSequence());
                    System.out.println("getConsumerName=" + entry.
getConsumerName());
                    System.out.println("getIdleTime=" + entry.getIdleTime());
                    System.out.println("getDeliveredTimes=" + entry.
getDeliveredTimes());
```

```
            }
        }

        System.out.println();

        {
            Entry<String, StreamEntryID> entry = new AbstractMap.
SimpleEntry("mykey1", new StreamEntryID(0, 0));
            List<Entry<String, List<StreamEntry>>> listEntry = .xreadGroup
("mygroup1", "myconsumer1", -1,
                    Integer.MAX_VALUE, false, entry);
            CommandTools.printInfo(listEntry);
        }

    } catch (Exception e) {
        e.printStackTrace();
    } finally {
        if ( != null) {
            .close();
        }
    }
  }
}
```

上面幾個測試類別依次執行後,由消費者 myconsumer2 成功對 ID 值為
1-0 和 2-0 的訊息進行認領,並在最後進行了確認。

Stream 資料類型與其他 Redis 資料類型有一個不同的地方在於:當其他資
料類型中沒有元素的時候,在內部會自動呼叫刪除命令把 key 刪除。如當
呼叫 ZREM 命令時,會將 Sorted Set 資料類型中的最後一個元素刪除,這
個 Sorted Set 資料類型也會被徹底刪除。但是 Stream 資料類型允許在內部
沒有元素的情況下 key 仍然存在,這樣設計的原因是 Stream 資料類型可
能和消費者組進行連結,在實際場景中不希望由於 Stream 資料類型中沒
有元素而被自動刪除,導致消費者組的資訊遺失。

Pipelining 和
Transaction 類型命令

13

管線（Pipelining）可以實現批次發送多個命令到伺服器，提高程式執行效率。

交易（Transaction）可以保證伺服器批次執行多個命令，這些命令是一體的，具有原子性，但 Redis 並沒有完整實現 ACID 特性。

13.1 管線

管線可以實現批次發送多個命令到伺服器，提高程式執行效率。管線是在用戶端實現的，和伺服器無關。

Redis 中提供的管線管線類似於 JDBC 中的 Batch 技術，範例程式如下。

```java
public class Test {
    public static void main(String[] args) {
        try {
            Connection connection = ConnectionFactory.getConnection();
            PreparedStatement ps = connection
                    .prepareStatement("insert into userinfo(id,username)
values(idauto.nextval,'abcdefg')");
            long beginTime = System.currentTimeMillis();
            for (int i = 0; i < 50000; i++) {
                ps.addBatch(); // 命令累加
            }
            ps.executeBatch(); // 批次執行
```

```
            long endTime = System.currentTimeMillis();
            System.out.println(endTime - beginTime);
            ps.close();
            connection.close();
        } catch (ClassNotFoundException e) {
            e.printStackTrace();
        } catch (SQLException e) {
            e.printStackTrace();
        }
    }
}
```

如果不用管線或 Batch 技術，向伺服器發送 10 筆命令時，會有 10 次的請求（request）和回應（response）過程，每一次的請求和回應的用時被稱為往返時間（Round Trip Time，RTT）。由於 Redis 是單執行緒的，因此每一次的請求和響應都是按循序執行的，會產生 10 次 RTT，執行速度較慢。當用 Pipelining 或 Batch 技術時，一次打包發送 10 個命令到伺服器，只需要一次請求和回應過程，提高了程式執行效率。

13.1.1 不使用管線的執行效率

範例程式如下。

```
public class Test1 {
    private static Pool pool = new Pool(new PoolConfig(), "192.168.61.2",
6379, 5000, "accp");

    public static void main(String[] args) {
         = null;
        try {
             = pool.getResource();
            .flushAll();
            long beginTime = System.currentTimeMillis();
            for (int i = 0; i < 50000; i++) {
                .set("mykey" + (i + 1), "我是值" + (i + 1));
            }
            long endTime = System.currentTimeMillis();
            System.out.println(endTime - beginTime);
        } catch (Exception e) {
            e.printStackTrace();
        } finally {
            if ( != null) {
                .close();
```

```
            }
        }
    }
}
```

程式執行結果如下。

```
5553
```

13.1.2 使用管線的執行效率

範例程式如下。

```java
public class Test2 {
    private static Pool pool = new Pool(new PoolConfig(), "192.168.61.2",
6379, 5000, "accp");

    public static void main(String[] args) {
        = null;
        try {
            = pool.getResource();
            .flushAll();
            Pipeline p = .pipelined();
            long beginTime = System.currentTimeMillis();
            for (int i = 0; i < 50000; i++) {
                p.set("mykey" + (i + 1), "我是值" + (i + 1));
            }
            p.sync();
            long endTime = System.currentTimeMillis();
            System.out.println(endTime - beginTime);
        } catch (Exception e) {
            e.printStackTrace();
        } finally {
            if ( != null) {
                .close();
            }
        }
    }
}
```

程式執行結果如下。

```
133
```

使用管線技術後，執行效率會加倍提高。

13.2 交易

RDBMS 中的交易是指一系列操作步驟完全地執行或完全不執行，具有回覆的特性。

但 Redis 中的交易是指一組 Command 命令（至少是兩個或兩個以上的命令），Redis 交易保證這些命令被即時執行不會被任何其他操作打斷，這和 RDBMS 中的交易完全不同。

Redis 沒有回覆。

Redis 中的交易既然不能回覆，那麼它的主要作用是什麼呢？它的主要作用是保證 multi 命令和 exec 命令之間的命令是原子性的、不可拆分的。其他命令必須在交易執行完畢之後才可以執行，所以其他命令看到的是交易提交之後最終的執行結果，而非一個「半成品」。因為交易中存在 n 筆命令，所以只有這 n 筆命令執行完畢後才可以執行其他命令。

交易開啟的時候創建命令佇列，把執行的命令放入命令佇列中，交易接收到 exec 命令後就將命令佇列中的命令一次性執行，中途不能被打斷，具有原子性。

Redis 透過 multi、exec、watch 等命令來實現交易功能。交易提供了一種將多筆命令進行打包，然後一次性、按順序地執行多筆命令的機制，並且在交易執行期間，伺服器不會中斷交易而去執行其他用戶端的命令，會將交易中的所有命令都執行完畢，然後才去處理其他用戶端的命令。一個交易從開始到結束通常會經歷以下 3 個階段。

- 交易開始。
- 命令加入佇列。
- 交易執行。

13.2.1 multi 和 exec 命令

multi 命令的使用格式如下。

```
multi
```

該命令用於標記一個交易區塊的開始，交易內的多筆命令會按照先後順序被放進一個交易命令佇列當中，未來在執行 exec 命令時作為一個原子性命令被整體執行。

exec 命令的使用格式如下。

```
exec
```

該命令用於執行交易中所有在交易命令佇列中等待的命令。

1. 測試案例

測試案例如下如下。

```
127.0.0.1:7777> keys *
(empty list or set)
127.0.0.1:7777> multi
OK
127.0.0.1:7777> set a aa
QUEUED
127.0.0.1:7777> set b bb
QUEUED
127.0.0.1:7777> set c cc
QUEUED
127.0.0.1:7777> exec
1) OK
2) OK
3) OK
127.0.0.1:7777> keys *
1) "b"
2) "a"
3) "c"
127.0.0.1:7777>
```

2. 程式演示

```java
public class Test3 {
    private static Pool pool = new Pool(new PoolConfig(), "192.168.61.2",
6379, 5000, "accp");

    public static void main(String[] args) {
         = null;
        try {
             = pool.getResource();
```

```
                .flushAll();
            Transaction t = .multi();
            t.set("a", "aa");
            t.set("b", "bb");
            t.set("c", "cc");
            t.set("d", "dd");
            List<Object> listObject = t.exec();
            for (int i = 0; i < listObject.size(); i++) {
                System.out.println(listObject.get(i));
            }
        } catch (Exception e) {
            e.printStackTrace();
        } finally {
            if ( != null) {
                .close();
            }
        }
    }
}
```

程式執行結果如下。

```
OK
OK
OK
OK
```

13.2.2 出現語法錯誤導致全部命令取消執行

測試出現語法錯誤導致全部命令取消執行。

1. 測試案例

測試案例如下。

```
127.0.0.1:7777> keys *
(empty list or set)
127.0.0.1:7777> multi
OK
127.0.0.1:7777> set a aa
QUEUED
127.0.0.1:7777> set b bb
QUEUED
127.0.0.1:7777> setabc c cc
(error) ERR unknown command `setabc`, with args beginning with: `c`, `cc`,
127.0.0.1:7777> exec
(error) EXECABORT Transaction discarded because of previous errors.
```

```
127.0.0.1:7777> keys *
(empty list or set)
127.0.0.1:7777>
```

Redis 會對命令的語法先進行驗證，出現錯誤則不再執行任何命令，取消全部命令的執行。

語法錯誤相當於在編譯 .java 檔案時顯示出錯，.class 檔案根本不會被執行。

2. 程式演示

```java
public class Test4 {
    private static Pool pool = new Pool(new PoolConfig(), "192.168.61.2",
6379, 5000, "accp");

    public static void main(String[] args) {
         = null;
        try {
             = pool.getResource();
            .flushAll();
            System.out.println("before 資料庫中的key數量為" + .keys("*").size());
            Transaction t = .multi();
            t.set("a", "aa");
            t.set("b", "bb");
            t.set("c", "cc");

            t.sendCommand(new ProtocolCommand() {
                @Override
                public byte[] getRaw() {
                    return "setabc".getBytes();
                }
            }, "d", "d");
            t.exec();
        } catch (Exception e) {
            e.printStackTrace();
        } finally {
            if ( != null) {
                .close();
            }
        }
        System.out.println(" after 資料庫中的key數量為" + .keys("*").size());
    }
}
```

程式執行結果如下。

```
before 資料庫中的key數量為0
redis.clients..exceptions.DataException: EXECABORT Transaction discarded
because of previous errors.
    at redis.clients..Protocol.processError(Protocol.java:132)
    at redis.clients..Protocol.process(Protocol.java:166)
    at redis.clients..Protocol.read(Protocol.java:220)
    at redis.clients..Connection.readProtocolWithCheckingBroken(Connection.
java:318)
    at redis.clients..Connection.getUnflushedObjectMultiBulkReply(Connection.
java:280)
    at redis.clients..Connection.getObjectMultiBulkReply(Connection.java:285)
    at redis.clients..Transaction.exec(Transaction.java:46)
    at transactions.Test4.main(Test4.java:31)
after 資料庫中的key數量為：0
```

13.2.3 出現執行錯誤導致錯誤命令取消執行

出現執行錯誤導致錯誤命令取消執行，無錯誤的命令正常執行。相當
於 .java 檔案編譯成功，生成正確的 .class 檔案。當執行 .class 檔案的時
候，某一行程式出錯了使用 try-catch 進行處理，異常處理結束後繼續執行
後面的程式。

1. 測試案例

測試案例如下。

```
127.0.0.1:6379> keys *
(empty list or set)
127.0.0.1:6379> set a aa
OK
127.0.0.1:6379> set b bb
OK
127.0.0.1:6379> multi
OK
127.0.0.1:6379> set c cc
QUEUED
127.0.0.1:6379> set d dd
QUEUED
127.0.0.1:6379> incr a
QUEUED
127.0.0.1:6379> incr b
QUEUED
127.0.0.1:6379> set e ee
```

```
QUEUED
127.0.0.1:6379> set f ff
QUEUED
127.0.0.1:6379> exec
1) OK
2) OK
3) (error) ERR value is not an integer or out of range
4) (error) ERR value is not an integer or out of range
5) OK
6) OK
127.0.0.1:6379> get a
"aa"
127.0.0.1:6379> get b
"bb"
127.0.0.1:6379> get c
"cc"
127.0.0.1:6379> get d
"dd"
127.0.0.1:6379> get e
"ee"
127.0.0.1:6379> get f
"ff"
127.0.0.1:6379>
```

Redis 會對命令的語法進行驗證，語法是正確的，但不代表命令執行時期是正確的，執行錯誤命令後會繼續執行後面的命令，執行過程不會中斷。

出現執行時期異常不會回覆。

2. 程式演示

```
public class Test5 {
    private static Pool pool = new Pool(new PoolConfig(), "192.168.61.2",
6379, 5000, "accp");

    public static void main(String[] args) {
         = null;
        try {
             = pool.getResource();
            .flushAll();
            .set("a", "aa");
            .set("b", "bb");
            Transaction t = .multi();
            t.set("c", "cc");
            t.set("d", "dd");
            t.incr("a");
            t.incr("b");
```

```
                    t.set("e", "ee");
                    t.set("f", "ff");

                    List<Object> listObject = t.exec();
                    for (int i = 0; i < listObject.size(); i++) {
                        System.out.println(listObject.get(i));
                    }
                    System.out.println();
                    System.out.println(.get("a"));
                    System.out.println(.get("b"));
                    System.out.println(.get("c"));
                    System.out.println(.get("d"));
                    System.out.println(.get("e"));
                    System.out.println(.get("f"));

            } catch (Exception e) {
                e.printStackTrace();
            } finally {
                if ( != null) {
                    .close();
                }
            }
        }
}
```

程式執行結果如下。

```
OK
OK
redis.clients..exceptions.DataException: ERR value is not an integer or out of range
redis.clients..exceptions.DataException: ERR value is not an integer or out of range
OK
OK

aa
bb
cc
dd
ee
ff
```

13.2.4 discard 命令

discard 命令使用格式如下。

```
discard
```

該命令用於取消一個交易中所有在交易命令佇列中等待的命令，也就是取消交易，放棄執行交易區塊內的所有命令。

1. 測試案例

測試案例如下。

```
127.0.0.1:7777> keys *
(empty list or set)
127.0.0.1:7777> multi
OK
127.0.0.1:7777> set a aa
QUEUED
127.0.0.1:7777> set b bb
QUEUED
127.0.0.1:7777> set c cc
QUEUED
127.0.0.1:7777> discard
OK
127.0.0.1:7777> exec
(error) ERR EXEC without MULTI
127.0.0.1:7777> keys *
(empty list or set)
127.0.0.1:7777>
```

執行 discard 命令取消交易之後再執行 exec 命令出現了異常，因為沒有交易環境了。

2. 程式演示

```
public class Test6 {
    private static Pool pool = new Pool(new PoolConfig(), "192.168.61.2",
6379, 5000, "accp");

    public static void main(String[] args) {
        = null;
        try {
            = pool.getResource();
            .flushAll();
            .set("a", "aa");
            .set("b", "bb");
            System.out.println("before資料庫中的key數量為" + .keys("*").size());

            Transaction t = .multi();
            t.set("c", "cc");
            t.set("d", "dd");
```

```
            t.incr("a");
            t.incr("b");
            t.set("e", "ee");
            t.set("f", "ff");
            String discardResult = t.discard();
            System.out.println(discardResult);

            System.out.println(" after資料庫中的key數量為" + .keys("*").size());

        } catch (Exception e) {
            e.printStackTrace();
        } finally {
            if ( != null) {
                .close();
            }
        }
    }
}
```

程式執行結果如下。

```
before 資料庫中的key數量為2
OK
 after 資料庫中的key數量為2
```

13.2.5 watch 命令

使用格式如下。

```
watch key [key ...]
```

該命令用於監視指定的 key 來實現樂觀鎖。

什麼是樂觀鎖？樂觀鎖是一種併發控制的方法，在提交資料更新之前，交易會先檢查在該交易讀取資料後，是否有其他交易修改了該資料，如果其他交易修改了資料的話，正在提交的交易會被取消。如兩個人同時要對第 3 個人實現轉帳操作，為了實現金額的累加，可以使用樂觀鎖。

Redis 中 WATCH 的機制原理：使用 watch 命令監視一個或多個 key，追蹤 key 的 value 的修改情況，如果某個 key 的 value 在交易執行之前被修改了，那麼整個交易被取消，返回提示訊息，內容是交易已經失敗。WATCH 機制使交易執行變得有條件，交易只有在的 key 沒有被修改的前提下才能成功執行提交操作，如果不滿足條件，交易被取消。樂觀鎖能夠極佳地解決資料衝突的問題。一句話複習：只要 value 被修改了，就取消交易的執行。

使用 watch 命令監視了一個帶 TTL 的 key，那麼即使這個 key 逾時了，交易仍然可以正常執行。

1. 測試案例

測試案例如圖 13-1 所示。

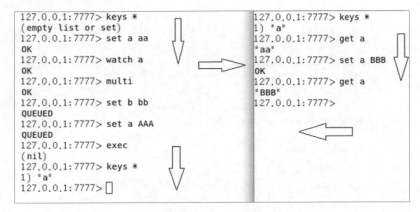

圖 13-1 測試案例

這裡 value 被修改了，更新交易就被取消了，因此最終的結果不是 AAA，而是 BBB。

何時取消 key 的監視？

- watch 命令可以被呼叫多次，對 key 的監視從 watch 命令執行之後開始生效，直到呼叫 exec 命令為止。不管交易是否成功執行，對所有 key 的監視都會被取消。
- 當用戶端斷開連接時，該用戶端對 key 的監視也會被取消。
- unwatch 命令可以手動取消對所有 key 的監視。
- 呼叫 discard 命令時，如果已使用 watch 命令，則 discard 命令將釋放所有被監視的 key。

2. 程式演示

```java
public class Test7 {
    private static Pool pool = new Pool(new PoolConfig(), "192.168.61.2",
6379, 5000, "accp");
    private static  1 = null;
    private static  2 = null;

    public static void main(String[] args) {
        try {
            1 = pool.getResource();
            2 = pool.getResource();
            1.flushAll();

            1.set("a", "aa");
            1.watch("a");

            Transaction t = 1.multi();
            t.set("b", "bb");
            t.set("c", "cc");

            Thread newThread = new Thread() {
                @Override
                public void run() {
                    2.set("a", "BBB");
                }
            };
            newThread.start();
            Thread.sleep(2000);
            t.set("a", "AAA");
            t.exec();
            System.out.println("a對應的值是" + 1.get("a"));
        } catch (Exception e) {
            e.printStackTrace();
        } finally {
            if (1 != null) {
                1.close();
            }
            if (2 != null) {
                2.close();
            }
        }
    }
}
```

程式執行結果如下。

a對應的值是BBB

13.2.6 unwatch 命令

使用格式如下。

```
unwatch
```

該命令用於取消 watch 命令對所有 key 的監視。在執行 watch 命令之後，如果 exec 命令或 discard 命令先被執行了的話，就不需要手動執行 unwatch 命令了。

1. 測試案例

在交易之外取消執行 watch 命令，過程如圖 13-2 所示。

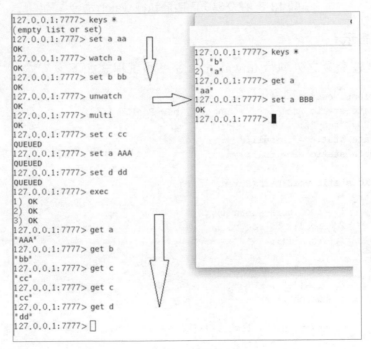

圖 13-2 在交易之外取消執行 watch 命令

在交易之內取消執行 watch 命令，過程如圖 13-3 所示。

在交易之內執行 unwatch 命令相當於沒有執行 unwatch 命令，也就是交易之內執行 unwatch 命令是無效的。

```
127.0.0.1:7777> keys *          127.0.0.1:7777> keys *
(empty list or set)             1) "a"
127.0.0.1:7777> set a aa        127.0.0.1:7777> get a
OK                              "aa"
127.0.0.1:7777> watch a         127.0.0.1:7777> set a BBB
OK                              OK
127.0.0.1:7777> multi           127.0.0.1:7777> █
OK
127.0.0.1:7777> set b bb
QUEUED
127.0.0.1:7777> unwatch
QUEUED
127.0.0.1:7777> set a AAA
QUEUED
127.0.0.1:7777> exec
(nil)
127.0.0.1:7777> keys *
1) "a"
127.0.0.1:7777> get a
"BBB"
127.0.0.1:7777> □
```

圖 13-3 在交易之內取消執行 watch 命令

2. 程式演示

先來測試在交易之外執行 unwatch 命令，測試程式如下。

```java
public class Test8 {
    private static Pool pool = new Pool(new PoolConfig(), "192.168.61.2",
6379, 5000, "accp");
    private static 1 = null;
    private static 2 = null;

    public static void main(String[] args) {
        try {
            1 = pool.getResource();
            2 = pool.getResource();
            1.flushAll();

            1.set("a", "aa");
            1.watch("a");
            1.unwatch();

            Transaction t = 1.multi();
            t.set("b", "bb");
            t.set("c", "cc");

            Thread newThread = new Thread() {
                @Override
                public void run() {
                    2.set("a", "BBB");
                }
            };
```

```
                newThread.start();
                Thread.sleep(2000);
                t.set("a", "AAA");
                t.exec();
                System.out.println("a對應的值是" + 1.get("a"));
            } catch (Exception e) {
                e.printStackTrace();
            } finally {
                if (1 != null) {
                    1.close();
                }
                if (2 != null) {
                    2.close();
                }
            }
        }
    }
```

程式執行結果如下。

a對應的值是AAA

再來測試在交易之內執行 unwatch 命令,測試程式如下。

```
public class Test9 {
    private static Pool pool = new Pool(new PoolConfig(), "192.168.61.2",
6379, 5000, "accp");

    public static void main(String[] args) {
         = null;
        try {
             = pool.getResource();
            .flushAll();

            .set("a", "aa");
            .watch("a");

            Transaction t = .multi();
            .unwatch();
        } catch (Exception e) {
            e.printStackTrace();
        } finally {
            if ( != null) {
                .close();
            }
        }
    }
}
```

程式執行結果出現異常。

```
redis.clients..exceptions.DataException: Cannot use  when in Multi. Please use
Transaction or reset  state.
    at redis.clients..Binary.checkIsInMultiOrPipeline(Binary.java:1871)
    at redis.clients..Binary.unwatch(Binary.java:1913)
    at transactions.Test9.main(Test9.java:21)
```

在交易之內執行 unwatch 命令是無效的，直接拋出異常。

資料持久化

Redis 中的資料預設儲存在記憶體中，因為斷電或當機等不可抗拒的原因造成資料遺失是非常嚴重的後果。Redis 支援將記憶體中的資料持久化到硬碟中，實現資料的持久化（Persistence）。

Redis 實現資料持久化有 3 種方式，便於發生故障後能迅速恢復資料。

- Redis 資料庫（Redis DataBase，RDB）：RDB 持久化資料其實就是持久化記憶體的快照，將記憶體中的資料整體持久化到硬碟上的二進位 RDB 檔案中，相當於全量持久化。RDB 方式持久化資料非常佔用記憶體，如果記憶體中待持久化的資料大小為 4GB，則至少要有另外 4GB 的空閒記憶體作為資料持久化的交換空間，所以需要的總記憶體大小就是 8GB。Redis 預設啟用 RDB。

- 擴充檔案（Append-Only File，AOF）：相當於增量持久化，把對 Redis 操作的命令保存進 AOF 檔案中，重新啟動 Redis 服務時再從 AOF 檔案中執行對應命令，實現還原資料的效果。

  當 RDB 檔案和 AOF 檔案同時存在時，優先載入 AOF 檔案。

  RDB 和 AOF 區別如下。

  AOF 會把每一次寫入資料庫的命令都同步到 AOF 檔案中，AOF 檔案中的命令與記憶體中的資料一一對應。

  RDB 只把當前記憶體中的資料存放到 RDB 檔案中，當對 Redis 中的資料再次修改時，只將記憶體中的資料進行修改，變成新資料，而 RDB 檔案中的資料依然是舊的。

- RDB 和 AOF 混合：Redis 4.0 之後支援此種方式，也是現在 Redis 版本預設啟用的。

14.1 使用 RDB 實現資料持久化

使用 RDB 實現資料持久化可以有 3 種方式。

- save 設定選項：達到某一筆件時執行資料持久化，自動方式。
- SAVE 命令：同步執行資料持久化，手動方式。
- BGSAVE 命令：非同步執行資料持久化，手動方式。

14.1.1 自動方式：save 設定選項

測試 save 設定選項。

1. save 設定選項的使用

1）在 redis.conf 設定檔中的 "SNAPSHOTTING" 節點下有 RDB 預設的相關設定。

```
# save <seconds> <changes>
save 900 1
save 300 10
save 60 10000
rdbcompression yes
dir ./
dbfilename dump.rdb
```

上面設定 save <seconds> <changes> 的作用是在指定的 seconds 時間內，如果對各個資料庫總共發生了 changes 次更改，就呼叫 bgsave 命令把當前記憶體中的資料以 rdbcompression yes 壓縮的方式儲存到路徑為 dir ./、檔案名稱為 dbfilename dump.rdb 的檔案中進行持久化。

- ./：代表當前路徑。
- save 900 1：代表 900s 時間內有一次更改就開始 RDB 持久化。

- save 300 10：代表 300s 時間內有 10 次更改就開始 RDB 持久化。
- save 60 10000：代表 60s 時間內有 10000 次更改就開始 RDB 持久化。

資料持久化成功後，seconds 和 changes 的值都被歸零。

2）在路徑 /home/ghy/T/redis 中找不到 RDB 檔案，如圖 14-1 所示。

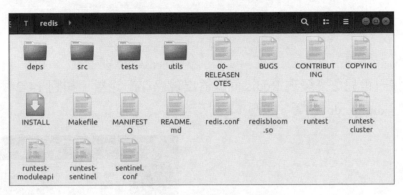

圖 14-1 找不到 RDB 檔案

如果存在 RDB 檔案，則刪除該檔案。

3）redis.con f 設定檔中的設定如下。

```
save 900 1
save 300 10
save 60 10000
```

說明在 300s 內如果有 10 次更改就將記憶體中的資料以 RDB 檔案的形式
持久化到 dump.rdb 檔案中。

如果存在 RDB 檔案，則刪除該檔案。

4）在 Redis 用戶端中輸入以下命令。

```
127.0.0.1:6379> set 1 11
OK
127.0.0.1:6379> set 2 22
OK
127.0.0.1:6379> set 3 33
OK
127.0.0.1:6379> set 4 44
OK
127.0.0.1:6379> set 5 55
```

```
OK
127.0.0.1:6379> set 6 66
OK
127.0.0.1:6379> set 7 77
OK
127.0.0.1:6379> set 8 88
OK
127.0.0.1:6379> set 9 99
OK
127.0.0.1:6379> set 10 1010
OK
127.0.0.1:6379>
```

5）等待一會兒之後發現 Redis 伺服器出現保存記錄檔，如圖 14-2 所示。

6）創建 dump.rdb 檔案，如圖 14-3 所示。

```
DB saved on disk
RDB: 0 MB of memory used by copy-on-write
Background saving terminated with success
```

圖 14-2　保存記錄檔　　　　　　　　圖 14-3　創建 dump.rdb 檔案

7）重新啟動 Redis 服務後依然可以看到持久化的資料，説明 Redis 服務重新啟動後自動將 dump.rdb 檔案中的內容載入到記憶體了。

8）停止 Redis 服務並刪除 dump.rdb 檔案，再重新啟動 Redis 服務，使用命令 keys * 沒有取得任何資料，説明 Redis 為空，因為 dump.rdb 檔案被刪除了。

2. 禁用 save 設定選項

1）停止 Redis 服務，如果有 dump.rdb 檔案，則刪除 dump.rdb 檔案。

2）如果不想實現自動持久化，則可以更改設定如下。

```
save ""

#save 900 1
#save 300 10
#save 60 10000
```

重新啟動 Redis 服務。

3）執行以下命令。

```
127.0.0.1:6379> keys *
(empty list or set)
127.0.0.1:6379> set 1 11
OK
127.0.0.1:6379> set 2 22
OK
127.0.0.1:6379> set 3 33
OK
127.0.0.1:6379> set 4 44
OK
127.0.0.1:6379> set 5 55
OK
127.0.0.1:6379> set 6 66
OK
127.0.0.1:6379> set 7 77
OK
127.0.0.1:6379> set 8 88
OK
127.0.0.1:6379> set 9 99
OK
127.0.0.1:6379> set 10 1010
OK
127.0.0.1:6379> set 11 11111
OK
127.0.0.1:6379>
```

4）等待 10min 之後沒有創建 dump.rdb 檔案，說明 save 設定選項禁用了自動保存 RDB 檔案的功能。

5）重新啟動 Redis 服務後，Redis 為空，資料遺失，因為並沒有持久化。

3. 存在遺失資料的可能性

1）更改設定程式，如圖 14-4 所示。

2）重新啟動 Redis 服務。

3）確認有沒有 dump.rdb 檔案，如果有則刪除。

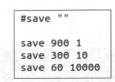

圖 14-4　更改配置程式

4）執行以下命令。

```
127.0.0.1:6379> set 1 11
OK
127.0.0.1:6379> set 2 22
OK
127.0.0.1:6379> set 3 33
OK
127.0.0.1:6379> set 4 44
OK
127.0.0.1:6379> set 5 55
OK
127.0.0.1:6379> set 6 66
OK
127.0.0.1:6379> set 7 77
OK
127.0.0.1:6379> set 8 88
OK
127.0.0.1:6379> set 9 99
OK
127.0.0.1:6379> set 10 1010
OK
127.0.0.1:6379> set 11 1111
OK
127.0.0.1:6379>
```

5）觀察 Redis 伺服器記錄檔，當出現圖 14-5 所示的內容時，說明執行了 RDB 持久化。

6）快速執行以下命令。

```
127.0.0.1:6379> set 12 1212
OK
127.0.0.1:6379> set 13 1313
OK
127.0.0.1:6379>
```

7）強制退出虛擬機器，如圖 14-6 所示。

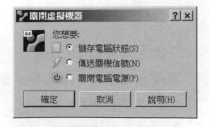

圖 14-5 Redis 伺服器記錄檔　　　　　圖 14-6 強制退出虛擬機器

再次啟動虛擬機器,重新啟動 Redis 服務後再執行以下命令。

```
127.0.0.1:6379> keys *
 1) "10"
 2) "7"
 3) "9"
 4) "5"
 5) "1"
 6) "11"
 7) "6"
 8) "2"
 9) "4"
10) "8"
11) "3"
127.0.0.1:6379>
```

發現 key 為 12 和 13 的資料並沒有進行 RDB 持久化,遺失了資料。

設定 save 設定選項時,seconds、changes 這兩個參數需要根據業務需求來確定,設定時間太短雖然能減少遺失資料的數量,但浪費了 CPU 資源,而設定時間太長雖然節省 CPU 資源,但會出現資料大量遺失的情況。

14.1.2 手動方式:使用 save 命令

save 命令具有同步性,當命令執行後 Redis 呈阻塞狀態,會把記憶體中全部資料庫的全部資料保存到新的 RDB 檔案中。

持久化資料期間 Redis 呈阻塞狀態,不再執行用戶端的命令,直到生成 RDB 檔案為止。持久化結束後刪除舊的 RDB 檔案,使用新的 RDB 檔案。

1. 使用 save 命令

測試使用 save 命令。

(1)測試案例

1)更改設定程式,如圖 14-7 所示。

2)重新啟動 Redis 服務。

3)確認有沒有 dump.rdb 檔案,如果有則刪除。

4)執行以下命令。

```
#save ""

save 900 1
save 300 10
save 60 10000
```

圖 14-7　更改配置程式

```
127.0.0.1:6379> flushdb
OK
127.0.0.1:6379> set 1 11
OK
127.0.0.1:6379> set 2 22
OK
127.0.0.1:6379> set 3 33
OK
127.0.0.1:6379> save
OK
127.0.0.1:6379>
```

在執行 save 命令之前沒有 dump.rdb 檔案，執行之後就創建它。

5）重新啟動 Redis 服務後輸入以下命令。

```
127.0.0.1:6379> keys *
1) "1"
2) "2"
3) "3"
127.0.0.1:6379>
```

將資料從 dump.rdb 檔案還原到記憶體中。

（2）程式演示

```java
public class Test1 {
    private static Pool pool = new Pool(new PoolConfig(), "192.168.1.110",
6379, 5000, "accp");

    public static void main(String[] args) {
         = null;
        try {
             = pool.getResource();
            .flushAll();
            .set("1", "11");
            .set("2", "22");
            .set("3", "33");
            .set("4", "44");
            .set("5", "55");

            .save();

        } catch (Exception e) {
            e.printStackTrace();
        } finally {
            if ( != null) {
                .close();
```

```
            }
        }
    }
}
```

刪除 dump.rdb 檔案，然後執行 Test1.java 類別，創建 dump.rdb 檔案。

2. 存在遺失資料的可能性

```java
public class Test2 {
    private static Pool pool = new Pool(new PoolConfig(), "192.168.1.110",
6379, 5000, "accp");

    public static void main(String[] args) {
        = null;
        try {
            = pool.getResource();
            .flushAll();
            .set("1", "11");
            .set("2", "22");
            .set("3", "33");
            .set("4", "44");
            .set("5", "55");

            .save();

            .set("6", "66");
            .set("7", "77");

        } catch (Exception e) {
            e.printStackTrace();
        } finally {
            if ( != null) {
                .close();
            }
        }
    }
}
```

程式執行後，強制退出虛擬機器，再啟動虛擬機器，啟動 Redis 服務並執行以下命令。

```
127.0.0.1:6379> keys *
1) "1"
2) "5"
3) "2"
4) "3"
```

```
5) "4"
127.0.0.1:6379>
```

key 為 6 和 7 的資料並沒有持久化到 dump.rdb 檔案中，造成資料遺失。

14.1.3 手動方式：使用 bgsave 命令

save 命令具有同步性，在資料持久化期間，Redis 不能執行其他用戶端的命令，這降低了系統吞吐量，而 bgsave 命令是 save 命令的非同步版本。

當 bgsave 命令執行後會創建子處理程序，子處理程序執行 save 命令把記憶體中全部資料庫的全部資料保存到新的 RDB 檔案中。持久化資料期間，Redis 不會呈阻塞狀態，可以接收新的命令。持久化結束後刪除舊的 RDB 檔案，使用新的 RDB 檔案。

關於 bgsave 命令的測試案例及案例請參考 save 命令，兩者的使用情況非常相似。另外，bgsave 命令和 save 命令一樣，也存在遺失資料的可能性，也就是在最後一次成功完成 RDB 持久化後的資料將遺失。

14.1.4 小結

RDB 的優點：使用 RDB 檔案直接儲存二進位的資料，所以恢復資料比 AOF 速度快。

RDB 的缺點如下。

- 可能會遺失資料。會遺失最後一次持久化以後更改的資料。如果應用能容忍一定程式的資料遺失，那麼使用 RDB 是不錯的選擇；如果不能容忍一定程式的資料遺失，那麼使用 RDB 就不是一個很好的選擇。

- 使用 bgsave 命令持久化資料時會創建一個新的子處理程序，如果 Redis 的資料量很大，那麼子處理程序會佔用比較多的 CPU 和記憶體資源，並且在獲取記憶體快照時會將 Redis 服務暫停一段時間（毫秒等級）。如果資料量非常大而且硬體規格較差，可能出現暫停數秒的情況。

實現 RDB 持久化的 3 種方式，即 save 設定選項、save 命令和 bgsave 命令，都或多或少會遺失資料，遺失資料的多少和成功完成 RDB 持久化之後的資料更改量有關。資料更改量越大，遺失的資料越多，因為新的資料並沒有持久化到 RDB 檔案中。為了減小遺失的資料量，可以頻繁多次地執行 save 或 bgsave 命令，也可以減小 save 設定選項中的參數值。但建議放棄這種方式，如果那樣做，Redis 的執行效率會相當低，這時可以使用 AOF 對資料持久化的效率進行最佳化。

14.2 使用 AOF 實現資料持久化

使用 AOF 持久化資料時，Redis 每次接收一筆更改資料的命令時，都將把該命令寫到一個 AOF 檔案中（只記錄寫入操作，讀取操作不記錄）。當 Redis 重新啟動時，它透過執行 AOF 檔案中所有的命令來恢復資料。AOF 的優點是比 RDB 遺失的資料會少一些。另外，由於 AOF 檔案儲存 Redis 的命令，而不像 RDB 檔案儲存資料的二進位值，因此使用 AOF 還原資料時比 RDB 要慢很多。

14.2.1 實現 AOF 持久化的功能

1. 測試案例

1）更改 redis.conf 設定檔，使用以下設定禁用 RDB，只用 AOF 實現資料持久化。

```
save ""

#save 900 1
#save 300 10
#save 60 10000
```

2）在 redis.conf 設定檔中的 "APPEND ONLY MODE" 節點下有 AOF 的相關設定。

```
appendonly no
appendfilename "appendonly.aof"

# appendfsync always
appendfsync everysec
```

```
# appendfsync no

aof-use-rdb-preamble yes
```

將設定 appendonly no 改成 appendonly yes，因為預設情況下 AOF 方式是
不啟用的。

設定 appendfilename "appendonly.aof" 指定使用哪個 AOF 檔案來儲存命
令。將設定 aof-use-rdb-preamble yes 改成 aof-use-rdb-preamble no，因為
預設情況下採用 RDB 和 AOF 混合方式，使用 no 值後只使用 AOF 方式。

3）如果存在 dump.rdb 檔案或 appendonly.aof 檔案則刪除。重新啟動
Redis 服務。

注意：重新啟動 Redis 服務後不要手動刪除
appendonly.aof 檔案。如果 Redis 服務啟動後
再刪除 appendonly.aof 檔案，則執行命令時，
是不會自動創建 appendonly.aof 檔案的。

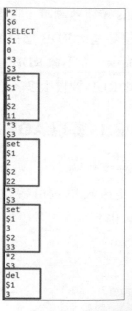

4）執行以下命令。

```
127.0.0.1:6379> set 1 11
OK
127.0.0.1:6379> set 2 22
OK
127.0.0.1:6379> set 3 33
OK
127.0.0.1:6379> del 3
(integer) 1
127.0.0.1:6379>
```

5）生成的檔案 appendonly.aof 內容如圖 14-8
所示。

圖 14-8 appendonly. aof 內容

最後出現了 del 命令，説明 del 命令也被記錄了。

這些內容是 Redis 能讀懂的命令，Redis 服務在啟動時讀取 AOF 檔案中的
命令進行資料還原。

2. 程式演示

```
public class Test3 {
    private static Pool pool = new Pool(new PoolConfig(), "192.168.1.110",
6379, 5000, "accp");

    public static void main(String[] args) {
         = null;
        try {
             = pool.getResource();
            .flushAll();
            .set("a", "aa");
            .set("b", "bb");
            .set("c", "cc");
            .del("c");
        } catch (Exception e) {
            e.printStackTrace();
        } finally {
            if ( != null) {
                .close();
            }
        }
    }
}
```

程式執行結果如圖 14-9 所示。

3. 存在遺失資料的可能性

向 AOF 檔案同步命令是對 AOF 檔案的寫入操作，現代作業系統為了提高寫入操作的效率，會將多次寫入操作最終轉化成一次寫入操作。原理就是將多次寫入的資料放入快取區中，達到某個寫入的條件時一次性將資料寫入硬碟中，提高程式執行效率，而選項 appendfsync 的作用就是設定向 AOF 檔案執行寫入命令的方式，Redis 提供 3 種方式。

- no：不主動進行同步操作，而是完全交由作業系統來做。比較快但不是很安全，會遺失最後一次寫入操作之後所有的寫入命令。

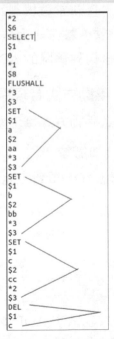

圖 14-9 AOF 檔案內容

- always：每次執行寫入命令都會同步到 AOF 檔案中。此種方式比較慢，但是比較安全，在生產環境下不建議使用。
- everysec：每秒執行一次同步操作。此種方式比較平衡，由於兼顧性能和安全，因此是預設選項，也是推薦使用的選項。它會遺失最後一秒未持久化的資料。

14.2.2 重新定義機制

前面的 AOF 檔案裡保存著大量操作 Redis 的命令，其中就包括 del 命令。其實在還原資料時只需要 set a aa 和 set b bb 命令，從還原資料效率上考慮，set c cc 和 del c 命令可以從 AOF 檔案中被刪除，那麼就有必要讓 Redis 服務重新啟動時讀取最精簡版的 AOF 檔案，沒有其他多餘的命令，也就是要把多餘的命令過濾刪除。這時就要創建最精簡版的 AOF 檔案，此過程在 Redis 中被稱為「AOF 檔案重新定義機制」。

重新定義機制可以將多個命令縮寫成一個，還可以對逾時的資料不再恢復。重新定義機制的原理是開啟新的處理程序，新的處理程序不讀取舊版的 AOF 檔案，而是直接把記憶體中的資料轉化成最新版的 AOF 檔案，完成後再對舊版的 AOF 檔案進行覆蓋，達到了 AOF 檔案內容的精簡。

1. 手動方式實現重新定義機制

測試手動方式實現重新定義機制。

（1）測試案例

實現 AOF 重新定義。

- 查看 AOF 檔案的內容，如圖 14-10 所示。
- 在終端中輸出以下命令。

```
127.0.0.1:7777> bgrewriteAOF
Background append only file rewriting started
127.0.0.1:7777>
```

- 成功實現 AOF 重新定義，AOF 檔案中的內容被精簡，沒有操作 key 為 c 的命令，精簡後的 AOF 檔案內容如圖 14-11 所示。

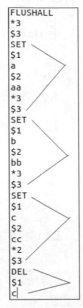

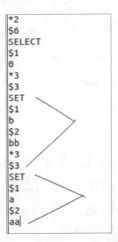

圖 14-10 AOF 檔案的內容　　　　　圖 14-11 精簡後的 AOF 檔案內容

（2）程式演示

```
public class Test4 {
    private static Pool pool = new Pool(new PoolConfig(), "192.168.1.110",
6379, 5000, "accp");

    public static void main(String[] args) {
        = null;
        try {
            = pool.getResource();
            .flushAll();
            .set("x", "xx");
            .set("y", "yy");
            .set("z", "zz");
            .del("z");
            .bgrewriteaof();
        } catch (Exception e) {
            e.printStackTrace();
        } finally {
            if ( != null) {
                .close();
            }
        }
    }
}
```

程式執行結果如圖 14-12 所示,沒有操作 key 為 z 的命令。

2. 自動方式實現重新定義機制

redis.conf 設定檔中的選項 auto-AOF-rewrite-min-size 的作用是設定重新定義的最小 AOF 檔案的大小,預設是 64MB。當 AOF 檔案大小大於 64MB 時,開始重新定義 AOF,目的是縮小 AOF 檔案的大小。

redis.conf 設 定 檔 中 的 選 項 auto-AOF-rewrite-percentage 100 的作用是設定檔案大小增大多少

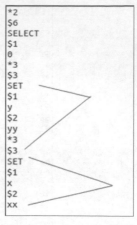

圖 14-12 程式執行結果

比例觸發重新定義。該選項表示當前 AOF 檔案的大小比最後一次執行 AOF 重新定義後增加了一倍(100%),則觸發重新定義。

14.2.3 小結

AOF 和 RDB 同時開啟,並且存在 AOF 檔案時,優先載入 AOF 檔案。

AOF 關閉或沒有 AOF 檔案時,載入 RDB 檔案。

AOF 是另一個資料持久化的方案。AOF 檔案會在操作過程中變得越來越大,因為有很多命令是無用的,如查詢命令,但 Redis 支援在不影響服務的前提下在後台重新定義 AOF 檔案,讓 AOF 檔案得以變小。

AOF 的優點是遺失的資料在理論上比 RDB 少,允許遺失最後 1s 內的資料。

AOF 的缺點如下。

- 由於 AOF 檔案儲存的是寫入命令,因此檔案大小較大。
- 由於 RDB 檔案儲存的是二進位的資料,因此恢復資料比 AOF 要快。AOF 恢復資料慢。

RDB 會 在 滿 足 某 個 save 設 定 條 件 時 自 動 持 久 化，而 AOF 是 根 據 appendfsync 設定進行自動持久化。

RDB 和 AOF 都有優缺點，可以將兩者結合使用，互相彌補。

14.3 使用 RDB 和 AOF 混合實現資料持久化

使用 RDB 和 AOF 混合實現資料持久化時，會在 AOF 檔案的開頭保存 RDB 格式的資料，然後保存 AOF 格式的命令。

1）更改 redis.conf 設定檔中的設定。

```
save 900 1
save 300 10
save 60 10000
appendonly yes
aof-use-rdb-preamble yes
```

2）重新啟動 Redis 服務。
3）執行以下命令。

```
127.0.0.1:6379> flushdb
OK
127.0.0.1:6379> set 1 11
OK
127.0.0.1:6379> set 2 22
OK
127.0.0.1:6379> set 3 33
OK
127.0.0.1:6379> bgrewriteaof
Background append only file rewriting started
127.0.0.1:6379> set 4 44
OK
127.0.0.1:6379> set 5 55
OK
127.0.0.1:6379>
```

執行以下命令。

```
127.0.0.1:6379> set 1 11
OK
127.0.0.1:6379> set 2 22
OK
```

```
127.0.0.1:6379> set 3 33
OK
```

以下命令以 AOF 格式保存資料，直到執行 bgrewriteaof 命令才將前面 AOF 格式的命令轉成 RDB 格式。後面的命令，繼續使用 AOF 格式保存 資料。

```
127.0.0.1:6379> set 4 44
OK
127.0.0.1:6379> set 5 55
OK
```

4）appendonly.aof 檔案內容如圖 14-13 所示。

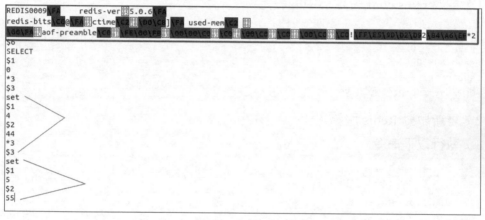

圖 14-13 appendonly.aof 檔案內容

使用 RDB 和 AOF 混合實現資料持久化的優勢是 RDB 格式的資料還原起 來速度很快，而 AOF 格式的命令可以允許遺失 1s 內的資料。

14.4 使用 shutdown 命令正確停止 Redis 服務

正確停止 Reids 服務要使用 shutdown 命令，該命令執行後將停止接收新 的請求，並且開始執行持久化操作，完成後銷毀 Redis 處理程序。

不要暴力地銷毀 Redis 處理程序，這樣做會遺失資料。

複製

注意：後文在設定 IP 位址相關的資訊時，即使不同的節點在同一台電腦中，也不要寫回路位址 127.0.0.1，一定要寫上具體的 IP 位址，如 192.168.1.112。

新版本的 Redis 已經將複製（Replication）架構的名稱由原來的主 - 從（Master-Slave），改為主 - 備份（Master-Replica），所以 Slave 和 Replica 在 Redis 中是一樣的。

Redis 可以對相同的資料創建多個備份，這些備份資料存放在其他伺服器中，這樣在資料恢復、負載平衡、讀寫分離等場景中非常有利。

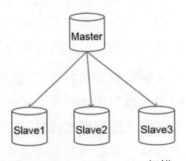

一個 Master 伺服器作為主節點可以有多個 Replica 伺服器作為備份節點，但每個備份節點只能有一個主節點，Master 架構類似於樹狀結構，如圖 15-1 所示。

圖 15-1 Master-Replica 架構

在一主多備份的架構中，預設情況下可以對 Master 伺服器執行讀寫操作，而對 Replica 伺服器執行查詢、讀取的操作，這就是經典的「讀寫分離」方案。Replica 伺服器越多，讀取的性能就越好，因為相同的資料分散在不同的 Replica 伺服器上，減輕了每台 Replica 伺服器讀取的壓力。

Master 伺服器對 Replica 伺服器進行資料傳輸時是非阻塞的，代表 Master 伺服器可以一邊傳輸資料給 Replica 伺服器，一邊執行用戶端發送過來的讀寫命令。Replica 伺服器在接收資料期間也是非阻塞的，可以一邊接收資料一邊執行其他用戶端發送過來讀取的請求。

預設情況下，Replica 伺服器只可以執行讀取操作，但可以對 Replica 伺服器開放寫入許可權。但建議不要這樣做，如果 Master 伺服器和 Replica 伺服器恰好有相同的 key，則 Master 伺服器的資料會把 Replica 伺服器中的資料覆蓋。如果對 key 的命名有好的規劃，那麼可以這樣做。

有些情況下必須對 Replica 伺服器開放寫入許可權，如在 Replica 伺服器中執行類似 ZINTERSTORE 統計命令時，建議對 key 設定 TTL，逾時後自動刪除。對 Replica 伺服器開放寫入許可權需要在 redis.conf 設定檔中使用設定 replica-read-only=no。

當對主節點和備份節點進行連結時，Redis 會將備份節點全部的資料進行清空，再對主節點執行寫入操作，主節點會將資料的改變同步到備份節點上。由於網路慢等原因，主節點和備份節點在某一時間會出現資料不一樣的情況。如果要求資料強一致性，用戶端可以直接讀取主節點，但在最後主節點和備份節點的資料會完全相同，實現最終一致性。

一主多備份架構的弊端比較明顯，就是主節點需要承擔更多的任務，如一個主節點在處理業務的同時還需要將資料發送給多個備份節點實現資料的複製，如果傳輸的資料量較大，很容易造成主節點發給備份節點資料時 CPU 佔用率過高，還會產生網路擁堵，造成主節點性能下降，所以可以對主節點採用「多級串聯」架構來疏散網路擁堵。所謂的多級串聯就是備份節點再連結一個 Replica 備份節點，如圖 15-2 所示。

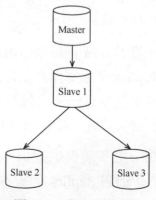

圖 15-2 多級串聯架構

備份節點 Slave1 連結了兩個備份節點 Slave2 和 Slave3，備份節點 Slave1 相當於備份節點 Slave2 和 Slave3 的主節點，備份節點 Slave2 和 Slave3 的資料由 Slave1 進行傳輸，Slave1 的資料由主節點進行傳輸，主節點只負責一個節點的資料傳輸，而非 3 個，所以多級串聯架構減小了主節點的任務量。根據業務需要，多級串聯架構還可以繼續串聯，如 Slave2 還可以連結子節點。

複製資料時是由主節點向備份節點進行複製，反之則不支持。針對主節點的任何操作都會同步到備份節點中。

■ 15.1 實現複製

有 3 種方式可以實現 Master-Replica 的資料複製。

- 在 redis.conf 設定檔中加入 replicaof {masterHost} {masterPort} 設定。
- 對 redis-server 命令傳入 --replicaof {masterHost} {masterPort} 參數。
- 在備份節點中使用 replicaof {masterHost} {masterPort}，此種方式的優勢是可以動態地創建複製連接。

參數 masterHost 是主節點的 IP 位址，參數 masterPort 是主節點的通訊埠編號。

當主節點和備份節點連接上時，主節點會把全部的資料傳輸到備份節點中。

15.1.1 在 redis.conf 設定檔中加入 replicaof {masterHost}{masterPort} 設定

測試在 redis.conf 設定檔中加入 replicaof {masterHost} {masterPort} 設定。

1. 測試案例

1）創建兩個 redis.conf 設定檔，檔案名稱分別為 redis_master.conf 和 redis_replica.conf。設定 Master 伺服器使用 7777 通訊埠，Replica 伺服器使用 8888 通訊埠。

編輯設定檔 redis_master.conf，更改通訊埠編號。

```
port 7777
bind 0.0.0.0
protected-mode no
requirepass accp
```

使用以下命令啟動 redis_master 服務。

```
redis-server redis_master.conf
```

2）編輯 redis_replica.conf 檔案，增加以下設定。

```
port 8888
bind 0.0.0.0
protected-mode no
replicaof 192.168.61.2 7777
masterauth accp
requirepass accp
```

設定 replicaof 192.168.61.2 7777 中的 IP 位址 192.168.61.2 是 Master 伺服器的 IP 位址，7777 是 Master 伺服器的通訊埠編號。

設定 masterauth accp 代表使用 accp 作為登入 Master 伺服器的密碼。Replica 伺服器啟動時會主動連接 Master 伺服器。

使用以下命令啟動 redis_replica 服務。

```
redis-server redis_replica.conf
```

3）Master 伺服器主控台輸出資訊如下。

```
Replica 192.168.61.2:8888 asks for synchronization
Full resync requested by replica 192.168.61.2:8888
Starting BGSAVE for SYNC with target: disk
Background saving started by pid 27137
DB saved on disk
RDB: 0 MB of memory used by copy-on-write
Background saving terminated with success
Synchronization with replica 192.168.61.2:8888 succeeded
```

主控台輸出的資訊說明 Master 伺服器收到了 Replica 伺服器的連接請求，並且實現了資料的同步傳輸。

Replica 伺服器主控台輸出資訊如下。

```
Connecting to MASTER 192.168.61.2:7777
MASTER <-> REPLICA sync started
Non blocking connect for SYNC fired the event.
Master replied to PING, replication can continue...
Partial resynchronization not possible (no cached master)
Full resync from master: c882e0fee08f90b733137141b915054754f074f5:0
MASTER <-> REPLICA sync: receiving 205 bytes from master
MASTER <-> REPLICA sync: Flushing old data
MASTER <-> REPLICA sync: Loading DB in memory
MASTER <-> REPLICA sync: Finished with success
```

主控台輸出的資訊說明 Replica 伺服器收到了 Master 伺服器同步的資料。

4）連接到 Master 伺服器，在終端輸入以下命令，對 Master 伺服器增加兩筆資料。

```
127.0.0.1:7777> flushdb
OK
127.0.0.1:7777> set 123 456
OK
127.0.0.1:7777> set abc xyz
OK
127.0.0.1:7777>
```

5）連接到 Replica 伺服器，在終端輸入以下命令查看資料。

```
127.0.0.1:8888> keys *
1) "abc"
2) "123"
127.0.0.1:8888>
```

Master 伺服器和 Replica 伺服器中的資料一模一樣，成功實現了 Master 伺服器和 Replica 伺服器的資料複製。

當對 Master 伺服器中的資料進行刪除時，執行以下命令。

```
127.0.0.1:7777> flushdb
OK
127.0.0.1:7777>
```

Replica 伺服器中的資料也一同被刪除了，結果如下。

```
127.0.0.1:8888> keys *
(empty list or set)
127.0.0.1:8888>
```

> **注意**：如果主節點沒有開啟資料持久化的功能，那麼當其因為某些原因需要重
> 新啟動或當機時，主節點中的資料會全部遺失。主節點重新啟動後會將備份節
> 點中的資料一同刪除，因為主節點沒有備份資料，重新啟動後記憶體中沒有任
> 何資料，所以主節點也要讓備份節點沒有任何資料，最終的結果就是資料在主
> 節點和備份節點中都沒有了，出現了資料遺失。建議使用 Master-Replica 架構
> 時在主節點處開啟資料持久化功能。

2. 程式演示

對 Master 伺服器執行寫入操作時，會將資料同步到 Replica 伺服器中，測
試程式如下。

```
public class Test1 {
    private static Pool pool = new Pool(new PoolConfig(), "192.168.61.2",
7777, 5000, "accp");

    public static void main(String[] args) {
         = null;
        try {
             = pool.getResource();
            .flushAll();
            .set("username1", "username11");
            .set("username2", "username22");
            .set("username3", "username33");
        } catch (Exception e) {
            e.printStackTrace();
        } finally {
            if ( != null) {
                .close();
            }
        }
    }
}
```

程式執行後資料庫內容（Master 伺服器和 Replica 伺服器中的資料）如圖
15-3 所示。

圖 15-3 資料庫內容

對 Replica 伺服器執行讀取操作實現讀寫分離，測試程式如下。

```
public class Test2 {
    private static Pool pool = new Pool(new PoolConfig(), "192.168.61.2",
8888, 5000, "accp");

    public static void main(String[] args) {
         = null;
        try {
             = pool.getResource();
            System.out.println(.get("username1"));
            System.out.println(.get("username2"));
            System.out.println(.get("username3"));
        } catch (Exception e) {
            e.printStackTrace();
        } finally {
            if ( != null) {
                .close();
            }
        }
    }
}
```

程式執行後主控台輸出結果如下。

```
username11
username22
username33
```

15.1.2 對 redis-server 命令傳入 -- replicaof {masterHost} {masterPort} 參數

1）編輯設定檔 redis_master.conf，更改通訊埠編號。

```
port 7777
bind 0.0.0.0
protected-mode no
requirepass accp
```

使用以下命令啟動 redis_master 服務。

```
redis-server redis_master.conf
```

2）編輯 redis_replica.conf 檔案，增加以下設定。

```
port 8888
```

```
bind 0.0.0.0
protected-mode no
requirepass accp
```

使用以下命令啟動 redis_replica 服務。

```
redis-server redis_replica.conf --replicaof 192.168.61.2 7777 --masterauth accp
```

3）如果沒有其他問題，在 Master 伺服器和 Replica 伺服器的主控台將中輸出成功同步的資訊。

4）連接到 Master 伺服器，在終端輸入以下命令對 Master 伺服器增加兩筆資料。

```
127.0.0.1:7777> flushdb
OK
127.0.0.1:7777> set 123 456
OK
127.0.0.1:7777> set abc xyz
OK
127.0.0.1:7777>
```

5）連接到 Replica 伺服器，在終端輸入以下命令查看資料。

```
127.0.0.1:8888> keys *
1) "abc"
2) "123"
127.0.0.1:8888>
```

Master 和 Replica 伺服器中的資料一模一樣，成功實現 Master-Replica 複製。

15.1.3　在備份節點中使用命令 replicaof {masterHost} {masterPort}

在備份節點中使用以下命令。

```
replicaof {masterHost} {masterPort}
```

以上命令可以動態地指定主節點，此種方式的優點是可以方便地切換主節點。該命令具有非同步特性，命令執行後在後台進行資料的傳輸。

1）編輯設定檔 redis_master.conf，更改通訊埠編號。

```
port 7777
```

```
bind 0.0.0.0
protected-mode no
requirepass accp
```

使用以下命令啟動 redis_master 服務。

```
redis-server redis_master.conf
```

2）編輯 redis_replica.conf 檔案，增加以下設定。

```
port 8888
bind 0.0.0.0
protected-mode no
requirepass accp
```

使用以下命令啟動 redis_replica 服務。

```
redis-server redis_replica.conf
```

3）在 Replica 伺服器的終端輸入以下命令連接到 Master 伺服器，實現 Master-Replica 連結。

```
127.0.0.1:8888> config set masterauth accp
OK
127.0.0.1:8888> replicaof 192.168.61.2 7777
OK
127.0.0.1:8888>
```

以上兩個命令執行完畢後，如果沒有其他問題，則會在 Master 伺服器和 Replica 伺服器的主控台中輸出成功同步的資訊。

4）在 Master 伺服器輸入以下命令增加資料。

```
127.0.0.1:7777> set x xx
OK
127.0.0.1:7777> set y yy
OK
127.0.0.1:7777>
```

5）在 Replica 伺服器輸入以下命令顯示複製的資料。

```
127.0.0.1:8888> keys *
1) "y"
2) "x"
127.0.0.1:8888>
```

成功實現 Master-Replica 複製的效果。

15.1.4 使用 role 命令獲得伺服器角色資訊

在 Master 伺服器終端中輸入以下命令並顯示執行結果。

```
127.0.0.1:7777> role
1) "master" //代表當前節點是Master伺服器
2) (integer) 84 //複製資料的偏移量
3) 1) 1) "192.168.61.2" //Replica伺服器的IP位址
      2) "8888" // Replica伺服器的通訊埠編號
      3) "84" //複製資料的偏移量
127.0.0.1:7777>
```

複製資料的偏移量代表 Master 伺服器在 Replica 伺服器發送的資料數量，發送多少個位元組的資料，自身的偏移量就會增加多少。

當 Replica 伺服器複製資料的偏移量和 Master 伺服器一致時，說明兩台伺服器中的資料是一致的。

在 Replica 伺服器終端中輸入以下命令並顯示執行結果。

```
127.0.0.1:8888> role
1) "slave" //代表當前節點是Replica伺服器
2) "192.168.61.2" //Master伺服器的IP位址
3) (integer) 7777 //Master伺服器的通訊埠編號
4) "connected" //Master伺服器和Replica伺服器已經是連接的狀態
5) (integer) 238 //複製資料的偏移量
127.0.0.1:8888>
```

為了提高執行的效率，可以設定 Master 伺服器為不持久化，而把持久化的任務交給 Replica 伺服器，這樣能大幅提高 Master 伺服器的執行效率。

15.2 取消複製

取消複製就是將 Replica 伺服器和 Master 伺服器斷開 Master-Replica 連結。

取消複製的方式是在 Repica 伺服器使用以下命令。

```
replicaof no one
```

1）在 Master 伺服器中點增加資料，命令如下。

```
127.0.0.1:7777> flushdb
OK
127.0.0.1:7777> set a aa
OK
127.0.0.1:7777> set b bb
OK
127.0.0.1:7777> set c cc
OK
127.0.0.1:7777>
```

2）在 Replica 伺服器中可以發現複製過來的資料。

```
127.0.0.1:8888> keys *
1) "b"
2) "a"
3) "c"
127.0.0.1:8888>
```

3）在 Replica 伺服器中輸入以下命令，取消 Master-Replica 連結。

```
127.0.0.1:8888> replicaof no one
OK
127.0.0.1:8888>
```

4）在 Master 伺服器中增加資料，命令如下。

```
127.0.0.1:7777> set d dd
OK
127.0.0.1:7777> set e ee
OK
127.0.0.1:7777>
```

5）在 Replica 伺服器中獲取資料。

```
127.0.0.1:8888> keys *
1) "b"
2) "a"
3) "c"
127.0.0.1:8888>
```

Replica 伺服器取消複製後資料被保留，不再獲取 Master 伺服器上的資料變化。

至此，取消複製成功實現。

15.3 手動操作實現容錯移轉

當 Master 伺服器發生故障時，需要手動對其中一台 Replica 伺服器使用命令 replicaof no one 將這個 Replica 伺服器與 Master 伺服器斷開連結，目的是將此 Replica 伺服器提升為 Master 伺服器，其他的 Replica 伺服器需要手動執行命令 replicaof ip port 指向這個新的 Master 伺服器，建立新的連結後開始同步資料。

Master-Replica 複製架構的特點如下。

- 一個 Master 伺服器可以有多個 Replica 伺服器。
- Replica 伺服器下線，讀取請求的處理性能下降，因為 Master 伺服器要同時處理讀取和寫入請求。
- Master 伺服器下線，寫入請求無法執行。
- 在 Master-Replica 複製架構下，Master 伺服器 A 當機，Replica 伺服器 B 還是 Replca 伺服器，Master 伺服器 A 恢復執行時期，Master-Replica 複製架構被恢復，又開始工作了。
- 當 Replica 伺服器 B 當機後，重新啟動 Replica 伺服器 B 時不使用任何的 replicaof 設定會將 Replica 伺服器 B 變成另外一個獨立的 Master 伺服器 C，這時可以在 Master 伺服器 C 中使用 replicaof 命令設定 Master 伺服器，將 Master 伺服器 C 重新變成 Replica 伺服器。
- Master-Replica 複製架構出現故障時需要手動操作，比較煩瑣，也不利於執行穩定性，不保證能高可用性，但可以使用 Redis 提供的檢查點功能在出現故障時自動化處理。

哨兵

如果有 3 台電腦 A、B 和 C,在 Master-Replica 架構下,A 是 Master 節點,B 和 C 分別是 Slave1 和 Slave2 節點,Master-Replica 架構如圖 16-1 所示。

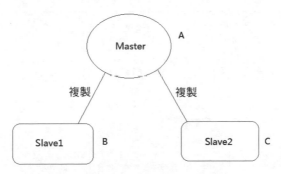

圖 16-1 Master-Replica 架構

如果 Master 節點 A 由於故障不能提供服務,則需要下面 4 個步驟進行處理。

■ 在 Slave1 節點 B 處手動輸入 replicaof no one 命令將 Slave1 節點 B 與 Master 節點 A 斷開,目的是把 Slave1 節點 B 作為新的主節點。

■ 更改 Java 程式,使用新的主節點 B 的 IP 位址。

■ 在 Slave2 節點 C 處手動輸入命令 replicaof no one 將 Slave2 節點 C 與 Master 節點 A 斷開,並且執行命令 replicaof ip port 將 C 的主節點改成 B。

■ 重新啟動 A 電腦後還要使用命令 replicaof ip port 將 A 的主節點改成 B。

這一系列的手動操作大大減弱了軟體的高可用性，極大地增加了運行維護成本，這種情況可以使用 Redis 提供的檢查點（Sentinel）以自動化的方式來解決，檢查點是 Redis 實現高可用性的方案之一。

將不可用的伺服器替換成可用的伺服器，這種機制被稱為容錯移轉。Redis 中的檢查點可以實現自動容錯移轉。

檢查點是 Redis 官方提供的保障高可用性的方案，它使用心跳檢測的方法來監控多個 Redis 實例的執行情況。當主節點出現故障時，檢查點能自動完成故障發現和容錯移轉，這些步驟都是自動化的，不需要手動處理，真正實現了高可用性。檢查點的系統架構如圖 16-2 所示。

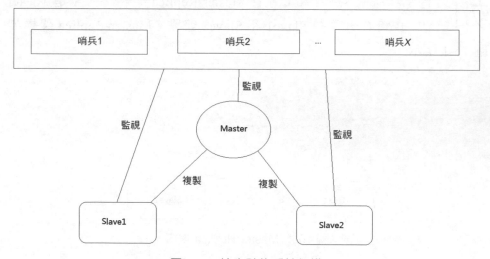

圖 16-2　檢查點的系統架構

每個檢查點伺服器（以下簡稱檢查點）一同監視 Master 節點、Slave1 和 Slave2 節點，檢查點之間也互相監視。

如圖 16-2 所示，許多個檢查點一直在監控一個主節點和兩個備份節點，檢查點在一起「協商投票」後，確認主節點因為網路等原因出現了故障，並選舉一個備份節點作為新的主節點，這個過程都是檢查點自動化處理的，不需要人為進行干預。

選舉演算法分為以下 3 步。

- 優先順序最高的 Replica 伺服器獲勝。優先順序使用 replica-priority 選
  項進行設定,預設值是 100,值越小優先順序越高。
- 如果有兩個 Replica 伺服器的 replica-priority 值一樣,則複製資料的偏
  移量最大的 Replica 伺服器獲勝。
- 如果複製資料的偏移量一致,則 Redis 服務啟動時被分配了一個最小執
  行 ID 的 Replica 伺服器獲勝。

建議將檢查點安裝到不同的物理電腦上,這樣如果有一個檢查點出現了故
障,至少還有其他的檢查點在工作,另外使用多個檢查點還可以防止誤判。

檢查點具有以下幾個功能。

- 監視:檢查點會監視 Master 伺服器和 Replica 伺服器以及其他的檢查
  點是否可達。
- 通知:檢查點會將容錯移轉的結果通知給 Java 用戶端。
- 容錯移轉:實現 Replica 伺服器升級為 Master 伺服器,並且維護後續
  的 Master-Replica 連結。
- 入口提供者:Java 用戶端連接的是檢查點,透過檢查點來存取 Master
  伺服器。
- 不提供資料保存:檢查點只負責監視,不提供資料保存的服務。

想要實現容錯移轉,至少要有 3 個檢查點。

16.1 架設檢查點環境

本節架設檢查點環境。

16.1.1 創建設定檔

創建 6 個設定檔,分別是一個 Master 伺服器、兩個 Replica 伺服器和 3 個
檢查點,如圖 16-3 所示。

圖 16-3 設定檔

16.1.2 架設 Master 伺服器環境

編輯 Master 伺服器的設定檔 RedisMaster.conf。

```
bind 0.0.0.0
protected-mode no
port 7777
requirepass accp
masterauth accp
```

對 Master 伺服器增加設定 masterauth accp 的作用是當 Master 伺服器當機重新啟動後變成 Replica 伺服器時，需要連接到新的 Master 伺服器，所以要設定登入密碼。

使用以下命令啟動 Master 伺服器伺服器。

```
redis-server RedisMaster.conf
```

16.1.3 架設 Replica 伺服器環境

編輯 Replica1 的設定檔 RedisReplica1.conf。

```
port 8888
bind 0.0.0.0
protected-mode no
replicaof 192.168.56.11 7777
masterauth accp
requirepass accp
```

使用以下命令啟動 Replica1 伺服器。

```
redis-server RedisReplica1.conf
```

編輯 Replica2 的設定檔 RedisReplica2.conf。

```
port 9999
bind 0.0.0.0
protected-mode no
replicaof 192.168.56.11 7777
masterauth accp
requirepass accp
```

使用以下命令啟動 Rcplica2 伺服器。

```
redis-server RedisReplica2.conf
```

創建了 3 個 Redis 實例、一個 Master 伺服器和兩個 Replica 伺服器。

16.1.4 使用 info replication 命令查看 Master-Replica 執行狀態

在 Master 伺服器中查看複製的狀態資訊。

```
ghy@ghy-VirtualBox:~$ redis-cli -p 7777 -a accp
Warning: Using a password with '-a' or '-u' option on the command line
interface may not be safe.
127.0.0.1:7777> info replication
# Replication
role:master
connected_slaves:2
slave0:ip=192.168.56.11,port=8888,state=online,offset=266,lag=0
slave1:ip=192.168.56.11,port=9999,state=online,offset=252,lag=1
master_replid:f7f336d41e329f7af1669217d40b9a43f19d2eb8
master_replid2:0000000000000000000000000000000000000000
master_repl_offset:266
second_repl_offset:-1
repl_backlog_active:1
repl_backlog_size:1048576
repl_backlog_first_byte_offset:1
repl_backlog_histlen:266
127.0.0.1:7777>
```

有兩個 Replica 伺服器，通訊埠編號分別是 8888 和 9999。

在 Replica1 伺服器查看複製的狀態資訊。

```
ghy@ghy-VirtualBox:~$ redis-cli -p 8888 -a accp
Warning: Using a password with '-a' or '-u' option on the command line
interface may not be safe.
127.0.0.1:8888> info replication
# Replication
role:slave
master_host:192.168.56.11
master_port:7777
master_link_status:up
master_last_io_seconds_ago:1
master_sync_in_progress:0
slave_repl_offset:336
slave_priority:100
slave_read_only:1
connected_slaves:0
master_replid:f7f336d41e329f7af1669217d40b9a43f19d2eb8
master_replid2:0000000000000000000000000000000000000000
master_repl_offset:336
second_repl_offset:-1
repl_backlog_active:1
repl_backlog_size:1048576
repl_backlog_first_byte_offset:1
repl_backlog_histlen:336
127.0.0.1:8888>
```

在 Replica2 伺服器查看複製的狀態資訊。

```
ghy@ghy-VirtualBox:~$ redis-cli -p 9999 -a accp
Warning: Using a password with '-a' or '-u' option on the command line
interface may not be safe.
127.0.0.1:9999> info replication
# Replication
role:slave
master_host:192.168.56.11
master_port:7777
master_link_status:up
master_last_io_seconds_ago:0
master_sync_in_progress:0
slave_repl_offset:392
slave_priority:100
slave_read_only:1
connected_slaves:0
master_replid:f7f336d41e329f7af1669217d40b9a43f19d2eb8
master_replid2:0000000000000000000000000000000000000000
```

```
master_repl_offset:392
second_repl_offset:-1
repl_backlog_active:1
repl_backlog_size:1048576
repl_backlog_first_byte_offset:1
repl_backlog_histlen:392
127.0.0.1:9999>
```

Replica 伺服器正確連結 Master 伺服器。

16.1.5 架設檢查點環境

可以使用兩種方式啟動檢查點。

■ redis-sentinel sentinel.conf。
■ redis-server sentinel.conf --sentinel，參數 --sentinel 代表啟動的 Redis 服務是具有監視功能的檢查點，不是普通的 Redis 服務。

系統中只有一個檢查點可能會出現單點故障，唯一的檢查點出現故障後不能進行故障發現和容錯移轉，造成整體的 Master-Replica 環境故障，所以本節創建 3 個檢查點。

在 Redis 官網下載的 Redis.zip 資料夾中有 sentinel.conf 設定檔，該設定檔就是設定檢查點的模板檔案。

檢查點 1 的設定檔 RedisSentinel1.conf 的核心內容如下。

```
bind 0.0.0.0
protected-mode no
port 26381
daemonize no
pidfile /var/run/redis-sentinel_1.pid
sentinel monitor mymaster 192.168.56.11 7777 2
sentinel auth-pass mymaster accp
sentinel down-after-milliseconds mymaster 30000
sentinel parallel-syncs mymaster 1
sentinel failover-timeout mymaster 180000
```

檢查點 2 的設定檔 RedisSentinel2.conf 的核心內容如下。

```
bind 0.0.0.0
protected-mode no
```

```
port 26382
daemonize no
pidfile /var/run/redis-sentinel_2.pid
sentinel monitor mymaster 192.168.56.11 7777 2
sentinel auth-pass mymaster accp
sentinel down-after-milliseconds mymaster 30000
sentinel parallel-syncs mymaster 1
sentinel failover-timeout mymaster 180000
```

檢查點 3 的設定檔 RedisSentinel3.conf 的核心內容如下。

```
bind 0.0.0.0
protected-mode no
port 26383
daemonize no
pidfile /var/run/redis-sentinel_3.pid
sentinel monitor mymaster 192.168.56.11 7777 2
sentinel auth-pass mymaster accp
sentinel down-after-milliseconds mymaster 30000
sentinel parallel-syncs mymaster 1
sentinel failover-timeout mymaster 180000
```

可以把上面的設定程式複製到 RedisSentinel.conf 設定檔的最後，再把原來 RedisSentinel.conf 設定檔中相同的屬性註釋起來，防止設定重複。

16.1.6 設定的解釋

檢查點設定程式如下。

```
bind 0.0.0.0
protected-mode no
port 26381
daemonize no
pidfile /var/run/redis-sentinel_1.pid
sentinel monitor mymaster 192.168.56.11 7777 2
sentinel auth-pass mymaster accp
sentinel down-after-milliseconds mymaster 30000
sentinel parallel-syncs mymaster 1
sentinel failover-timeout mymaster 180000
```

本節就來解釋這些設定的作用。

- bind 0.0.0.0：設定 bind 的作用是允許哪些 IP 位址存取檢查點。值 0.0.0.0 的作用是允許所有 IP 位址存取檢查點。

- protected-mode no：選項 protected-mode 的作用是加強 Redis 伺服器的安全性，禁止公網存取 Redis 伺服器。如果將選項 protected-mode 設定為 yes，並且沒有綁定任何 IP 位址，也沒有對 Redis 伺服器設定密碼，則 Redis 伺服器只接受 IPv4 和 IPv6 回路位址 127.0.0.1 和 :1 的用戶端連接。

在設定 Redis 的檢查點叢集時，如果出現檢查點之間不能通訊、不能進行 Master 伺服器下線的判斷，以及 failover 容錯移轉等情況，則可參考的解決辦法是在 sentinel.conf 設定檔中將 protected-mode 設定為 no，問題可能得到解決。

- port 26381：設定檢查點使用的通訊埠編號。
- daemonize no：是否開啟守護處理程序模式。值為 yes 則 Redis 伺服器在後台執行，關閉終端後 Redis 伺服器依然在後台執行。
- pidfile /var/run/redis-sentinel_1.pid：設定 PID 檔案。
- sentinel monitor mymaster 192.168.56.11 7777 2：mymaster 表示 IP 位址為 192.168.56.11，通訊埠 7777 為受檢查點監控的 Master 伺服器的別名，參數 2 代表至少要有個檢查點來確認 Master 伺服器連接不上時才會做下一步的執行計畫。以上程式對 quorum 參數設定值 2，檢查點之間具體能不能達成協商還和檢查點的數量有關，至少要有 max(quorum,num(sentinels)/2+1) 個檢查點參與投票選舉，然後推舉檢查點領導者，由檢查點領導者完成容錯移轉。所謂容錯移轉就是將 Replica 伺服器提升為 Master 伺服器。檢查點的數量要以 3 為起始數，並且總數為奇數，少數服從多數。
- sentinel auth-pass mymaster accp：連接別名 mymaster 的 Master 伺服器的密碼。
- sentinel down-after-milliseconds mymaster 30000：對 mymaster 定期發送 ping 命令，如果超過 30 000ms 沒有回應，則判定 mymaster 發生故障，不可達。
- sentinel parallel-syncs mymaster 1：當檢查點選列出新的 Master 伺服器

後，其他的 Replica 伺服器要在新的 Master 伺服器發起複製操作，當很多個 Replica 伺服器發起複製操作時，可能會影響新的 Master 伺服器的執行效率並增加網路環境的開支，這時可以設定值為 1，代表同時只有一個 Replica 伺服器在執行複製操作。

- sentinel failover-timeout mymaster 180000：設定容錯移轉的最大時間為 180 000ms，如果轉移失敗，則下一次嘗試轉移的時間是上一次時間的 2 倍。

16.1.7 創建檢查點容器

使用以下命令啟動檢查點 1。

```
redis-sentinel RedisSentinel1.conf
```

使用以下命令啟動檢查點 2。

```
redis-sentinel RedisSentinel2.conf
```

使用以下命令啟動檢查點 3。

```
redis-sentinel RedisSentinel3.conf
```

如果這 6 個 Redis 實例架設的檢查點環境正確，則顯示記錄檔核心內容如下。

```
+monitor master mymaster 192.168.56.11 7777 quorum 2

+slave slave 192.168.56.11:8888 192.168.56.11 8888 @ mymaster 192.168.56.11 7777
+slave slave 192.168.56.11:9999 192.168.56.11 9999 @ mymaster 192.168.56.11 7777

+sentinel sentinel 6fd1181665d4a76165428ff6f3b1d1c88cfc0cba 192.168.56.11
26382 @ mymaster 192.168.56.11 7777
+sentinel sentinel 431c4433efc4fca364df54e7ccd1a2db6d9160eb 192.168.56.11
26381 @ mymaster 192.168.56.11 7777
```

在檢查點的記錄檔中主要有 3 點提示。

- 發現一個 Master 伺服器。
- 發現兩個 Replica 伺服器。
- 發現其他兩個檢查點。

16.1.8 使用 info sentinel 命令查看檢查點執行狀態

使用以下命令。查看檢查點 1 的執行狀態。

```
info sentinel
```

範例如下。

```
ghy@ghy-VirtualBox:~$ redis-cli -p 26381
127.0.0.1:26381> info sentinel
# Sentinel
sentinel_masters:1
sentinel_tilt:0
sentinel_running_scripts:0
sentinel_scripts_queue_length:0
sentinel_simulate_failure_flags:0
master0:name=mymaster,status=ok,address=192.168.56.11:7777,slaves=2,sentinels=3
127.0.0.1:26381>
```

從返回的資訊來看，Replica 伺服器有兩個，而檢查點數量為 3 個。檢查點監視 Master 伺服器時，就會自動獲取 Master 伺服器的 Replica 伺服器列表，並且對這些 Replica 伺服器進行監視。Master 伺服器的 name 參數為 mymaster。

16.1.9 使用 sentinel reset mymaster 命令重置檢查點環境

如果執行以下命令後顯示出來的資訊不正確。

```
info sentinel
```

則可以使用以下命令對檢查點環境進行重置。

```
sentinel reset mymaster
```

16.2 監視多個 Master 伺服器

前面的檢查點只監視一個 Master 伺服器，檢查點還可以監視多個 Master 伺服器，監視多個 Master 伺服器的架構如圖 16-4 所示。

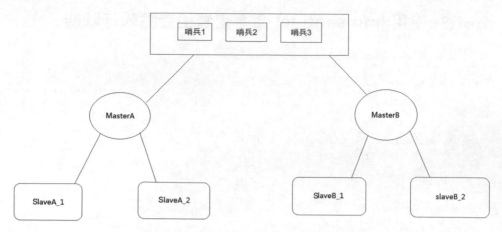

圖 16-4 監視多個 Master 伺服器的架構

在檢查點設定檔中設定多個 masterName 即可監視多個 Master 伺服器,程式如下。

```
bind 0.0.0.0
protected-mode no
port 26381
daemonize no
pidfile /var/run/redis-sentinel_1.pid

sentinel monitor mymasterA 192.168.1.1 7777 2
sentinel auth-pass mymasterA accp
sentinel down-after-milliseconds mymasterA 30000
sentinel parallel-syncs mymasterA 1
sentinel failover-timeout mymasterA 180000

sentinel monitor mymasterB 192.168.1.2 7777 2
sentinel auth-pass mymasterB accp
sentinel down-after-milliseconds mymasterB 30000
sentinel parallel-syncs mymasterB 1
sentinel failover-timeout mymasterB 180000
```

由於測試環境架設在兩台物理伺服器中,因此兩台 Master 伺服器的 IP 位址不一樣,但通訊埠編號一樣。

16.3 檢查點常用命令

測試檢查點常用命令。

1. sentinel masters 命令

   sentinel masters 命令的作用是顯示所有主節點的資訊。

2. sentinel master <master name> 命令

   sentinel master <master name> 命令的作用是顯示指定別名的主節點資訊。

3. sentinel slaves <master name> 命令

   sentinel slaves <master name> 命令的作用是顯示指定別名主節點下的所有備份節點相關資訊。

4. sentinel sentinels <master name> 命令

   sentinel sentinels <master name> 命令的作用是顯示指定別名主節點的檢查點節點集合，不包括當前的檢查點節點。

5. sentinel get-master-addr-by-name <master name> 命令

   sentinel get-master-addr-by-name <master name> 命令的作用是顯示指定別名主節點的 IP 位址和通訊埠編號。

6. sentinel reset <pattern> 命令

   sentinel reset <pattern> 命令的作用是對連結當前檢查點的主節點的設定和環境進行重置，包括清除主節點的相關資訊，重新發現備份節點和檢查點節點。

7. sentinel ckquorum <master name> 命令

   sentinel ckquorum <master name> 命令的作用是檢查當前可達的檢查點節點總數是否達到 quorum。如果 quorum 值是 3，而當前可達的檢查點節點個數為 2，那麼將無法進行容錯移轉。

16.4 實現容錯移轉

在檢查點 1 終端輸入以下命令。

```
127.0.0.1:26381> sentinel masters
1)  1) "name"
    2) "mymaster"
    3) "ip"
    4) "192.168.56.11"
    5) "port"
    6) "7777"
    7) "runid"
    8) "1ac1c2f0bbf4e7ca54babfbdcb2afd7e5921d00b"
    9) "flags"
   10) "master"
   11) "link-pending-commands"
   12) "0"
   13) "link-refcount"
   14) "1"
   15) "last-ping-sent"
   16) "0"
   17) "last-ok-ping-reply"
   18) "597"
   19) "last-ping-reply"
   20) "597"
   21) "down-after-milliseconds"
   22) "30000"
   23) "info-refresh"
   24) "8544"
   25) "role-reported"
   26) "master"
   27) "role-reported-time"
   28) "380140"
   29) "config-epoch"
   30) "0"
   31) "num-slaves"
   32) "2"
   33) "num-other-sentinels"
   34) "2"
   35) "quorum"
   36) "2"
   37) "failover-timeout"
   38) "180000"
   39) "parallel-syncs"
   40) "1"
127.0.0.1:26381>
```

當前檢查點環境下只有一個 Master 伺服器，名稱為 mymaster，mymaster 有兩個 Replica 伺服器，mymaster 的 IP 位址是 192.168.56.11，通訊埠編號是 7777。

對通訊埠編號為 7777 的 Master 伺服器使用 shutdown 命令停止服務。

再到檢查點 1 終端輸入命令 sentinel masters，查看誰是新的 Master 伺服器。

```
127.0.0.1:26381> sentinel masters
1)  1) "name"
    2) "mymaster"
    3) "ip"
    4) "192.168.56.11"
    5) "port"
    6) "8888"
    7) "runid"
    8) "4739073db2fc7c9853edd93e69325bb0ec2d149a"
    9) "flags"
   10) "master"
   11) "link-pending-commands"
   12) "0"
   13) "link-refcount"
   14) "1"
   15) "last-ping-sent"
   16) "0"
   17) "last-ok-ping-reply"
   18) "202"
   19) "last-ping-reply"
   20) "202"
   21) "down-after-milliseconds"
   22) "30000"
   23) "info-refresh"
   24) "2239"
   25) "role-reported"
   26) "master"
   27) "role-reported-time"
   28) "2688"
   29) "config-epoch"
   30) "1"
   31) "num-slaves"
   32) "2"
   33) "num-other-sentinels"
   34) "2"
   35) "quorum"
```

```
36) "2"
37) "failover-timeout"
38) "180000"
39) "parallel-syncs"
40) "1"
127.0.0.1:26381>
```

現在新的主節點已經轉移到通訊埠編號為 8888 的 Master 伺服器上。

通訊埠 9999 也將通訊埠編號為 8888 的 Master 伺服器作為新的主節點，測試案例如下。

```
127.0.0.1:9999> info replication
# Replication
role:slave
master_host:192.168.56.11
master_port:8888
master_link_status:up
master_last_io_seconds_ago:0
master_sync_in_progress:0
slave_repl_offset:109113
slave_priority:100
slave_read_only:1
connected_slaves:0
master_replid:cc0b5c87b24daa1242a83a9502f2d8f220e3c350
master_replid2:f7f336d41e329f7af1669217d40b9a43f19d2eb8
master_repl_offset:109113
second_repl_offset:89507
repl_backlog_active:1
repl_backlog_size:1048576
repl_backlog_first_byte_offset:1
repl_backlog_histlen:109113
127.0.0.1:9999>
```

如果再將通訊埠編號為 7777 的 Master 伺服器重新啟動，則通訊埠 7777 的 Master 伺服器自動變成通訊埠編號為 8888 的 Replica 伺服器，測試案例如下。

```
127.0.0.1:7777> info replication
# Replication
role:slave
master_host:192.168.56.11
master_port:8888
```

```
master_link_status:up
master_last_io_seconds_ago:1
master_sync_in_progress:0
slave_repl_offset:135812
slave_priority:100
slave_read_only:1
connected_slaves:0
master_replid:cc0b5c87b24daa1242a83a9502f2d8f220e3c350
master_replid2:0000000000000000000000000000000000000000
master_repl_offset:135812
second_repl_offset:-1
repl_backlog_active:1
repl_backlog_size:1048576
repl_backlog_first_byte_offset:128839
repl_backlog_histlen:6974
127.0.0.1:7777>
```

16.5 強制實現容錯移轉

在檢查點節點下使用命令 sentinel failover <master name> 可以強制實現容錯移轉。

先查看 Master 節點的資訊,具體如下。

```
127.0.0.1:26381> sentinel masters
1)  1) "name"
    2) "mymaster"
    3) "ip"
    4) "192.168.56.11"
    5) "port"
    6) "8888"
    7) "runid"
    8) "4739073db2fc7c9853edd93e69325bb0ec2d149a"
    9) "flags"
   10) "master"
   11) "link-pending-commands"
   12) "0"
   13) "link-refcount"
   14) "1"
   15) "last-ping-sent"
   16) "0"
   17) "last-ok-ping-reply"
```

```
    18) "695"
    19) "last-ping-reply"
    20) "695"
    21) "down-after-milliseconds"
    22) "30000"
    23) "info-refresh"
    24) "3353"
    25) "role-reported"
    26) "master"
    27) "role-reported-time"
    28) "274718"
    29) "config-epoch"
    30) "1"
    31) "num-slaves"
    32) "2"
    33) "num-other-sentinels"
    34) "2"
    35) "quorum"
    36) "2"
    37) "failover-timeout"
    38) "180000"
    39) "parallel-syncs"
    40) "1"
127.0.0.1:26381>
```

其中階口號為 8888 的 Master 伺服器依然是 Master 節點。

查看檢查點的資訊，具體如下。

```
127.0.0.1:26381> info sentinel
# Sentinel
sentinel_masters:1
sentinel_tilt:0
sentinel_running_scripts:0
sentinel_scripts_queue_length:0
sentinel_simulate_failure_flags:0
master0:name=mymaster,status=ok,address=192.168.56.11:8888,slaves=2,sentinels=3
127.0.0.1:26381>
```

Master 節點還是通訊埠編號為 8888 的 Master 伺服器。

輸入命令強制實現容錯移轉，如下。

```
127.0.0.1:26381> sentinel failover mymaster
OK
127.0.0.1:26381> info sentinel
# Sentinel
```

```
sentinel_masters:1
sentinel_tilt:0
sentinel_running_scripts:0
sentinel_scripts_queue_length:0
sentinel_simulate_failure_flags:0
master0:name=mymaster,status=ok,address=192.168.56.11:9999,slaves=2,sentinels=3
127.0.0.1:26381>
```

Master 節點由原來的通訊埠編號為 8888 的 Master 伺服器轉換成通訊埠編號為 9999 的 Master 伺服器了。

16.6 案例

連接檢查點間接對 Master 伺服器操作，進而影響 Replica 伺服器中的資料。

創建寫入操作的執行類別程式如下。

```java
public class Test1 {
    private static SentinelPool pool = null;
    static {
        Set sentinelSet = new HashSet();
        sentinelSet.add("192.168.56.11:26381");
        sentinelSet.add("192.168.56.11:26382");
        sentinelSet.add("192.168.56.11:26383");
        pool = new SentinelPool("mymaster", sentinelSet, new PoolConfig(),
5000, "accp");
    }

    public static void main(String[] args) {
         = null;
        try {
             = pool.getResource();
            .flushAll();
            .set("a", "aa");
            .set("b", "bb");
            .set("c", "cc");
        } catch (Exception e) {
            e.printStackTrace();
        } finally {
            if ( != null) {
                .close();
```

```
            }
        }
    }
}
```

創建讀取操作的執行類別程式如下。

```
public class Test2 {
    private static SentinelPool pool = null;
    static {
        Set sentinelSet = new HashSet();
        sentinelSet.add("192.168.56.11:26381");
        sentinelSet.add("192.168.56.11:26382");
        sentinelSet.add("192.168.56.11:26383");
        pool = new SentinelPool("mymaster", sentinelSet, new PoolConfig(),
5000, "accp");
    }

    public static void main(String[] args) {
         = null;
        try {
             = pool.getResource();
            System.out.println(.get("a"));
            System.out.println(.get("b"));
            System.out.println(.get("c"));
        } catch (Exception e) {
            e.printStackTrace();
        } finally {
            if ( != null) {
                .close();
            }
        }
    }
}
```

程式執行結果如下。

```
aa
bb
cc
```

叢集

Redis 叢集（Cluster）分為以下兩種。

- 高可用叢集：使用 Redis 的檢查點和 Master-Replica 架構實現，一個 Master 節點可以有多個 Replica 節點，每個 Redis 實例中的資料保持一致，如圖 17-1 所示。

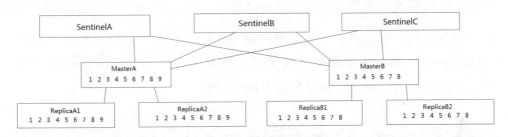

圖 17-1　一個 Master 節點可以有多個 Replica 節點

- 分散式叢集：使用 Redis Cluster 實現，同時有多個 Master 節點，資料被分片儲存在各個 Master 節點節點中，平衡各個 Master 節點的壓力，另外每個 Master 節點可以擁有多個 Replica 節點。如果使用 Redis Cluster 儲存 1 ～ 13 個數字，則儲存結構如圖 17-2 所示。

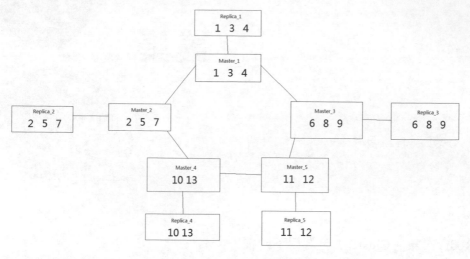

圖 17-2 儲存結構

Redis 叢集是 Redis 分散式儲存的解決方案，在 3.0 版本被推出，解決了前面版本只能以單機模式執行的缺點。Redis 叢集可以有效解決單機記憶體不夠、併發量大、流量大等系統執行的瓶頸。

叢集是為了將大量資料分散在不同的電腦中進行儲存，每台電腦分別儲存一部分資料，每台電腦參與處理請求，將高併發、高流量的場景進行分散，多台電腦的記憶體支援量會比單機的更大。

17.1 使用虛擬槽實現資料分片

Redis 叢集中的資料採用虛擬槽（Slot）技術來對資料進行分片，實現分佈儲存，Redis 中一共有 16384 個虛擬槽（0 ～ 16383，以下簡稱槽）。每個虛擬槽（簡稱槽）代表叢集內資料管理和遷移的基本單位。

如存在 5 台執行 Redis 實例的伺服器，每一台伺服器都擁有一個槽集合，則存在 5 個集合，而 Redis 一共有 16384 個槽，所以按業務的需要將這 16384 個槽隨選分配給 5 台伺服器，這樣每台伺服器就可以儲存指定槽範圍的資料了，槽集合與伺服器對應關係如圖 17-3 所示。

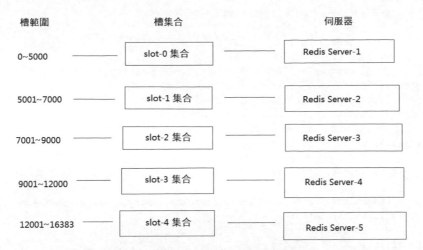

圖 17-3 槽集合與伺服器對應關係

那麼資料如何規劃到指定的槽中進行儲存呢?使用以下程式即可。

```java
package test;

public class Test1 {
    public static int calcCRC16(byte[] pArray, int length) {
        int wCRC = 0xFFFF;
        int CRC_Count = length;
        int i;
        int num = 0;
        while (CRC_Count > 0) {
            CRC_Count--;
            wCRC = wCRC ^ (0xFF & pArray[num++]);
            for (i = 0; i < 8; i++) {
                if ((wCRC & 0x0001) == 1) {
                    wCRC = wCRC >> 1 ^ 0xA001;
                } else {
                    wCRC = wCRC >> 1;
                }
            }
        }
        return wCRC;
    }

    public static void main(String[] args) {
        // 0~16383
        String username1 = "我是中國人";
        String username2 = "我是法國人";
        String username3 = "我是英國人";
```

```
        String username4 = "我是美國人";

        System.out.println(calcCRC16(username1.getBytes(), username1.
getBytes().length) & 16383);
        System.out.println(calcCRC16(username2.getBytes(), username2.
getBytes().length) & 16383);
        System.out.println(calcCRC16(username3.getBytes(), username3.
getBytes().length) & 16383);
        System.out.println(calcCRC16(username4.getBytes(), username4.
getBytes().length) & 16383);

        System.out.println();

        System.out.println(calcCRC16(username1.getBytes(), username1.
getBytes().length) % 16384);
        System.out.println(calcCRC16(username2.getBytes(), username2.
getBytes().length) % 16384);
        System.out.println(calcCRC16(username3.getBytes(), username3.
getBytes().length) % 16384);
        System.out.println(calcCRC16(username4.getBytes(), username4.
getBytes().length) % 16384);

    }

}
```

程式執行結果如下。

```
5739
11715
2131
4264

5739
11715
2131
4264
```

其實就是算出一個數除以 16384 的餘數，該餘數就是槽的值，根據槽的值就可以判斷出 key 和 value 要儲存到哪台伺服器中了，實現了資料分散式儲存。

在資料傳輸過程中，無論傳輸系統的設計多麼完善，差錯總會存在，這種差錯可能會導致在網路上傳輸的一個或者多個資料幀被破壞（出現位元差錯，如 0 變為 1，或 1 變為 0），從而接收方接收到錯誤的資料。為了儘量提高接收方接收資料的正確率，在接收方接收資料之前需要對資料進行差錯檢測，當且僅當檢測的結果為正確時接收方才真正接收資料。檢測的方式有多種，常見的有同位、網際網路校正碼循環容錯驗證等。

17.2 自動架設本地 Redis 叢集環境

架設 Redis 叢集環境和架設 Master-Replica 或檢查點環境一樣，需要準備大量設定檔。但有些時候我們只是想在測試環境中快速把 Redis 叢集環境架設起來以進行使用與測試，如果還需要創建大量設定檔則會影響測試的效率，Redis 提供了 create-cluster 命令來實現這樣的需求，該命令在 redis/utils/create-cluster 路徑中，執行以下命令。

```
./create-cluster
```

有 7 個參數，如圖 17-4 所示。

```
ghy@ghy-VirtualBox:~/下載/redis-5.0.6/utils/create-cluster$ ./create-cluster
Usage: ./create-cluster [start|create|stop|watch|tail|clean]
start        -- Launch Redis Cluster instances.
create       -- Create a cluster using redis-cli --cluster create.
stop         -- Stop Redis Cluster instances.
watch        -- Show CLUSTER NODES output (first 30 lines) of first node.
tail <id>    -- Run tail -f of instance at base port + ID.
clean        -- Remove all instances data, logs, configs.
clean-logs   -- Remove just instances logs.
ghy@ghy-VirtualBox:~/下載/redis-5.0.6/utils/create-cluster$
```

圖 17-4 有 7 個參數

參數作用如下。

- create-cluster start：啟動 Redis 叢集實例。
- create-cluster create：創建 Redis 叢集。
- create-cluster stop：停止 Redis 叢集實例。
- create-cluster watch：顯示第一個伺服器的輸出（前 30 行）。
- create-cluster tail 1：查看記錄檔資訊（1 代表第一個伺服器）。
- create-cluster clean：刪除所有實例資料、記錄檔和設定檔。
- create-cluster clean-logs：只刪除實例記錄檔。

17.2.1 使用 create-cluster start 命令啟動 Redis 叢集實例

執行以下命令。

```
ghy@ghy-VirtualBox:~/下載/redis-5.0.6/utils/create-cluster$ ./create-cluster
start
Starting 30001
Starting 30002
Starting 30003
Starting 30004
Starting 30005
Starting 30006
ghy@ghy-VirtualBox:~/下載/redis-5.0.6/utils/create-cluster$ ps -ef|grep redis
ghy 8601  2248  0 23:35 ?     00:00:00 ../../src/redis-server *:30001 [cluster]
ghy 8606  2248  0 23:35 ?     00:00:00 ../../src/redis-server *:30002 [cluster]
ghy 8611  2248  0 23:35 ?     00:00:00 ../../src/redis-server *:30003 [cluster]
ghy 8615  2248  0 23:35 ?     00:00:00 ../../src/redis-server *:30004 [cluster]
ghy 8621  2248  0 23:35 ?     00:00:00 ../../src/redis-server *:30005 [cluster]
ghy 8623  2248  0 23:35 ?     00:00:00 ../../src/redis-server *:30006 [cluster]
ghy 8631  4146  0 23:35 pts/1  00:00:00 grep --color=auto redis
ghy@ghy-VirtualBox:~/下載/redis-5.0.6/utils/create-cluster$
```

該命令啟動了 6 個伺服器，通訊埠編號為 30001 ～ 30006。

17.2.2 使用 create-cluster stop 命令停止 Redis 叢集實例

執行以下命令。

```
ghy@ghy-VirtualBox:~/下載/redis-5.0.6/utils/create-cluster$ ./create-cluster stop
Stopping 30001
Stopping 30002
Stopping 30003
Stopping 30004
Stopping 30005
Stopping 30006
ghy@ghy-VirtualBox:~/下載/redis-5.0.6/utils/create-cluster$ ps -ef|grep redis
ghy    8642  4146  0 23:36 pts/1    00:00:00 grep --color=auto redis
ghy@ghy-VirtualBox:~/下載/redis-5.0.6/utils/create-cluster$
```

啟動的 6 個伺服器被停止了。

17.2.3 使用 create-cluster create 命令創建 Redis 叢集

分別執行以下命令。

```
create-cluster start
create-cluster create
```

執行效果如下。

```
ghy@ghy-VirtualBox:~/下載/redis-5.0.6/utils/create-cluster$ ./create-cluster start
Starting 30001
Starting 30002
Starting 30003
Starting 30004
Starting 30005
Starting 30006
ghy@ghy-VirtualBox:~/下載/redis-5.0.6/utils/create-cluster$ ./create-cluster create
>>> Performing hash slots allocation on 6 nodes...
Master[0] -> Slots 0 - 5460
Master[1] -> Slots 5461 - 10922
Master[2] -> Slots 10923 - 16383
Adding replica 127.0.0.1:30005 to 127.0.0.1:30001
Adding replica 127.0.0.1:30006 to 127.0.0.1:30002
Adding replica 127.0.0.1:30004 to 127.0.0.1:30003
>>> Trying to optimize slaves allocation for anti-affinity
[WARNING] Some slaves are in the same host as their master
M: 92a8e3869dade8eff47e73d54c9fe01f83582181 127.0.0.1:30001
   slots:[0-5460] (5461 slots) master
M: c32a1625ca6565cc97285f1c95c0935028989012 127.0.0.1:30002
   slots:[5461-10922] (5462 slots) master
M: b0a4579e8a6f75c0137fe4b4a9d8214d102d9671 127.0.0.1:30003
   slots:[10923-16383] (5461 slots) master
S: fcd6e830091a180b1c1434c24ec2269fc2cbb263 127.0.0.1:30004
   replicates 92a8e3869dade8eff47e73d54c9fe01f83582181
S: 4e678d29fb2af8dab4201028cb333b26a1790c28 127.0.0.1:30005
   replicates c32a1625ca6565cc97285f1c95c0935028989012
S: 7b4f7057e5597be62a7649eb59de473dc6ec32ff 127.0.0.1:30006
   replicates b0a4579e8a6f75c0137fe4b4a9d8214d102d9671
Can I set the above configuration? (type 'yes' to accept): yes
>>> Nodes configuration updated
>>> Assign a different config epoch to each node
>>> Sending CLUSTER MEET messages to join the cluster
Waiting for the cluster to join
..
```

```
>>> Performing Cluster Check (using node 127.0.0.1:30001)
M: 92a8e3869dade8eff47e73d54c9fe01f83582181 127.0.0.1:30001
   slots:[0-5460] (5461 slots) master
   1 additional replica(s)
S: 7b4f7057e5597be62a7649eb59de473dc6ec32ff 127.0.0.1:30006
   slots: (0 slots) slave
   replicates b0a4579e8a6f75c0137fe4b4a9d8214d102d9671
S: 4e678d29fb2af8dab4201028cb333b26a1790c28 127.0.0.1:30005
   slots: (0 slots) slave
   replicates c32a1625ca6565cc97285f1c95c0935028989012
M: c32a1625ca6565cc97285f1c95c0935028989012 127.0.0.1:30002
   slots:[5461-10922] (5462 slots) master
   1 additional replica(s)
M: b0a4579e8a6f75c0137fe4b4a9d8214d102d9671 127.0.0.1:30003
   slots:[10923-16383] (5461 slots) master
   1 additional replica(s)
S: fcd6e830091a180b1c1434c24ec2269fc2cbb263 127.0.0.1:30004
   slots: (0 slots) slave
   replicates 92a8e3869dade8eff47e73d54c9fe01f83582181
[OK] All nodes agree about slots configuration.
>>> Check for open slots...
>>> Check slots coverage...
[OK] All 16384 slots covered.
ghy@ghy-VirtualBox:~/下載/redis-5.0.6/utils/create-cluster$
```

記錄檔輸出資訊如下。

```
Master[0] -> Slots 0 - 5460
Master[1] -> Slots 5461 - 10922
Master[2] -> Slots 10923 - 16383
Adding replica 127.0.0.1:30005 to 127.0.0.1:30001
Adding replica 127.0.0.1:30006 to 127.0.0.1:30002
Adding replica 127.0.0.1:30004 to 127.0.0.1:30003
```

記錄檔輸出資訊提示創建出了 3 個 Master 伺服器、3 個 Replica 伺服器，為 3 個 Master 伺服器分配了不同的槽範圍。

出現確認設定的資訊。

```
Can I set the above configuration? (type 'yes' to accept): yes
```

如果以上的設定沒有問題，則輸入 yes 確認 Redis 叢集設定。

至此快速架設本地 Redis 叢集環境結束。

17.2.4 使用 create-cluster watch 命令顯示第一個伺服器 的前 30 行輸出資訊

執行以下命令。

```
create-cluster watch
```

輸出資訊如下。

```
7b4f7057e5597be62a7649eb59de473dc6ec32ff 127.0.0.1:30006@40006 slave b0a4579e
8a6f75c0137fe4b4a9d8214d102d9671 0 1573919061000 6 connected
4e678d29fb2af8dab4201028cb333b26a1790c28 127.0.0.1:30005@40005 slave c32a1625c
a6565cc97285f1c95c0935028989012 0 1573919061314 5 connected
c32a1625ca6565cc97285f1c95c0935028989012 127.0.0.1:30002@40002 master - 0
1573919061000 2 connected 5461-10922
b0a4579e8a6f75c0137fe4b4a9d8214d102d9671 127.0.0.1:30003@40003 master - 0
1573919061214 3 connected 10923-16383
fcd6e830091a180b1c1434c24ec2269fc2cbb263 127.0.0.1:30004@40004 slave 92a8e3869
dade8eff47e73d54c9fe01f83582181 0 1573919061013 4 connected
92a8e3869dade8eff47e73d54c9fe01f83582181 127.0.0.1:30001@40001 myself,master -
0 1573919061000 1 connected 0-5460
```

17.2.5 使用 create-cluster tail 命令查看指定伺服器的記 錄檔資訊

執行以下命令。

```
create-cluster tail 1
create-cluster tail 4
```

分別查看 Master 伺服器和 Replica 伺服器的記錄檔資訊，輸出資訊如下。

```
ghy@ghy-VirtualBox:~/下載/redis-5.0.6/utils/create-cluster$ ./create-cluster tail 1
8647:M 16 Nov 2019 23:37:24.590 # IP address for this node updated to 127.0.0.1
8647:M 16 Nov 2019 23:37:26.556 # Cluster state changed: ok
8647:M 16 Nov 2019 23:37:27.679 * Replica 127.0.0.1:30004 asks for synchronization
8647:M 16 Nov 2019 23:37:27.679 * Partial resynchronization not accepted:
Replication ID mismatch (Replica asked for '8bbbca94482a5dc7413f823fdcba459690
8ca6f4', my replication IDs are '62b5c707d6666089add17f63fae42fdf40ccd05b' and
'0000000000000000000000000000000000000000')
8647:M 16 Nov 2019 23:37:27.679 * Starting BGSAVE for SYNC with target: disk
8647:M 16 Nov 2019 23:37:27.680 * Background saving started by pid 8695
8695:C 16 Nov 2019 23:37:27.683 * DB saved on disk
```

```
8695:C 16 Nov 2019 23:37:27.684 * RDB: 0 MB of memory used by copy-on-write
8647:M 16 Nov 2019 23:37:27.778 * Background saving terminated with success
8647:M 16 Nov 2019 23:37:27.778 * Synchronization with replica 127.0.0.1:30004
succeeded
^C
ghy@ghy-VirtualBox:~/下載/redis-5.0.6/utils/create-cluster$ ./create-cluster tail 4
8659:S 16 Nov 2019 23:37:27.780 * MASTER <-> REPLICA sync: Finished with success
8659:S 16 Nov 2019 23:37:27.780 * Background append only file rewriting
started by pid 8699
8659:S 16 Nov 2019 23:37:27.810 * AOF rewrite child asks to stop sending diffs.
8699:C 16 Nov 2019 23:37:27.810 * Parent agreed to stop sending diffs.
Finalizing AOF...
8699:C 16 Nov 2019 23:37:27.810 * Concatenating 0.00 MB of AOF diff received
from parent.
8699:C 16 Nov 2019 23:37:27.811 * SYNC append only file rewrite performed
8699:C 16 Nov 2019 23:37:27.811 * AOF rewrite: 0 MB of memory used by copy-on-
write
8659:S 16 Nov 2019 23:37:27.879 * Background AOF rewrite terminated with success
8659:S 16 Nov 2019 23:37:27.879 * Residual parent diff successfully flushed to
the rewritten AOF (0.00 MB)
8659:S 16 Nov 2019 23:37:27.879 * Background AOF rewrite finished successfully
```

17.2.6 在 Redis 叢集中增加與取得資料

使用 redis-cli 命令連接 Redis 叢集時要使用 -c 參數，代表連接的是 Redis
叢集環境，而非 Redis 單機。

輸入以下命令。

```
ghy@ghy-VirtualBox:~$ redis-cli -c -p 30001
127.0.0.1:30001> set a aa
-> Redirected to slot [15495] located at 127.0.0.1:30003
OK
127.0.0.1:30003> set b bb
-> Redirected to slot [3300] located at 127.0.0.1:30001
OK
127.0.0.1:30001> set c cc
-> Redirected to slot [7365] located at 127.0.0.1:30002
OK
127.0.0.1:30002> set d dd
-> Redirected to slot [11298] located at 127.0.0.1:30003
OK
127.0.0.1:30003> set e ee
OK
```

```
127.0.0.1:30003> get a
"aa"
127.0.0.1:30003> get b
-> Redirected to slot [3300] located at 127.0.0.1:30001
"bb"
127.0.0.1:30001> get c
-> Redirected to slot [7365] located at 127.0.0.1:30002
"cc"
127.0.0.1:30002> get d
-> Redirected to slot [11298] located at 127.0.0.1:30003
"dd"
127.0.0.1:30003> get e
"ee"
127.0.0.1:30003>
```

成功在 Redis 叢集中增加與取得資料。

17.2.7 使用 create-cluster clean 命令刪除所有實例資料、記錄檔和設定檔

在通訊埠編號為 30001 的伺服器上執行 save 命令,如下。

```
127.0.0.1:30001> save
OK
127.0.0.1:30001>
```

創建了 LOG 和 RDB 檔案,如圖 17-5 所示。

執行以下命令。

```
create-cluster clean
效果如下:
ghy@ghy-VirtualBox:~/下載/redis-5.0.6/utils/create-cluster$ ./create-cluster clean
ghy@ghy-VirtualBox:~/下載/redis-5.0.6/utils/create-cluster$
```

LOG 和 RDB 檔案被刪除,如圖 17-6 所示。

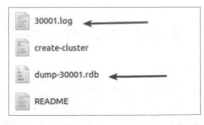

圖 17-5 創建了 LOG 和 RDB 檔案

圖 17-6 LOG 和 RDB 檔案被刪除

17.2.8 使用 create-cluster clean-logs 命令只刪除實例 記錄檔

在通訊埠編號為 30001 的伺服器上執行 save 命令,如下。

```
127.0.0.1:30001> save
OK
127.0.0.1:30001>
```

創建了 LOG 和 RDB 檔案,如圖 17-7 所示。

再執行以下命令。

```
create-cluster clean-logs
```

效果如下。

```
ghy@ghy-VirtualBox:~/下載/redis-5.0.6/utils/create-cluster$ ./create-cluster
clean-logs
ghy@ghy-VirtualBox:~/下載/redis-5.0.6/utils/create-cluster$
```

LOG 檔案被刪除,如圖 17-8 所示。

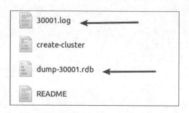

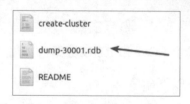

圖 17-7 創建了 LOG 和 RDB 檔案　　　圖 17-8 LOG 檔案被刪除

快速創建出 Redis 叢集環境就可以在此環境中測試與之有關的技術了。

17.3 重新導向操作

當向 Redis 叢集使用 set 命令時,使用了重新導向(Redirected)操作。

```
ghy@ghy-VirtualBox:~$ redis-cli -c -p 30001
127.0.0.1:30001> set a aa
-> Redirected to slot [15495] located at 127.0.0.1:30003
OK
127.0.0.1:30003>
```

Redis 算出 a 要存放進值為 15495 的槽中,而 15495 槽所在的伺服器是通訊埠編號為 30003 的伺服器,然後 Redis 自動切換到通訊埠編號為 30003 的伺服器,並且將 "a aa" 保存到通訊埠編號為 30003 的伺服器中,這就是重新導向。

終端最終顯示如下。

```
127.0.0.1:30003>
```

說明從通訊埠編號為 30001 的伺服器重新導向到通訊埠編號為 30003 的伺服器。

get 命令也可以執行重新導向操作,如下。

```
127.0.0.1:30003> get b
-> Redirected to slot [3300] located at 127.0.0.1:30001
"bb"
127.0.0.1:30001>
```

17.4 使用 readonly 和 readwrite 命令啟用和禁用 Replica 伺服器讀取

在 Redis 叢集環境中,預設情況下 Replica 伺服器不讀取。

使用 keys * 命令查看通訊埠 30001 的 Master1 伺服器內容。

```
127.0.0.1:30001> keys *
1) "b"
127.0.0.1:30001>
```

再查看 Master1 伺服器對應的 Replica1 伺服器中的內容。

```
127.0.0.1:30004> keys *
1) "b"
127.0.0.1:30004>
```

在通訊埠編號為 30004 的伺服器中執行以下命令。

```
127.0.0.1:30004> get b
-> Redirected to slot [3300] located at 127.0.0.1:30001
```

```
"bb"
127.0.0.1:30001>
```

通訊埠編號為 30004 的伺服器透過重新導向操作讓通訊埠編號為 30001 的伺服器提供 b 對應的值 bb。

通訊埠編號為 30004 的伺服器自身就有 b 的資料,但還是要從 Master 伺服器獲取,浪費了網路資源,降低了程式執行效率,可以啟用 Replica 伺服器讀取來解決這一問題。

在通訊埠編號為 30004 的伺服器中執行以下命令。

```
127.0.0.1:30004> readonly
OK
127.0.0.1:30004> get b
"bb"
127.0.0.1:30004>
```

直接將 b 從自身返回,並沒有執行重新導向操作,提高了程式執行效率,實現了在 Redis 叢集環境下的讀寫分離。如果通訊埠編號為 30004 的伺服器中沒有 b,則會執行重新導向操作。

如果要禁用 Replica 伺服器讀取的功能,可以使用以下命令。

```
127.0.0.1:30004> readwrite
OK
127.0.0.1:30004> get b
-> Redirected to slot [3300] located at 127.0.0.1:30001
"bb"
127.0.0.1:30001>
```

由於 Replica 伺服器不讀取,因此執行了重新導向操作。

17.5 手動架設分散式 Redis 叢集環境

前面介紹的自動架設 Redis 叢集環境是在本地進行架設的,只有一台伺服器,實現不了高可用性。真實的生產環境肯定有多台伺服器,並且還需要由人工來指定哪台伺服器是 Master 伺服器,哪台伺服器是 Replica 伺服器,這時就需要手動架設分散式 Redis 叢集環境了。

本節實現手動架設分散式 Redis 叢集環境，分為 3 個步驟。

- 準備伺服器。
- 伺服器驗證。
- 分配槽。

17.5.1 準備設定檔並啟動各伺服器

在 cluster 資料夾中創建 6 個設定檔，如圖 17-9 所示。

圖 17-9 創建 6 個設定檔

每個設定檔中的核心內容如下。

```
port 7771
bind 0.0.0.0
protected-mode no
requirepass "accp"
masterauth "accp"
daemonize yes

dir /home/ghy/T/cluster
dbfilename dump-7771.rdb
logfile log-7771.txt

cluster-enabled yes
cluster-config-file nodes-7771.conf
cluster-node-timeout 15000
```

每個 Master 使用的通訊埠編號都不一樣，還要根據通訊埠編號更改對應的檔案名稱。

> **注意**：設定選項 dir /home/ghy/T/cluster 中的路徑必須要真實存在。

設定 cluster-enabled yes 的作用是讓 Redis 執行在叢集模式下，而非單機 Redis 實例。

設定 cluster-config-file nodes-7771.conf 的作用是指定 Redis 叢集所使用的設定檔名。可以不設定，Redis 會根據自己的命名規則自動創建設定檔。當出現增加伺服器、刪除伺服器、容錯移轉或伺服器下線等情況時，

Redis 會把當前的狀態儲存到該設定檔中，防止重新啟動時狀態遺失。

設定 cluster-node-timeout 15000 的作用是設定 Master 伺服器當機被發現的時間，也是 Master 伺服器當機後 Replica 伺服器頂替上來需要的時間。

在每個設定檔中都需要更改通訊埠編號 port 的值，6 個伺服器所使用的通訊埠編號分別是 7771、7772、7773、7774、7775 及 7776。

使用以下命令分別啟動 6 個伺服器。

```
ghy@ghy-VirtualBox:~/T/cluster$ redis-server redis-7771.conf
ghy@ghy-VirtualBox:~/T/cluster$ redis-server redis-7772.conf
ghy@ghy-VirtualBox:~/T/cluster$ redis-server redis-7773.conf
ghy@ghy-VirtualBox:~/T/cluster$ redis-server redis-7774.conf
ghy@ghy-VirtualBox:~/T/cluster$ redis-server redis-7775.conf
ghy@ghy-VirtualBox:~/T/cluster$ redis-server redis-7776.conf
ghy@ghy-VirtualBox:~/T/cluster$
```

使用 ps 命令查看處理程序資訊，如下。

```
ghy@ghy-VirtualBox:~/T/cluster$ ps -ef|grep redis
ghy 14089  2248  0 19:52 ?        00:00:00 redis-server 0.0.0.0:7771 [cluster]
ghy 14095  2248  0 19:52 ?        00:00:00 redis-server 0.0.0.0:7772 [cluster]
ghy 14100  2248  0 19:52 ?        00:00:00 redis-server 0.0.0.0:7773 [cluster]
ghy 14106  2248  0 19:52 ?        00:00:00 redis-server 0.0.0.0:7774 [cluster]
ghy 14112  2248  0 19:52 ?        00:00:00 redis-server 0.0.0.0:7775 [cluster]
ghy 14118  2248  0 19:52 ?        00:00:00 redis-server 0.0.0.0:7776 [cluster]
ghy 14127 13994  0 19:53 pts/0 00:00:00 grep --color=auto redis
ghy@ghy-VirtualBox:~/T/cluster$
```

啟動了 6 個伺服器，但 Redis 叢集的狀態是顯示不成功的。

```
ghy@ghy-VirtualBox:~$ redis-cli -c -p 7771 -a accp
Warning: Using a password with '-a' or '-u' option on the command line
interface may not be safe.
127.0.0.1:7771> cluster info
cluster_state:fail
cluster_slots_assigned:0
cluster_slots_ok:0
cluster_slots_pfail:0
cluster_slots_fail:0
cluster_known_nodes:1
cluster_size:0
```

```
cluster_current_epoch:0
cluster_my_epoch:0
cluster_stats_messages_sent:0
cluster_stats_messages_received:0
127.0.0.1:7771>
```

輸出以下資訊。

```
cluster_known_nodes:1
```

值為 1，說明只辨識了自己。啟動的這 6 個伺服器並不能感知對方的存
在，需要實現伺服器間的驗證。

17.5.2 使用 cluster meet 命令實現伺服器間驗證

Redis 中實現伺服器間驗證使用 Gossip 協定。Gossip 協定感知對方存在的
過程由種子節點發起，種子節點會隨機地將資訊更新到周圍幾個伺服器，
收到訊息的伺服器也會重複該過程，直到最終網路中所有的伺服器都收到
了訊息。這個過程可能需要一定的時間，由於不能保證某個時刻所有伺服
器都收到訊息，但是理論上最終所有伺服器都會收到訊息，因此它是一個
最終一致性協定。

使用 cluster meet 命令實現伺服器間驗證，命令如下。

```
127.0.0.1:7771> cluster meet 192.168.56.11 7772
OK
127.0.0.1:7771> cluster meet 192.168.56.11 7773
OK
127.0.0.1:7771> cluster meet 192.168.56.11 7774
OK
127.0.0.1:7771> cluster meet 192.168.56.11 7775
OK
127.0.0.1:7771> cluster meet 192.168.56.11 7776
OK
127.0.0.1:7771>
```

在任意的伺服器下使用 cluster meet 命令進行驗證後會透過訊息在各點間
的通訊，使每個節點都知道彼此的存在。

再次查看伺服器的狀態。

```
127.0.0.1:7771> cluster info
cluster_state:fail
cluster_slots_assigned:0
cluster_slots_ok:0
cluster_slots_pfail:0
cluster_slots_fail:0
cluster_known_nodes:6
cluster_size:0
cluster_current_epoch:5
cluster_my_epoch:1
cluster_stats_messages_ping_sent:84
cluster_stats_messages_pong_sent:97
cluster_stats_messages_meet_sent:5
cluster_stats_messages_sent:186
cluster_stats_messages_ping_received:97
cluster_stats_messages_pong_received:89
cluster_stats_messages_received:186
127.0.0.1:7771>
```

輸出以下資訊。

```
cluster_known_nodes:6
```

成功辨識了 6 個伺服器。

cluster meet 命令具有叢集合併性,如有兩個獨立的叢集,如圖 17-10 所示。

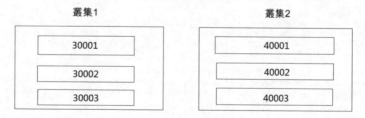

圖 17-10 有兩個獨立的叢集

在通訊埠編號為 30001 的伺服器執行以下命令。

```
127.0.0.1:30001> cluster meet 192.168.56.11 40001
OK
```

兩個獨立的叢集最終會合併成一個叢集,叢集內有 6 台伺服器,如圖 17-11 所示。

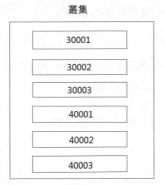

圖 17-11　叢集被合併

17.5.3　使用 cluster nodes 命令查看 Redis 叢集中的伺服器資訊

使用 cluster nodes 命令查看 Redis 叢集中的伺服器資訊如下。

```
127.0.0.1:7771> cluster nodes
dab4edfe2691e40181f5304723bb80458afc833e 192.168.56.11:7775@17775 master - 0
1573991914404 0 connected
995ade0ef45e0a2eab59c55eae40b166bfc0dfe0 192.168.56.11:7772@17772 master - 0
1573991912000 2 connected
94fe8c9d4b8bbf81e1400500cd2fb90f253f1eeb 192.168.56.11:7771@17771 myself,
master - 0 1573991912000 1 connected
4f1a4f22a595011f4371f75194e48739640eda32 192.168.56.11:7776@17776 master - 0
1573991913388 3 connected
ae976211fc83bd7732de04c6e98395be8b6ef5e8 192.168.56.11:7773@17773 master - 0
1573991912383 4 connected
3c100c5838850e5ecff12496fe4a00e35b10e378 192.168.56.11:7774@17774 master - 0
1573991912000 5 connected
127.0.0.1:7771>
```

從輸出資訊來看，所有的節點預設都是 Master 伺服器。

雖然驗證是成功的，但並不能儲存資料，範例如下。

```
127.0.0.1:7771> set a aa
(error) CLUSTERDOWN Hash slot not served
127.0.0.1:7771>
```

提示並沒有對 Redis 叢集中的伺服器分配槽，不能實現資料的儲存。

17.5.4 使用 cluster addslots 命令分配槽

開啟 6 個伺服器，現在要把 16 384 個槽分配給通訊埠為號 7771、7772 和 7773 的伺服器，這 3 個伺服器是 Master 伺服器，通訊埠編號為 7774、7775 和 7776 的服務是 Replica 伺服器。

使用以下命令對 3 個 Master 伺服器分配槽。

```
ghy@ghy-VirtualBox:~/T/cluster$ redis-cli -h 192.168.56.11 -p 7771 -a accp
cluster addslots {0..5000}
Warning: Using a password with '-a' or '-u' option on the command line
interface may not be safe.
OK
ghy@ghy-VirtualBox:~/T/cluster$ redis-cli -h 192.168.56.11 -p 7772 -a accp
cluster addslots {5001..10000}
Warning: Using a password with '-a' or '-u' option on the command line
interface may not be safe.
OK
ghy@ghy-VirtualBox:~/T/cluster$ redis-cli -h 192.168.56.11 -p 7773 -a accp
cluster addslots {10001..16383}
Warning: Using a password with '-a' or '-u' option on the command line
interface may not be safe.
OK
ghy@ghy-VirtualBox:~/T/cluster$
```

參數 cluster addslots 對當前伺服器分配槽。

查看 Redis 叢集狀態。

```
127.0.0.1:7771> cluster info
cluster_state:ok
cluster_slots_assigned:16384
cluster_slots_ok:16384
cluster_slots_pfail:0
cluster_slots_fail:0
cluster_known_nodes:6
cluster_size:3
cluster_current_epoch:5
cluster_my_epoch:1
cluster_stats_messages_ping_sent:1305
cluster_stats_messages_pong_sent:1314
cluster_stats_messages_meet_sent:5
```

```
cluster_stats_messages_sent:2624
cluster_stats_messages_ping_received:1314
cluster_stats_messages_pong_received:1310
cluster_stats_messages_received:2624
127.0.0.1:7771>
```

查看 Redis 叢集伺服器資訊。

```
127.0.0.1:7771> cluster nodes
dab4edfe2691e40181f5304723bb80458afc833e 192.168.56.11:7775@17775 master - 0
1573993127000 0 connected
995ade0ef45e0a2eab59c55eae40b166bfc0dfe0 192.168.56.11:7772@17772 master - 0
1573993125000 2 connected 5001-10000
94fe8c9d4b8bbf81e1400500cd2fb90f253f1eeb 192.168.56.11:7771@17771 myself,
master - 0 1573993124000 1 connected 0-5000
4f1a4f22a595011f4371f75194e48739640eda32 192.168.56.11:7776@17776 master - 0
1573993126961 3 connected
ae976211fc83bd7732de04c6e98395be8b6ef5e8 192.168.56.11:7773@17773 master - 0
1573993126000 4 connected 10001-16383
3c100c5838850e5ecff12496fe4a00e35b10e378 192.168.56.11:7774@17774 master - 0
1573993127987 5 connected
127.0.0.1:7771>
```

17.5.5 使用 cluster reset 命令重置伺服器狀態

如果在分配槽時出現以下異常。

```
(error) ERR Slot XXXXX is already busy
```

則使用命令 cluster reset 進行伺服器狀態重置。

```
ghy@ghy-VirtualBox:~/T/cluster$ redis-cli -h 192.168.56.11 -p 7771 -a accp
cluster reset
Warning: Using a password with '-a' or '-u' option on the command line
interface may not be safe.
OK
ghy@ghy-VirtualBox:~/T/cluster$
```

cluster reset 命令用於重置伺服器的狀態。

完成後重新執行以下兩個命令重新設定 Redis 叢集中伺服器的資訊。

```
cluster meet
cluster addslots
```

17.5.6 向 Redis 叢集中保存和獲取資料

查看 3 個 Master 伺服器中的資料如下。

```
127.0.0.1:7771> keys *
(empty list or set)
127.0.0.1:7771>

127.0.0.1:7772> keys *
(empty list or set)
127.0.0.1:7772>

127.0.0.1:7773> keys *
(empty list or set)
127.0.0.1:7773>
```

使用以下命令向 Redis 叢集中保存資料。

```
127.0.0.1:7771> set a aa
-> Redirected to slot [15495] located at 192.168.56.11:7773
OK
192.168.56.11:7773> set b bb
-> Redirected to slot [3300] located at 192.168.56.11:7771
OK
192.168.56.11:7771> set c cc
-> Redirected to slot [7365] located at 192.168.56.11:7772
OK
192.168.56.11:7772>
```

再次查看 3 個 Master 伺服器中的資料。

```
127.0.0.1:7771> keys *
1) "b"
127.0.0.1:7771>

127.0.0.1:7772> keys *
1) "c"
127.0.0.1:7772>

127.0.0.1:7773> keys *
1) "a"
127.0.0.1:7773>
```

成功實現分散式儲存。

17.5.7 在 Redis 叢集中增加 Replica 伺服器

在 6 個伺服器中，分配 3 個 Master 伺服器和 3 個 Replica 伺服器，Master 伺服器和 Replica 伺服器的通訊埠對應關係如下。

- Master 伺服器：7771。Replica 伺服器：7774。
- Master 伺服器：7772。Replica 伺服器：7775。
- Master 伺服器：7773。Replica 伺服器：7776。

先來看一看伺服器的狀態。

```
127.0.0.1:7771> cluster nodes
dab4edfe2691e40181f5304723bb80458afc833e 192.168.56.11:7775@17775 master - 0
1573994395000 0 connected
995ade0ef45e0a2eab59c55eae40b166bfc0dfe0 192.168.56.11:7772@17772 master - 0
1573994395565 2 connected 5001-10000
94fe8c9d4b8bbf81e1400500cd2fb90f253f1eeb 192.168.56.11:7771@17771 myself,
master - 0 1573994393000 1 connected 0-5000
4f1a4f22a595011f4371f75194e48739640eda32 192.168.56.11:7776@17776 master - 0
1573994394559 3 connected
ae976211fc83bd7732de04c6e98395be8b6ef5e8 192.168.56.11:7773@17773 master - 0
1573994394000 4 connected 10001-16383
3c100c5838850e5ecff12496fe4a00e35b10e378 192.168.56.11:7774@17774 master - 0
1573994393000 5 connected
127.0.0.1:7771>
```

6 個伺服器全部是 Master 伺服器。

使用以下命令對 3 個 Master 伺服器增加 Replica 伺服器，這 3 個命令必須在每個 Replica 伺服器下執行。

```
ghy@ghy-VirtualBox:~$ redis-cli -c -h 192.168.56.11 -p 7774 -a accp
Warning: Using a password with '-a' or '-u' option on the command line
interface may not be safe.
192.168.56.11:7774> cluster replicate 94fe8c9d4b8bbf81e1400500cd2fb90f253f1eeb
OK
192.168.56.11:7774>

ghy@ghy-VirtualBox:~$ redis-cli -c -h 192.168.56.11 -p 7775 -a accp
Warning: Using a password with '-a' or '-u' option on the command line
interface may not be safe.
192.168.56.11:7775> cluster replicate 995ade0ef45e0a2eab59c55eae40b166bfc0dfe0
```

```
OK
192.168.56.11:7775>

ghy@ghy-VirtualBox:~$ redis-cli -c -h 192.168.56.11 -p 7776 -a accp
Warning: Using a password with '-a' or '-u' option on the command line
interface may not be safe.
192.168.56.11:7776> cluster replicate ae976211fc83bd7732de04c6e98395be8b6ef5e8
OK
192.168.56.11:7776>
```

查看伺服器的狀態。

```
127.0.0.1:7771> cluster nodes
dab4edfe2691e40181f5304723bb80458afc833e 192.168.56.11:7775@17775 slave
995ade0ef45e0a2eab59c55eae40b166bfc0dfe0 0 1573995227190 2 connected
995ade0ef45e0a2eab59c55eae40b166bfc0dfe0 192.168.56.11:7772@17772 master - 0
1573995226000 2 connected 5001-10000
94fe8c9d4b8bbf81e1400500cd2fb90f253f1eeb 192.168.56.11:7771@17771 myself,
master - 0 1573995228000 1 connected 0-5000
4f1a4f22a595011f4371f75194e48739640eda32 192.168.56.11:7776@17776 slave
ae976211fc83bd7732de04c6e98395be8b6ef5e8 0 1573995229000 4 connected
ae976211fc83bd7732de04c6e98395be8b6ef5e8 192.168.56.11:7773@17773 master - 0
1573995229209 4 connected 10001-16383
3c100c5838850e5ecff12496fe4a00e35b10e378 192.168.56.11:7774@17774 slave
94fe8c9d4b8bbf81e1400500cd2fb90f253f1eeb 0 1573995230222 5 connected
127.0.0.1:7771>
```

出現 3 個 Master 伺服器和 3 個 Replica 伺服器的結構。

在 Master 伺服器和 Replica 伺服器中分別執行以下兩個命令，查看是否實現 Master-Replica 複製：

```
127.0.0.1:7771> keys *
1) "b"
127.0.0.1:7771>

192.168.56.11:7774> keys *
1) "b"
192.168.56.11:7774>
```

成功實現 Master-Replica 複製。

在 Replica 伺服器執行 get 命令時還會執行重新導向操作。

```
192.168.56.11:7774> get b
-> Redirected to slot [3300] located at 192.168.56.11:7771
"bb"
192.168.56.11:7771>
```

重新進入通訊埠編號為 7774 的伺服器，執行 readonly 命令，再執行 get 命令後不會執行重新導向操作，效果如下。

```
ghy@ghy-VirtualBox:~$ redis-cli -c -h 192.168.56.11 -p 7774 -a accp
Warning: Using a password with '-a' or '-u' option on the command line
interface may not be safe.
192.168.56.11:7774> readonly
OK
192.168.56.11:7774> get b
"bb"
192.168.56.11:7774>
```

成功在 Redis 叢集架構中實現讀寫分離。

17.6 使用 cluster myid 命令獲得當前伺服器 ID

範例如下。

```
127.0.0.1:7771> cluster nodes
dab4edfe2691e40181f5304723bb80458afc833e 192.168.56.11:7775@17775 slave
995ade0ef45e0a2eab59c55eae40b166bfc0dfe0 0 1573997512118 2 connected
995ade0ef45e0a2eab59c55eae40b166bfc0dfe0 192.168.56.11:7772@17772 master - 0
1573997513132 2 connected 5001-10000
94fe8c9d4b8bbf81e1400500cd2fb90f253f1eeb 192.168.56.11:7771@17771 myself,
master - 0 1573997511000 1 connected 0-5000
4f1a4f22a595011f4371f75194e48739640eda32 192.168.56.11:7776@17776 slave
ae976211fc83bd7732de04c6e98395be8b6ef5e8 0 1573997514163 4 connected
ae976211fc83bd7732de04c6e98395be8b6ef5e8 192.168.56.11:7773@17773 master - 0
1573997515195 4 connected 10001-16383
3c100c5838850e5ecff12496fe4a00e35b10e378 192.168.56.11:7774@17774 slave
94fe8c9d4b8bbf81e1400500cd2fb90f253f1eeb 0 1573997513000 5 connected
127.0.0.1:7771> cluster myid
"94fe8c9d4b8bbf81e1400500cd2fb90f253f1eeb"
127.0.0.1:7771>
```

17.7 使用 cluster replicas 命令查看指定 Master 伺服器下的 Replica 伺服器資訊

範例如下。

```
127.0.0.1:7771> cluster replicas 94fe8c9d4b8bbf81e1400500cd2fb90f253f1eeb
1) "3c100c5838850e5ecff12496fe4a00e35b10e378 192.168.56.11:7774@17774 slave
94fe8c9d4b8bbf81e1400500cd2fb90f253f1eeb 0 1573998730000 5 connected"
127.0.0.1:7771>
```

17.8 使用 cluster slots 命令查看槽與伺服器連結的資訊

範例如下。

```
127.0.0.1:7771> cluster slots
1) 1) (integer) 5001
   2) (integer) 10000
   3) 1) "192.168.56.11"
      2) (integer) 7772
      3) "995ade0ef45e0a2eab59c55eae40b166bfc0dfe0"
   4) 1) "192.168.56.11"
      2) (integer) 7775
      3) "dab4edfe2691e40181f5304723bb80458afc833e"
2) 1) (integer) 0
   2) (integer) 5000
   3) 1) "192.168.56.11"
      2) (integer) 7771
      3) "94fe8c9d4b8bbf81e1400500cd2fb90f253f1eeb"
   4) 1) "192.168.56.11"
      2) (integer) 7774
      3) "3c100c5838850e5ecff12496fe4a00e35b10e378"
3) 1) (integer) 10001
   2) (integer) 16383
   3) 1) "192.168.56.11"
      2) (integer) 7773
      3) "ae976211fc83bd7732de04c6e98395be8b6ef5e8"
   4) 1) "192.168.56.11"
      2) (integer) 7776
      3) "4f1a4f22a595011f4371f75194e48739640eda32"
127.0.0.1:7771>
```

17.9 使用 cluster keyslot 命令查看 key 所屬槽

範例如下。

```
127.0.0.1:7771> cluster keyslot a
(integer) 15495
127.0.0.1:7771> cluster keyslot b
(integer) 3300
127.0.0.1:7771> cluster keyslot c
(integer) 7365
127.0.0.1:7771>
```

17.10 案例

範例程式如下。

```java
public class Test2 {

    public static void main(String[] args) {
        Set<HostAndPort> ClusterNodes = new HashSet<HostAndPort>();
        ClusterNodes.add(new HostAndPort("192.168.56.11", 7771));
        ClusterNodes.add(new HostAndPort("192.168.56.11", 7772));
        ClusterNodes.add(new HostAndPort("192.168.56.11", 7773));

        GenericObjectPoolConfig config = new GenericObjectPoolConfig();
        Cluster Cluster = new Cluster(ClusterNodes, Integer.MAX_VALUE,
                Integer.MAX_VALUE,
                Integer.MAX_VALUE, "accp", config);
        Cluster.set("username", "中國人");
        System.out.println(Cluster.get("username"));
        Cluster.close();
    }

}
```

程式執行結果如下。

```
中國人
```

記憶體淘汰策略

18

18.1　記憶體淘汰策略簡介

記憶體淘汰策略有兩種演算法。

- LRU 過時：刪除很久沒有被存取的資料。
- LFU 過時：刪除存取頻率最低的資料。

Redis 支援的記憶體淘汰策略有以下 8 種。

- noeviction：不淘汰策略，存放的資料大於最大記憶體限制時會返回異常。
- volatile-lru：對逾時的 key 使用 LRU 演算法。
- volatile-lfu：對逾時的 key 使用 LFU 演算法。
- volatile-random：對逾時的 key 使用隨機刪除策略。
- volatile-ttl：對逾時的 key 使用 TTL 最小值刪除策略。
- allkeys-lru：對所有 key 使用 LRU 演算法。
- allkeys-lfu：對所有 key 使用用 LFU 演算法。
- allkeys-random：對所有 key 使用隨機刪除。

改變記憶體淘汰策略可以對 redis.conf 設定檔的 maxmemory-policy 屬性進行更改。

本章中的案例使用最大記憶體為 1MB，在 redis.conf 設定檔中使用 maxmemory 1mb 進行設定。

當需要設定記憶體大小時，單位不區分大小寫，1GB、1Gb 和 1gB 的作用一樣。

18.2 記憶體淘汰策略：noeviction

創建測試類別程式如下。

```
public class Test1 {
    private static Pool pool = new Pool(new PoolConfig(), "192.168.61.84",
7777, 5000, "accp");

    public static void main(String[] args) {
        = null;
        try {
            = pool.getResource();
            .flushDB();
            for (int i = 0; i < Integer.MAX_VALUE; i++) {
                .set("key" + (i + 1), "value" + (i + 1));
            }
        } catch (Exception e) {
            e.printStackTrace();
        } finally {
            if ( != null) {
                .close();
            }
        }
    }
}
```

程式執行後出現異常如下。

```
redis.clients..exceptions.DataException: OOM command not allowed when used
memory > 'maxmemory'.
    at redis.clients..Protocol.processError(Protocol.java:132)
    at redis.clients..Protocol.process(Protocol.java:166)
    at redis.clients..Protocol.read(Protocol.java:220)
    at redis.clients..Connection.readProtocolWithCheckingBroken(Connection.
java:318)
    at redis.clients..Connection.getStatusCodeReply(Connection.java:236)
    at redis.clients...set(.java:150)
    at maxmemory_policy.Test1.main(Test1.java:16)
```

存放的資料大小超過最大記憶體限制,直接返回異常。

18.3 記憶體淘汰策略：volatile-lru

創建測試類別程式如下。

```java
public class Test2 {
    private static Pool pool = new Pool(new PoolConfig(), "192.168.61.84",
7777, 5000, "accp");

    public static void main(String[] args) {
         = null;
        try {
             = pool.getResource();
            .flushDB();
            SetParams param = new SetParams();
            param.ex(500);

            int x = 0;
            int y = 0;
            int z = 0;

            for (int i = 1; i <= 30; i++) {
                .set("key" + i, "value" + i, param);
            }
            //10次的存取效率
            for (int j = 0; j < 10; j++) {
                for (int i = 1; i <= 30; i++) {
                    .get("key" + i);
                }
            }

            Thread.sleep(4000);

            for (int i = 31; i <= 60; i++) {
                .set("key" + i, "value" + i, param);
            }
            //5次的存取效率
            for (int j = 0; j < 5; j++) {
                for (int i = 31; i <= 60; i++) {
                    .get("key" + i);
                }
            }

            Thread.sleep(4000);
```

```java
        for (int i = 61; i <= 90; i++) {
            .set("key" + i, "value" + i, param);
        }
        //1次的存取效率
        for (int j = 0; j < 1; j++) {
            for (int i = 61; i <= 90; i++) {
                .get("key" + i);
            }
        }

        //
        for (int i = 1; i <= 5600; i++) {
            .set("userinfo" + i, "username" + i);
        }
        //
        for (int i = 1; i <= 30; i++) {
            Object getValue = .get("key" + i);
            if (getValue == null) {
                x++;
            }
        }
        for (int i = 31; i <= 60; i++) {
            Object getValue = .get("key" + i);
            if (getValue == null) {
                y++;
            }
        }
        for (int i = 61; i <= 90; i++) {
            Object getValue = .get("key" + i);
            if (getValue == null) {
                z++;
            }
        }

        //
        System.out.println("01～30被刪除為" + ((int) ((double) x / 30 *
100)) + "%");
        System.out.println("31～60被刪除為" + ((int) ((double) y / 30 *
100)) + "%");
        System.out.println("61～90被刪除為" + ((int) ((double) z / 30 *
100)) + "%");
        //
        boolean isNull = false;
        int fori = 0;
        for (int i = 1; i <= 5600; i++) {
            if (.get("userinfo" + i) == null) {
                isNull = true;
```

```
                fori = i;
                break;
            }
        }
        if (isNull == true) {
            System.out.println("userinfo" + (fori) + "值是null");
        } else {
            System.out.println("5600個userinfoX鍵和值都在記憶體中");
        }
    } catch (Exception e) {
        e.printStackTrace();
    } finally {
        if ( != null) {
            .close();
        }
    }
}
}
```

程式執行結果如下。

```
01～30被刪除為90%
31～60被刪除為56%
61～90被刪除為0%
5600個userinfoX鍵和值都在記憶體中
```

LRU 演算法會刪除很久沒有被存取的資料。

18.4 記憶體淘汰策略：volatile-lfu

再次執行 Test2.java 類別，程式執行結果如下。

```
01～30被刪除為30%
31～60被刪除為43%
61～90被刪除為73%
5600個userinfoX鍵和值都在記憶體中
```

LFU 演算法會刪除存取頻率最低的資料。

18.5 記憶體淘汰策略：**volatile-random**

執行 5 次 Test2.java 類別，程式執行結果分別如下。

```
01～30被刪除為50%
31～60被刪除為56%
61～90被刪除為40%
5600個userinfoX鍵和值都在記憶體中

01～30被刪除為50%
31～60被刪除為53%
61～90被刪除為43%
5600個userinfoX鍵和值都在記憶體中

01～30被刪除為43%
31～60被刪除為56%
61～90被刪除為46%
5600個userinfoX鍵和值都在記憶體中

01～30被刪除為66%
31～60被刪除為36%
61～90被刪除為43%
5600個userinfoX鍵和值都在記憶體中

01～30被刪除為56%
31～60被刪除為50%
61～90被刪除為40%
5600個userinfoX鍵和值都在記憶體中
```

每次刪除的比例不固定，使用隨機刪除策略。

18.6 使用淘汰策略：**volatile-ttl**

創建測試類別程式如下。

```
public class Test3 {
    private static Pool pool = new Pool(new PoolConfig(), "192.168.61.84",
7777, 5000, "accp");
```

```java
public static void main(String[] args) {
     = null;
    try {
         = pool.getResource();
        .flushDB();
        SetParams param1 = new SetParams();
        param1.ex(5000);
        SetParams param2 = new SetParams();
        param2.ex(50);
        SetParams param3 = new SetParams();
        param3.ex(500);

        int x = 0;
        int y = 0;
        int z = 0;

        for (int i = 1; i <= 30; i++) {
            .set("key" + i, "value" + i, param1);
        }
        // TTL為5000ms
        for (int j = 0; j < 10; j++) {
            for (int i = 1; i <= 30; i++) {
                .get("key" + i);
            }
        }

        Thread.sleep(4000);

        for (int i = 31; i <= 60; i++) {
            .set("key" + i, "value" + i, param2);
        }
        // TTL為50ms
        for (int j = 0; j < 5; j++) {
            for (int i = 31; i <= 60; i++) {
                .get("key" + i);
            }
        }

        Thread.sleep(4000);

        for (int i = 61; i <= 90; i++) {
            .set("key" + i, "value" + i, param3);
        }
        // TTL為500ms
        for (int j = 0; j < 1; j++) {
            for (int i = 61; i <= 90; i++) {
```

```
                                .get("key" + i);
                }
        }

        //
        for (int i = 1; i <= 5600; i++) {
                .set("userinfo" + i, "username" + i);
        }
        //
        for (int i = 1; i <= 30; i++) {
                Object getValue = .get("key" + i);
                if (getValue == null) {
                        x++;
                }
        }
        for (int i = 31; i <= 60; i++) {
                Object getValue = .get("key" + i);
                if (getValue == null) {
                        y++;
                }
        }
        for (int i = 61; i <= 90; i++) {
                Object getValue = .get("key" + i);
                if (getValue == null) {
                        z++;
                }
        }

        //
        System.out.println("01～30被刪除為" + ((int) ((double) x / 30 *
100)) + "%");
        System.out.println("31～60被刪除為" + ((int) ((double) y / 30 *
100)) + "%");
        System.out.println("61～90被刪除為" + ((int) ((double) z / 30 *
100)) + "%");
        //
        boolean isNull = false;
        int fori = 0;
        for (int i = 1; i <= 5600; i++) {
                if (.get("userinfo" + i) == null) {
                        isNull = true;
                        fori = i;
                        break;
                }
        }
        if (isNull == true) {
                System.out.println("userinfo" + (fori) + "值是null");
        } else {
```

```
            System.out.println("5600個userinfoX鍵和值都在記憶體中");
        }
    } catch (Exception e) {
        e.printStackTrace();
    } finally {
        if ( != null) {
            .close();
        }
    }
}
}
```

程式執行結果如下。

```
01～30被刪除為0%
31～60被刪除為96%
61～90被刪除為50%
5600個userinfoX鍵和值都在記憶體中
```

將具有 TTL 的 key 按 TTL 最小值進行刪除。

18.7 使用淘汰策略：allkeys-lru

創建測試類別程式如下。

```
public class Test4 {
    private static Pool pool = new Pool(new PoolConfig(), "192.168.61.84",
7777, 5000, "accp");

    public static void main(String[] args) {
         = null;
        try {
             = pool.getResource();
            .flushDB();

            int x = 0;
            int y = 0;
            int z = 0;

            for (int i = 1; i <= 2000; i++) {
                .set("key" + i, "value" + i);
            }
            // 舊版本
            for (int j = 0; j < 10; j++) {
```

```
        for (int i = 1; i <= 2000; i++) {
            .get("key" + i);
        }
    }

    Thread.sleep(4000);

    for (int i = 2001; i <= 4000; i++) {
        .set("key" + i, "value" + i);
    }
    // 最近版本
    for (int j = 0; j < 5; j++) {
        for (int i = 2001; i <= 4000; i++) {
            .get("key" + i);
        }
    }

    Thread.sleep(4000);

    for (int i = 4000; i <= 5500; i++) {
        .set("key" + i, "value" + i);
    }
    // 最新版本
    for (int j = 0; j < 1; j++) {
        for (int i = 4000; i <= 5500; i++) {
            .get("key" + i);
        }
    }

    //
    for (int i = 1; i <= 1000; i++) {
        .set("userinfo" + i, "value" + i);
    }
    //
    for (int i = 1; i <= 2000; i++) {
        Object getValue = .get("key" + i);
        if (getValue == null) {
            x++;
        }
    }
    for (int i = 2001; i <= 4000; i++) {
        Object getValue = .get("key" + i);
        if (getValue == null) {
            y++;
        }
    }
    for (int i = 4001; i <= 5500; i++) {
```

```
                     Object getValue = .get("key" + i);
                     if (getValue == null) {
                         z++;
                     }
                 }
                 //
                 System.out.println("0001～2000被刪除為" + ((int) ((double) x /
        2000 * 100)) + "%");
                 System.out.println("2001～4000被刪除為" + ((int) ((double) y /
        2000 * 100)) + "%");
                 System.out.println("4001～5500被刪除為" + ((int) ((double) z /
        1500 * 100)) + "%");

             } catch (Exception e) {
                 e.printStackTrace();
             } finally {
                 if ( != null) {
                     .close();
                 }
             }
         }
    }
```

程式執行結果如下。

```
0001～2000被刪除為38%
2001～4000被刪除為0%
4001～5500被刪除為0%
```

LRU 演算法會刪除很久沒有被存取的資料。

18.8 記憶體淘汰策略：allkeys-lfu

執行 Test4.java 類別，程式執行結果如下。

```
0001～2000被刪除為4%
2001～4000被刪除為6%
4001～5500被刪除為12%
```

LFU 演算法刪除存取頻率最低的資料的機率比較大。

18.9 使用淘汰策略：allkeys-random

執行 5 次 Test4.java 類別，程式執行結果分別如下。

```
0001～2000被刪除為11%
2001～4000被刪除為11%
4001～5500被刪除為12%

0001～2000被刪除為11%
2001～4000被刪除為12%
4001～5500被刪除為10%

0001～2000被刪除為11%
2001～4000被刪除為11%
4001～5500被刪除為13%

0001～2000被刪除為12%
2001～4000被刪除為11%
4001～5500被刪除為12%

0001～2000被刪除為11%
2001～4000被刪除為11%
4001～5500被刪除為12%
```

每次刪除的比例不固定，使用隨機刪除策略。

使用 Docker 實現容器化

19

本章將介紹 Docker 的下載、安裝、創建映像檔、執行容器等實用技能，熟練掌握 Docker 有助開發更加規範的軟體專案。主流的軟體執行環境都在向「容器化」方向進行轉變。

19.1 容器

Docker 簡單來講就是一個執行軟體的容器，那什麼是容器呢？容器在生活中比比皆是，如「水果碟」就是一個容器，盛放拉麵的「碗」也是一個容器。

執行 Servlet 技術的軟體也是一個容器，被稱為 Web 容器，比較著名的 Web 容器有 Tomcat、JBoss 和 WebLogic 等，Tomcat 如圖 19-1 所示。

圖 19-1 Tomcat

前面 3 個例子已經足夠詮釋容器的概念，容器這個術語在維基百科的解釋如圖 19-2 所示。

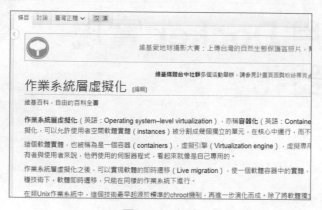

圖 19-2 容器

使用容器可以存放一些東西,容器裡存放東西的種類是任意的。

在本章開始時曾經介紹過 Docker 是一個執行軟體的容器。沒錯!的確是這樣,Docker 中可以存放的軟體如圖 19-3 所示。

Docker 是一個基於 LXC 技術建構的容器引擎,是基於 GO 開發的虛擬化技術。LXC 即 Linux Container,它是一種核心虛擬化技術,可以提供輕量級的虛擬化,以便隔離處理程序和資源。

目前企業中主流的技術的確是把軟體安裝到 Docker 中進行使用,但在通常的情況下,這些軟體是安裝在作業系統中的,如圖 19-4 所示。

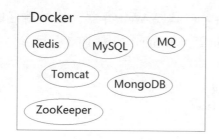
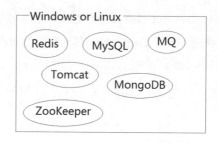

圖 19-3 Docker 中可以存放的軟體　　圖 19-4 軟體安裝在作業系統中

問題出現了!把這些軟體安裝到 Docker 中和安裝到 Windows/Linux 中在使用上有什麼區別呢?為什麼現在主流方式是把軟體安裝到 Docker 中呢?看一看下面的場景就會明白了。

19.2 使用 Docker 的經典場景

小王畢業後來到公司從事 Java 程式設計師已有半年時間，小王在這半年的時間裡參與了一個大型軟體專案中的模組設計，小王從此專案中累積了豐富的程式設計經驗，獲得了專案經理的認可。現在專案已經開發完畢，客戶催促公司儘快將專案上線，於是專案經理把部署專案到 80 台客戶的 Linux 伺服器的任務交給了小王。小王接到任務後滿腔熱血，認為學習 Linux 的機會來了，因為小王平時的開發環境是 Windows。

但當小王開始對 Linux 伺服器進行部署時卻出現了各種問題，因為 Windows 的環境架設和 Linux 並不一樣。在部署項目時，小王從一個「坑」跳進另一個「坑」，她花了整整一天的時間才把項目部署到 1 台 Linux 伺服器中，還有 79 台 Linux 伺服器要部署，她越發感覺把專案部署到 Linux 伺服器的確非常麻煩，於是向同事小李吐槽。小李聽到這個問題之後，立即建議小王使用 Docker 解決此問題。

小王反問小李：「Docker 能解決我的問題嗎？那 Docker 是如何解決我的問題的呢？」

小李：「現在的工作任務雖然對你學習 Linux 是有幫助的，但客戶那裡催得緊，容不得你現學 Linux。另外，就算給你 7 天的時間，學會把專案部署到 Linux 伺服器，但你依然要面對剩下的 79 台 Linux 伺服器，每一台你都這麼重複，雖然會讓你對 Linux 的操作更加熟練，但客戶的時間不允許！而且在每一台 Linux 伺服器中都要安裝和設定 MySQL、Tomcat、JDK、Redis、ZooKeeper⋯⋯，一共要重複設定 79 遍。」

小王：「那我能怎麼辦，這是我的工作任務。我計畫在每一台 Linux 伺服器上安裝一個 Linux 版本的 VMware 虛擬機器，把項目先安裝到 VMware 虛擬機器中的 Linux 上並產生映像檔檔案，映像檔檔案打包了這個執行環境，再把映像檔檔案複製到其他 79 台 Linux 伺服器上，這樣我就不用在每一台 Linux 伺服器上都從零開始架設環境部署專案了，直接執行 VMware 虛擬機器即可。這個想法我要聽一聽項目經理的意見。」

小李：「你不要問了，也千萬別這麼幹！那樣做項目執行起來會慢如牛！問題的原因如圖所示（見圖 19-5）。如果使用 VMware，那麼項目想執行起來，必須透過 Guest OS。Guest OS 就是 VMware 虛擬機器中的作業系統，你對 Windows 的軟體環境架設比較熟悉，很可能你的 Guest OS 就是 Windows，而 Guest OS 要依賴於 Host OS，Host OS 就是客戶伺服器上安裝的 Linux（這裡用的是 CentOS）。如果這樣，就說明在客戶的硬體伺服器上要執行兩個作業系統。」

- Host OS：宿主作業系統，物理伺服器執行的作業系統，任務中採用 Linux。
- Guest OS：客戶作業系統，VMware 執行的作業系統，任務中採用 Windows。

小李：「如果硬體性能不好，執行一個作業系統都吃力，何況兩個作業系統。當有很多人存取這個專案時，性能會非常低，公司等來的就是客戶的客訴電話。所有的性能瓶頸都在客戶作業系統這層！」

小王：「那怎麼辦？」

小李：「既然瓶頸在客戶作業系統這層，那麼刪除這層就可以了，可以變成如圖所示的結構（見圖 19-6）」。

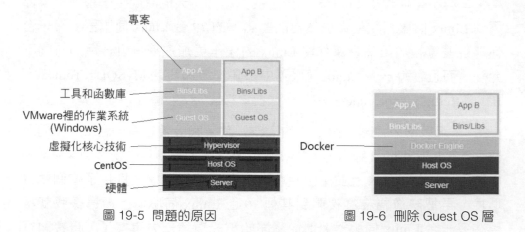

圖 19-5 問題的原因　　　　圖 19-6 刪除 Guest OS 層

小李：「把最耗系統資源的客戶作業系統層刪除，使專案直接執行在宿主作業系統上，這就少去了項目想要執行就必須透過客戶作業系統進行中轉後性能降低的代價，大大提高了項目的執行效率。具體來講，使用虛擬機器執行效率低的原因是虛擬機器中的專案在即時執行，會把執行指令交給虛擬機器中的作業系統來執行，但虛擬機器中的作業系統需要宿主作業系統來執行，也就是宿主作業系統執行虛擬機器中的作業系統，是在作業系統之上再執行一個作業系統，而專案執行後的指令還需要經過兩個作業系統，執行速度更加慢了。Docker 速度快的原因是 Docker 並不是一個作業系統，它相當於命令的中轉者，將執行軟體的指令透過 Docker 交給宿主主機的作業系統來執行，速度當然快了。」

小王：「你是說使專案直接執行在客戶作業系統宿主作業系統上？但這個結構和在作業系統中直接安裝軟體的結構是一樣的，如圖所示（見圖 19-7）。」

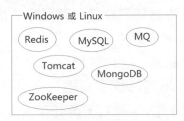

圖 19-7　在作業系統中直接安裝軟體

小李：「相似而已，但還是有一些區別的！你看見 Docker Engine 這層了嗎？其實專案並不是直接執行在客戶作業系統宿主作業系統上，而是需要借助於 Docker Engine，它負責專案和客戶作業系統的通訊。」

小王：「能再解釋一下 Docker Engine 嗎？」

小李：「VMware 是重量級的虛擬執行環境，Docker Engine 是一個輕量級的虛擬執行環境，它可以直接呼叫客戶作業系統中的資源，性能非常高，執行在它之上的專案性能也將大幅提高。你現在不想在每台 Linux 伺服器上都設定執行環境，而是想讓 80 台 Linux 伺服器儘快上線，Docker Engine 就可以幫你做到，Docker Engine 的原理如圖所示（見圖 19-8）。」

圖 19-8 Docker Engine 的原理

小李:「你只需要在客戶的每一台 Linux 伺服器中安裝 Docker,然後製作專案的執行環境映像檔,把映像檔複製到其他 Linux 伺服器,在其他 Linux 伺服器中執行映像檔產生容器,這樣 80 台伺服器中的執行環境就都一模一樣了,不需要在每一台 Linux 伺服器中都從零開始架設專案執行環境。」

小李:「雖然 VMware 和 Docker 都有映像檔檔案這個概念,但項目執行快慢和映像檔檔案本身沒有任何關係,而是和映像檔檔案執行的環境有直接關係。Docker Engine 會把專案所有的資源請求直接交給宿主作業系統,無須客戶作業系統參與,客戶的伺服器中只存在一個作業系統,即 Linux,沒有 Windows,不僅降低了負擔,而且大大提高了項目執行效率,根本不需要在每一台伺服器上從零開始架設執行環境,執行環境已經被映像檔封裝,到這裡就徹底解決了你的 3 個問題。」

- 避免每台伺服器都從零開始架設執行環境。
- 使開發和執行環境一致,無差異,因為映像檔檔案打包了執行環境和程式碼。
- 避免使用 VMware 造成電腦性能急劇下降的問題。

使用 Docker 一舉三得!

小王:「如果這樣,Docker 真的解決了我的心病,感謝小李。」

小李:「客氣。」

上面這則小故事就是經典的使用 Docker 的場景，此場景經常出現在程式設計師在運行維護工程師發表專案時，運行維護工程師並不十分清楚程式設計師開發專案的執行環境和架設細節，運行維護工程師在部署專案前，和程式設計師的交流成本就變得很高，經常出現運行維護工程師問程式設計師「怎麼這麼難用？」而程式設計師卻無奈地回答「不可能，我設計得很好！」的情況發生，進而影響專案上線的進度，增加運行維護工程師的工作量。

在使用 Docker 後，這一切變得非常簡單，運行維護工程師和程式設計師永遠不會發生那樣的對話。運行維護工程師發佈項目就像安裝和啟動項目一樣，簡單的幾個步驟就能把專案快速成功地進行部署並執行，絲毫不需要從零開始設定專案的執行環境。

Docker 的核心價值在於它改變了傳統項目的「發表」和「執行」方式，形成標準化。傳統專案的「發表」和「執行」方式的缺點是開發環境和部署環境並不一致，給運行維護工程師增加了額外的工作量。使用 Docker 之後，程式設計師發表給運行維護工程師的東西不只是程式，還有設定檔、資料庫定義等，是一個完整的執行環境系統。運行維護工程師不再負責設定專案的執行環境，Docker 消除了專案線下線上執行環境不一致的問題，Docker 將專案及其依賴的執行環境打包在一起，以映像檔的方式發表給運行維護工程師，讓專案執行在一致的環境中。

▌19.3 Docker 的介紹

2013 年，dotCloud 公司將負責開發和維護的 Docker 專案進行開放原始碼，Docker 立即流行起來，而 dotCloud 公司也打鐵趁熱，在 2013 年 10 月將公司名稱直接改成 Docker.Inc。

Docker 的解釋如圖 19-9 所示。

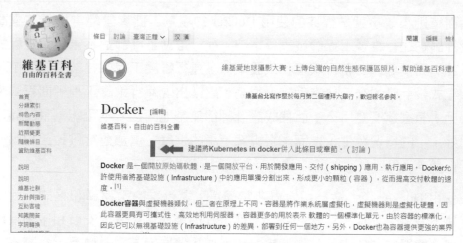

圖 19-9 Docker 的解釋

單字 Docker 是碼頭工人的意思，碼頭工人接觸最多的是什麼？當然是貨櫃了。所以 Docker 的 Logo 就是一條鯨魚，背著貨櫃，如圖 19-10 所示。

圖 19-10 Docker 的 Logo

為什麼 Logo 中有貨櫃呢？因為貨櫃是一個容器，正好符合 Docker 的設計意圖：使用容器來解決軟體環境架設、軟體移植問題。

貨櫃裡面是貨物，而容器裡面是軟體，道理都是相同的。

Docker 是一個基於沙盒機制開放原始碼的應用容器引擎，提供輕量級虛擬化執行環境。與傳統的 VMware 相比，Docker 更輕，啟動更快，秒級啟動，可以在一台伺服器上執行上千個 Docker 容器，可以讓開發者打包他們的軟體和依賴環境，然後平滑地發佈到任何具有 Docker 執行環境的伺服器上。

Docker 使用 GO 開發，對 GO 社區的推動與宣傳有著非常重要的作用。

Docker 可以在 Windows 和 Linux 中執行，但推薦在 Linux 中執行 Docker。

19.4 Docker 映像檔的介紹

Docker 中也有映像檔這個概念，和 VMware 虛擬機器中映像檔的概念一樣，Docker 映像檔把軟體執行的當前環境狀態保存到檔案中，所以映像檔就是檔案。

Docker 映像檔是可以執行的獨立軟體套件，包括軟體執行所需的所有內容，Docker 映像檔如程式碼、執行時期環境、系統工具、系統資料庫以及自訂的設定等資訊。

19.5 Docker 由 4 部分組成

一個完整的 Docker 由以下 4 個部分組成。

- Docker Client：使用許多 Docker Client（用戶端）命令控制 Docker Server 伺服器的行為。
- Docker Daemon：Docker 執行的處理程序，相當於 Docker 伺服器。
- Docker Image：把程式碼和執行環境封裝進一個檔案裡。
- Docker Container：執行後的映像檔就是容器，相當於軟體執行的環境。

這 4 部分之間的關係就是：Docker Daemon 載入 Docker Image 檔案並執行，形成 Docker Container，可以使用 Docker 用戶端存取 Docker 伺服器。

19.6 Docker 具有跨平台特性

Docker 也可以跨平台，支援多種作業系統，如圖 19-11 所示。

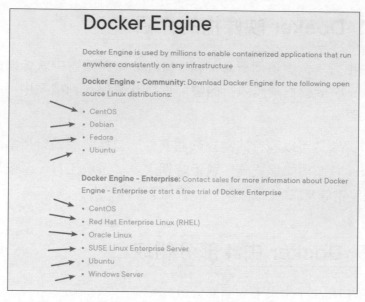

圖 19-11 Docker 支援多種作業系統

19.7 Docker 的優點

Docker 具有以下 4 個主要優點。

- 更快速地發表和部署：運行維護工程師收到映像檔檔案後直接啟動，產生容器，根本不需要考慮設定軟體執行環境的問題。
- 高效率地部署和擴充：當容器的數量和性能不能支撐業務需要時，可以快速擴充，水平增加容器數量來解決此問題。
- 更高的資源使用率：直接與宿主作業系統進行通訊，提高容器中軟體的執行效率。
- 隔離執行環境：每一個容器都具有自己獨有的處理程序、系統資源，容器之間不能共用容器內部的私有資源。但容器可以共用作業系統的公共資源，如記憶體資源。

19.8 moby 和 docker-ce 與 docker-ee 之間的關係

眾所皆知，開放原始碼專案很難進行盈利，這對投入巨大資金開發 Docker 專案的 Docker.Inc 公司來講也是如此。Docker.Inc 公司在 Docker 項目如火如荼之際，想從 Docker 項目中盈利，因為當時 Docker 的使用者眾多，所以在 2017 年初，Docker 公司將原先的 Docker 項目改名為 moby，並在 moby 的基礎上創建了 docker-ce 和 docker-ee。

這三者之間的關係如下。

- moby 繼承自原先的 Docker，只是改了名稱，是社區維護的開放原始碼項目，任何人都可以在 moby 的基礎上打造屬於自己的容器產品。
- docker-ce 是 Docker.Inc 公司維護的開放原始碼產品，是一個基於 moby 的免費容器產品。本書使用的就是 docker-ce。
- docker-ee 是 Docker.Inc 公司維護的閉源商業產品，需要付費。

19.9 在 Ubuntu 中架設 Docker 環境

本節將介紹在 Ubuntu 中實現 Docker 環境的架設。

> **注意**：使用 VMware 或 VirtualBox 這兩種虛擬機器軟體都可以，不過在執行虛擬機器前需要對虛擬機器使用的硬碟和記憶體大小進行設定，因為啟動 Docker 非常佔用硬碟和記憶體資源。

以下設定是在 VirtualBox 中進行的。

19.9.1 確認有沒有安裝 Docker

架設 Linux 開發環境請參考 1.7 節有關內容。

確認是否安裝 Docker 可以輸入以下命令。

```
ghy@ubuntu:~$ dpkg -l|grep docker
ghy@ubuntu:~$
```

系統中預設並沒有安裝 Docker，所以得手動進行安裝。但在安裝前得做一些準備工作。

19.9.2 使用官方的 sh 指令稿安裝 Docker

安裝 Docker 最方便的方式就是使用 sh 指令稿，而執行 sh 指令稿需要 curl 工具，預設情況下並沒有 curl 工具。

```
ghy@ubuntu:~$ curl

Command 'curl' not found, but can be installed with:

sudo apt install curl

ghy@ubuntu:~$
```

執行以下命令安裝 curl 工具。

```
sudo apt install curl
```

再執行以下命令開始安裝 Docker。

```
curl -fsSL https://get.docker.com | bash -s docker --mirror Aliyun
```

19.9.3 確認有沒有成功安裝 Docker

輸入以下命令確認系統中是否成功安裝 Docker，如圖 19-12 所示。

```
dpkg -l|grep docker
```

```
ghy@ubuntu:~$ dpkg -l|grep docker
ii  docker-ce                         5:18.09.4~3-0~ubuntu-bionic                amd64
    Docker: the open-source application container engine
ii  docker-ce-cli                     5:18.09.4~3-0~ubuntu-bionic                amd64
    Docker CLI: the open-source application container engine
ghy@ubuntu:~$
```

圖 19-12　確認系統中是否成功安裝 Docker

系統中成功安裝 Docker。

19.9.4 啟動和停止 Docker 服務與查看 Docker 版本

想同時查看 Docker 的伺服器和用戶端的版本編號，需要先啟動 Docker 服務，啟動和停止 Docker 服務使用以下命令。

```
ghy@ubuntu:~$ systemctl start docker
ghy@ubuntu:~$ ps -ef|grep docker
root      28484     1  0 01:51 ?        00:00:00 /usr/bin/dockerd -H fd://
--containerd=/run/containerd/containerd.sock
ghy       30407  4595  0 01:57 pts/1    00:00:00 grep --color=auto docker
ghy@ubuntu:~$ systemctl stop docker
ghy@ubuntu:~$ ps -ef|grep docker
ghy       30429  4595  0 01:57 pts/1    00:00:00 grep --color=auto docker
ghy@ubuntu:~$
```

以上命令成功啟動和停止 Docker 服務。

再使用以下命令啟動 Docker 服務。

```
systemctl start docker
```

然後輸入以下命令查看 Docker 的伺服器和用戶端版本。

```
ghy@ubuntu:~$ sudo docker version
Client:
 Version:           18.09.5
 API version:       1.39
 Go version:        go1.10.8
 Git commit:        e8ff056
 Built:             Thu Apr 11 04:43:57 2019
 OS/Arch:           linux/amd64
 Experimental:      false

Server: Docker Engine - Community
 Engine:
  Version:          18.09.5
  API version:      1.39 (minimum version 1.12)
  Go version:       go1.10.8
  Git commit:       e8ff056
  Built:            Thu Apr 11 04:10:53 2019
  OS/Arch:          linux/amd64
  Experimental:     false
ghy@ubuntu:~$
```

確認是否成功啟動 Docker 服務，輸入以下命令。

```
[ghy@localhost ~]$ ps -ef |grep docker
```

輸出內容如圖 19-13 所示。

```
ghy@ubuntu:~$ ps -ef |grep docker
root      5383     1  0 19:47 ?        00:00:03 /usr/bin/dockerd -H fd:// --containerd=/run/conta
inerd/containerd.sock
ghy       6161  1633  0 22:18 pts/0    00:00:00 grep --color=auto docker
ghy@ubuntu:~$
```

圖 19-13 確認是否成功啟動 Docker 業務輸出內容

Docker 服務成功啟動。

19.10 操作 Docker 服務與容器

本節將介紹如何使用 Docker 用戶端的相關命令對 Docker 服務進行控制。

19.10.1 使用 docker info 查看 Docker 資訊

輸入以下命令並查看 Docker 資訊。

```
ghy@ubuntu:~$ sudo docker info
Containers: 0
 Running: 0
 Paused: 0
 Stopped: 0
Images: 0
Server Version: 18.09.4
Storage Driver: overlay2
 Backing Filesystem: extfs
 Supports d_type: true
 Native Overlay Diff: true
Logging Driver: json-file
Cgroup Driver: cgroupfs
Plugins:
 Volume: local
 Network: bridge host macvlan null overlay
 Log: awslogs fluentd gcplogs gelf journald json-file local logentries splunk
syslog
Swarm: inactive
Runtimes: runc
Default Runtime: runc
Init Binary: docker-init
containerd version: bb71b10fd8f58240ca47fbb579b9d1028eea7c84
runc version: 2b18fe1d885ee5083ef9f0838fee39b62d653e30
init version: fec3683
Security Options:
```

```
 apparmor
 seccomp
  Profile: default
Kernel Version: 4.18.0-17-generic
Operating System: Ubuntu 18.04.2 LTS
OSType: linux
Architecture: x86_64
CPUs: 1
Total Memory: 1.924GiB
Name: ubuntu
ID: TGYI:RGOE:AUPY:CZPG:PU4Q:4ZI6:LQJI:V7KR:Z7I5:VKRH:T2AK:FMWG
Docker Root Dir: /var/lib/docker
Debug Mode (client): false
Debug Mode (server): false
Registry: https://index.docker.io/v1/
Labels:
Experimental: false
Insecure Registries:
 127.0.0.0/8
Live Restore Enabled: false
Product License: Community Engine

WARNING: No swap limit support
ghy@ubuntu:~$
```

在輸出資訊最開始部分輸出了 5 個 0，解釋如下。

Containers: 0，代表 0 個容器。

Running: 0，代表 0 個執行中的容器。

Paused: 0，代表 0 個暫停中的容器。

Stopped: 0，代表 0 個停止中的容器。

Images: 0，代表 0 個 Docker 映像檔。

Docker 中有 0 個映像檔，0 個容器，相當於一個空的 Docker。

想要啟動容器必須要先有映像檔，所以要先創建映像檔，再根據映像檔檔案生成容器，再啟動容器。

19.10.2 根據 Ubuntu 基礎映像檔檔案創建容器並執行容器

每種作業系統都會根據自己對應的 Docker 基礎映像檔檔案來創建其他映像檔檔案，就像 Java 中的 Object 類別一樣，要先有 Object 類別後才可以創建子類別。

Docker 基礎映像檔檔案是創建其他映像檔檔案的基礎，根據 Docker 映像檔檔案來創建其他映像檔檔案。

1. 下載 Ubuntu 基礎映像檔檔案

輸入以下命令。

```
sudo docker run ubuntu
```

命令中的 "ubuntu" 就是 Ubuntu 對應的 Docker 基礎映像檔所在的倉庫名稱，該命令的作用是執行 Ubuntu 對應的基礎映像檔檔案，根據此映像檔檔案創建出一個容器。

但命令執行後首先出現了提示。

```
Unable to find image 'ubuntu:latest' locally
```

因為預設的情況下本地沒有 Ubuntu 基礎映像檔檔案，所以線上進行下載，下載成功後如圖 19-14 所示。

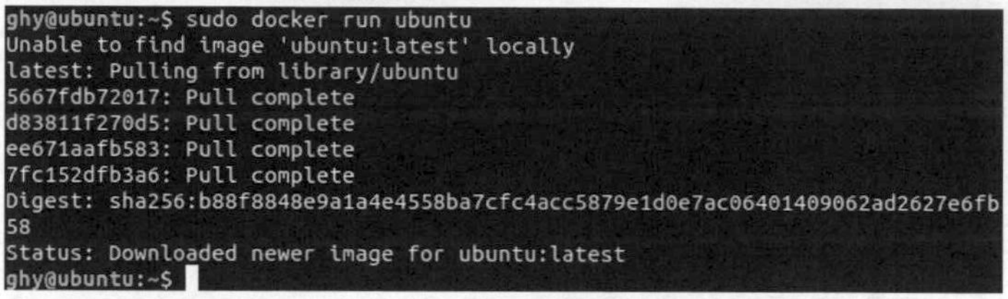

圖 19-14 Ubuntu 基礎映像檔檔案下載成功

但是有可能因為網路等原因導致不能正常下載 Ubuntu 基礎映像檔檔案，出現進度停止不前的現象，解決此問題可以看後文。

2. 下載 Ubuntu 基礎映像檔檔案失敗時使用映像檔網站

```
sudo docker run ubuntu
```

如果在執行以上命令時成功下載 Ubuntu 基礎映像檔檔案，則不需要執行此節的相關命令，繼續看下一節即可。如果沒有成功下載 Ubuntu 基礎映像檔檔案，則按著本節的步驟進行處理即可。

檔案 /etc/docker/daemon.json 是 Docker 預設的設定檔。

對 /etc/docker/daemon.json 檔案增加多個映像檔位址，設定 /etc/docker/
daemon.json 檔案時使用 Vim 文字編輯器編輯並保存以下內容。

```
{"registry-mirrors": ["https://r9xxm8z8.mirror.aliyuncs.com","https://
registry.docker-cn.com", "http://f1361db2.m.daocloud.io"]}
```

/etc/docker/daemon.json 檔案的內容如圖 19-15 所示。

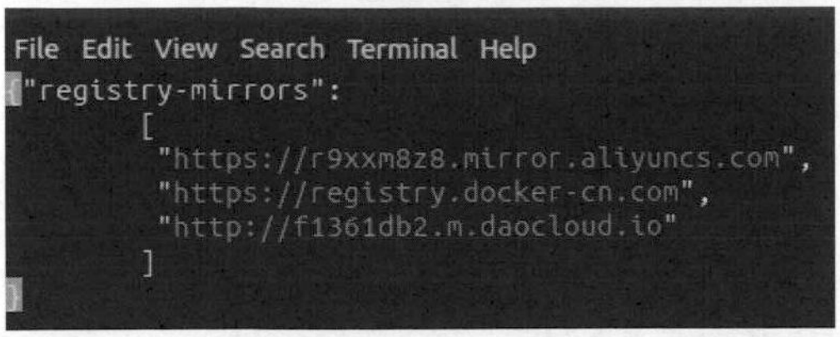

圖 19-15 /etc/docker/daemon.json 檔案的內容

設定了 3 個中國大陸境內映像檔來源位址。

重新開機 Docker，然後重新下載，步驟如下。

```
ghy@ubuntu:~$ systemctl restart docker
ghy@ubuntu:~$ ps -ef|grep docker
root       7806      1 1 23:51 ?        00:00:00 /usr/bin/dockerd -H fd://
--containerd=/run/containerd/containerd.sock
ghy        7947   1633 0 23:51 pts/0    00:00:00 grep --color=auto docker
ghy@ubuntu:~$ sudo docker run ubuntu
Unable to find image 'ubuntu:latest' locally
latest: Pulling from library/ubuntu
898c46f3b1a1: Pull complete
63366dfa0a50: Pull complete
041d4cd74a92: Pull complete
6e1bee0f8701: Pull complete
Digest: sha256:fd41f8a687e94b926b45a455c1c75fb29b4d7f206a969b6a16e073efa39d2ce5
Status: Downloaded newer image for ubuntu:latest
ghy@ubuntu:~$
```

從中國大陸境內映像檔來源中成功下載 Ubuntu 基礎映像檔檔案。

3. 使用 docker info 查看 Docker 資訊

再執行以下命令。

```
sudo docker info
```

執行結果如圖 19-16 所示。

圖 19-16 執行結果

執行結果顯示映像檔和容器的個數都為 1，命令 sudo docker run ubuntu 有兩個作用。

- 本地沒有映像檔檔案就線上下載，Images 值是 1。
- 下載成功後立即根據下載的映像檔檔案創建新的容器，並且再啟動容器，Containers 值也是 1。

屬性 Running 代表執行中的容器數量。但為什麼容器啟動後 Running 值仍然是 0 呢？ Running 值為 0 說明沒有容器在執行，出現這個現象的原因是當執行命令 sudo docker run ubuntu 後下載 Ubuntu 基礎映像檔檔案，再根據映像檔檔案生成容器，最後再啟動容器，但容器中並沒有任何的處理程序在執行，是一個「空容器」，所以容器啟動後立即刪除，結果就是 Running 值為 0。最終會導致 Stopped 值是 1，代表有一個容器是呈停止狀態的。以上過程和以下程式原理一樣。

```
public class Test {
    public static void main(String[] args) {
    }
}
```

執行此程式後，由於 main() 方法中並沒有任務可供執行，因此處理程序啟動後直接進入銷毀狀態。

4. 命令 docker run 具有創建新容器的特性

現在 Docker 中有一個容器，在終端中連續執行 4 次以下命令。

```
sudo docker run ubuntu
```

最終結果就是創建了 5 個容器，結果如下。

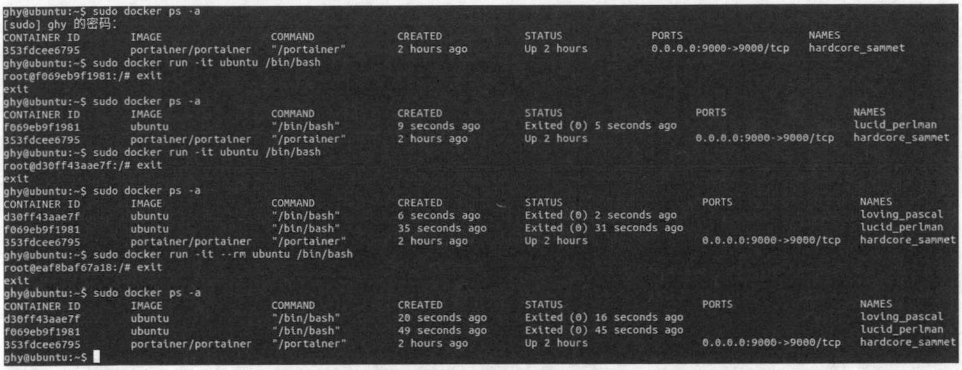

```
ghy@ubuntu:~$ sudo docker info
Containers: 5
 Running: 0
 Paused: 0
 Stopped: 5
Images: 1
Server Version: 18.09.5
```

也就是根據一個 Ubuntu 基礎映像檔創建出了 5 個容器。

5. 命令 docker run--rm 的使用

參數 --rm 代表停止指定的容器後並自動刪除容器（不支援以 docker run -d 啟動的後台容器）。

自動刪除容器如圖 19-17 所示。

圖 19-17　自動刪除容器

6. 命令 docker rm CONTAINER ID 刪除容器

此時需要重置 Docker 環境，把所有的容器刪除掉，使用以下命令刪除容器。

```
sudo docker rm 容器ID
```

命令 docker rm 需要知道容器 ID。

7. 使用 docker ps –a 命令獲得所有容器 ID

想要知道所有容器的 ID，可以使用以下命令。

```
sudo docker ps -a
```

參數 -a 代表顯示所有的容器，不管是執行中的還是未執行的容器，命令
執行後顯示結果如圖 19-18 所示。

```
ghy@ubuntu:~$ sudo docker ps -a
CONTAINER ID    IMAGE       COMMAND       CREATED         STATUS                    PORTS       NAMES
c1011d2084e8    ubuntu      "/bin/bash"   3 minutes ago   Exited (0) 3 minutes ago              fervent_chandrasekhar
a2b39157f2f0    ubuntu      "/bin/bash"   3 minutes ago   Exited (0) 3 minutes ago              flamboyant_ride
49beab7aa565    ubuntu      "/bin/bash"   3 minutes ago   Exited (0) 3 minutes ago              jolly_elbakyan
b54fa5cd0a43    ubuntu      "/bin/bash"   3 minutes ago   Exited (0) 3 minutes ago              inspiring_wescoff
53ba7d856b3d    ubuntu      "/bin/bash"   6 minutes ago   Exited (0) 6 minutes ago              gallant_heisenberg
ghy@ubuntu:~$
```

圖 19-18 所有容器 ID 的顯示結果

列 CONTAINER ID 中的值就是容器的 ID 值。

輸入以下 5 個命令，刪除全部 5 個容器。

```
ghy@ubuntu:~$ sudo docker rm c1011d2084e8
c1011d2084e8
ghy@ubuntu:~$ sudo docker rm a2b39157f2f0
a2b39157f2f0
ghy@ubuntu:~$ sudo docker rm 49beab7aa565
49beab7aa565
ghy@ubuntu:~$ sudo docker rm b54fa5cd0a43
b54fa5cd0a43
ghy@ubuntu:~$ sudo docker rm 53ba7d856b3d
53ba7d856b3d
```

Docker 中的容器為 0，如圖 19-19 所示。

```
ghy@ubuntu:~$ sudo docker ps -a
CONTAINER ID    IMAGE       COMMAND       CREATED       STATUS       PORTS       NAMES
ghy@ubuntu:~$
```

圖 19-19 Docker 中的容器為 0

8. 容器 ID 即容器主機名稱

容器中的終端提示符號如下。

```
root@b0ec2e179496:/#
```

注意：root@ 後面的字串在使用不同的容器時，值會不同。

其中的字串 "b0ec2e179496" 和 IP 位址 "172.17.0.2" 對應，共同設定在容
器中的 /etc/hosts 檔案中，實現根據容器 ID 值 b0ec2e179496 容器 ID 找到
容器的 IP 位址 172.17.0.2，如圖 19-20 所示。

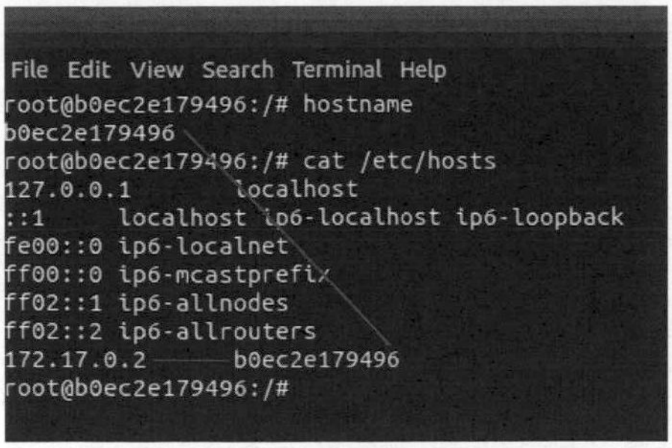

圖 19-20　根據容器 ID 值找到容器 IP 位址

9. 使用 docker run 創建新的容器（無執行任務）

輸入以下命令。

```
ghy@ubuntu:~$ sudo docker run ubuntu
ghy@ubuntu:~$ sudo docker info
Containers: 1
 Running: 0
 Paused: 0
 Stopped: 1
Images: 1
Server Version: 18.09.5
```

創建了新的容器並啟動，但 Running 的值是 0，此基礎知識在前文已經介紹過，原因是空容器中並沒有任務在執行，所以容器啟動後自動被刪除。

既然容器中沒有任務在執行，那麼就可以在容器中增加一個任務讓其執行。

重置實驗環境，刪除剛才創建的容器，命令如圖 19-21 所示。

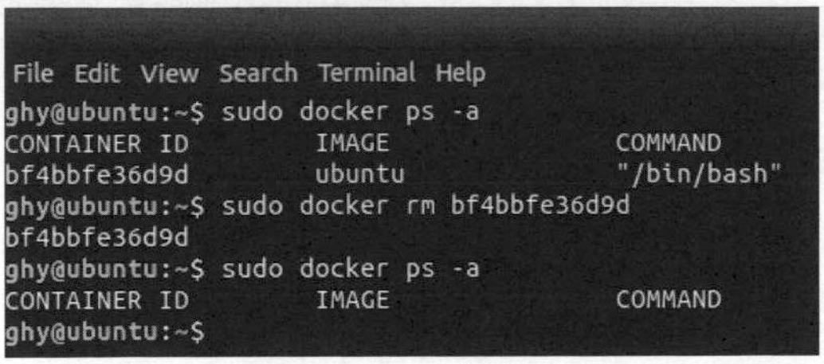

圖 19-21　重置實驗環境

Docker 中不存在任何容器。

10. 使用 docker run 創建新的容器（有執行任務）

使用 docker run 命令創建新容器時，可以增加一個任務讓容器執行，命令如下。

```
ghy@ubuntu:~$ sudo docker run -i -t ubuntu /bin/bash
root@ec35d59a1477:/#
```

上面的命令使用 /bin/bash 作為容器執行的任務。與 bash 進行資訊的輸入與輸出需要增加參數 -i 和 -t。參數 -i 保證容器中的 STDIN 是開啟的，-t 代表容器將分配一個模擬的終端。

在其他終端中輸入以下命令。

```
sudo docker info
```

可以看到 Running 值是 1，並不是 0，說明唯一的容器正在執行中，如圖 19-22 所示。

在 bash 中可以輸入命令，如圖 19-23 所示。

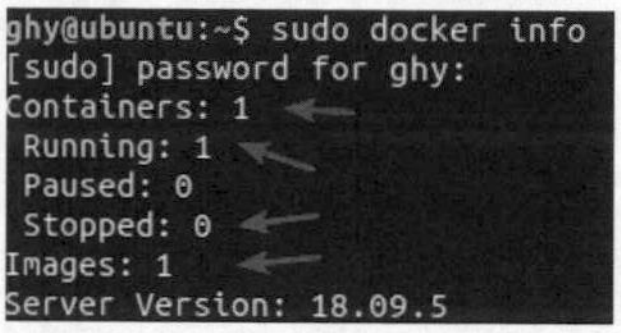

圖 19-22 唯一的容器正在 執行中

圖 19-23 在 bash 中輸入命令

到這一步，基於 Ubuntu 基礎映像檔檔案成功創建並啟動了一個容器。

現在的情況是啟動的容器中並沒有安裝任何的軟體，只有系統中預設的命令，如嘗試輸入 vim 命令看看結果。

```
root@ec35d59a1477:/# vim
bash: vim: command not found
```

該命令用於在容器中安裝 Vim 文字編輯器，步驟如下。

```
root@ec35d59a1477:/# apt-get update
Hit:1 http://security.ubuntu.com/ubuntu...
Reading package lists... Done
```

```
root@ec35d59a1477:/# apt install vim
Reading package lists... Done
Building dependency tree
Reading state information... Done
```

如果沒有顯示出錯，則成功安裝 Vim 文字編輯器，就可以在 Docker 容器中使用 Vim 文字編輯器了。

執行 vim 命令後進入 Vim 文字編輯器，按 "ESC" 鍵，再輸入 ":q" 退出 Vim 文字編輯器。

11. 使用 exit 命令退出容器中的 bash

輸入 exit 命令，效果如下。

```
root@b0ec2e179496:/# exit
exit
ghy@ubuntu:~$
```

退回到宿主作業系統的終端介面。

再執行以下命令。

```
ghy@ubuntu:~$ sudo docker info
Containers: 1
 Running: 0
 Paused: 0
 Stopped: 1
Images: 1
Server Version: 18.09.5
```

Running 值為 0，容器中的 bash 退出了，沒有任務執行了，容器刪除，處理程序銷毀。

12. 使用 docker run –d 創建後台容器處理程序

參數 -d 使啟動的容器轉為後台執行。

範例命令如圖 19-24。

```
ghy@ubuntu:~$ sudo docker ps
CONTAINER ID    IMAGE           COMMAND         CREATED         STATUS          PORTS       NAMES
ghy@ubuntu:~$ sudo docker run -d -i -t ubuntu /bin/bash
e7db1688fb69e41eb483d0491d4967490371938cc1dc977ecbe56d12b0923729
ghy@ubuntu:~$ sudo docker ps
CONTAINER ID    IMAGE           COMMAND         CREATED         STATUS          PORTS       NAMES
e7db1688fb69    ubuntu          "/bin/bash"     4 seconds ago   Up 2 seconds                priceless_ganguly
```

圖 19-24 範例命令

13. 使用 docker stop 停止容器

使用以下命令停止容器。

```
sudo docker stop 容器ID
```

19.10.3 使用 sudo docker ps 和 sudo docker ps -a 命令

sudo docker ps –a 命令用於查看所有的容器，包括正在執行和已經停止的
容器。

sudo docker ps 命令用於查看正在執行的容器。

執行結果如圖 19-25 所示。

```
ghy@ubuntu:~$ sudo docker ps -a
CONTAINER ID    IMAGE         COMMAND        CREATED          STATUS                        PORTS        NAMES
b0ec2e179496    ubuntu        "/bin/bash"    15 minutes ago   Exited (0) 2 minutes ago                   clever_diffie
ghy@ubuntu:~$ sudo docker ps
CONTAINER ID    IMAGE         COMMAND        CREATED          STATUS                        PORTS        NAMES
ghy@ubuntu:~$
```

圖 19-25 執行結果

- CONTAINER ID：容器 ID。
- IMAGE：容器來自哪個映像檔。
- COMMAND：容器最後執行的命令。
- CREATED：容器創建的時間。
- STATUS：容器退出時的狀態。
- PORTS：容器的通訊埠。
- NAMES：容器的名稱。

19.10.4 使用 docker logs 命令

docker logs 命令用於查看容器記錄檔，使用範例如圖 19-26 所示。

```
root@ghy-VirtualBox:/home/ghy# docker ps
CONTAINER ID    IMAGE                                                  COMMAND                 CREATED        STATUS        PORTS                                 NAMES
cb590e917299    registry.cn-hangzhou.aliyuncs.com/helowin/oracle_11g   "/bin/sh -c '/home/o…"  2 hours ago    Up 2 hours    0.0.0.0:1521->1521/tcp                oracle11g
eea1cb3d772b    mysql:8.0.18                                           "docker-entrypoint.s…"  2 hours ago    Up 2 hours    0.0.0.0:3306->3306/tcp, 33060/tcp     mysql
721ec95003c1    portainer/portainer                                    "/portainer"            2 hours ago    Up 2 hours    0.0.0.0:9000->9000/tcp                portainer
root@ghy-VirtualBox:/home/ghy# docker logs eea
2019-11-01 06:52:57+00:00 [Note] [Entrypoint]: Entrypoint script for MySQL Server 8.0.18-1debian9 started.
2019-11-01 06:52:57+00:00 [Note] [Entrypoint]: Switching to dedicated user 'mysql'
2019-11-01 06:52:57+00:00 [Note] [Entrypoint]: Entrypoint script for MySQL Server 8.0.18-1debian9 started.
2019-11-01 06:52:57+00:00 [Note] [Entrypoint]: Initializing database files
2019-11-01T06:52:57.8133052 0 [Warning] 'Disabling symbolic links using --skip-symbolic-links (or equivalent) is the default. Consider not using this option as it' is
ill be removed in a future release.
2019-11-01T06:52:57.8134062 0 [System] [MY-013169] [Server] /usr/sbin/mysqld (mysqld 8.0.18) initializing of server in progress as process 46
2019-11-01T06:52:59.5130832 5 [Warning] [MY-010453] [Server] root@localhost is created with an empty password ! Please consider switching off the --initialize-insecure option.
2019-11-01 06:53:02+00:00 [Note] [Entrypoint]: Database files initialized
2019-11-01 06:53:02+00:00 [Note] [Entrypoint]: Starting temporary server
```

圖 19-26 docker logs 命令使用範例

19.10.5 使用 sudo docker rename oldName newName 命令對容器重新命名

對容器 ID 值是 b0ec2e179496 的容器，Docker 給了預設的名稱 clever_diffie，如圖 19-27 所示。

圖 19-27 預設的名稱

可以使用以下命令對容器重新命名。

```
sudo docker rename clever_diffie my1
```

執行結果如圖 19-28 所示。

圖 19-28 重新命名執行結果

容器的名稱儘量起得有意義。

19.10.6 使用 docker start 命令啟動容器

使用 docker start 命令啟動容器時需要考慮兩種情況。

- 原有的容器中有任務在執行。
- 原有的容器中無任務在執行。

本節對這兩種情況分別進行測試。

1. 原有的容器中有任務在執行

> **注意**：重置實驗環境，刪除所有容器，Docker 中沒有任何的容器，如圖 19-29 所示。

圖 19-29 重置實驗環境

使用以下命令在 A 終端中創建容器並啟動。

```
ghy@ubuntu:~$ sudo docker run -i -t ubuntu /bin/bash
root@af76c4e1c4cc:/#
```

然後在 B 終端中輸入以下命令查看容器狀態，如圖 19-30 所示。

```
sudo docker ps -a
sudo docker ps
```

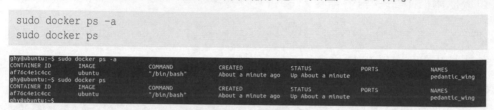

圖 19-30 查看容器狀態

Docker 中唯一的容器 af76c4e1c4cc 在執行中。

在終端 B 中輸入圖 19-31 所示命令停止容器。

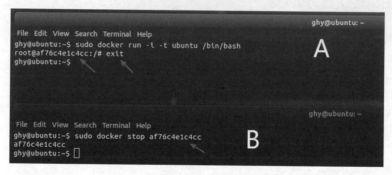

圖 19-31 停止容器

容器 af76c4e1c4cc 中有 bash 任務在執行，被終端 B 停止了，並沒有發現在執行中的容器，如圖 19-32 所示。

圖 19-32 沒有發現在執行中的容器

在 A 終端中輸入以下命令。

```
sudo docker start af76c4e1c4cc
```

啟動原有的容器，如圖 19-33 所示。

圖 19-33 啟動原有的容器

確認容器是否已經執行，如圖 19-34 所示。

圖 19-34 確認容器是否已經執行

容器在執行中，並沒有被刪除，說明容器中的 bash 任務在執行，使用以下命令連接到 bash 任務。

```
sudo docker attach af76c4e1c4cc
```

執行結果如圖 19-35 所示。

圖 19-35 執行結果

說明啟動一個有任務執行的容器，容器會繼續執行任務，並沒有被刪除。

2. 原有的容器中無任務在執行

> **注意**：重置實驗環境，刪除所有容器，Docker 中沒有任何容器，如圖 19-36 所示。

圖 19-36 重置實驗環境

使用以下命令在 A 終端中創建容器並啟動。

```
ghy@ubuntu:~$ sudo docker run ubuntu
ghy@ubuntu:~$
```

然後在 B 終端中輸入以下命令查看容器狀態。

```
sudo docker ps -a
sudo docker ps
```

如圖 19-37 所示。

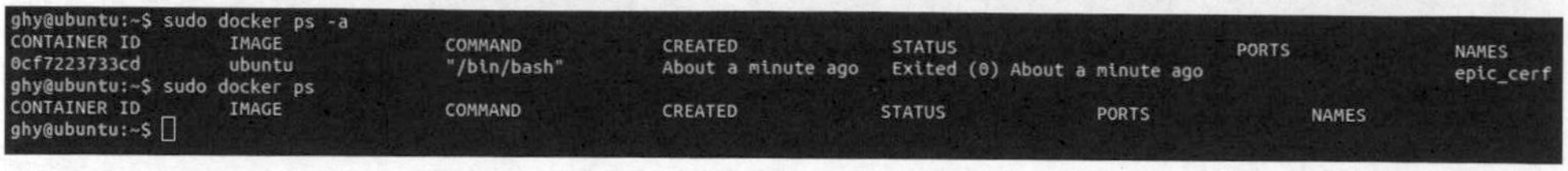

圖 19-37 查看容器狀態

Docker 中唯一的容器 0cf7223733cd 並沒有執行。

然後在 A 終端中輸入以下命令啟動原有的容器。

```
ghy@ubuntu:~$ sudo docker start 0cf7223733cd
0cf7223733cd
ghy@ubuntu:~$
```

確認容器是否已經執行,如圖 19-38 所示。

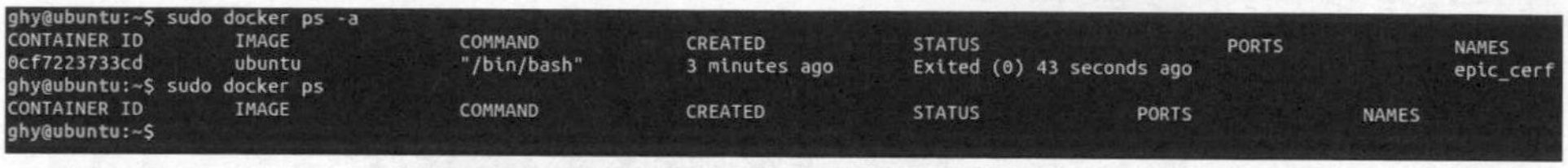

圖 19-38 確認容器是否已經執行

很可惜,容器不在執行狀態,說明啟動一個無任務執行的容器,容器不會繼續執行任務,容器啟動後處理程序立即被刪除。

19.10.7 使用 docker attach 命令連結容器

當容器是後台執行時期,想要進入容器可以使用 docker attach 命令。

命令範例如圖 19-39 所示。

```
ghy@ubuntu:~$ sudo docker attach e7db1688fb69
root@e7db1688fb69:/# ll
total 72
drwxr-xr-x   1 root root 4096 Apr 15 05:55 ./
drwxr-xr-x   1 root root 4096 Apr 15 05:55 ../
-rwxr-xr-x   1 root root    0 Apr 15 05:55 .dockerenv*
drwxr-xr-x   2 root root 4096 Mar  7 21:01 bin/
drwxr-xr-x   2 root root 4096 Apr 24  2018 boot/
drwxr-xr-x   5 root root  360 Apr 15 05:56 dev/
drwxr-xr-x   1 root root 4096 Apr 15 05:55 etc/
drwxr-xr-x   2 root root 4096 Apr 24  2018 home/
drwxr-xr-x   8 root root 4096 May 23  2017 lib/
drwxr-xr-x   1 root root 4096 Mar  7 21:00 lib64/
drwxr-xr-x   2 root root 4096 Mar  7 21:00 media/
drwxr-xr-x   2 root root 4096 Mar  7 21:00 mnt/
drwxr-xr-x   2 root root 4096 Mar  7 21:00 opt/
dr-xr-xr-x 298 root root    0 Apr 15 05:55 proc/
drwx------   2 root root 4096 Mar  7 21:01 root/
drwxr-xr-x   1 root root 4096 Mar 12 00:20 run/
drwxr-xr-x   1 root root 4096 Mar 12 00:20 sbin/
drwxr-xr-x   2 root root 4096 Mar  7 21:00 srv/
dr-xr-xr-x  13 root root    0 Apr 15 05:55 sys/
drwxrwxrwt   2 root root 4096 Mar  7 21:01 tmp/
drwxr-xr-x   1 root root 4096 Mar  7 21:00 usr/
drwxr-xr-x   1 root root 4096 Mar  7 21:01 var/
root@e7db1688fb69:/#
```

圖 19-39 命令範例

19.10.8 使用 **docker exec** 命令在容器中執行命令

在兩個終端中分別輸入圖 19-40 所示命令。

圖 19-40 輸入命令

命令範例如下。

```
ghy@ubuntu:~$ sudo docker exec a0d8a8b86fa4 ls
bin   dev   home   lib64   mnt   proc   run   srv   tmp   var
boot  etc   lib    media   opt   root   sbin  sys   usr
ghy@ubuntu:~$
```

在 Ubuntu 中進入 Docker 中的 Redis 終端的命令如下。

```
docker exec -it redisContainerId /bin/bash
```

19.10.9 使用 **docker restart** 命令重新啟動容器

命令範例如下。

```
ghy@ubuntu:~$ sudo docker restart a0d8a8b86fa4
```

19.10.10 使用 docker cp 命令複製檔案到容器中

docker cp 命令的使用格式如下。

```
sudo docker cp 檔案名稱 容器ID:/容器中的資料夾
```

命令範例如下。

```
sudo docker cp d.zip f35f5f93171e:/
```

可以向 Running 和 Stopped 狀態的容器複製檔案。

19.10.11 解決 Docker 顯示中文亂碼

進入容器並在容器中執行 ls 命令出現亂碼，如圖 19-41 所示。

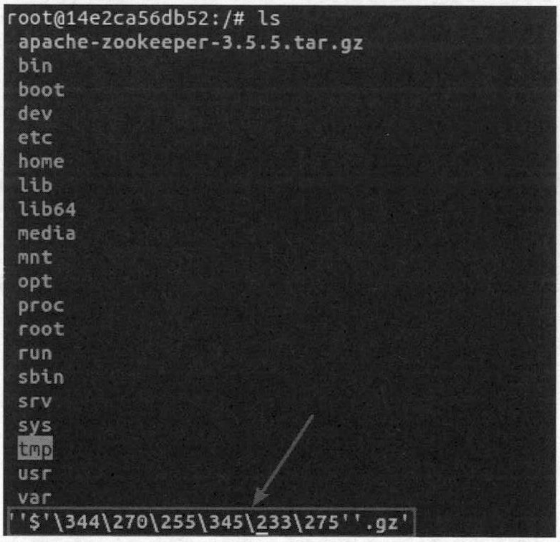

圖 19-41 出現亂碼

後面的命令全部在容器中執行。

查看容器支援的語言。

```
root@14e2ca56db52:/# locale -a
C
C.UTF-8
POSIX
```

執行命令更新軟體清單。

```
apt-get update
```

執行命令安裝 Vim 文字編輯器。

```
apt install vim
```

輸入命令編輯檔案。

```
vi /etc/profile
```

進入 Vim 文字編輯器後按 "i" 進入插入模式,然後在最後增加以下設定。

```
export LANG=C.UTF-8
```

增加完設定後的程式如圖 19-42 所示。

按 "Esc" 鍵保存並退出。

執行以下命令重新載入設定。

```
source /etc/profile
```

圖 19-42 添加完配置後的程式

再次執行 ls 命令成功看到中文,命令如下。

```
root@14e2ca56db52:/# ls
apache-zookeeper-3.5.5.tar.gz   home    opt    srv    中國.gz
bin                             lib     proc   sys
boot                            lib64   root   tmp
dev                             media   run    usr
etc                             mnt     sbin   var
root@14e2ca56db52:/#
```

此方法屬於臨時性解決亂碼,重新啟動 Docker 容器後又出現亂碼,這時可以執行以下命令,重新載入設定即可。

```
source /etc/profile
```

19.10.12 安裝 ifconfig 命令

當在容器中獲得網路相關資訊時,提示沒有找到 ping 和 ifconfig 命令,測試如下。

```
root@f35f5f93171e:/# ping
bash: ping: command not found
root@f35f5f93171e:/# ifconfig
bash: ifconfig: command not found
root@f35f5f93171e:/#
```

使用以下命令進行安裝。

```
apt-get update
apt install iputils-ping
apt install net-tools
```

19.11 映像檔檔案操作

本節將介紹在 Docker 中創建映像檔。

19.11.1 使用 docker images 命令獲得映像檔檔案資訊

輸入圖 19-43 所示命令,根據 Ubuntu 基礎映像檔檔案來創建 3 個容器。

```
ghy@ubuntu:~$ sudo docker run --name my1 -i -t ubuntu /bin/bash
root@379ec02c543f:/# exit
exit
ghy@ubuntu:~$ sudo docker run --name my2 -i -t ubuntu /bin/bash
root@39c6cd29b44f:/# exit
exit
ghy@ubuntu:~$ sudo docker run --name my3 -i -t ubuntu /bin/bash
root@13faff821d9a:/# exit
exit
ghy@ubuntu:~$ sudo docker ps
CONTAINER ID    IMAGE       COMMAND       CREATED        STATUS              PORTS         NAMES
ghy@ubuntu:~$ sudo docker ps -a
CONTAINER ID    IMAGE       COMMAND       CREATED        STATUS              PORTS         NAMES
13faff821d9a    ubuntu      "/bin/bash"   17 seconds ago Exited (0) 15 seconds ago         my3
39c6cd29b44f    ubuntu      "/bin/bash"   23 seconds ago Exited (0) 21 seconds ago         my2
379ec02c543f    ubuntu      "/bin/bash"   31 seconds ago Exited (0) 28 seconds ago         my1
ghy@ubuntu:~$
```

圖 19-43　輸入命令

命令 docker ps 顯示的是容器的資訊。

命令 docker images 顯示的是映像檔檔案的資訊,如圖 19-44 所示。

```
ghy@ubuntu:~$ sudo docker images
REPOSITORY          TAG            IMAGE ID            CREATED         SIZE
ubuntu              latest         94e814e2efa8        4 weeks ago     88.9MB
ghy@ubuntu:~$
```

圖 19-44　顯示映像檔檔案的資訊

- REPOSITORY：映像檔檔案來自哪個倉庫。
- TAG：映像檔檔案的標記，主要是為了區分相同倉庫中的不同映像檔檔案。
- IMAGE ID：映像檔檔案的 ID 標識。
- CREATED：映像檔檔案創建的時間。
- SIZE：映像檔檔案的大小。

19.11.2 映像檔檔案的標識

如果同一個倉庫中的某一個映像檔檔案有很多版本時，可以使用以下格式標識某一個具體的映像檔檔案。

```
REPOSITORY: TAG
```

中間使用冒號進行分隔。

REPOSITORY 和 TAG 的資訊可以執行 docker images 命令進行獲得，如圖 19-45 所示。

圖 19-45 執行命令（一）

根據映像檔檔案標識創建並啟動容器，執行命令如圖 19-46 所示。

圖 19-46 執行命令（二）

在使用 docker run 命令時，如果沒有指定 TAG，則預設使用 latest 作為 TAG，以下兩筆命令作用相同。

```
sudo docker run ubuntu
sudo docker run ubuntu:latest
```

19.11.3　Dockerfile 與 docker build 命令介紹

創建映像檔可以使用 Dockerfile 指令稿。Dockerfile 檔案裡面儲存的就是創建映像檔檔案所有在終端中要執行的命令，實現批次處理創建映像檔檔案，不用一行一行地在終端中輸入並執行命令。

使用 docker build 命令從 Dockerfile 檔案創建 Image 映像檔檔案。docker build 命令可以使用 PATH 或 URL 屬性來指定 Dockerfile 檔案的位置。PATH 屬性代表從本地路徑獲取，而 URL 屬性代表從 git 倉庫獲取。

> **注意**：使用 docker build 命令之前需要單獨創建 1 個資料夾，千萬不要在 / 根目錄下執行此命令，因為它會將 / 路徑中所有資源進行存取，並傳輸到 Docker 守護處理程序裡，佔用大量系統資源。

可以在 Dockerfile 檔案存放的當前資料夾中直接執行以下命令。

```
docker build
```

它會預設載入檔案名稱為 Dockerfile 的 Dockerfile 檔案。

如果 Dockerfile 檔案存放在其他資料夾中，可以使用以下命令指定位置。

```
docker build -f /path/to/a/Dockerfile
```

19.11.4　為 Ubuntu 增加快顯功能表創建檔案

預設情況下，在 Ubuntu 中點擊滑鼠右鍵打開的快顯功能表中沒有「新建檔案」的命令，如圖 19-47 所示。

繼續操作，在「家目錄」中找到「模板 (模板)」資料夾，如圖 19-48 所示。

圖 19-47 沒有「新建檔案」命令

圖 19-48 找到「模板」資料夾

進入「模板」資料夾，但內容為空，如圖 19-49 所示。

點擊滑鼠右鍵選擇「以終端機開啟」命令，如圖 19-50 所示。

圖 19-49 模板資料夾內容為空

圖 19-50 選擇「以終端機開啟」命令

在終端中輸入以下命令。

```
sudo gedit 新建文字檔
```

彈出一個空檔案，不要編輯，直接點擊右上角的「保存」按鈕，如圖 19-51 所示。

圖 19-51 點擊「保存」按鈕

關閉文字編輯器，終端顯示內容如圖 19-52 所示。

圖 19-52 顯示內容

出現一個 WARNING 警告資訊，但不是異常資訊也不是錯誤訊息。「模板」資料夾中出現了「新建文字檔」檔案，如圖 19-53 所示。

該檔案就是一個模板檔案。當點擊滑鼠右鍵後出現了「新建文字檔」命令，就可以新建文字檔了，如圖 19-54 所示。

圖 19-53「新建文字檔」檔案 　　　　圖 19-54 可以新建文字檔

19.11.5 創建最簡 Dockerfile 指令稿

Dockerfile 檔案中命令的語法格式如下。

```
# Comment
INSTRUCTION arguments
```

註釋以 # 開頭。

指令 INSTRUCTION 雖然不區分大小寫，但建議還是以大寫為主。

參數 arguments 代表傳給指令 INSTRUCTION 的附加資訊。

執行 Dockerfile 檔案中的指令稿是從上到下一行一行執行的。

通常來說，Dockerfile 檔案以 "FROM" 開頭，代表創建的映像檔來自哪個基礎映像檔。

在資料夾 /home/ghy/Downloads/dockerTest1 中創建 Dockerfile 檔案，初始內容如下。

```
#我是註釋
FROM ubuntu
MAINTAINER gaohongyan "279377921@qq.com"
```

編輯 Dockerfile 檔案，如圖 19-55 所示。

圖 19-55　編輯 Dockerfile 檔案

Docker 守護處理程序一個一個執行 Dockerfile 檔案中的指令，並且將每個指令的執行結果提交到新映像檔中，最後輸出新映像檔的 ID 值。

在使用 Docker 的過程中，我們基本不用自己編寫 Dockerfile 檔案，因為官網已經提供了常用軟體的執行環境的映像檔檔案，我們只需要引用即可。

19.11.6 使用 docker build 命令創建映像檔檔案——倉庫名 / 映像檔檔案名稱

在 /home/ghy/Downloads/dockerTest1 路徑中執行以下命令創建映像檔檔案。

```
sudo docker build -t "ghy/my1" .
```

注意：命令結尾有小數點，不可缺少，而且 "ghy/my1" 和 "." 之間有空格。該命令預設會載入檔案名稱為 Dockerfile 的所有 Dockerfile 檔案。

其中 ghy 是倉庫名稱，my1 是映像檔檔案名稱。

程式執行結果如下。

```
ghy@ubuntu:~/Downloads/dockerTest1$ sudo docker build -t "ghy/my1" .
Sending build context to Docker daemon  2.048kB
Step 1/2 : FROM ubuntu
 ---> 94e814e2efa8
Step 2/2 : MAINTAINER gaohongyan "279377921@qq.com"
 ---> Running in 609d2de5144d
Removing intermediate container 609d2de5144d
 ---> e489be58a004
Successfully built e489be58a004
Successfully tagged ghy/my1:latest
ghy@ubuntu:~/Downloads/dockerTest1$
```

創建映像檔檔案過程中沒有出現異常，映像檔檔案創建成功，如圖 19-56 所示。

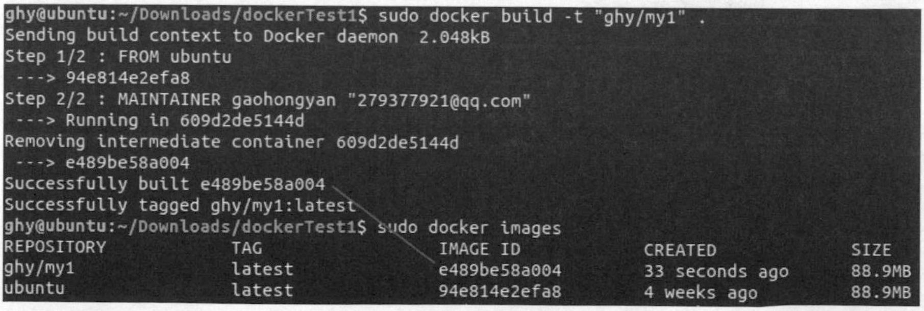

圖 19-56 映像檔檔案創建成功

19.11.7 使用 **docker build** 命令創建映像檔檔案——倉庫名 / 映像檔檔案名稱：標記

命令範例如下。

```
sudo docker build -t "ghy/my2:versionX" .
```

格式如下。

倉庫名 / 映像檔檔案名稱：標記。

執行結果如圖 19-57 所示。

```
ghy@ubuntu:~/Downloads/dockerTest1$ sudo docker build -t "ghy/my2:versionX" .
Sending build context to Docker daemon  2.048kB
Step 1/2 : FROM ubuntu
 ---> 94e814e2efa8
Step 2/2 : MAINTAINER gaohongyan "I     @qq.com"
 ---> Using cache
 ---> e489be58a004
Successfully built e489be58a004
Successfully tagged ghy/my2:versionX
ghy@ubuntu:~/Downloads/dockerTest1$ sudo docker images
REPOSITORY            TAG        IMAGE ID        CREATED            SIZE
ghy/my1               latest     e489be58a004    About a minute ago  88.9MB
ghy/my2               versionX   e489be58a004    About a minute ago  88.9MB
ubuntu                latest     94e814e2efa8    4 weeks ago         88.9MB
portainer/portainer   latest     19d07168491a    5 weeks ago         74.1MB
```

圖 19-57 執行結果

19.11.8 使用 **docker build** 命令創建多個映像檔檔案——倉庫名 / 映像檔檔案名稱：標記

使用以下命令可以創建多個映像檔檔案。

```
sudo docker build -t "ghy1/my1:version1" -t "ghy2/my2:version2" .
```

執行結果如圖 19-58 所示。

```
ghy@ubuntu:~/Downloads/dockerTest1$ sudo docker build -t "ghy1/my1:version1" -t "ghy2/my2:version2" .
Sending build context to Docker daemon  2.048kB
Step 1/2 : FROM ubuntu
 ---> 94e814e2efa8
Step 2/2 : MAINTAINER gaohongyan "I     @qq.com"
 ---> Using cache
 ---> e489be58a004
Successfully built e489be58a004
Successfully tagged ghy1/my1:version1
Successfully tagged ghy2/my2:version2
ghy@ubuntu:~/Downloads/dockerTest1$ sudo docker images
REPOSITORY            TAG        IMAGE ID        CREATED         SIZE
ghy1/my1              version1   e489be58a004    8 minutes ago   88.9MB
ghy2/my2              version2   e489be58a004    8 minutes ago   88.9MB
ghy/my1               latest     e489be58a004    8 minutes ago   88.9MB
ghy/my2               versionX   e489be58a004    8 minutes ago   88.9MB
ubuntu                latest     94e814e2efa8    4 weeks ago     88.9MB
portainer/portainer   latest     19d07168491a    5 weeks ago     74.1MB
ghy@ubuntu:~/Downloads/dockerTest1$
```

圖 19-58 執行結果

19.11.9 使用 docker rmi 命令刪除映像檔檔案

刪除映像檔檔案前必須要將引用映像檔檔案的容器停止，不然不能刪除映像檔檔案。

刪除映像檔檔案的命令如下。

```
ghy@ubuntu:~/Downloads/dockerfile$ sudo docker images
REPOSITORY      TAG           IMAGE ID        CREATED          SIZE
ghy/my1         latest        29d201650a17    25 seconds ago   64.2MB
ghy/my2         tag1          29d201650a17    25 seconds ago   64.2MB
ghy/my2         tag2          29d201650a17    25 seconds ago   64.2MB
ghy/my2         tag3          29d201650a17    25 seconds ago   64.2MB
ubuntu          latest        2ca708c1c9cc    3 weeks ago      64.2MB
ghy@ubuntu:~/Downloads/dockerfile$ sudo docker rmi ghy/my1
Untagged: ghy/my1:latest
ghy@ubuntu:~/Downloads/dockerfile$ sudo docker rmi ghy/my2
Error: No such image: ghy/my2
ghy@ubuntu:~/Downloads/dockerfile$ sudo docker rmi ghy/my2:tag1
Untagged: ghy/my2:tag1
ghy@ubuntu:~/Downloads/dockerfile$ sudo docker rmi ghy/my2:tag2
Untagged: ghy/my2:tag2
ghy@ubuntu:~/Downloads/dockerfile$ sudo docker rmi ghy/my2:tag3
Untagged: ghy/my2:tag3
Deleted: sha256:29d201650a17a3d1fe4ea1abceca822a7ca7edf62c63c45e2d9f257bd8356476
ghy@ubuntu:~/Downloads/dockerfile$ sudo docker images
REPOSITORY      TAG           IMAGE ID        CREATED          SIZE
ubuntu          latest        2ca708c1c9cc    3 weeks ago      64.2MB
ghy@ubuntu:~/Downloads/dockerfile$
```

19.12 容器管理主控台 portainer

使用容器管理主控台 portainer 可以以圖形化的方式查看 Docker 的狀態資訊。

19.12.1 使用 docker search 命令搜索映像檔檔案

輸入以下命令搜索 portainer 映像檔檔案。

```
sudo docker search portainer
```

搜索 portainer 映像檔檔案，如圖 19-59 所示。

```
ghy@ubuntu:~$ sudo docker search portainer
NAME                              DESCRIPTION                                     STARS               OFFICIAL            AUTOMATED
portainer/portainer               Making Docker management easy. https://porta…   1092
hypriot/rpi-portainer             A web interface for the Docker engine. Dead …   42
portainer/agent                   An agent used to manage all the resources in…   27
portainer/templates               App Templates for Portainer http://portainer…   13
lihaixin/portainer                docker ui                                       3                                       [OK]
portainer/golang-builder          Utility to build Golang binaries.               3                                       [OK]
portainerci/portainer             Portainer images automatically created via P…   2
softonic/portainer-endpoint       Allows auto register all the swarm nodes in …   1                                       [OK]
stefanscherer/portainer           Portainer for Windows 1809 and some older In…   1
hassioaddons/portainer                                                            1
voltha/voltha-portainer           Portainer support for VOLTHA                    0
rancher/portainer-agent                                                           0
nenadilic84/portainer                                                             0
flochtililoch/armv7l-portainer                                                    0
portainer/base                    Multi-stage build image to create the Portai…   0                                       [OK]
portainerci/agent                 Portainer agent images automatically created…   0
rodjers/portainer                 Swarm portainer                                 0
helloysd/portainer                                                                0
11384eb/portainer                                                                 0
ssbkang/portainer                                                                 0
scififarms/technocore-portainer   The Portainer component of TechnoCore. Provi…   0                                       [OK]
portainer/angular-builder         Builder image for Portainer frontend.           0                                       [OK]
j0nnylester/portainer             portainer running on a Raspberry Pi             0
jiangxinshang/portainer           可在loongson的mips64el平台运行的portainer                  0
ollijanatuinen/portainer          debug/development versions of portainer         0
ghy@ubuntu:~$
```

圖 19-59 搜索 portainer 映像檔檔案

19.12.2 使用 docker pull 命令拉取映像檔檔案

輸入以下命令拉取 portainer 映像檔檔案。

```
sudo docker pull portainer/portainer
```

拉取 portainer 映像檔檔案，如圖 19-60 所示。

```
ghy@ubuntu:~$ sudo docker pull portainer/portainer
Using default tag: latest
latest: Pulling from portainer/portainer
d1e017099d17: Pull complete
0b1e707a06d2: Pull complete
Digest: sha256:5702df0ee639d9e003eee626d905e7d4d7ee1a2c7d40a7ec961e3996924f0285
Status: Downloaded newer image for portainer/portainer:latest
ghy@ubuntu:~$
```

圖 19-60 拉取 portainer 映像檔檔案

查看本地映像檔檔案清單，如圖 19-61 所示。

```
ghy@ubuntu:~$ sudo docker images
REPOSITORY            TAG                 IMAGE ID            CREATED             SIZE
ubuntu                latest              94e814e2efa8        4 weeks ago         88.9MB
portainer/portainer   latest              19d07168491a        5 weeks ago         74.1MB
ghy@ubuntu:~$
```

圖 19-61 查看本地映像檔檔案清單

19.12.3 創建資料卷冊

命令如下。

```
[ghy@localhost ~]$ sudo docker volume create portainer_data
[sudo] ghy 的密碼：
portainer_data
[ghy@localhost ~]$
```

Docker 中的資料可以儲存在類似於虛擬機器磁碟的地方，在 Docker 中稱為資料卷冊（Data Volume）。資料卷冊可以用來儲存 Docker 應用的資料，也可以用來在容器間進行資料共用。資料卷冊呈現給容器的形式就是一個目錄，支援多個容器間共用，修改資料卷冊也不會影響映像檔檔案。

19.12.4 通訊埠映射與執行 portainer

宿主機與容器間的通訊可以使用通訊埠映射機制來完成，映射結構如圖 19-62 所示。

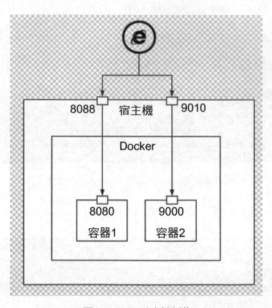

圖 19-62 映射結構

執行以下命令。

```
sudo docker run -d -p 9000:9000 --name portainer -v /var/run/docker.sock:/var/
run/ docker.sock -v portainer_data:/data portainer/portainer
```

創建的容器可以指定名稱，使用 **--name** 參數。冒號前面的 9000 代表宿主機的通訊埠，冒號後面的 9000 代表容器的通訊埠，透過宿主機 9000 這個通訊埠來存取容器 9000 的通訊埠，實現宿主機與容器的通訊，這就是通訊埠映射機制。

執行 portainer，終端顯示結果如下。

```
sudo docker run -d -p 9000:9000 --name portainer -v /var/run/docker.sock:/var/
run/docker.sock -v portainer_data:/data portainer/portainer
f11b10e0cd3a9aa61ddefcbaa6cb5b870b5495d786af0a58f2554c0fd2ed5261
```

成功創建 portainer 容器。

19.12.5 進入 portainer 查看 Docker 狀態資訊

在瀏覽器中輸入以下網址。

```
http://localhost:9000
```

顯示 portainer 的登入介面如圖 19-63 所示。

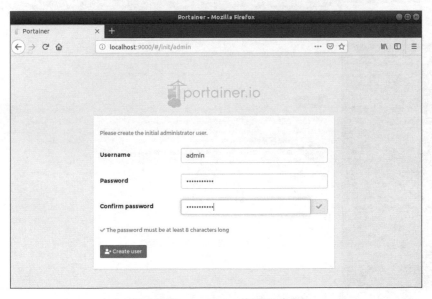

圖 19-63 protainer 的登入介面

輸入初始化密碼並確認密碼，點擊 "Create user" 按鈕創建使用者，顯示介面如圖 19-64 所示。

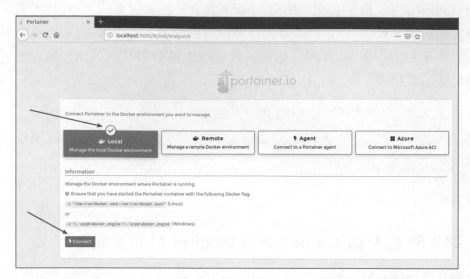

圖 19-64 顯示介面（一）

點擊 "Local" 選項和 "Connect" 按鈕，顯示介面如圖 19-65 所示。

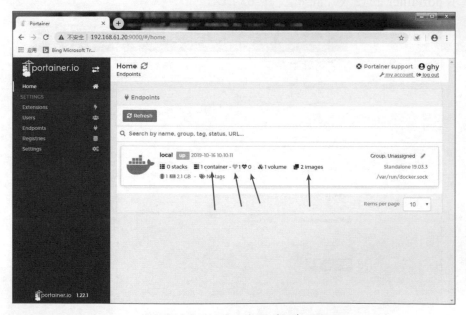

圖 19-65 顯示介面（二）

點擊鯨魚圖示（見圖 19-65）後再點擊 Containers 連結，顯示使用者介面如圖 19-66 所示。

圖 19-66　顯示使用者介面

裡面顯示只有 portainer 容器在執行。

再來看看 Docker 中有幾個映像檔檔案，映像檔檔案清單和資訊如圖 19-67所示。

圖 19-67　映像檔檔案清單和資訊

一共兩個映像檔檔案。

19.13 Docker 元件

圖 19-68 顯示的內容就是 Docker 的核心元件。

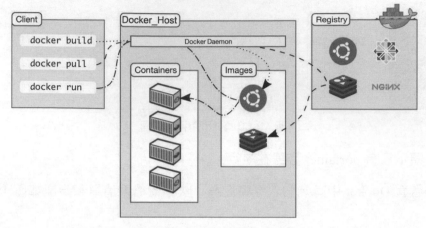

圖 19-68 Docker 的核心元件

- Client 是 Docker Client 命令，使用這些 Client 命令可以控制 Docker 伺服器的行為。
- Docker Host 是宿主作業系統，常用的就是 Linux。
- Docker Daemon 是守護處理程序，負責用戶端與伺服器間的資料傳輸、互動、通訊，這些都需要 Docker Daemon 進行中轉。
- Images 是映像檔檔案，就是軟體執行環境的靜態表示。
- Containers 是容器就是映像檔檔案的動態表示，是軟體的執行環境。
- Registry 是元件，可以提供映像檔檔案的遠端存放功能，把在本地製作完成的映像檔檔案上傳到 Registry 中心，實現全球共用。

19.14 網路模式：橋接模式

橋接（Bridge）模式結構如圖 19-69 所示。

當使用 IP 位址。192.168.1.123:6379 存取時，會進入 IP 位址為 192.168.1.123 的 Ubuntu 作業系統，由於 Docker 已經在 Ubuntu 做了通訊埠映射，所以

IP 位址 192.168.1.123:6379 會被 docker0 網路卡轉接到 172.172.1.1:6379 的
Redis 容器中，透過 docker0 這個「橋」實現了外界與容器之間的通訊。

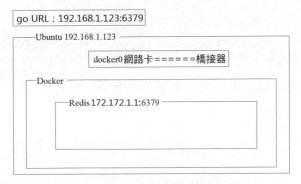

圖 19-69 橋接模式結構

橋接模式是 Docker 預設的網路模式。

19.14.1 測試橋接模式

創建 portainer 容器時，預設使用的就是橋接模式，查看資訊，如圖 19-70
所示。

圖 19-70 查看資訊（一）

橋接網路和宿主網路是兩個隔離的空間，具有自己私有的網路環境，創建出來的 portainer 容器被 Docker 分配了 IP 位址 172.17.0.2。

執行以下命令。

```
sudo docker run -d -p 9000:9000 --name portainer --network bridge -v /var/run/
docker.sock:/var/run/docker.sock -v portainer_data:/data portainer/portainer
```

以上命令顯性使用橋接網路，查看資訊，如圖 19-71 所示。

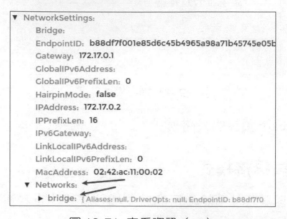

圖 19-71 查看資訊（二）

容器的基本資訊如圖 19-72 所示。

圖 19-72 容器的基本資訊

19.14.2 設定容器使用固定 IP 位址

使用橋接網路時，容器的 IP 位址由 Docker 服務指定。當 Docker 服務重新啟動後，根據容器啟動的順序不同 Docker 會給容器分配不同的 IP 位址，造成容器的 IP 位址不固定，可以設定容器使用固定 IP 位址。

先來看一看 IP 位址不固定的情況，現在的 Redis 容器的 IP 位址如圖 19-73 所示。

圖 19-73　Redis 容器的 IP 位址

將除 portainer 外的所有容器停止，然後單獨啟動 Redis 容器，Redis 容器的 IP 位址發生改變，如圖 19-74 所示。

Name	State ⬍ Filter ▼	Quick actions	Stack	Image	Created	IP Address
redis5.0.6	running	📄 ❶ ⬆ >_	-	redis:5.0.6	2019-11-11 10:41:36	172.17.0.2

圖 19-74　Redis 容器的 IP 位址發生改變

現在不讓 Redis 容器的 IP 位址在重新啟動時發生改變。

執行以下命令創建自訂網路設定。

```
root@ghy-VirtualBox:/home/ghy# docker network ls
NETWORK ID          NAME                DRIVER              SCOPE
e19975e4a98a        bridge              bridge              local
7ce3a1c0e9e8        host                host                local
7c91cc2bf54c        none                null                local
root@ghy-VirtualBox:/home/ghy# docker network create --subnet=188.188.0.0/24
mynetwork
1c22504aa7aefb0af3a866abbc145effa2af3d36d2682dd1bb04b16e260c94bf
root@ghy-VirtualBox:/home/ghy# docker network ls
NETWORK ID          NAME                DRIVER              SCOPE
e19975e4a98a        bridge              bridge              local
7ce3a1c0e9e8        host                host                local
1c22504aa7ae        mynetwork           bridge              local
7c91cc2bf54c        none                null                local
root@ghy-VirtualBox:/home/ghy# docker network inspect mynetwork
[
    {
        "Name": "mynetwork",
        "Id": "1c22504aa7aefb0af3a866abbc145effa2af3d36d2682dd1bb04b16e260c94bf",
        "Created": "2019-11-13T16:56:24.629903721+08:00",
        "Scope": "local",
        "Driver": "bridge",
        "EnableIPv6": false,
        "IPAM": {
```

```
        "Driver": "default",
        "Options": {},
        "Config": [
            {
            "Subnet": "188.188.0.0/24"
            }
        ]
    },
    "Internal": false,
    "Attachable": false,
    "Ingress": false,
    "ConfigFrom": {
        "Network": ""
    },
    "ConfigOnly": false,
    "Containers": {},
    "Options": {},
    "Labels": {}
    }
]
root@ghy-VirtualBox:/home/ghy#
```

刪除舊的 Redis 容器，使用以下命令創建新的 Redis 容器。

```
docker run --name redis5.0.6 --network mynetwork --ip 188.188.0.111 -p
6379:6379 -d redis:5.0.6 --requirepass "accp"
```

新創建的 Redis 容器的 IP 位址如圖 19-75 所示。

圖 19-75　新創建的 Redis 容器的 IP 位址

新 Redis 容器的 IP 位址 188.188.0.111 被固定，不會隨著容器的啟動順序
不同而改變。

19.15　網路模式：主機模式

主機（Host）模式結構如圖 19-76 所示。

創建的容器使用主機模式後，Redis 容器將與 Ubuntu 使用相同的網路環
境，使用位址 192.168.1.123:6379 就可到達 Redis 容器。位址和橋接模式

最大的差別是 Redis 容器沒有自己專屬的 IP 位址,和宿主 Ubuntu 共用同一個 IP 位址。

使用以下命令創建主機模式的 Redis 容器。

```
docker run --name redis5.0.6 --network host -p 6379:6379 -d redis:5.0.6
--requirepass "accp"
```

Redis 容器具體資訊如圖 19-77 所示。

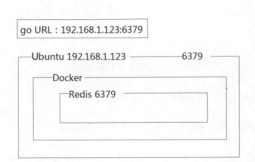

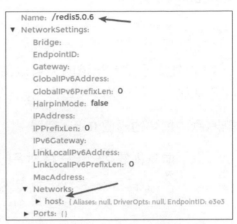

圖 19-76 主機模式結構　　　　圖 19-77 Redis 容器具體資訊

19.16 透過網路別名實現容器之間通訊

宿主與容器之間的通訊可以使用通訊埠映射機制,而容器與容器之間的通訊可以使用 IP 位址進行存取,使用以下兩個命令創建兩個新的 Redis 容器。

```
docker run --name redis1 --network mynetwork --ip 188.188.0.121 -p 6391:6391
-d redis:5.0.6 --requirepass "accp"
```

```
docker run --name redis2 --network mynetwork --ip 188.188.0.122 -p 6392:6392
-d redis:5.0.6 --requirepass "accp"
```

創建了兩個新的 Redis 容器,IP 位址如圖 19-78 所示。

圖 19-78 IP 位址

進入這兩個 Redis 容器，分別 ping 對方，網路是互通的。

安裝 ping 命令。

```
apt-get update
apt-get install inetutils-ping
```

但 IP 位址是不容易記憶的，可以使用網路別名（Netword Alias）的方式進行通訊。

刪除剛才創建的兩個 Redis 容器。

執行以下命令創建兩個帶網路別名的 Redis 容器。

```
docker run --name redis1 --network mynetwork --network-alias redisA -p
6391:6391 -d redis:5.0.6 --requirepass "accp"

docker run --name redis2 --network mynetwork --network-alias redisB -p
6392:6392 -d redis:5.0.6 --requirepass "accp"
```

兩個 Redis 容器創建完畢後可以看到設定的別名，如圖 19-79 所示。

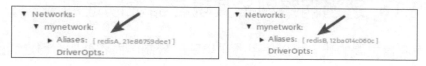

圖 19-79 設置的別名

進入這兩個 Redis 容器，使用別名分別 ping 對方，網路是互通的。

可以使用以下命令。將某一個 Redis 容器加入某一個網路中。

```
docker network connect
```

19.17 常用軟體的 **Docker** 映像檔檔案與容器

很多常用軟體的 Docker 映像檔檔案與容器是可以直接引用的。重置實驗環境，刪除其他多餘的映像檔檔案與容器，只保留 portainer/portainer:latest 映像檔檔案和容器即可，如圖 19-80 所示。

圖 19-80 重置實驗環境

後面創建的容器都使用主機模式。

```
--network host
```

19.17.1 創建 **JDK** 容器

查詢 JDK 映像檔檔案，如圖 19-81 所示。

圖 19-81 查詢 JDK 映像檔檔案

查詢結果如圖 19-82 所示。

圖 19-82 查詢結果

進入 Java SE JDK 頁面,箭頭所示的就是 JDK 的標記,值是 8u232-zulu-ubuntu,如圖 19-83 所示。

圖 19-83 JDK 映像檔檔案的標記

拉取映像檔檔案時要使用這個標記值。

在該頁面中已經提供了如何拉取和執行映像檔檔案的具體命令,如圖 19-84 所示。

圖 19-84 如何拉取和執行映像檔檔案的具體命令

其中冒號後面的 tag 就是 8u232-zulu-ubuntu,完整的拉到命令如下。

```
sudo docker pull mcr.microsoft.com/java/jdk:8u232-zulu-ubuntu
```

執行上面的命令拉取 JDK 映像檔檔案成功後的結果如圖 19-85 所示。

圖 19-85 拉取 JDK 映像檔檔案成功後的結果

成功將 JDK 映像檔檔案拉取到本地，如圖 19-86 所示。

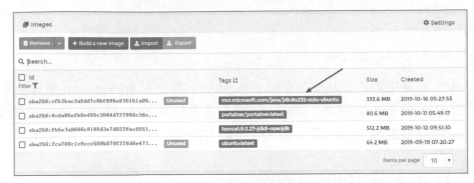

圖 19-86　成功將 JDK 映像檔檔案拉取到本地

映像檔檔案成功創建，但沒有創建 JDK 容器，使用以下命令創建並執行 JDK 容器。

```
sudo docker run --name jdk -i -t "mcr.microsoft.com/java/jdk:8u232-zulu-ubuntu"
```

執行結果如圖 19-87 所示。

圖 19-87　執行結果

輸入以下命令可以看到 JDK 版本。

```
java -version
```

JDK 版本如下。

```
root@7e5dd1db2fc0:/# java -version
openjdk version "1.8.0_232"
OpenJDK Runtime Environment (Zulu 8.42.0.21-linux64)-Microsoft-Azure-
```

```
restricted (build 1.8.0_232-b18)
OpenJDK 64-Bit Server VM (Zulu 8.42.0.21-linux64)-Microsoft-Azure-restricted
(build 25.232-b18, mixed mode)
root@7e5dd1db2fc0:/#
```

說明 JDK 容器創建成功。

在 JDK 容器中輸入 exit 命令退出 JDK 容器，再使用 docker start 命令重新啟動 JDK 容器，使用命令 docker attach 命令進入 JDK 容器，再輸入 java –version。如果沒有錯，則說明成功啟動 JDK 容器並查看到 JDK 版本。

19.17.2 創建 Tomcat 容器

查詢 Tomcat 關鍵字，如圖 19-88 所示。

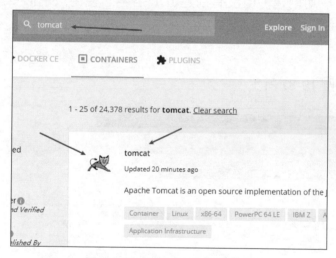

圖 19-88　查詢 Tomcat 關鍵字

選擇 Tomcat 9 和 jdk1.8 搭配的版本，版本資訊如圖 19-89 所示。

```
• 9.0.30-jdk8-openjdk , 9.0-jdk8-openjdk , 9-jdk8-openjdk , 9.0.30-jdk8 , 9.0-jdk8 , 9-jdk8
```

圖 19-89　版本資訊

使用 docker pull 命令拉取 Tomcat 映像檔檔案時需要在指定版本前寫上 "tomcat:"，命令如下。

```
sudo docker pull tomcat:9.0.30-jdk8-openjdk
```

拉取成功後顯示映像檔檔案如圖 19-90 所示。

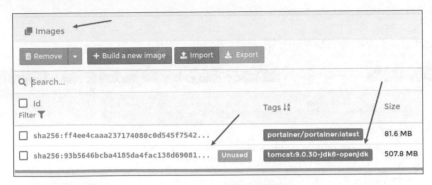

圖 19-90 顯示映像檔檔案

使用以下命令創建並啟動 Tomcat 容器。

```
sudo docker run -it --rm --network host -p 8080:8080 tomcat:9.0.30-jdk8-openjdk
```

注意：命令最後沒有小數點。

冒號前面的 8080 是宿主作業系統的通訊埠，冒號後面的 8080 是 Docker 中 Tomcat 容器的通訊埠，兩者實現映射。

Tomcat 容器被成功創建，容器清單如圖 19-91 所示。

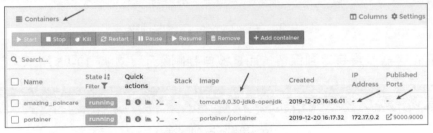

圖 19-91 容器清單

在最後輸出 Tomcat 通訊埠資訊如圖 19-92 所示。

圖 19-92 Tomcat 通訊埠資訊

在瀏覽器上輸入以下網址可以存取 Tomcat 容器。

```
http://localhost:8888/
```

Tomcat 主控台如圖 19-93 所示。

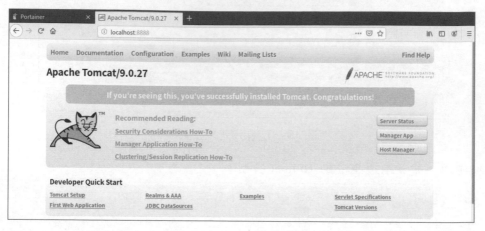

圖 19-93 Tomcat 主控台

在 Tomcat 容器中按 "Ctrl+C" 快速鍵強制終止 Tomcat 處理程序，進而 Tomcat 容器處理程序也被銷毀，如圖 19-94 所示。

圖 19-94 銷毀 Tomcat 容器處理程序

Tomcat 容器並沒有得到保留，而是被自動刪除了，如圖 19-95 所示。

圖 19-95 自動刪除

在 docker run 命令中使用參數 --rm 刪除了停止的 Tomcat 容器，想要不刪除停止的 Tomcat 容器，使用以下命令。

```
sudo docker run -it --network host -p 8080:8080 tomcat:9.0.30-jdk8-openjdk
```

該命令去掉了 --rm 參數。

按 "Ctrl+C" 快速鍵退出 Tomcat 容器後再使用以下命令重新啟動 Tomcat
容器。

```
sudo docker start tomcatContainerId
```

19.17.3 創建 MySQL 容器

查詢 MySQL 關鍵字，如圖 19-96 所示。

圖 19-96 查詢 MySQL 關鍵字

版本資訊如圖 19-97 所示。

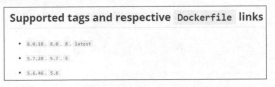

圖 19-97 版本資訊

使用以下命令拉取 MySQL 映像檔檔案。

```
sudo docker pull mysql:8.0.18
```

映像檔檔案成功拉取，映像檔檔案清單如圖 19-98 所示。

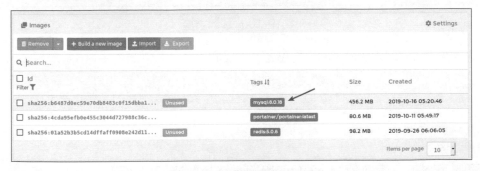

圖 19-98 映像檔檔案清單

使用以下命令創建並啟動 MySQL 容器。

```
sudo docker run --name mysql --network host -p 3306:3306 -e MYSQL_ROOT_PASSWORD
=123123 -d mysql:8.0.18
```

然後使用圖 19-99 所示的命令對 MySQL 伺服器進行連接並測試。

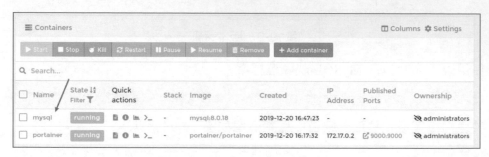

圖 19-99　連接並測試

MySQL 容器成功被創建，容器清單如圖 19-100 所示。

圖 19-100　容器清單

輸入以下命令退出 MySQL 伺服器與容器。

```
mysql> quit
Bye
root@2de4b9090b58:/# exit
exit
ghy@ubuntu:~$
```

再使用以下命令啟動 MySQL 伺服器，連接並測試，如圖 19-101 所示。

```
mysql> quit
Bye
root@ghy-VirtualBox:/# exit
exit
ghy@ghy-VirtualBox:~$ sudo docker start 8fa314ccd857
8fa314ccd857
ghy@ghy-VirtualBox:~$ sudo docker exec -it 8fa314ccd857 /bin/bash
root@ghy-VirtualBox:/# mysql -u root -p
Enter password:
Welcome to the MySQL monitor.  Commands end with ; or \g.
Your MySQL connection id is 9
Server version: 8.0.18 MySQL Community Server - GPL

Copyright (c) 2000, 2019, Oracle and/or its affiliates. All rights reserved.

Oracle is a registered trademark of Oracle Corporation and/or its
affiliates. Other names may be trademarks of their respective
owners.

Type 'help;' or '\h' for help. Type '\c' to clear the current input statement.

mysql> select 1;
+---+
| 1 |
+---+
| 1 |
+---+
1 row in set (0.00 sec)

mysql>
```

圖 19-101　連接並測試

使用 MySQL 的用戶端 GUI 工具連接到 3306 通訊埠，創建資料庫、資料表並增加表資料，如圖 19-102 所示。

圖 19-102　創建資料庫、資料表並增加表資料

使用以下程式查詢 MySQL 資料庫。

```java
public class Test1 {
    public static void main(String[] args) throws SQLException {
        String url = "jdbc:mysql://192.168.61.2:3316/y2";
        String usernameDB = "root";
        String passwordDB = "123123";

        Connection connection = DriverManager.getConnection(url, usernameDB,
passwordDB);
        Statement statement = connection.createStatement();
        ResultSet rs = statement.executeQuery("select * from userinfo");
        while (rs.next()) {
```

```
                long id = rs.getLong("id");
                String username = rs.getString("username");
                String password = rs.getString("password");
                System.out.println(id + " " + username + " " + password);
            }
            rs.close();
            statement.close();
            connection.close();
        }

}
```

程式執行結果如下。

```
1 a aa
2 b bb
3 中國 中國人
```

19.17.4 創建 Redis 容器

版本資訊如圖 19-103 所示。

```
• 5.0.7 , 5.0 , 5 , latest , 5.0.7-buster , 5.0-buster , 5-buster , buster
```

圖 19-103 版本資訊

顯示 Redis 版本是 5.0.7。

使用以下命令拉取 Redis 映像檔檔案。

```
sudo docker pull redis:5.0.7
```

映像檔檔案被成功拉取,如圖 19-104 所示。

圖 19-104 映像檔檔案被成功拉取

使用以下命令創建並啟動 Redis 容器。

```
sudo docker run --name redis --network host -p 6379:6379 -d redis:5.0.7
--requirepass "accp"
```

Redis 容器成功創建，容器清單如圖 19-105 所示。

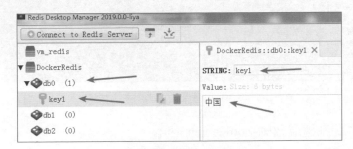

圖 19-105　容器清單

使用 Redis 用戶端的 GUI 工具成功操作 Redis，查看 key-value 對，如圖 19-106 所示。

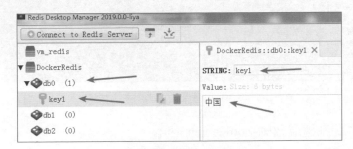

圖 19-106　查看 key-value 對

使用圖 19-107 的命令進入容器中的 Redis。

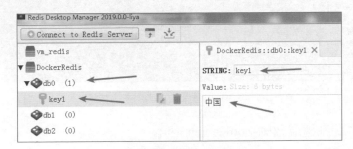

圖 19-107　進入容器中的 Redis

19.17.5　創建 ZooKeeper 容器

版本資訊如圖 19-108 所示。

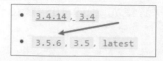

圖 19-108 版本資訊

顯示 ZooKeeper 版本是 3.5.6。

使用以下命令拉取 ZooKeeper 映像檔檔案。

```
sudo docker pull zookeeper:3.5.6
```

映像檔檔案被成功拉取,效果如圖 19-109 所示。

```
ghy@ghy-VirtualBox:~$ sudo docker pull zookeeper:3.5.6
3.5.6: Pulling from library/zookeeper
000eee12ec04: Already exists
2f1dc2bdcfe1: Pull complete
c2a806caa98c: Pull complete
89a5b0238e61: Pull complete
c466c1675a7f: Pull complete
4241cb045c41: Pull complete
00705bdbb29e: Pull complete
46650ba881a5: Pull complete
Digest: sha256:859cd2d39b1502210ed9640d3c2bd698ea699a28ce1c5de4f3e5c82a826d1afc
Status: Downloaded newer image for zookeeper:3.5.6
docker.io/library/zookeeper:3.5.6
ghy@ghy-VirtualBox:~$
```

圖 19-109 映像檔檔案被成功拉取

使用以下命令創建並啟動 ZooKeeper 容器。

```
sudo docker run --name zookeeper --network host -p 2181:2181 --restart always
-d zookeeper:3.5.6
```

成功創建 ZooKeeper 容器,容器清單如圖 19-110 所示。

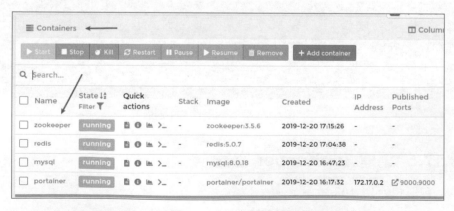

圖 19-110 容器清單

使用圖 19-111 的命令進入容器中的 ZooKeeper。

```
ghy@ghy-VirtualBox:~$ sudo docker ps
CONTAINER ID    IMAGE               COMMAND                 CREATED          STATUS
ce33874daf56    zookeeper:3.5.6     "/docker-entrypoint.…"  About a minute ago  Up About a m
733e042104a3    redis:5.0.7         "docker-entrypoint.s…"  12 minutes ago   Up 12 minute
8fa314ccd857    mysql:8.0.18        "docker-entrypoint.s…"  29 minutes ago   Up 5 minutes
8b63e288488b    portainer/portainer "/portainer"            59 minutes ago   Up 59 minute
ghy@ghy-VirtualBox:~$ sudo docker exec -it ce33 zkCli.sh
Connecting to localhost:2181
2019-12-20 09:17:03,534 [myid:] - INFO [main:Environment@109] - Client environment:zookeeper.versio
uilt on 10/08/2019 20:18 GMT
2019-12-20 09:17:03,542 [myid:] - INFO [main:Environment@109] - Client environment:host.name=ghy-Vi
2019-12-20 09:17:03,543 [myid:] - INFO [main:Environment@109] - Client environment:java.version=1.8
2019-12-20 09:17:03,548 [myid:] - INFO [main:Environment@109] - Client environment:java.vendor=Orac
```

圖 19-111 進入容器中的 ZooKeeper

19.17.6 創建 Oracle 11g 容器

先安裝 win64_11gR2_client.zip 用戶端,執行以下命令。

- su。
- docker pull registry.cn-hangzhou.aliyuncs. com/helowin/oracle_11g。
- docker run -d --network host -p 1521:1521 --name oracle11g registry.cn-hangzhou. aliyuncs.com/ helowin/oracle_11g。

  輸入登入資訊,如圖 19-112 所示。

- 使用 system 使用者登入後創建表格空間、新使用者,創建新使用者時連結表格空間並對新使用者設定許可權,創建完成後退出,再使用新使用者登入,創建表和序列。

圖 19-112 輸入登入資訊

19.18 啟動 Docker 服務後容器隨之啟動與取消

在執行 Docker 容器時可以使用 --restart=always 參數來保證每次 Docker 服務重新啟動後容器也自動重新啟動。

```
docker run --restart=always
```

如果已經啟動了則可以使用以下命令進行更改。

```
docker update --restart=always <CONTAINER ID>
```

Docker 中架設 Redis 高可用環境

本章將在 Docker 中架設 Redis 高可用環境。

▌ 20.1 複製

本節將在 Docker 中架設複製環境。

20.1.1 在 redis.conf 設定檔中加入 replicaof {masterHost} {masterPort} 設定

測試在 redis.conf 設定檔中加入 replicaof {masterHost} {masterPort} 設定。

1. 測試案例

1）本案例在 Docker 中實現，創建兩個 redis.conf 設定檔，檔案名稱分別為 redis_master.conf 和 redis_replica.conf。設定 Master 伺服器使用 7777 通訊埠，Replica 伺服器使用 8888 通訊埠。

編輯 redis_master.conf 設定檔，更改通訊埠編號。

```
port 7777
bind 0.0.0.0
protected-mode no
requirepass accp
```

創建 redis_master 伺服器的 Docker 命令如下。

```
docker run -v /home/ghy/T/redis/replication/test1/redis-master.conf:/
redisConfig/ redis-master.conf -v /home/ghy/下載:/data --name redis5.0.7_
master --network host -p 7777:7777 -d redis:5.0.7 redis-server /redisConfig/
redis-master.conf
```

2）編輯 redis_replica.conf 設定檔，增加以下設定。

```
port 8888
bind 0.0.0.0
protected-mode no
replicaof 192.168.61.2 7777
masterauth accp
requirepass accp
```

設定 replicaof 192.168.61.2 7777 中的 IP 位址 192.168.61.2 是 Master 伺服器的 IP 位址，7777 是 Master 伺服器的通訊埠編號。

設定 masterauth accp 代表使用 accp 作為 Master 伺服器登入的密碼。Replica 伺服器啟動時會主動連接 Master。

創建 redis_replica 伺服器的 Docker 命令如下。

```
docker run -v /home/ghy/T/redis/replication/test1/redis-replica.conf:/
redisConfig/ redis-replica.conf -v /home/ghy/下載:/data --name redis5.0.7_
replica1_GHY --network host -p 8888:8888 -d redis:5.0.7 redis-server /
redisConfig/redis-replica.conf
```

3）如果沒有異常情況發生，那麼 Master 伺服器和 Replica 伺服器的記錄檔輸出資料成功同步。

4）連接到 Master 伺服器，在終端輸入以下命令，對 Master 伺服器增加兩筆資料。

```
ghy@ghy-VirtualBox:~$ redis-cli -p 7777 -a accp
Warning: Using a password with '-a' or '-u' option on the command line
interface may not be safe.
127.0.0.1:7777> flushdb
OK
127.0.0.1:7777> set a aa
OK
127.0.0.1:7777> set b bb
OK
127.0.0.1:7777>
```

5）連接到 Replica 伺服器，在終端輸入以下命令查看資料。

```
ghy@ghy-VirtualBox:~$ redis-cli -p 8888 -a accp
Warning: Using a password with '-a' or '-u' option on the command line
interface may not be safe.
127.0.0.1:8888> keys *
1) "a"
2) "b"
127.0.0.1:8888>
```

Master 伺服器和 Replica 伺服器中的資料一模一樣，成功實現 Master-Replica 複製。

2. 程式演示

對 Master 伺服器執行寫入操作時，會將資料同步到 Replica 伺服器中，測試案例如下。

```java
public class Test1 {
    private static Pool pool = new Pool(new PoolConfig(), "192.168.61.2",
7777, 5000, "accp");

    public static void main(String[] args) {
         = null;
        try {
             = pool.getResource();
            .flushAll();
            .set("username1", "username11");
            .set("username2", "username22");
            .set("username3", "username33");
        } catch (Exception e) {
            e.printStackTrace();
        } finally {
            if ( != null) {
                .close();
            }
        }
    }
}
```

程式執行後 Master 伺服器和 Replica 伺服器中的資料（資料庫內容）如 圖 20-1 所示。

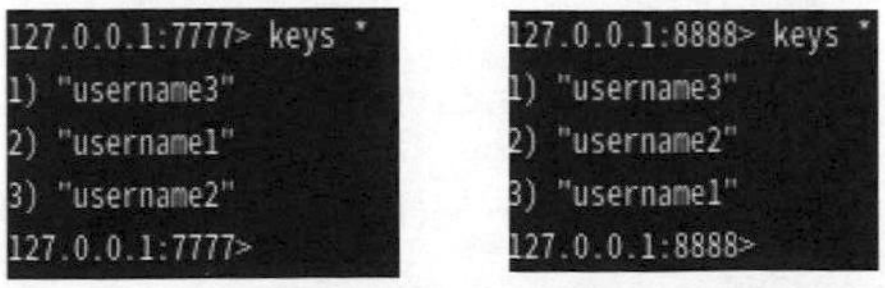

圖 20-1 資料庫內容

20.1.2 對 redis-server 命令傳入 -- replicaof {masterHost} {masterPort} 參數

刪除相關的 Redis 容器。

1）編輯 redis_master.conf 設定檔，更改通訊埠編號。

```
port 7777
bind 0.0.0.0
protected-mode no
requirepass accp
```

創建 redis_master 伺服器的 Docker 命令如下。

```
docker run -v /home/ghy/T/redis/replication/test1/redis-master.conf:/
redisConfig/ redis-master.conf -v /home/ghy/下載:/data --name redis5.0.7_
master --network host -p 7777:7777 -d redis:5.0.7 redis-server /redisConfig/
redis-master.conf
```

2）編輯 redis_replica.conf 設定檔，增加以下設定。

```
port 8888
bind 0.0.0.0
protected-mode no
requirepass accp
```

創建 redis_replica 伺服器的 Docker 命令如下。

```
docker run -v /home/ghy/T/redis/replication/test1/redis-replica.conf:/
redisConfig/ redis-replica.conf -v /home/ghy/下載:/data --name redis5.0.7_
replica1_GHY --network host -p 8888:8888 -d redis:5.0.7 redis-server /
redisConfig/redis-replica.conf --replicaof 192.168.61.2 7777 --masterauth accp
```

3）如果沒有異常情況發生，那麼 Master 伺服器和 Replica 伺服器的記錄檔輸出資料成功同步。

4）連接到 Master 伺服器，在終端輸入以下命令，對 Master 伺服器增加兩筆資料。

```
127.0.0.1:7777> flushdb
OK
127.0.0.1:7777> set 123 456
OK
127.0.0.1:7777> set abc xyz
```

```
OK
127.0.0.1:7777>
```

5）連接到 Replica 伺服器，在終端輸入以下命令查看資料。

```
127.0.0.1:8888> keys *
1) "abc"
2) "123"
127.0.0.1:8888>
```

Master 和 Replica 伺服器中的資料一模一樣，成功實現 Master-Replica 複製。

20.1.3 在 Replica 伺服器使用 replicaof {masterHost} {masterPort} 命令

在 Replica 伺服器使用以下命令可以動態指定 Master 伺服器。

```
replicaof {masterHost} {masterPort}
```

此種方式的優點是可以方便切換 Master 伺服器。該命令具有非同步特性，命令執行後在後台進行資料的傳輸。

刪除相關的 Redis 容器。

1）編輯 redis_master.conf 設定檔，更改通訊埠編號。

```
port 7777
bind 0.0.0.0
protected-mode no
requirepass accp
```

創建 redis_master 伺服器的 Docker 命令如下。

```
docker run -v /home/ghy/T/redis/replication/test1/redis-master.conf:/
redisConfig/ redis-master.conf -v /home/ghy/下載:/data --name redis5.0.7_
master --network host -p 7777:7777 -d redis:5.0.7 redis-server /redisConfig/
redis-master.conf
```

2）編輯 redis_replica.conf 設定檔增加以下設定。

```
port 8888
bind 0.0.0.0
protected-mode no
requirepass accp
```

創建 redis_replica 伺服器的 Docker 命令如下。

```
docker run -v /home/ghy/T/redis/replication/test1/redis-replica.conf:/
redisConfig/ redis-replica.conf -v /home/ghy/下載:/data --name redis5.0.7_
replica1_GHY --network host -p 8888:8888 -d redis:5.0.7 redis-server /
redisConfig/redis-replica.conf
```

3）在 Replica 伺服器的終端輸入以下命令連接到 Master 伺服器，實現 Master-Replica 連結。

```
127.0.0.1:8888> keys *
(empty list or set)
127.0.0.1:8888> config set masterauth accp
OK
127.0.0.1:8888> replicaof 192.168.61.2 7777
OK
```

4）在 Master 伺服器輸入以下命令增加資料。

```
127.0.0.1:7777> set x xx
OK
127.0.0.1:7777> set y yy
OK
127.0.0.1:7777>
```

5）在 Replica 伺服器輸入以下命令顯示複製的資料。

```
127.0.0.1:8888> keys *
1) "y"
2) "x"
127.0.0.1:8888>
```

成功實現 Master-Replica 複製。

20.2 檢查點

本節在 Docker 下架設檢查點環境。

20.2.1 架設檢查點環境

本節要架設檢查點環境，檢查點架構圖如圖 20-2 所示。

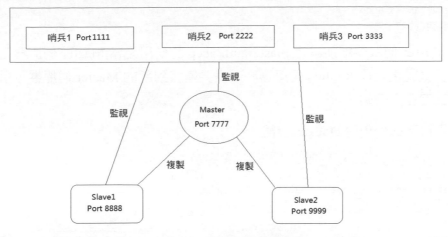

圖 20-2　檢查點架構圖

20.2.2　創建設定檔

創建 6 個設定檔，分別是一個 Master 設定檔、兩個 Replica 設定檔和 3 個檢查點設定檔，如圖 20-3 所示。

圖 20-3　6 個設定檔

20.2.3　架設 **Master** 伺服器環境

編輯 Master 伺服器的設定檔 RedisMaster.conf，程式如下。

```
bind 0.0.0.0
protected-mode no
port 7777
```

```
requirepass accp
masterauth accp
```

對 Master 伺服器增加設定 masterauth accp 的作用是當 Master 伺服器當機重新啟動後變成 Replica 伺服器時,需要連接到新的 Master 伺服器,所以要設定登入密碼。

使用以下命令創建 Docker 容器。

```
docker run -v /home/ghy/T/redis/replication/test1/redis-master.conf:/
redisConfig/ redis-master.conf -v /home/ghy/下載:/data --name redis5.0.7_
master --network host -p 7777:7777 -d redis:5.0.7 redis-server /redisConfig/
redis-master.conf
```

注意:docker run 命令中的 *7777:7777* 和設定檔 redis-master.conf 中的 port *7777* 一定要一致。

20.2.4 架設 Replica 環境

編輯 Replica1 的設定檔 RedisReplica1.conf,程式如下。

```
port 8888
bind 0.0.0.0
protected-mode no
replicaof 192.168.61.2 7777
masterauth accp
requirepass accp
```

使用以下命令創建 Docker 容器。

```
docker run -v /home/ghy/T/redis/replication/test1/redis-replica1.conf:/
redisConfig/ redis-replica1.conf -v /home/ghy/下載:/data --name redis5.0.7_
replica1_GHY --network host -p 8888:8888 -d redis:5.0.7 redis-server /
redisConfig/redis-replica1.conf
```

注意:docker run 命令中的 *8888:8888* 和設定檔 redis-replica1.conf 中的 port *8888* 一定要一致。其他的 Replica 伺服器同樣也要這樣設定。

編輯 Replica2 的設定檔 redis-replica2.conf,程式如下。

```
port 9999
bind 0.0.0.0
```

```
protected-mode no
replicaof 192.168.61.2 7777
masterauth accp
requirepass accp
```

使用以下命令創建 Docker 容器。

```
docker run -v /home/ghy/T/redis/replication/test1/redis-replica2.conf:/
redisConfig/ redis-replica2.conf -v /home/ghy/下載:/data --name redis5.0.7_
replica1_GHY --network host -p 9999:9999 -d redis:5.0.7 redis-server /
redisConfig/redis-replica2.conf
```

創建了 3 個 Docker 容器。

創建完一個 Master 伺服器和兩個 Replica 伺服器後查看一下這 3 台伺服器的記錄檔，觀察架設的環境是否正常執行，這是一個好習慣。

20.2.5 使用 info replication 命令查看 Master-Replica 執行狀態

在 Master 伺服器查看複製的狀態資訊。

```
oot@ghy-VirtualBox:/data# redis-cli -p 7777 -a accp
Warning: Using a password with '-a' or '-u' option on the command line
interface may not be safe.
127.0.0.1:7777> info replication
# Replication
role:master
connected_slaves:2
slave0:ip=192.168.61.2,port=8888,state=online,offset=56,lag=0
slave1:ip=192.168.61.2,port=9999,state=online,offset=56,lag=0
master_replid:5b6a8c8a21bb3c8872ee3f018854d8953abf0f5b
master_replid2:0000000000000000000000000000000000000000
master_repl_offset:56
second_repl_offset:-1
repl_backlog_active:1
repl_backlog_size:1048576
repl_backlog_first_byte_offset:1
repl_backlog_histlen:56
127.0.0.1:7777>
```

有兩個 Replica 伺服器，通訊埠編號分別是 8888 和 9999。

在 Replica1 伺服器查看複製的狀態資訊。

```
127.0.0.1:8888> info replication
# Replication
role:slave
master_host:192.168.61.2
master_port:7777
master_link_status:up
master_last_io_seconds_ago:5
master_sync_in_progress:0
slave_repl_offset:196
slave_priority:100
slave_read_only:1
connected_slaves:0
master_replid:5b6a8c8a21bb3c8872ee3f018854d8953abf0f5b
master_replid2:0000000000000000000000000000000000000000
master_repl_offset:196
second_repl_offset:-1
repl_backlog_active:1
repl_backlog_size:1048576
repl_backlog_first_byte_offset:1
repl_backlog_histlen:196
127.0.0.1:8888>
```

在 Replica2 伺服器查看複製的狀態資訊。

```
127.0.0.1:9999> info replication
# Replication
role:slave
master_host:192.168.61.2
master_port:7777
master_link_status:up
master_last_io_seconds_ago:5
master_sync_in_progress:0
slave_repl_offset:224
slave_priority:100
slave_read_only:1
connected_slaves:0
master_replid:5b6a8c8a21bb3c8872ee3f018854d8953abf0f5b
master_replid2:0000000000000000000000000000000000000000
master_repl_offset:224
second_repl_offset:-1
repl_backlog_active:1
repl_backlog_size:1048576
repl_backlog_first_byte_offset:1
repl_backlog_histlen:224
127.0.0.1:9999>
```

Replica 伺服器正確連結 Master 伺服器。

20.2.6　架設檢查點環境

系統中只有一個檢查點可能會出現單點故障，唯一的檢查點出現故障後不能進行故障發現和容錯移轉，造成整體的 Master-Replica 環境故障，所以本節創建 3 個檢查點。

從 Redis 官網下載的 Redis.zip 資料夾中有 sentinel.conf 設定檔，該設定檔就是設定檢查點的模板檔案。

檢查點 1 的設定檔 RedisSentinel1.conf 的核心內容如下。

```
bind 0.0.0.0
protected-mode no
port 26381
daemonize no
pidfile /var/run/redis-sentinel_1.pid
sentinel monitor mymaster 192.168.61.2 7777 2
sentinel auth-pass mymaster accp
sentinel down-after-milliseconds mymaster 30000
sentinel parallel-syncs mymaster 1
sentinel failover-timeout mymaster 180000
```

檢查點 2 的設定檔 RedisSentinel2.conf 的核心內容如下。

```
bind 0.0.0.0
protected-mode no
port 26382
daemonize no
pidfile /var/run/redis-sentinel_2.pid
sentinel monitor mymaster 192.168.61.2 7777 2
sentinel auth-pass mymaster accp
sentinel down-after-milliseconds mymaster 30000
sentinel parallel-syncs mymaster 1
sentinel failover-timeout mymaster 180000
```

檢查點 3 的設定檔 RedisSentinel3.conf 的核心內容如下。

```
bind 0.0.0.0
protected-mode no
port 26383
daemonize no
pidfile /var/run/redis-sentinel_3.pid
sentinel monitor mymaster 192.168.61.2 7777 2
sentinel auth-pass mymaster accp
sentinel down-after-milliseconds mymaster 30000
```

```
sentinel parallel-syncs mymaster 1
sentinel failover-timeout mymaster 180000
```

20.2.7 創建檢查點容器

啟動檢查點可以使用兩種方式。

- redis-sentinel sentinel.conf
- redis-server sentinel.conf --sentinel，參數 --sentinel 代表啟動的 Redis 服務是具有監視功能的檢查點，不是普通的 Redis 服務。

本節使用 Docker 的方式啟動檢查點。

使用以下命令創建檢查點 1 容器。

```
docker run -v /home/ghy/下載/sentinel/RedisSentinel1.conf:/redisConfig/
RedisSentinel1.conf -v /home/ghy/下載:/data --name redis5.0.7_Sentinel1
--network host -p 26381:26381 -d redis:5.0.7 redis-server /redisConfig/
RedisSentinel1.conf --sentinel
```

> **注意**：docker run 命令中的 26381:26381 和設定檔 RedisSentinel1.conf 中的 port 26381 一定要一致。其他的檢查點同樣也要這樣設定。

使用以下命令創建檢查點 2 容器。

```
docker run -v /home/ghy/下載/sentinel/RedisSentinel2.conf:/redisConfig/
RedisSentinel2.conf -v /home/ghy/下載:/data --name redis5.0.6_Sentinel2
--network host -p 26382:26382 -d redis:5.0.6 redis-server /redisConfig/
RedisSentinel2.conf --sentinel
```

使用以下命令創建檢查點 3 容器。

```
docker run -v /home/ghy/下載/sentinel/RedisSentinel3.conf:/redisConfig/
RedisSentinel3.conf -v /home/ghy/下載:/data --name redis5.0.6_Sentinel3
--network host -p 26383:26383 -d redis:5.0.6 redis-server /redisConfig/
RedisSentinel3.conf --sentinel
```

創建完 3 個檢查點容器後查看一下這 3 台檢查點伺服器的記錄檔，觀察架設的環境是否正常執行，這是一個好習慣。

檢查點 1 伺服器的記錄檔如圖 20-4 所示。

```
+monitor master mymaster 192.168.61.2 7777 quorum 2
+slave slave 192.168.61.2:8888 192.168.61.2 8888 @ mymaster 192.168.61.2 7777
+slave slave 192.168.61.2:9999 192.168.61.2 9999 @ mymaster 192.168.61.2 7777
+sentinel sentinel 6fd1181665d4a76165428ff6f3b1d1c88cfc0cba 192.168.61.2 26382 @ mymaster 192.168.61.2 7777
+sentinel sentinel 4652fe0069147da2bb99a948afbfc5c5945cfb61 192.168.61.2 26383 @ mymaster 192.168.61.2 7777
```

圖 20-4　檢查點 1 伺服器的記錄檔

檢查點 1 伺服器成功發現一個 Master 伺服器，兩個 Replica 伺服器。

在每個檢查點容器的記錄檔中主要有 3 點提示。

- 發現一個 Master 伺服器。
- 發現兩個 Replica 伺服器。
- 發現其他兩個檢查點伺服器。

20.2.8　使用 info sentinel 命令查看檢查點執行狀態

在檢查點 1 的終端中使用命令 info sentinel 查看檢查點 1 的執行狀態，範例如下。

```
root@ghy-VirtualBox:/data# redis-cli -p 26381
127.0.0.1:26381> info sentinel
# Sentinel
sentinel_masters:1
sentinel_tilt:0
sentinel_running_scripts:0
sentinel_scripts_queue_length:0
sentinel_simulate_failure_flags:0
master0:name=mymaster,status=ok,address=192.168.61.2:7777,slaves=2,sentinels=3
127.0.0.1:26381>
```

從返回的資訊來看，Replica 伺服器數量有兩個，而檢查點數量為 3 個。檢查點監視 Master 伺服器時，就會自動獲取 Master 伺服器的 Replica 伺服器清單，並且對這些 Replica 伺服器進行監視。

將 Master 伺服器停止，檢查點會自動選列出新的 Master 伺服器，實現容錯移轉。

20.2.9 使用 sentinel reset mymaster 命令重置檢查點環境

如果執行命令 info sentinel 後顯示出來的資訊不正確，則可以使用命令 sentinel reset mymaster 對檢查點環境進行重置。

20.3 叢集

本節實現 Redis 叢集，分為 3 個步驟。

- 準備容器伺服器。
- 容器伺服器驗證。
- 對容器伺服器分配槽。

20.3.1 準備設定檔並啟動各伺服器

在 /home/ghy/T/redis/cluster 資料夾創建 6 個 redis-xxx.conf 設定檔，每個設定檔中的核心內容如下。

```
port 7771
bind 0.0.0.0
protected-mode no
requirepass "accp"
masterauth "accp"
daemonize no

dir ./
dbfilename dump-7771.rdb
logfile log-7771.txt

cluster-enabled yes
cluster-config-file nodes-7771.conf
cluster-node-timeout 15000
```

每個 Master 伺服器使用的通訊埠編號都不一樣，還要根據通訊埠編號更改對應的 RDB、TXT、CONF 檔案名稱。

在每個設定檔中都需要更改 port 的值，6 個節點所使用的通訊埠編號分別是 7771、7772、7773、7774、7775、7776。

使用以下命令分別創建並啟動 6 個伺服器。

```
docker run -v /home/ghy/T/redis/cluster/redis-7771.conf:/redisConfig/
redis-7771.conf -v /home/ghy/下載:/data --name redis5.0.7_cluster --network
host -p 7771:7771 -d redis:5.0.7 redis-server /redisConfig/redis-7771.conf

docker run -v /home/ghy/T/redis/cluster/redis-7772.conf:/redisConfig/
redis-7772.conf -v /home/ghy/下載:/data --name redis5.0.7_cluster --network
host -p 7772:7772 -d redis:5.0.7 redis-server /redisConfig/redis-7772.conf

docker run -v /home/ghy/T/redis/cluster/redis-7773.conf:/redisConfig/
redis-7773.conf -v /home/ghy/下載:/data --name redis5.0.7_cluster --network
host -p 7773:7773 -d redis:5.0.7 redis-server /redisConfig/redis-7773.conf

docker run -v /home/ghy/T/redis/cluster/redis-7774.conf:/redisConfig/
redis-7774.conf -v /home/ghy/下載:/data --name redis5.0.7_cluster --network
host -p 7774:7774 -d redis:5.0.7 redis-server /redisConfig/redis-7774.conf

docker run -v /home/ghy/T/redis/cluster/redis-7775.conf:/redisConfig/
redis-7775.conf -v /home/ghy/下載:/data --name redis5.0.7_cluster --network
host -p 7775:7775 -d redis:5.0.7 redis-server /redisConfig/redis-7775.conf

docker run -v /home/ghy/T/redis/cluster/redis-7776.conf:/redisConfig/
redis-7776.conf -v /home/ghy/下載:/data --name redis5.0.7_cluster --network
host -p 7776:7776 -d redis:5.0.7 redis-server /redisConfig/redis-7776.conf
```

啟動了 6 個伺服器，但叢集的狀態顯示是不成功的。

```
root@ghy-VirtualBox:/data# redis-cli -c -p 7771 -a accp
Warning: Using a password with '-a' or '-u' option on the command line
interface may not be safe.
127.0.0.1:7771> cluster info
cluster_state:fail
cluster_slots_assigned:0
cluster_slots_ok:0
cluster_slots_pfail:0
cluster_slots_fail:0
cluster_known_nodes:1
cluster_size:0
cluster_current_epoch:0
cluster_my_epoch:0
cluster_stats_messages_sent:0
cluster_stats_messages_rece
```

輸出資訊如下。

```
cluster_known_nodes:1
```

值為 1，説明只辨識了自己。啟動的這 6 個伺服器並不能感知對方的存在，所以要實現伺服器間驗證。

20.3.2 使用 cluster meet 命令實現伺服器間驗證

使用 cluster meet 命令實現伺服器間驗證，命令如下。

```
127.0.0.1:7771> cluster meet 192.168.56.11 7772
OK
127.0.0.1:7771> cluster meet 192.168.56.11 7773
OK
127.0.0.1:7771> cluster meet 192.168.56.11 7774
OK
127.0.0.1:7771> cluster meet 192.168.56.11 7775
OK
127.0.0.1:7771> cluster meet 192.168.56.11 7776
OK
```

再次查看伺服器的狀態。

```
127.0.0.1:7771> cluster info
cluster_state:fail
cluster_slots_assigned:0
cluster_slots_ok:0
cluster_slots_pfail:0
cluster_slots_fail:0
cluster_known_nodes:6
cluster_size:0
cluster_current_epoch:5
cluster_my_epoch:1
cluster_stats_messages_ping_sent:27
cluster_stats_messages_pong_sent:40
cluster_stats_messages_meet_sent:5
cluster_stats_messages_sent:72
cluster_stats_messages_ping_received:40
cluster_stats_messages_pong_received:32
cluster_stats_messages_received:72
127.0.0.1:7771>
```

輸出資訊如下。

```
cluster_known_nodes:6
```

成功辨識了 6 個伺服器。

20.3.3 使用 cluster nodes 命令查看 Redis 叢集中的伺服器資訊

使用 cluster nodes 命令查看 Redis 叢集中的伺服器資訊。

```
127.0.0.1:7771> cluster nodes
813e66c9fab2490e6cf60d0b6661199feceffc17 192.168.56.11:7776@17776 master - 0
1574047986000 4 connected
64d448f64e86f0d981072804f6200a98d20884b5 192.168.56.11:7771@17771 myself,
master - 0 1574047982000 1 connected
00ae10f2f91da8bfbd086f4c58ef34cc8227104a 192.168.56.11:7773@17773 master - 0
1574047985000 2 connected
52fb18a54d6df866f901128fc5fa62013c3a6ed2 192.168.56.11:7775@17775 master - 0
1574047985339 5 connected
8c91ac573faec8a7aca91dde79a451fb392b1185 192.168.56.11:7774@17774 master - 0
1574047984314 3 connected
e2d9860c54bc2e52e36a531803c0e779ceb07a94 192.168.56.11:7772@17772 master - 0
1574047986356 0 connected
127.0.0.1:7771>
```

從輸出資訊來看，所有的伺服器預設都是 Master 伺服器。

雖然伺服器間的驗證是成功的，但並不能儲存資料，範例如下。

```
127.0.0.1:7771> set a aa
(error) CLUSTERDOWN Hash slot not served
127.0.0.1:7771>
```

提示並沒有對 Redis 叢集中的伺服器分配槽，不能實現資料的儲存。

20.3.4 使用 cluster addslots 命令分配槽

開啟了 6 個 Redis 容器，現在要把 16 384 個槽分配給通訊埠編號為 7771、7772、7773 的容器，這 3 個容器是 Master 伺服器，通訊埠編號為 7774、7775、7776 的容器是 Replica 伺服器。

使用以下命令對 3 個 Master 伺服器分配槽。

```
root@ghy-VirtualBox:/data# redis-cli -h 192.168.56.11 -p 7771 -a accp cluster
addslots {0..5000}
Warning: Using a password with '-a' or '-u' option on the command line
interface may not be safe.
OK
root@ghy-VirtualBox:/data# redis-cli -h 192.168.56.11 -p 7772 -a accp cluster
addslots {5001..10000}
Warning: Using a password with '-a' or '-u' option on the command line
interface may not be safe.
OK
root@ghy-VirtualBox:/data# redis-cli -h 192.168.56.11 -p 7773 -a accp cluster
addslots {10001..16383}
Warning: Using a password with '-a' or '-u' option on the command line interface
may not be safe.
OK
root@ghy-VirtualBox:/data#
```

參數 cluster addslots 是對當前伺服器分配槽。

查看 Redis 叢集狀態。

```
root@ghy-VirtualBox:/data# redis-cli -c -p 7771 -a accp
Warning: Using a password with '-a' or '-u' option on the command line interface
may not be safe.
127.0.0.1:7771> cluster info
cluster_state:ok
cluster_slots_assigned:16384
cluster_slots_ok:16384
cluster_slots_pfail:0
cluster_slots_fail:0
cluster_known_nodes:6
cluster_size:3
cluster_current_epoch:5
cluster_my_epoch:1
cluster_stats_messages_ping_sent:199cluster_stats_messages_pong_sent:215
cluster_stats_messages_meet_sent:5
cluster_stats_messages_sent:419
cluster_stats_messages_ping_received:215
cluster_stats_messages_pong_received:204
cluster_stats_messages_received:419
127.0.0.1:7771>
```

查看 Redis 叢集伺服器資訊。

```
127.0.0.1:7771> cluster nodes
813e66c9fab2490e6cf60d0b6661199feceffc17 192.168.56.11:7776@17776 master - 0
```

```
1574048157000 4 connected
64d448f64e86f0d981072804f6200a98d20884b5 192.168.56.11:7771@17771 myself,
master - 0 1574048160000 1 connected 0-5000
00ae10f2f91da8bfbd086f4c58ef34cc8227104a 192.168.56.11:7773@17773 master - 0
1574048159291 2 connected 10001-16383
52fb18a54d6df866f901128fc5fa62013c3a6ed2 192.168.56.11:7775@17775 master - 0
1574048160300 5 connected
8c91ac573faec8a7aca91dde79a451fb392b1185 192.168.56.11:7774@17774 master - 0
1574048159000 3 connected
e2d9860c54bc2e52e36a531803c0e779ceb07a94 192.168.56.11:7772@17772 master - 0
1574048157244 0 connected 5001-10000
127.0.0.1:7771>
```

20.3.5 向 Redis 叢集中保存和獲取資料

查看 3 個 Master 伺服器中的資料。

```
127.0.0.1:7771> keys *
(empty list or set)
127.0.0.1:7771>

127.0.0.1:7772> keys *
(empty list or set)
127.0.0.1:7772>

127.0.0.1:7773> keys *
(cmpty list or set)
127.0.0.1:7773>
```

使用以下命令向 Redis 叢集中存放資料。

```
127.0.0.1:7771> set a aa
-> Redirected to slot [15495] located at 192.168.56.11:7773
OK
192.168.56.11:7773> set b bb
-> Redirected to slot [3300] located at 192.168.56.11:7771
OK
192.168.56.11:7771> set c cc-> Redirected to slot [7365] located at
192.168.56.11:7772
OK
192.168.56.11:7772>
```

再次查看 3 個 Master 伺服器中的資料。

```
127.0.0.1:7771> keys *
1) "b"
```

```
127.0.0.1:7771>

127.0.0.1:7772> keys *
1) "c"
127.0.0.1:7772>

127.0.0.1:7773> keys *
1) "a"
127.0.0.1:7773>
```

成功實現分散式儲存。

20.3.6 在 Redis 叢集中增加 Replics 伺服器

在 6 個 Redis 實例中，分配了 3 個 Master 伺服器和 3 個 Replica 伺服器，
Master 伺服器和 Replica 伺服器的通訊埠對應關係如下。

- Master 伺服器：7771。Replica 伺服器：7774。
- Master 伺服器：7772。Replica 伺服器：7775。
- Master 伺服器：7773。Replica 伺服器：7776。

先來看一看伺服器的狀態。

```
127.0.0.1:7771> cluster nodes
813e66c9fab2490e6cf60d0b6661199feceffc17 192.168.56.11:7776@17776 master - 0
1574048360526 4 connected
64d448f64e86f0d981072804f6200a98d20884b5 192.168.56.11:7771@17771 myself,
master - 0 1574048360000 1 connected 0-5000
00ae10f2f91da8bfbd086f4c58ef34cc8227104a 192.168.56.11:7773@17773 master - 0
1574048361531 2 connected 10001-16383
52fb18a54d6df866f901128fc5fa62013c3a6ed2 192.168.56.11:7775@17775 master - 0
1574048357000 5 connected
8c91ac573faec8a7aca91dde79a451fb392b1185 192.168.56.11:7774@17774 master - 0
1574048359513 3 connected
e2d9860c54bc2e52e36a531803c0e779ceb07a94 192.168.56.11:7772@17772 master - 0
1574048358473 0 connected 5001-10000
127.0.0.1:7771>
```

6 個節點全部是 Master 伺服器。

使用以下命令對 3 個 Master 伺服器增加 Replica 伺服器，注意這 3 個命令
必須在每個 Replica 伺服器下執行。

```
root@ghy-VirtualBox:/data# redis-cli -c -p 7774 -a accp
Warning: Using a password with '-a' or '-u' option on the command line
interface may not be safe.
127.0.0.1:7774> cluster replicate 64d448f64e86f0d981072804f6200a98d20884b5
OK
127.0.0.1:7774>

root@ghy-VirtualBox:/data# redis-cli -c -p 7775 -a accp
Warning: Using a password with '-a' or '-u' option on the command line
interface may not be safe.
127.0.0.1:7775> cluster replicate e2d9860c54bc2e52e36a531803c0e779ceb07a94
OK
127.0.0.1:7775>

root@ghy-VirtualBox:/data# redis-cli -c -p 7776 -a accp
Warning: Using a password with '-a' or '-u' option on the command line
interface may not be safe.
127.0.0.1:7776> cluster replicate 00ae10f2f91da8bfbd086f4c58ef34cc8227104a
OK
127.0.0.1:7776>
```

查看伺服器的狀態。

```
127.0.0.1:7771> cluster nodes
813e66c9fab2490e6cf60d0b6661199feceffc17 192.168.56.11:7776@17776 slave
00ae10f2f91da8bfbd086f4c58ef34cc8227104a0 1574048664082 4 connected
64d448f64e86f0d981072804f6200a98d20884b5 192.168.56.11:7771@17771 myself,
master - 0 1574048663000 1 connected 0-5000
00ae10f2f91da8bfbd086f4c58ef34cc8227104a 192.168.56.11:7773@17773 master - 0
1574048663062 2 connected 10001-16383
52fb18a54d6df866f901128fc5fa62013c3a6ed2 192.168.56.11:7775@17775 slave
e2d9860c54bc2e52e36a531803c0e779ceb07a940 1574048661039 5 connected
8c91ac573faec8a7aca91dde79a451fb392b1185 192.168.56.11:7774@17774 slave
64d448f64e86f0d981072804f6200a98d20884b50 1574048662052 3 connected
e2d9860c54bc2e52e36a531803c0e779ceb07a94 192.168.56.11:7772@17772 master - 0
1574048663000 0 connected 5001-10000
127.0.0.1:7771>
```

出現 3 個 Master 伺服器、3 個 Replica 伺服器的結構。

在 Master 伺服器和 Replica 伺服器中分別執行以下兩個命令查看是否實現
Master-Replica 複製。

```
127.0.0.1:7771> keys *
1) "b"
127.0.0.1:7771>
```

```
127.0.0.1:7774> keys *
1) "b"
127.0.0.1:7774>
```

成功實現 Master-Replica 複製。

成功在 Docker 中的 Redis 叢集架構中實現讀寫分離。

在 Replica 伺服器下執行寫入操作會重新導向到指定伺服器執行寫入操作，Replica 伺服器是唯讀的。

Docker 中實現資料持久化

本章要使用 Redis 中的 redis.conf 設定檔，而 Docker 中的 Redis 容器並沒有 redis.conf 設定檔，需要自己準備。

21.1 使用 RDB 實現資料持久化

前面說過，實現 RDB 資料持久化可以有 3 種方式。這裡介紹在 Docker 中實現資料持久化的步驟。

21.1.1 自動方式：save 設定選項

測試 save 設定選項。

1）在 redis.conf 設定檔中的 "SNAPSHOTTING" 節點下有 RDB 預設的相關設定。

```
# save <seconds> <changes>
save 900 1
save 300 10
save 60 10000
rdbcompression yes
dir ./
dbfilename dump.rdb
```

2）本案例在 Docker 中執行 Redis，所以在宿主機中使用以下命令創建 Redis 容器。

```
docker run -v /home/ghy/T/redis/redis.conf:/redisConfig/redis.conf -v /home/
ghy/下載:/data --name redis5.0.7_Persistence --network host -p 6379:6379 -d
redis:5.0.7 redis-server /redisConfig/redis.conf --requirepass accp
```

3）在 Redis 容器中使用以下命令確認 redis.conf 設定檔是否掛載成功。

```
root@ghy-VirtualBox:/data# cd ..
root@ghy-VirtualBox:/# ls
bin   data etc  lib   media opt   redisConfig run   srv  tmp  var
boot  dev  home lib64 mnt   proc  root        sbin  sys  usr
root@ghy-VirtualBox:/# cd redisConfig
root@ghy-VirtualBox:/redisConfig# ls
redis.conf
root@ghy-VirtualBox:/redisConfig#
```

看到 redis.conf 設定檔，掛載成功。

4）如果在 Redis 容器中更改設定檔，則需要在 Redis 容器中執行以下命令安裝 Vim 文字編輯器：

```
apt-get update
apt-get install vim
```

Vim 文字編輯器安裝成功後查看 Redis 容器中的 /redisConfig/redis.conf 設定檔中的內容，更改設定如圖 21-1 所示。

5）使用以下命令在 /data 資料夾中找不到 RDB 檔案。

```
root@46c86f73b761:/data# ls
root@46c86f73b761:/data#
```

如果存在 RDB 檔案，則刪除該檔案。

6）redis.conf 設定檔中有以下設定。

```
save 900 1
save 300 10
save 60 10000
```

說明在 300s 之內如果有 10 個改變就將記憶體中的

圖 21-1 更改配置

資料以 RDB 檔案的形式持久化到 /data/dump.rdb 檔案中。

7）在 Redis 用戶端中輸入以下命令。

```
127.0.0.1:6379> set 1 11
OK
127.0.0.1:6379> set 2 22
OK
127.0.0.1:6379> set 3 33
OK
127.0.0.1:6379> set 4 44
OK
127.0.0.1:6379> set 5 55
OK
127.0.0.1:6379> set 6 66
OK
127.0.0.1:6379> set 7 77
OK
127.0.0.1:6379> set 8 88
OK
127.0.0.1:6379> set 9 99
OK
127.0.0.1:6379> set 10 1010
OK
127.0.0.1:6379>
```

8）等待一會之後發現 Redis 伺服器出現保存記錄檔，伺服器記錄檔如圖 21-2 所示。

9）創建 dump.rdb 檔案，如圖 21-3 所示。

```
10 changes in 300 seconds. Saving...
Background saving started by pid 599
* DB saved on disk
* RDB: 0 MB of memory used by copy-on-write
Background saving terminated with success
```

圖 21-2 伺服器記錄檔　　　　　　　圖 21-3 創建 dump.rdb 檔案

10）重新啟動 Redis 服務後依然可以看到持久化的資料，說明 Redis 服務重新啟動後自動將 dump.rdb 檔案中的內容載入到記憶體了。繼續操作，刪除 Redis 容器並刪除 dump.rdb 檔案，再重新啟動 Redis 容器，使用命令 keys * 沒有取得任何資料，說明 Redis 為空，因為 dump.rdb 檔案被刪除了。

21.1.2 手動方式：使用 save 命令

save 命令具有同步性，當命令執行後 Redis 呈阻塞狀態，會把記憶體中全部資料庫中的全部資料保存到新的 RDB 檔案中。

持久化資料期間 Redis 呈阻塞狀態，不再執行用戶端的命令，直到生成 RDB 檔案為止。持久化後刪除舊的 RDB 檔案，使用新的 RDB 檔案。

1）更改設定程式如圖 21-4 所示。

2）重新啟動 Redis 服務。

3）確認有沒有 dump.rdb 檔案，如果有則刪除。

4）執行以下命令。

```
#save ""

save 900 1
save 300 10
save 60 10000
```

圖 21-4 更改配置程式

```
127.0.0.1:6379> flushdb
OK
127.0.0.1:6379> set 1 11
OK
127.0.0.1:6379> set 2 22
OK
127.0.0.1:6379> set 3 33
OK
127.0.0.1:6379> save
OK
127.0.0.1:6379>
```

在執行 save 命令之前，路徑 /data 中沒有 dump.rdb 檔案，執行之後就創建了。

5）執行以下命令確認 dump.rdb 檔案成功創建。

```
root@46c86f73b761:/data# ls
dump.rdb
root@46c86f73b761:/data#
```

6）重新啟動 Redis 服務後輸入以下命令。

```
127.0.0.1:6379> keys *
1) "1"
2) "2"
3) "3"
127.0.0.1:6379>
```

將資料從 dump.rdb 檔案還原到記憶體中。

21.1.3 手動方式：使用 **bgsave** 命令

save 命令具有同步性，在資料持久化期間，Redis 不能執行其他用戶端的命令，降低了系統吞吐量，而 bgsave 命令是 save 命令的非同步版本。

當 bgsave 命令執行後會創建子處理程序，子處理程序執行 save 命令把記憶體中全部資料庫中的全部資料保存到新的 RDB 檔案中。持久化資料期間，Redis 不會呈阻塞狀態，可以接收新的命令。持久化後刪除舊的 RDB 檔案，使用新的 RDB 檔案。

關於 bgsave 命令的測試案例及案例請參考 save 命令，兩者的使用情況非常相似。另外 bgsave 命令和 save 命令一樣，也存在遺失資料的可能性，也就是在最後一次成功完成 RDB 持久化後的資料將遺失。

21.2 使用 AOF 實現資料持久化

使用 AOF 方式持久化資料時，Redis 每次接收到一筆改變資料的命令時，它都將把該命令寫到一個 AOF 檔案中（只記錄寫入操作，讀取操作不記錄），當 Redis 重新啟動時，它透過執行 AOF 檔案中所有的命令來恢復資料。AOF 的優點是比 RDB 遺失的資料會少一些。另外由於 AOF 檔案儲存 Redis 的命令，而不像 RDB 儲存資料的二進位值，因此使用 AOF 方式還原資料時比 RDB 要慢很多。

測試實現 AOF 持久化的功能。

更改 redis.conf 設定檔，使用以下設定禁用 RDB 持久化，只用 AOF 方式實現資料持久化。

```
save ""

#save 900 1
#save 300 10
#save 60 10000

appendonly yes
appendfilename "appendonly.AOF"
```

```
appendfsync everysec
aof-use-rdb-preamble no
```

創建完 Redis 容器後會自動創建 appendonly.aof 檔案，該檔案內容為空，
如圖 21-5 所示。

> **注意**：不要自動創建 appendonly.aof 檔案。

執行以下命令。

```
127.0.0.1:6379> set 1 11
OK
127.0.0.1:6379> set 2 22
OK
127.0.0.1:6379> set 3 33
OK
127.0.0.1:6379> del 3
(integer) 1
127.0.0.1:6379>
```

生成的檔案 appendonly.aof 的內容如圖 21-6 所示。

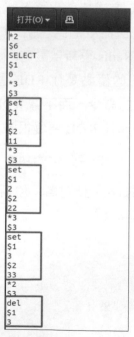

圖 21-5 appendonly.aof 檔案內容為空　　圖 21-6 appendonly.aof 的內容

最後出現了 del 命令，説明 del 命令也被記錄了。

這些內容是 Redis 能讀懂的命令，Redis 服務在啟動時讀取 AOF 檔案中的命令進行資料還原。

21.3 使用 RDB 和 AOF 混合實現資料持久化

使用 RDB 和 AOF 混合實現資料持久化會在 AOF 檔案的開頭保存 RDB 格式的資料，後面保存 AOF 格式的命令。

1）更改 redis.conf 設定檔中的設定。

```
save 900 1
save 300 10
save 60 10000

appendonly yes
appendfilename "appendonly.AOF"
appendfsync everysec
aof-use-rdb-preamble yes
```

2）重新啟動 Redis 服務。

3）執行以下命令。

```
127.0.0.1:6379> flushdb
OK
127.0.0.1:6379> set 1 11
OK
127.0.0.1:6379> set 2 22
OK
127.0.0.1:6379> set 3 33
OK
127.0.0.1:6379> bgrewriteaof
Background append only file rewriting started
127.0.0.1:6379> set 4 44
OK
127.0.0.1:6379> set 5 55
OK
127.0.0.1:6379>
```

4）appendonly.aof 檔案的內容如圖 21-7 所示。

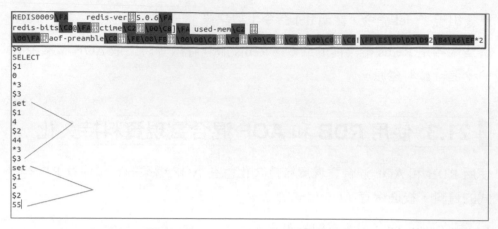

圖 21-7　appendonly.aof 檔案的內容

appendonly.aof 檔案前面的部分是 key 為 1、2、3 的資料。後面的部分使用命令記錄檔的形式記錄 key 為 4 和 5 的命令。

使用 RDB 和 AOF 混合實現資料持久化優勢是 RDB 格式的資料還原起來速度很快，而 AOF 命令可以允許遺失 1s 內的資料。

ACL 類型命令

CL 是 Access Control List 的縮寫，意為存取控制清單。ACL 是 Redis 6.0 新發佈的功能，它可以限制連接到 Redis 伺服器的用戶端的許可權，如可以實現對某些命令不允許執行，還可以實現不允許對某些 key 執行 set 或 get 命令，ACL 主要有提供許可權控制的作用。

22.1　acl list 命令

還原业使用 Redis 預設的 redis.conf 設定檔，更改設定如下。

```
bind 0.0.0.0
protected-mode no
```

22.1.1　測試案例

首先使用以下命令以預設設定的方式啟動 Redis 伺服器。

```
redis-server redis.conf
```

使用 acl list 命令返回所有使用者的 ACL 資訊執行結果如圖 22-1 所示。

輸出結果如下。

```
"user default on nopass ~* +@all"
```

輸出結果的含義如圖 22-2 所示。

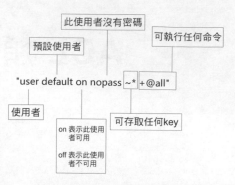

圖 22-1 執行結果　　　　　　　　圖 22-2 輸出結果的含義

22.1.2 程式演示

```java
public class Test1 {
    private static Pool pool = new Pool(new PoolConfig(), "192.168.1.108",
6379, 5000);

    public static void main(String[] args) {
         = null;
        try {
             = pool.getResource();

            .flushDB();

            List<String> list = .aclList();
            for (int i = 0; i < list.size(); i++) {
                System.out.println(list.get(i));
            }

        } catch (Exception e) {
            e.printStackTrace();
        } finally {
            if ( != null) {
                .close();
            }
        }
    }

}
```

程式執行結果如下。

```
user default on nopass ~* +@all
```

22.2 為預設使用者設定密碼並查看 ACL 資訊

如果為預設使用者設定密碼會出現什麼樣的效果呢？

在 redis.conf 設定檔中設定密碼。

```
requirepass accp
```

退出當前的 Redis 伺服器處理程序，使用以下命令重新啟動 Redis 伺服器：

```
redis-server redis.conf
```

用戶端使用命令如下。

```
ghy@ghy-VirtualBox:~/T/Redis$ redis-cli
127.0.0.1:6379> set a aa
(error) NOAUTH Authentication required.
127.0.0.1:6379> acl list
(error) NOAUTH Authentication required.
127.0.0.1:6379> auth accp
OK
127.0.0.1:6379> acl list
1) "user default on #99f2112a7c54c5955ca03be8c86854c49a7ed9417a09d0448c9eedd9b
f87b1da ~* +@all"
127.0.0.1:6379>
```

可以發現，密碼由原來輸出 nopass 改成輸出加密後的密碼 #99f2112a7c54 c5955ca03be8c86854c49a7ed9417a09d0448c9eedd9bf87b1da。

在 Redis 中使用 aclList() 方法輸出的資訊如下。

```
user default on #99f2112a7c54c5955ca03be8c86854c49a7ed9417a09d0448c9eedd9bf87b
1da ~* +@all
```

22.3 acl save 和 acl load 命令

ACL 資訊可以持久化，但預設情況下是非持久化的，重新啟動 Redis 服務後 ACL 資訊遺失。

22.3.1 測試案例

測試案例如下。

```
127.0.0.1:6379> acl list
1) "user default on #99f2112a7c54c5955ca03be8c86854c49a7ed9417a09d0448c9eedd9b
f87b1da ~* +@all"
127.0.0.1:6379> acl setuser ghy
OK
127.0.0.1:6379> acl list
1) "user default on #99f2112a7c54c5955ca03be8c86854c49a7ed9417a09d0448c9eedd9b
f87b1da ~* +@all"
2) "user ghy off -@all"
127.0.0.1:6379>
```

使用以下命令創建一個使用者 ghy，使用者 ghy 在記憶體中。

```
acl setuser
```

重新啟動 Redis 伺服器，再執行以下命令。

```
127.0.0.1:6379> acl list
1) "user default on #99f2112a7c54c5955ca03be8c86854c49a7ed9417a09d0448c9eedd9b
f87b1da ~* +@all"
127.0.0.1:6379>
```

使用者 ghy 消失了，並沒有被持久化。

在 ACL 中持久化 ACL 資訊需要使用以下命令。

```
acl save
```

如果直接執行此命令則出現異常如圖 22-3 所示。

```
127.0.0.1:6379> acl save
(error) ERR This Redis instance is not configured to use an ACL file. You may w
ant to specify users via the ACL SETUSER command and then issue a CONFIG REWRIT
E (assuming you have a Redis configuration file set) in order to store users in
 the Redis configuration.
127.0.0.1:6379>
```

圖 22-3 出現異常

執行 acl save 命令之前需要在 redis.conf 設定檔中指定 ACL 檔案的位置。

```
aclfile /home/ghy/T/Redis/myacl.acl
```

> **注意**：myacl.acl 檔案需要手動創建，創建一個名稱為 myacl.acl 的空檔案即可。

重新啟動 Redis 服務並執行以下命令。

```
127.0.0.1:6379> acl list
1) "user default on nopass ~* +@all"
127.0.0.1:6379> acl setuser ghy
OK
127.0.0.1:6379> acl list
1) "user default on nopass ~* +@all"
2) "user ghy off -@all"
127.0.0.1:6379>
```

但現在這個使用者暫時在記憶體中，使用以下命令將 ACL 資訊保存持久化到 ACL 檔案中。

```
ACL SAVE
127.0.0.1:6379> acl save
OK
127.0.0.1:6379>
```

使用者 ghy 的 ACL 資訊被保存了，儲存在 myacl.acl 檔案中，如圖 22-4 所示。

圖 22-4　使用者 ghy 的 ACL 資訊被保存了

重新啟動 Redis 服務並執行以下命令。

```
127.0.0.1:6379> acl list
1) "user default on nopass ~* +@all"
2) "user ghy off -@all"
127.0.0.1:6379>
```

如果手動更改 myacl.acl 中的資訊，可以使用以下命令。

```
acl load
```

該命令用於將最新的 ACL 檔案中的資訊載入到記憶體，測試案例如下。

```
127.0.0.1:6379> acl load
OK
127.0.0.1:6379> acl list
1) "user default on nopass ~* +@all"
2) "user ghy off -@all"
127.0.0.1:6379>
```

22.3.2 程式演示

當前版本的 Redis 不支持 save 和 load 操作。

22.4 acl users 命令

acl users 命令用於列出所有使用者。

22.4.1 測試案例

測試案例如下。

```
127.0.0.1:6379> acl users
1) "default"
2) "ghy"
127.0.0.1:6379>
```

22.4.2 程式演示

```java
public class Test2 {
    private static Pool pool = new Pool(new PoolConfig(), "192.168.1.108",
6379, 5000);

    public static void main(String[] args) {
        = null;
        try {
            = pool.getResource();

            .flushDB();

            List<String> list = .aclUsers();
            for (int i = 0; i < list.size(); i++) {
                System.out.println(list.get(i));
            }

        } catch (Exception e) {
```

```
            e.printStackTrace();
        } finally {
            if (  != null) {
                .close();
            }
        }
    }

}
```

程式執行結果如下。

```
default
```

22.5 acl getuser 命令

acl list 命令用於獲取所有使用者的 ACL 資訊。

acl getuser 命令用於獲取指定使用者的 ACL 資訊

22.5.1 測試案例

測試案例如下。

```
127.0.0.1:6379> acl getuser default
1) "flags"
2) 1) "on"
   2) "allkeys"
   3) "allcommands"
   4) "nopass"
3) "passwords"
4) (empty array)
5) "commands"
6) "+@all"
7) "keys"
8) 1) "*"
127.0.0.1:6379> acl getuser ghy
1) "flags"
2) 1) "off"
3) "passwords"
4) (empty array)
5) "commands"
6) "-@all"
7) "keys"
```

```
8) (empty array)
127.0.0.1:6379>
```

22.5.2 程式演示

```java
public class Test3 {
    private static Pool pool = new Pool(new PoolConfig(), "192.168.1.108",
6379, 5000);

    public static void main(String[] args) {
         = null;
        try {
             = pool.getResource();

            .flushDB();

            AccessControlUser userInfo = .aclGetUser("default");
            String getCommands = userInfo.getCommands();
            System.out.println("getCommands=" + getCommands);
            System.out.println();

            List<String> flagList = userInfo.getFlags();
            for (int i = 0; i < flagList.size(); i++) {
                System.out.println("getFlags=" + flagList.get(i));
            }
            System.out.println();

            List<String> getKeys = userInfo.getKeys();
            for (int i = 0; i < getKeys.size(); i++) {
                System.out.println("getKeys=" + getKeys.get(i));
            }
            System.out.println();

            List<String> getPassword = userInfo.getPassword();
            for (int i = 0; i < getPassword.size(); i++) {
                System.out.println("getPassword=" + getPassword.get(i));
            }
        } catch (Exception e) {
            e.printStackTrace();
        } finally {
            if ( != null) {
                .close();
            }
        }
    }
}
```

程式執行結果如下。

```
getCommands=+@all

getFlags=on
getFlags=allkeys
getFlags=allcommands
getFlags=nopass

getKeys=*
```

22.6 acl deluser 命令

acl deluser 命令用於刪除指定使用者。

22.6.1 測試案例

測試案例如下。

```
127.0.0.1:6379> acl users
1) "default"
2) "ghy"
127.0.0.1:6379> acl setuser abc
OK
127.0.0.1:6379> acl setuser xyz
OK
127.0.0.1:6379> acl users
1) "abc"
2) "default"
3) "ghy"
4) "xyz"
127.0.0.1:6379> acl deluser ghy abc xyz
(integer) 3
127.0.0.1:6379> acl users
1) "default"
127.0.0.1:6379>
```

22.6.2 程式演示

```
public class Test4 {
    private static Pool pool = new Pool(new PoolConfig(), "192.168.1.108",
6379, 5000);
```

```
    public static void main(String[] args) {
        = null;
      try {
         = pool.getResource();

        .flushDB();

        {
            List<String> list = .aclUsers();
            for (int i = 0; i < list.size(); i++) {
                System.out.println(list.get(i));
            }
            System.out.println();
        }

        .aclSetUser("abc");
        .aclSetUser("xyz");

        {
            List<String> list = .aclUsers();
            for (int i = 0; i < list.size(); i++) {
                System.out.println(list.get(i));
            }
            System.out.println();
        }

        .aclDelUser("abc");

        {
            List<String> list = .aclUsers();
            for (int i = 0; i < list.size(); i++) {
                System.out.println(list.get(i));
            }
        }

      } catch (Exception e) {
        e.printStackTrace();
      } finally {
        if ( != null) {
            .close();
        }
      }
    }

}
```

程式執行結果如下。

```
default

abc
default
xyz

default
xyz
```

22.7 acl cat 命令

acl cat 命令用於列出所有命令的類型。

22.7.1 測試案例

測試案例如下。

```
127.0.0.1:6379> acl cat
 1) "keyspace"
 2) "read"
 3) "write"
 4) "set"
 5) "sortedset"
 6) "list"
 7) "hash"
 8) "string"
 9) "bitmap"
10) "hyperloglog"
11) "geo"
12) "stream"
13) "pubsub"
14) "admin"
15) "fast"
16) "slow"
17) "blocking"
18) "dangerous"
19) "connection"
20) "transaction"
21) "scripting"
127.0.0.1:6379>
```

命令是分類的，如 String 類型的命令、Set 類型的命令等。在 Redis 中命令類型被稱為 Categories，可以透過 ACL 來對某一個使用者能使用的命令類型做限制，如讓 ABC 使用者能執行 String 或不能執行 String 類型的命令，實現許可權操作的批次處理。

22.7.2 程式演示

```
public class Test5 {
    private static Pool pool = new Pool(new PoolConfig(), "192.168.1.108",
6379, 5000);

    public static void main(String[] args) {
        = null;
        try {
            = pool.getResource();

            .flushDB();

            List<String> list = .aclCat();
            for (int i = 0; i < list.size(); i++) {
                System.out.println(list.get(i));
            }
        } catch (Exception e) {
            e.printStackTrace();
        } finally {
            if ( != null) {
                .close();
            }
        }
    }

}
```

程式執行結果如下。

```
keyspace
read
write
set
sortedset
list
hash
string
bitmap
hyperloglog
geo
stream
pubsub
```

```
admin
fast
slow
blocking
dangerous
connection
transaction
scripting
```

22.8 acl cat <category> 命令

acl cat <category> 命令用於列出指定類型命令中的所有命令。

22.8.1 測試案例

測試案例如下。

```
127.0.0.1:6379> acl cat String
 1) "decrby"
 2) "set"
 3) "append"
 4) "incrbyfloat"
 5) "msetnx"
 6) "setnx"
 7) "getrange"
 8) "incr"
 9) "setrange"
10) "strlen"
11) "mget"
12) "mset"
13) "incrby"
14) "substr"
15) "getset"
16) "decr"
17) "get"
18) "setex"
19) "psetex"
127.0.0.1:6379>
```

22.8.2 程式演示

```java
public class Test6 {
    private static Pool pool = new Pool(new PoolConfig(), "192.168.1.108",
```

```
6379, 5000);

    public static void main(String[] args) {
         = null;
        try {
             = pool.getResource();

            .flushDB();

            List<String> list = .aclCat("String");
            for (int i = 0; i < list.size(); i++) {
                System.out.println(list.get(i));
            }
        } catch (Exception e) {
            e.printStackTrace();
        } finally {
            if ( != null) {
                .close();
            }
        }
    }

}
```

程式執行結果如下。

```
incrbyfloat
mget
strlen
psetex
getrange
decr
substr
incrby
setrange
set
setnx
append
setex
getset
decrby
msetnx
incr
mset
get
```

22.9 acl genpass 命令

自己設定的密碼可能被暴力破解，如密碼為 hello、abc123、123456 等，這樣正常的密碼非常不安全，可以使用 acl genpass 命令創建更複雜的密碼。

22.9.1 測試案例

測試案例如下。

```
127.0.0.1:6379> acl genpass
"40de51ed0ba8e8b46f47cb3af6c57a89"
127.0.0.1:6379> acl genpass
"4cb581b6434ba94fd24971887c6b8170"
127.0.0.1:6379> acl genpass
"9d53812d4f4878ff40564059493bde64"
127.0.0.1:6379> acl genpass
"30283e3e67fc3066b54d45b865b579f1"
127.0.0.1:6379> acl genpass
"e252e7dc05cedaa8130c490e1e992431"
127.0.0.1:6379> acl genpass
"1d54d362ad163e4bf2a9334ad0f9e394"
127.0.0.1:6379>
```

22.9.2 程式演示

```java
public class Test7 {
    private static Pool pool = new Pool(new PoolConfig(), "192.168.1.108",
6379, 5000);

    public static void main(String[] args) {
         = null;
        try {
             = pool.getResource();

            .flushDB();

            System.out.println(.aclGenPass());
            System.out.println(.aclGenPass());
            System.out.println(.aclGenPass());
            System.out.println(.aclGenPass());
```

```
        } catch (Exception e) {
            e.printStackTrace();
        } finally {
            if ( != null) {
                .close();
            }
        }
    }
}
```

程式執行結果如下。

```
5d463fe592db6e0a2422a1726b8371ac
6333e3d69d92633dd1d02135e78adadb
5570d111edd095ef71ffb9d485ce738d
517ded2f080917d8dd651df802a44a13
```

22.10 acl whoami 命令

acl whoami 命令用於返回當前登入的用戶名。

22.10.1 測試案例

測試案例如下。

```
127.0.0.1:6379> acl whoami
"default"
127.0.0.1:6379>
```

22.10.2 程式演示

```java
public class Test8 {
    private static Pool pool = new Pool(new PoolConfig(), "192.168.1.108",
6379, 5000);

    public static void main(String[] args) {
         = null;
        try {
             = pool.getResource();

            .flushDB();
```

```
            System.out.println(.aclWhoAmI());

        } catch (Exception e) {
            e.printStackTrace();
        } finally {
            if ( != null) {
                .close();
            }
        }
    }

}
```

程式執行結果如下。

```
default
```

■ 22.11 acl log 命令

acl log 命令用於查看 ACL 記錄檔，結合 reset 參數可以清除 ACL 記錄檔。

22.11.1 測試案例

測試案例如下。

```
127.0.0.1:6379> acl users
1) "default"
127.0.0.1:6379> acl log reset
OK
127.0.0.1:6379> acl log
(empty array)
127.0.0.1:6379> acl cat
 1) "keyspace"
 2) "read"
 3) "write"
 4) "set"
 5) "sortedset"
 6) "list"
 7) "hash"
 8) "string"
 9) "bitmap"
10) "hyperloglog"
11) "geo"
12) "stream"
```

```
13) "pubsub"
14) "admin"
15) "fast"
16) "slow"
17) "blocking"
18) "dangerous"
19) "connection"
20) "transaction"
21) "scripting"
127.0.0.1:6379> acl cat admin
 1) "psync"
 2) "slaveof"
 3) "pfselftest"
 4) "client"
 5) "pfdebug"
 6) "monitor"
 7) "slowlog"
 8) "acl"
 9) "module"
10) "latency"
11) "save"
12) "config"
13) "debug"
14) "bgrewriteaof"
15) "shutdown"
16) "lastsave"
17) "sync"
18) "replconf"
19) "replicaof"
20) "bgsave"
21) "cluster"
127.0.0.1:6379> acl setuser ghy >123 on +@admin
OK
127.0.0.1:6379>
```

acl setuser ghy >123 on +@admin 命令的作用是創建一個使用者,用戶名為 ghy,密碼是 123,on 代表 ghy 這個使用者是啟用的,對這個使用者指定能執行 admin 命令類型的許可權。

Redis 用戶端先斷開與伺服器的連接再重新連接伺服器。

```
ghy@ghy-VirtualBox:~/T/Redis$ redis-cli
127.0.0.1:6379> auth ghy 123
OK
127.0.0.1:6379> set a aa
(error) NOPERM this user has no permissions to run the 'set' command or its
```

```
subcommand
127.0.0.1:6379> acl log
1)  1) "count"
    2) (integer) 1
    3) "reason"
    4) "command"
    5) "context"
    6) "toplevel"
    7) "object"
    8) "set"
    9) "username"
   10) "ghy"
   11) "age-seconds"
   12) "3.2639999999999998"
   13) "client-info"
   14) "id=15 addr=127.0.0.1:59110 fd=7 name= age=8 idle=0 flags=N db=0 sub=0
psub=0 multi=-1 qbuf=28 qbuf-free=32740 obl=0 oll=0 omem=0 events=r cmd=set
user=ghy"
127.0.0.1:6379> acl log 10
1)  1) "count"
    2) (integer) 1
    3) "reason"
    4) "command"
    5) "context"
    6) "toplevel"
    7) "object"
    8) "set"
    9) "username"
   10) "ghy"
   11) "age-seconds"
   12) "49.404000000000003"
   13) "client-info"
   14) "id=15 addr=127.0.0.1:59110 fd=7 name= age=8 idle=0 flags=N db=0 sub=0
psub=0 multi=-1 qbuf=28 qbuf-free=32740 obl=0 oll=0 omem=0 events=r cmd=set
user=ghy"
127.0.0.1:6379>
```

acl log 命令以記錄檔產生時間的倒序顯示。

如果執行以下命令，則 ACL 記錄檔被清除，如圖 22-5 所示。

```
ACL LOG RESET
```

```
127.0.0.1:6379> acl log reset
OK
127.0.0.1:6379> acl log
(empty array)
```

圖 22-5 ACL 記錄檔被清除

22.11.2 程式演示

當前版本的 Redis 不支持 acl log 操作。

22.12 驗證使用 setuser 命令創建的使用者預設無任何許可權

使用 setuser 命令創建的使用者預設無任何許可權，不允許執行任何命令，不允許操作任何 key。

驗證案例如下。

```
127.0.0.1:6379> acl list
1) "user default on nopass ~* +@all"
127.0.0.1:6379> acl setuser ghy on >123
OK
127.0.0.1:6379> acl list
1) "user default on nopass ~* +@all"
2) "user ghy on #a665a45920422f9d417e4867efdc4fb8a04a1f3fff1fa07e998e86f7f7a27
ae3 -@all"
127.0.0.1:6379>
ghy@ghy-VirtualBox:~/T/Redis$ redis-cli
127.0.0.1:6379> auth ghy 123
OK
127.0.0.1:6379> set a aa
(error) NOPERM this user has no permissions to run the 'set' command or its
subcommand
127.0.0.1:6379> get a
(error) NOPERM this user has no permissions to run the 'get' command or its
subcommand
127.0.0.1:6379>
ghy@ghy-VirtualBox:~/T/Redis$ redis-cli
127.0.0.1:6379> acl deluser ghy
(integer) 1
127.0.0.1:6379> acl list
1) "user default on nopass ~* +@all"
127.0.0.1:6379> acl setuser ghy on >123 ~* +@all
OK
127.0.0.1:6379> acl list
1) "user default on nopass ~* +@all"
2) "user ghy on #a665a45920422f9d417e4867efdc4fb8a04a1f3fff1fa07e998e86f7f7a27
ae3 ~* +@all"
127.0.0.1:6379>
```

```
ghy@ghy-VirtualBox:~/T/Redis$ redis-cli
127.0.0.1:6379> auth ghy 123
OK
127.0.0.1:6379> set a aa
OK
127.0.0.1:6379> get a
"aa"
127.0.0.1:6379>
```

22.13　使用 setuser on/off 啟用或禁用使用者

使用者呈 on 狀態可以登入，呈 off 狀態不可登入。

```
127.0.0.1:6379> acl list
1) "user default on nopass ~* +@all"
127.0.0.1:6379> acl setuser a on >123 ~* +@all
OK
127.0.0.1:6379> acl setuser b off >123 ~* +@all
OK
127.0.0.1:6379> acl list
1) "user a on #a665a45920422f9d417e4867efdc4fb8a04a1f3fff1fa07e998e86f7f7a27ae3
 ~* +@all"
2) "user b off #a665a45920422f9d417e4867efdc4fb8a04a1f3fff1fa07e998e86f7f7a27ae3
 ~* +@all"
3) "user default on nopass ~* +@all"
127.0.0.1:6379>
ghy@ghy-VirtualBox:~/T/Redis$ redis-cli
127.0.0.1:6379> auth a 123
OK
127.0.0.1:6379> set a aa
OK
127.0.0.1:6379> get a
"aa"
127.0.0.1:6379>
ghy@ghy-VirtualBox:~/T/Redis$ redis-cli
127.0.0.1:6379> auth b 123
(error) WRONGPASS invalid username-password pair
127.0.0.1:6379>
ghy@ghy-VirtualBox:~/T/Redis$ redis-cli
127.0.0.1:6379> acl setuser b on
OK
127.0.0.1:6379>
ghy@ghy-VirtualBox:~/T/Redis$ redis-cli
127.0.0.1:6379> auth b 123
OK
```

```
127.0.0.1:6379> set b bb
OK
127.0.0.1:6379> get b
"bb"
127.0.0.1:6379>
```

22.14 使用 +<command> 和 −<command> 為使用者設定執行命令的許可權

```
127.0.0.1:6379> acl list
1) "user default on nopass ~* +@all"
127.0.0.1:6379> acl setuser a on >123 ~*
OK
127.0.0.1:6379> acl list
1) "user a on #a665a45920422f9d417e4867efdc4fb8a04a1f3fff1fa07e998e86f7f7a27ae3
   ~* -@all"
2) "user default on nopass ~* +@all"
127.0.0.1:6379>
ghy@ghy-VirtualBox:~/T/Redis$ redis-cli
127.0.0.1:6379> auth a 123
OK
127.0.0.1:6379> set a aa
(error) NOPERM this user has no permissions to run the 'set' command or its
subcommand
127.0.0.1:6379>
ghy@ghy-VirtualBox:~/T/Redis$ redis-cli
127.0.0.1:6379> acl setuser a +set +get
OK
127.0.0.1:6379>
ghy@ghy-VirtualBox:~/T/Redis$ redis-cli
127.0.0.1:6379> auth a 123
OK
127.0.0.1:6379> set a aa
OK
127.0.0.1:6379> get a
"aa"
127.0.0.1:6379>
ghy@ghy-VirtualBox:~/T/Redis$ redis-cli
127.0.0.1:6379> acl setuser a -get
OK
127.0.0.1:6379>
ghy@ghy-VirtualBox:~/T/Redis$ redis-cli
127.0.0.1:6379> auth a 123
OK
```

```
127.0.0.1:6379> set b bb
OK
127.0.0.1:6379> set c cc
OK
127.0.0.1:6379> get a
(error) NOPERM this user has no permissions to run the 'get' command or its
subcommand
127.0.0.1:6379> get b
(error) NOPERM this user has no permissions to run the 'get' command or its
subcommand
127.0.0.1:6379> get c
(error) NOPERM this user has no permissions to run the 'get' command or its
subcommand
127.0.0.1:6379>
```

22.15 使用 +@<category> 為使用者設定能執行指定命令類型的許可權

```
127.0.0.1:6379> acl list
1) "user default on nopass ~* +@all"
127.0.0.1:6379> acl setuser a on >123 ~*
OK
127.0.0.1:6379> acl list
1) "user a on #a665a45920422f9d417e4867efdc4fb8a04a1f3fff1fa07e998e86f7f7a27ae3
   ~* -@all"
2) "user default on nopass ~* +@all"
127.0.0.1:6379>
ghy@ghy-VirtualBox:~/T/Redis$ redis-cli
127.0.0.1:6379> auth a 123
OK
127.0.0.1:6379> set a aa
(error) NOPERM this user has no permissions to run the 'set' command or its
subcommand
127.0.0.1:6379>
ghy@ghy-VirtualBox:~/T/Redis$ redis-cli
127.0.0.1:6379> acl setuser a +@string
OK
127.0.0.1:6379> acl list
1) "user a on #a665a45920422f9d417e4867efdc4fb8a04a1f3fff1fa07e998e86f7f7a27ae3
   ~* -@all +@string"
2) "user default on nopass ~* +@all"
ghy@ghy-VirtualBox:~/T/Redis$ redis-cli
127.0.0.1:6379> auth a 123
OK
```

```
127.0.0.1:6379> set a aa
OK
127.0.0.1:6379> get a
"aa"
127.0.0.1:6379> rpush mykey a b c
(error) NOPERM this user has no permissions to run the 'rpush' command or its
subcommand
127.0.0.1:6379>
```

22.16 使用－ @<category> 為使用者設定能 執行指定命令類型的許可權

```
127.0.0.1:6379> acl list
1) "user default on nopass ~* +@all"
127.0.0.1:6379> acl setuser a on >123 ~* +@all
OK
127.0.0.1:6379> acl list
1) "user a on #a665a45920422f9d417e4867efdc4fb8a04a1f3fff1fa07e998e86f7f7a27ae3
   ~* +@all"
2) "user default on nopass ~* +@all"
127.0.0.1:6379> acl setuser a -@string
OK
127.0.0.1:6379> acl list
1) "user a on #a665a45920422f9d417e4867efdc4fb8a04a1f3fff1fa07e998e86f7f7a27ae3
   ~* +@all -@string"
2) "user default on nopass ~* +@all"
127.0.0.1:6379>
ghy@ghy-VirtualBox:~/T/Redis$ redis-cli
127.0.0.1:6379> auth a 123
OK
127.0.0.1:6379> set a aa
(error) NOPERM this user has no permissions to run the 'set' command or its
subcommand
127.0.0.1:6379> get a
(error) NOPERM this user has no permissions to run the 'get' command or its
subcommand
127.0.0.1:6379> lpush mykey a b c
(integer) 3
127.0.0.1:6379> lrange mykey 0 -1
1) "c"
2) "b"
3) "a"
127.0.0.1:6379>
```

22.17 使用 +<command>|<subcommand> 為使用者增加能執行的子命令許可權

```
127.0.0.1:6379> acl list
1) "user default on nopass ~* +@all"
127.0.0.1:6379> acl setuser a on >123 +acl|log +acl|cat
OK
127.0.0.1:6379>
ghy@ghy-VirtualBox:~/T/Redis$ redis-cli
127.0.0.1:6379> auth a 123
OK
127.0.0.1:6379> acl log
 1)  1) "count"
     2) (integer) 1
     3) "reason"
     4) "command"
     5) "context"
     6) "toplevel"
     7) "object"
     8) "get"
     9) "username"
    10) "a"
    11) "age-seconds"
    12) "238.95099999999999"
    13) "client-info"
    14) "id=58 addr=127.0.0.1:46144 fd=7 name= age=12 idle=0 flags=N db=0
sub=0 psub=0 multi=-1 qbuf=20 qbuf-free=32748 obl=0 oll=0 omem=0 events=r
cmd=get user=a"
127.0.0.1:6379> acl cat
 1) "keyspace"
 2) "read"
 3) "write"
 4) "set"
 5) "sortedset"
 6) "list"
 7) "hash"
 8) "string"
 9) "bitmap"
10) "hyperloglog"
11) "geo"
12) "stream"
13) "pubsub"
14) "admin"
15) "fast"
16) "slow"
17) "blocking"
```

```
18) "dangerous"
19) "connection"
20) "transaction"
21) "scripting"
127.0.0.1:6379> acl list
(error) NOPERM this user has no permissions to run the 'acl' command or its
subcommand
127.0.0.1:6379>
```

> **注意**：不能執行 -＜command＞|subcommand 操作，所以可以先排除存取
> 主命令的許可權，然後增加能存取的子命令的許可權，案例如 ACL SETUSER
> myuser -client +client|setname +client|getname。

22.18 使用 +@all 和 − @all 為使用者增加或刪除全部命令的執行許可權

```
127.0.0.1:6379> acl list
1) "user default on nopass ~* +@all"
127.0.0.1:6379> acl setuser a on >123
OK
127.0.0.1:6379> acl list
1) "user a on #a665a45920422f9d417e4867efdc4fb8a04a1f3fff1fa07e998e86f7f7a27ae3
 -@all"
2) "user default on nopass ~* +@all"
127.0.0.1:6379> acl setuser a +@all
OK
127.0.0.1:6379> acl list
1) "user a on #a665a45920422f9d417e4867efdc4fb8a04a1f3fff1fa07e998e86f7f7a27ae3
 +@all"
2) "user default on nopass ~* +@all"
127.0.0.1:6379>
ghy@ghy-VirtualBox:~/T/Redis$ redis-cli
127.0.0.1:6379> auth a 123
OK
127.0.0.1:6379> set a aa
(error) NOPERM this user has no permissions to access one of the keys used as
arguments
127.0.0.1:6379>
ghy@ghy-VirtualBox:~/T/Redis$ redis-cli
127.0.0.1:6379> acl setuser a ~*
OK
127.0.0.1:6379> acl list
```

```
1) "user a on #a665a45920422f9d417e4867efdc4fb8a04a1f3fff1fa07e998e86f7f7a27ae3
   ~* +@all"
2) "user default on nopass ~* +@all"
127.0.0.1:6379>
ghy@ghy-VirtualBox:~/T/Redis$ redis-cli
127.0.0.1:6379> auth a 123
OK
127.0.0.1:6379> set a aa
OK
127.0.0.1:6379> get a
"aa"
127.0.0.1:6379>
ghy@ghy-VirtualBox:~/T/Redis$ redis-cli
127.0.0.1:6379> acl setuser a -@all
OK
127.0.0.1:6379> acl list
1) "user a on #a665a45920422f9d417e4867efdc4fb8a04a1f3fff1fa07e998e86f7f7a27ae3
   ~* -@all"
2) "user default on nopass ~* +@all"
127.0.0.1:6379>
ghy@ghy-VirtualBox:~/T/Redis$ redis-cli
127.0.0.1:6379> auth a 123
OK
127.0.0.1:6379> set a aa
(error) NOPERM this user has no permissions to run the 'set' command or its
subcommand
127.0.0.1:6379> get b
(error) NOPERM this user has no permissions to run the 'get' command or its
subcommand
127.0.0.1:6379>
```

22.19 使用 ~pattern 限制能存取 key 的模式

子命令 ~pattern 使用 glob 風格作為 key 的 pattern（模式），與 keys 命令使用的模式是相同的，glob 模式的範例如下。

- h?llo 匹配 hello、hallo 和 hxllo。
- h*llo 匹配 hllo 和 heeeello。
- h[ae]llo 匹配 hello 和 hallo，但是不匹配 hillo。
- h[^e]llo 匹配 hallo、hbllo 等，但是不匹配 hello。
- h[a-b]llo 匹配 hallo 和 hbllo。

~* 代表所有 key，子命令 ~pattern 可以指定多個模式。

測試案例如下。

```
127.0.0.1:6379> acl list
1) "user default on nopass ~* +@all"
127.0.0.1:6379> acl setuser a >123 on ~a* +@all
OK
127.0.0.1:6379> acl list
1) "user a on #a665a45920422f9d417e4867efdc4fb8a04a1f3fff1fa07e998e86f7f7a27ae3
   ~a* +@all"
2) "user default on nopass ~* +@all"
127.0.0.1:6379> acl whoami
"default"
127.0.0.1:6379> set aa 1
OK
127.0.0.1:6379> set ab 2
OK
127.0.0.1:6379> set ac 3
OK
127.0.0.1:6379> set x 1
OK
127.0.0.1:6379> set y 2
OK
127.0.0.1:6379> set z 3
OK
127.0.0.1:6379>
ghy@ghy-VirtualBox:~/T/Redis$ redis-cli
127.0.0.1:6379> auth a 123
OK
127.0.0.1:6379> get aa
"1"
127.0.0.1:6379> get ab
"2"
127.0.0.1:6379> get ac
"3"
127.0.0.1:6379> get x
(error) NOPERM this user has no permissions to access one of the keys used as
arguments
127.0.0.1:6379> get y
(error) NOPERM this user has no permissions to access one of the keys used as
arguments
127.0.0.1:6379> get z
(error) NOPERM this user has no permissions to access one of the keys used as
arguments
127.0.0.1:6379>
```

22.20 使用 resetkeys 清除所有 key 的存取模式

```
127.0.0.1:6379> acl list
1) "user default on nopass ~* +@all"
127.0.0.1:6379> acl setuser a on >123 ~a* ~b* ~c* ~d* +@all
OK
127.0.0.1:6379> acl list
1) "user a on #a665a45920422f9d417e4867efdc4fb8a04a1f3fff1fa07e998e86f7f7a27ae3
   ~a* ~b* ~c* ~d* +@all"
2) "user default on nopass ~* +@all"
127.0.0.1:6379> acl setuser a resetkeys
OK
127.0.0.1:6379> acl list
1) "user a on #a665a45920422f9d417e4867efdc4fb8a04a1f3fff1fa07e998e86f7f7a27ae3
   +@all"
2) "user default on nopass ~* +@all"
127.0.0.1:6379> acl setuser a ~e*
OK
127.0.0.1:6379> acl list
1) "user a on #a665a45920422f9d417e4867efdc4fb8a04a1f3fff1fa07e998e86f7f7a27ae3
   ~e* +@all"
2) "user default on nopass ~* +@all"
127.0.0.1:6379>
```

22.21 使用 ><password> 和 <<password> 為使用者設定或刪除純文字密碼

在 ACL 中可以對使用者設定多個密碼。

測試案例如下。

```
127.0.0.1:6379> acl list
1) "user default on nopass ~* +@all"
127.0.0.1:6379> acl setuser a on >123 >456 >789 ~* +@all
OK
127.0.0.1:6379> acl list
1) "user a on #a665a45920422f9d417e4867efdc4fb8a04a1f3fff1fa07e998e86f7f7a27ae3
   #b3a8e0e1f9ab1bfe3a36f231f676f78bb30a519d2b21e6c530c0eee8ebb4a5d0
   #35a9e381b1a27567549b5f8a6f783c167ebf809f1c4d6a9e367240484d8ce281 ~* +@all"
2) "user default on nopass ~* +@all"
127.0.0.1:6379> acl setuser a <456 <789
OK
```

```
127.0.0.1:6379> acl list
1) "user a on #a665a45920422f9d417e4867efdc4fb8a04a1f3fff1fa07e998e86f7f7a27ae3
   ~* +@all"
2) "user default on nopass ~* +@all"
127.0.0.1:6379>
```

22.22 使用 #<hash> 和 !<hash> 為使用者設定或刪除 SHA-256 密碼

使用以下命令設定密碼。

```
acl setuser a on >123 >456 >789 ~* +@all
```

以上命令設定密碼會造成密碼洩露，因為密碼是明文的，如 123、456、789 等。使用 #<hash> 可以設定經過 SHA-256 加密後的密碼，純文字密碼沒有被洩露，增加安全性。

!<hash> 可以在不知道純文字密碼的情況下，刪除指定的 SHA-256 密碼。

先來實現一個純文字密碼轉 SHA-256 密碼的測試，增加依賴如下。

```xml
<dependencies>
    <dependency>
        <groupId>commons-codec</groupId>
        <artifactId>commons-codec</artifactId>
        <version>1.14</version>
    </dependency>
</dependencies>
```

創建測試類別程式如下。

```java
package tools;
import org.apache.commons.codec.digest.DigestUtils;
public class Tools {
    public static String getSHA256Str(String str) {
        return DigestUtils.sha256Hex(str);
    }

    public static void main(String[] args) {
        Tools t = new Tools();
        String getString1 = t.getSHA256Str("123");
        String getString2 = t.getSHA256Str("456");
```

```
        String getString3 = t.getSHA256Str("789");
        System.out.println(getString1);
        System.out.println(getString2);
        System.out.println(getString3);

        System.out.println(getString1.length());
        System.out.println(getString1.length());
        System.out.println(getString1.length());

    }
}
```

程式執行結果如下。

```
a665a45920422f9d417e4867efdc4fb8a04a1f3fff1fa07e998e86f7f7a27ae3
b3a8e0e1f9ab1bfe3a36f231f676f78bb30a519d2b21e6c530c0eee8ebb4a5d0
35a9e381b1a27567549b5f8a6f783c167ebf809f1c4d6a9e367240484d8ce281
64
64
64
```

測試案例如下。

```
127.0.0.1:6379> acl list
1) "user default on nopass ~* +@all"
127.0.0.1:6379> acl setuser a on #a665a45920422f9d417e4867efdc4fb8a04a1f3fff1f
a07e998e86f7f7a27ae3 #b3a8e0e1f9ab1bfe3a36f231f676f78bb30a519d2b21e6c530c0eee8
ebb4a5d0 #35a9e381b1a27567549b5f8a6f783c167ebf809f1c4d6a9e367240484d8ce281 ~*
+@all
OK
127.0.0.1:6379> acl list
1) "user a on #a665a45920422f9d417e4867efdc4fb8a04a1f3fff1fa07e998e86f7f7a27ae3
   #b3a8e0e1f9ab1bfe3a36f231f676f78bb30a519d2b21e6c530c0eee8ebb4a5d0
   #35a9e381b1a27567549b5f8a6f783c167ebf809f1c4d6a9e367240484d8ce281 ~* +@all"
2) "user default on nopass ~* +@all"
127.0.0.1:6379> acl setuser a !b3a8e0e1f9ab1bfe3a36f231f676f78bb30a519d2b21e6c
530c0eee8ebb4a5d0 !35a9e381b1a27567549b5f8a6f783c167ebf809f1c4d6a9e367240484d8
ce281
OK
127.0.0.1:6379> acl list
1) "user a on #a665a45920422f9d417e4867efdc4fb8a04a1f3fff1fa07e998e86f7f7a27ae3
   ~* +@all"
2) "user default on nopass ~* +@all"
127.0.0.1:6379>
ghy@ghy-VirtualBox:~/T/Redis$ redis-cli
127.0.0.1:6379> auth a 123
```

```
OK
127.0.0.1:6379>
ghy@ghy-VirtualBox:~/T/Redis$ redis-cli
127.0.0.1:6379> auth a 456
(error) WRONGPASS invalid username-password pair
127.0.0.1:6379>
ghy@ghy-VirtualBox:~/T/Redis$ redis-cli
127.0.0.1:6379> auth a 789
(error) WRONGPASS invalid username-password pair
127.0.0.1:6379>
ghy@ghy-VirtualBox:~/T/Redis$ redis-cli
127.0.0.1:6379> auth a 123
OK
127.0.0.1:6379> set a aa
OK
127.0.0.1:6379> get a
"aa"
127.0.0.1:6379>
```

22.23 使用 nopass 和 resetpass 為使用者設定無密碼或清除所有密碼

nopass：使用者所有的密碼被刪除，呈 nopass 狀態，但該使用者還可以進行登入，只不過登入時不需要指定密碼。

resetpass：使用者所有的密碼被刪除，並刪除 nopass 狀態，該使用者不可以進行登入驗證。

測試案例如下。

```
127.0.0.1:6379> acl list
1) "user default on nopass ~* +@all"
127.0.0.1:6379> acl setuser a on >123 >456 >789 ~* +@all
OK
127.0.0.1:6379> acl setuser b on >123 >456 >789 ~* +@all
OK
127.0.0.1:6379> acl list
1) "user a on #a665a45920422f9d417e4867efdc4fb8a04a1f3fff1fa07e998e86f7f7a27ae3
   #b3a8e0e1f9ab1bfe3a36f231f676f78bb30a519d2b21e6c530c0eee8ebb4a5d0
   #35a9e381b1a27567549b5f8a6f783c167ebf809f1c4d6a9e367240484d8ce281 ~* +@all"
2) "user b on #a665a45920422f9d417e4867efdc4fb8a04a1f3fff1fa07e998e86f7f7a27ae3
```

```
    #b3a8e0e1f9ab1bfe3a36f231f676f78bb30a519d2b21e6c530c0eee8ebb4a5d0
    #35a9e381b1a27567549b5f8a6f783c167ebf809f1c4d6a9e367240484d8ce281 ~* +@all"
3) "user default on nopass ~* +@all"
127.0.0.1:6379> acl setuser a nopass
OK
127.0.0.1:6379> acl setuser b resetpass
OK
127.0.0.1:6379> acl list
1) "user a on nopass ~* +@all"
2) "user b on ~* +@all"
3) "user default on nopass ~* +@all"
127.0.0.1:6379>
ghy@ghy-VirtualBox:~/T/Redis$ redis-cli
127.0.0.1:6379> auth a ""
OK
127.0.0.1:6379> acl whoami
"a"
127.0.0.1:6379>
ghy@ghy-VirtualBox:~/T/Redis$ redis-cli
127.0.0.1:6379> auth b ""
(error) WRONGPASS invalid username-password pair
127.0.0.1:6379>
ghy@ghy-VirtualBox:~/T/Redis$ redis-cli
127.0.0.1:6379> acl setuser b >123
OK
127.0.0.1:6379>
ghy@ghy-VirtualBox:~/T/Redis$ redis-cli
127.0.0.1:6379> auth b ""
(error) WRONGPASS invalid username-password pair
127.0.0.1:6379> auth b 123
OK
127.0.0.1:6379> set a aa
OK
127.0.0.1:6379> get a
"aa"
127.0.0.1:6379>
```

不對使用者 b 設定密碼，使用者 b 不可以登入。

resetpass 和 off 的區別如下。

- resetpass：刪除所有密碼，適用於重置密碼，不對使用者設定密碼就不允許登入。
- off：不允許使用者進行登入，因為使用者已經被禁用。

22.24 使用 reset 命令重置使用者 ACL 資訊

reset 命令將使用者的 ACL 資訊還原成預設的。經過 reset 命令的處理後，使用者擁有 resetpass、resetkeys、off、-@all 許可權。

測試案例如下。

```
127.0.0.1:6379> acl list
1) "user default on nopass ~* +@all"
127.0.0.1:6379> acl setuser a on >123 ~* +@all
OK
127.0.0.1:6379> acl list
1) "user a on #a665a45920422f9d417e4867efdc4fb8a04a1f3fff1fa07e998e86f7f7a27ae3
   ~* +@all"
2) "user default on nopass ~* +@all"
127.0.0.1:6379> acl setuser a reset
OK
127.0.0.1:6379> acl list
1) "user a off -@all"
2) "user default on nopass ~* +@all"
127.0.0.1:6379>
```